青少年信息学奥林匹克联赛实训教材

计算思维训练

——问题解决与算法设计

主　编　吴　楠　荆晓虹

参　编　谷爱清　吴　晖

马　骋　刘　超

东南大学出版社

SOUTHEAST UNIVERSITY PRESS

·南京·

内容提要

本书编者倡导“自主编程”,以问题解决为主线,致力于提升读者的计算思维与编程技能,引导读者科学地学习算法。全书共分为四章:第一章重点阐述数据抽象的方法及如何选择合适的数据结构,并介绍线性数据结构的基本应用;第二章通过生动的例子,详述了模拟、解析和贪心这三种策略,展示了如何结合严密的算法逻辑与实际操作经验来解决问题;第三章则以深入浅出的方式,讲解了“大化小”的思维方式,介绍了如何利用递推、分治和动态规划等算法来简化和解决复杂问题;第四章全面剖析了好算法的标准,并详细介绍了优化算法时间复杂度和空间复杂度的常用技巧。

本书可以作为数据结构和算法入门的培训教材,也可以作为准备参加全国信息学奥林匹克竞赛的学生赛前集训用书,还可以作为有一定编程语言基础的算法爱好者的参考书籍。

图书在版编目(CIP)数据

计算思维训练:问题解决与算法设计 / 吴楠,荆晓虹主编. -- 南京:东南大学出版社,2025. 1(2025. 5重印)
ISBN 978-7-5766-1694-1

Ⅰ. . TP311. 1-49

中国国家版本馆 CIP 数据核字第 2024FJ8070 号

责任编辑:张 煦 责任校对:子雪莲 封面设计:余武莉 责任印制:周荣虎

计算思维训练——问题解决与算法设计
Jisuan Siwei Xunlian——Wenti Jiejue Yu Suanfa Sheji

主　　编:吴楠 荆晓虹 参编:谷爱清 吴晖 马骋 刘超
出版发行:东南大学出版社
社　　址:南京市四牌楼 2 号 邮编:210096
出 版 人:白云飞
网　　址:http://www.seupress.com
经　　销:全国各地新华书店
印　　刷:丹阳兴华印务有限公司
开　　本:787 mm×1092 mm 1/16
印　　张:28.25
字　　数:687 千字
版　　次:2025 年 1 月第 1 版
印　　次:2025 年 5 月第 2 次印刷
书　　号:ISBN 978-7-5766-1694-1
定　　价:89.00 元

本社图书若有印装质量问题,请直接与营销部联系。电话(传真):025-83791830

编 者 序

我们正处于信息化和智能化迅速发展的伟大时代,计算思维(Computational Thinking)已经成为现代人必备的一项核心素养。计算思维不仅仅是计算机科学家和专门从业者的专属技能,它更是解决问题、理解复杂系统和管理信息的重要而基本的人类思维方式。在中小学教育中,培养学生的计算思维能力,或者更具体地,通过算法设计与优化及编程能力的培养推动问题求解能力的培养,已经成为各国中小学教育改革的重要目标。

在人工智能时代,计算思维和算法设计不仅是解决问题的工具,更是推动"涌现(Emergence)"现象的关键要素。涌现是指在一个复杂系统中,整体行为或属性不可简单推导于各部分的单独行为或属性,而是通过部分之间的交互产生出新的功能和特性。在人工智能的发展过程中,涌现的能力决定了系统能否自我优化、自我学习和自主适应复杂环境。通过计算思维和算法设计,我们能够构建出具有涌现特性的智能系统。

计算思维中的抽象化和模型构建能力帮助我们从复杂的数据中提取有用的信息,建立概念模型。而算法设计则提供了具体的步骤和方法,使这些模型得以在计算机中被精确地模拟和实现。这两者的结合,使得我们能够设计出具有高效问题解决能力和自适应性的软硬件系统,从而推动其在更多领域的应用和突破。正是这种涌现能力,使得智能系统能够在自动驾驶、医疗诊断、自然语言处理等领域展现出近乎达到甚至超越人类的表现。

因此,学习计算思维和算法设计,不仅是掌握了一种解决问题的技能,更是为理解和构建未来智能系统奠定了基础。在未来的人工智能世界中,掌握这些知识和技能,将使得新一代的学生具备开拓未知领域、创造新的可能的能力,真正成为引领技术和社会变革的中坚力量。

《计算思维训练——问题解决与算法设计》一书正是根据以上愿景认真编写的。"计算思维"不是泛泛而谈,也不是仅涉及计算机和编程的基本操作,它更是一种跨学科的思维方式。通过抽象、分解、模式识别、算法设计等方法,计算思维帮助我们以更加系统和逻辑的方式思考解决问题的方法与方式。计算思维的本质在于通过离散建模和算法设计,洞悉本质,化繁为简,从而实现对复杂问题的准确评估和高效求解。在人工智能时代,掌握计算思维技能的学生将具备更强的适应能力,能够更好地面对未来充满不确定性的挑战。

在奥林匹克信息学竞赛(OI)中,计算思维的培养显得尤为重要。信息学奥赛不仅是对学生算法能力的考验,更是对他们在复杂问题面前的抽象能力、解决问题能力以及决断性选择力的检验。因此,掌握计算思维和算法设计应成为每一位有志于在信息学领域有所作为的学生的必修课。

本书主要面向中小学生，旨在通过丰富的实例和题目，系统培养学生的计算思维和算法设计能力，帮助学生从简单的算法与问题结构的概念入手，逐步掌握复杂问题的解决方法。

本书第一维度从“数据结构”入手，讲解了如何通过不同的抽象逻辑结构来组织和存储数据，并着重讲解如何将问题的特定结构转换成利于计算机方便处理和算法快速求解的数据存储与处理的结构。例如，线性数据结构中的数组、链表、栈和队列，分别适用于不同的场景：数组适用于随机访问，链表则在插入和删除操作频繁时效率更高，栈和队列则在特定的算法问题中具有独特优势。通过对这些基础数据结构的讲解，学生可以了解如何选择合适的数据结构来简化算法设计、提高程序效率、降低程序的调试难度。

本书第二维度则深入到“算法设计”这一核心内容，遵循学习迁移的规律，逐步深入地阐述了模拟法、解析法、贪心算法、递推算法、分治算法和动态规划算法等。本书特别注重算法背后的思维过程和策略的讲解，而不仅仅是算法本身的实现。通过丰富的例题和习题，学生可以深入理解不同算法的适用场景和设计技巧。

第三维度则通过“问题解决策略”章节，针对信息学竞赛中的典型问题类型，提供了从问题理解、建模到算法实现的全流程指导。我们通过逐步引导的方式，帮助学生从问题描述中抽象出数据结构和数学模型，并选择合适的算法进行求解，并考虑对算法或数据结构进行优化以进一步提高求解效率。这部分的内容将极大地提高学生在面对复杂问题时的思维能力和选择最理想方法解决问题决策能力。

本书依据国内外数据结构与算法设计教学多年来的研究成果，按照数据结构、算法、程序三者的相互关系，妥善安排了全书内容的内在逻辑顺序，使得每一部分的学习都建立在前一部分的基础上。这种结构不仅适合信息学竞赛的课堂教学，同样适用于感兴趣的学生自学。通过循序渐进的学习过程，学生可以逐步掌握从基础到高级的算法设计技巧，并在不断的练习中强化所学知识。每节后精心选择的拓展应用练习，不仅提供了自测机会，还能通过多样化的题型激发学生的兴趣和思维潜力。

本书由南京大学计算机学院副教授吴楠和江苏省丹阳高级中学正高级教师荆晓虹共同策划，并组织编写和统稿。江苏省多位信息学教师参与编写，其中谷爱清（江苏省盐城市康居路初级中学）编写第一章，吴晖（江苏省如皋中学）编写第二章，马骋（江苏省镇江第一中学）编写第三章，刘超（江苏省扬州中学）编写第四章。

本书在编写的过程中，参考了江苏省多年来冬夏令的相关内容，引用了许多国内外经典赛题，这些内容给了我们很多启发和帮助。江苏省青少年科技中心张婧颖同志统筹了本书的编写工作，吴水木同学在本书初稿的阅读审核中，给了我们许多中肯的建议和意见，东南大学出版社的张煦编辑在本书的出版过程中付出了辛勤的劳动。对此，我们表示衷心的感谢！鉴于水平有限，书中难免存在错误或不妥之处，敬请广大读者批评指正。

总之，《计算思维训练——问题解决与算法设计》一书的编写初衷在于为中小学生提供一个系统学习计算思维和算法设计的实践平台。希望本书能够成为每一位青少年信息学爱好者和有志于参加信息学竞赛学生的得力助手，帮助他们在信息学的道路上走得更远，飞得更高，更重要的——fly free!

本书编者

2024 年 8 月

目 录 CONTENTS

CONTENTS 目录

目录 CONTENTS

CONTENTS

目录

第一章 “巧”存数据解决问题

用计算机进行问题求解时,“数据”和“算法”二者有着密切的关联。著名的计算机科学家 Niklaus Wirth 曾提出一个“公式”:计算机程序=算法+数据结构。那么,“数据结构”是指什么呢?“数据”如何通过“结构”发挥作用?

在解决问题时,将问题中描述的对象抽象表示为数据,以及科学地组织和存储数据至关重要。数据结构是计算机存储、组织数据的方式,是相互之间存在一种或多种特定关系的数据元素的集合。选择或设计合适的数据结构来组织和存储这些数据,是确保算法的正确性、实现的效率和可扩展性的关键步骤。

本章我们将聚焦于线性数据结构,并探讨如何通过巧妙的数据存储方式来简化算法的设计、提高程序的效率。例如,数组结构非常适合需要随机访问元素的场景,其索引机制使得数据检索变得高效且直接。链表则以其灵活的结点连接方式,在需要频繁插入和删除元素时展现其高效性。栈作为一种特殊的线性数据结构,其后进先出的特性在处理某些问题时具有独特优势。而当数据需要按照“先进先出”的原则处理时,队列则成为首选。

在某些特定问题中,选择合适的数据结构能够更自然地表达问题的本质。例如,在处理图形或网络相关问题时,图结构能够清晰直观地展现实体间的复杂关系。这种直观性不仅简化了算法设计的复杂度,还有助于我们更深入地理解和分析问题。

因此,在设计算法时,我们需要在深入挖掘数据间的内在联系和问题需求的基础上,精妙地设计数据结构,以期在提升算法性能和效率的同时,也能使问题的解决更加直观和简洁。

第一节 最强大脑问题——用数组解决问题

一、问题引入

【问题描述】

《最强大脑》是江苏卫视制作团队借鉴德国的电视节目 *Super Brain* 模板而推出的一档以展示科学与脑力为主要内容的真人秀节目。在某期节目上,现场评委给出了20组8位数相加减的计算题,需要选手一秒得出结果,很是厉害。现在假如节目组想给出两组 M (M≤10 000)位正整数的加法运算,来考验选手的记忆与运算能力,但苦于无法验证选手计算结果的正确性。

请你编写一个程序,计算两组 M 位正整数的加法运算。

【输入数据】

共两行,分别是两个需要相加的正整数 A 和 B,这两个数在 $1 \sim 10^{10\,000}$ 之间。

【输出数据】

一行,是两个大数相加的结果。

输入样例	输出样例
8989876543259866897 3241987654789654298985 43	32420775535550868976544 0

【数据规模】

对于 100%的数据满足: $1 \leqslant A, B \leqslant 10^{10\,000}$。

二、问题探究

我们按照算术运算规律,采用竖式计算方法,根据样例数据,如图 1-1-1 所示:

```
       8989876543259866897
 + 324198765478965429898543
 --------------------------
   324207755355508689765440
```

图 1-1-1 竖式计算加法运算

当参与运算的数的范围超出了标准数据类型(long long、double 等)所能表示的范围,其运算我们称之为高精度运算。

那么,如何用计算机来实现高精度运算呢?

三、知识建构

1. 数的存储

由于两个加数都很大,已经超出了一般数值数据的表示范围,因此需要用数组来存储高精度大整数,并用一个整数进行维护数位数组上的信息(计算过程中产生的进位)。当把大整数存储在数组中时,有两种存储方式可以选择:

① 大端序:数字的高位在地址的低位(也就是和输出顺序一致)

以数 2024 为例:

i	1	2	3	4
a[i]	2	0	2	4

② 小端序:数字的低位在地址的低位

i	1	2	3	4
a[i]	4	2	0	2

通常进行高精度计算时，采取小端序方式，主要目的是方便模拟竖式计算。

使用小端序存储方式的好处：数字的低位在地址的低位，加法、减法、乘法等都是从低位算到高位。符合平时习惯的枚举顺序。数位计算结束后，需要更新数位数组的长度，把高位放在数组后面比较方便数组伸缩。

2. 输入和输出

在已知采用小端序的方式存储大整数之后，如何将大整数读入到数组中呢？

① 采用字符数组表示的字符串来存储一个高精度整数。

问题变为：怎样将字符串转化为高精度整数类型？

② 关键点：采用小端序存储，数字存储方向和输出方向不同，需要将字符串的元素“倒着”读入数组。

③ 由于采用小端序存储大整数，数组中“存储”顺序与“输出”顺序相反，所以采用从后往前逆序输出。

	[2]	[1]
A:	8	9
B:	+ ₁3	₁7
C:	1 2	6

图 1-1-2 竖式计算加法运算

3. 运算

我们先看一个例子，求两个数 89 与 37 的和，采用竖式计算方法做加法运算，如图 1-1-2 所示。

思路：令 t = 0。

step1：t = t + A[1] + B[1] = 16
    C[1] = t %10 = 6   => 本位为 6
    t = t / 10 = 1   => 进位为 1
step2：t = t + A[2] + B[2] = 1 + 8 + 3 = 12
    C[2] = t %10 = 2   => 本位为 2
    t = t / 10 = 1   => 进位为 1
step3：if (t > 0) 则 C[3] = t = 1

在模拟的过程中，不但要维护数位数组上的信息，还要更新数位数组的长度，主要分为数位操作和维护长度两个方面。

① 数位操作

加法竖式的计算法则：

- 从低位开始，逐步相加；若该位相加结果超过 10，则需要向高位进位。
- 在计算数位数的第 i 位时，需要三个数据进行相加求和：

第一个加数的第 i 位+第二个加数的第 i 位+第 i-1 位的进位。

② 维护长度

如果最高位出现进位，则需要将数位长度+1。

4. 高精度加法的代码实现：数位操作和维护长度

不妨用数组 a、b 分别存储两个加数，用数组 c 存储结果。

【参考程序】

```
1. #include<bits/stdc++.h>
2. using namespace std;
```

```
3. int a[10005], b[10005], c[10005];
4. void cts(int a[]) { //读入字符串并将字符串转为数组且翻转
5.     string s;
6.     cin >> s;
7.     a[0] = s.size(); //a[0]记录字符串 s 的长度
8.     for (int i = 1; i <= a[0]; ++i)
9.         a[i] = s[a[0] - i] - '0';
10. }
11. void add(int a[], int b[], int c[]) {
12.     memset(c, 0, sizeof(c));
13.     c[0] = max(a[0], b[0]);  //和的位数一般为两加数中位数较大的
14.     int t = 0;              //临时变量 t 用来计算每一位,同时存储进位
15.     for (int i = 1; i <= c[0]; ++i) {
16.         t += a[i] + b[i];
17.         c[i] = t % 10;
18.         t /= 10;
19.     }
20.     if (t != 0) {
21.         ++c[0];     //特殊处理最后一次进位
22.         c[c[0]] = 1;
23.     }
24. }
25. void print(int c[]) {
26.     for (int i = c[0]; i > 0; --i)
27.         cout << c[i];
28.     cout << endl;
29. }
30. int main() {
31.     cts(a);
32.     cts(b);
33.     add(a, b, c);
34.     print(c);
35.     return 0;
36. }
```

四、迁移应用

【例 1.1.1】 密码问题(password,1 S,128 MB,内部训练)

【问题描述】

小 Q 和小 H 一起玩密室逃生游戏,他们发现有一扇被密码锁锁住的大门,门上有一个显示屏,显示着两个巨大的正整数数字。为了打开这扇门,需要将密码输入到门边上的密码

框中。开启密码锁的密码是两个巨大数字的差值。现已知显示屏上的数字位数不超过10 000位，请你帮他们求出密码。

【输入数据】

共两行，每行有一个正整数 X。

【输出数据】

一个正整数，表示输入的两个正整数中较大者减去较小者的差值。

输入样例 1	输出样例 1
324198765478965429898543 8989876543259866897	324189775602422170031646

输入样例 2	输出样例 2
8989876543259866897 324198765478965429898543	324189775602422170031646

【数据规模】

对于 100%的数据满足：$1 \leqslant X < 10^{10\,000}$。

【思路分析】

通过前面的介绍，我们知道，高精度的加法运算采取了小端序方式，用字符数组表示的字符串来存储一个高精度整数。采用小端序存储大整数，从后往前逆序的方式打印输出。那么，高精度的减法运算的输入输出以及数据的存储是否同高精度加法运算一样呢？

我们不妨来求两个数 1 036 与 755 的差，采用竖式计算方法做减法运算，如图 1-1-3 所示。

	[4] [3] [2] [1]
A:	1 0 3 6
B:	− 7 5 5
C:	2 8 1

图 1-1-3　竖式计算减法运算

令 t = 0。

step1：C[1] = A[1] − B[1] − t = 6 − 5 − 0 = 1

step2：C[2] = A[2] − B[2] − t = 3 − 5 = −2 < 0，需借位，即 t = 1

　　　C[2] = − 2 + 10 = 8

step3：C[3] = A[3] − B[3] − t = 0 − 7 − 1 = −8 < 0，需借位，即 t = 1

　　　C[3] = − 8 + 10 = 2

step4：C[4] = A[4] − B[4] − t = 1 − 0 − 1 = 0

step5：利用循环将前导 0 去掉。

在用竖式计算模拟减法运算的过程中，我们依然要维护数位数组上的信息和更新数位数组的长度，即数位操作和维护长度。具体如下：

① 数位操作

减法竖式的计算法则：

从低位开始，逐位相减，若该位不够减，需要向高位借位，并借一当十。

即：第 i 位 = 被减数第 i 位 − 减数第 i 位 − 低位的借位。

② 比较大小

两个高精度整数谁的位数多,则谁大;

如果两个数的长度相等时,则需要从高位开始逐位比较,遇到第一个不相等的数时,则大者较大。如果各位上都分别相等,则两数相等。

③ 维护长度

在两个数相减时,若令初始长度为被减数的长度。最终计算的差的长度,和被减数相比,很可能变小。

如:

```
    2 0 2 4          2 0 2 4
  - 2 0 2 3        - 2 0 2 4
  ---------        ---------
          1                0
```

需要注意的是:

- 因为最终差的长度可能减小很多,所以需要用循环来更新长度。即:如果差的最高位等于 0,则差的长度应该减小。
- 若被减数和减数相同,则 0 不能省略。

高精度减法的代码实现主要分为四部分:数位操作、比较大小、维护长度、输出。

【参考程序】

```
1. #include<bits/stdc++.h>
2. using namespace std;
3. int a[10005], b[10005], c[10005];
4. void cts(int a[]) { //读入字符串并将字符串转为数组且翻转
5.     string s;
6.     cin >> s;
7.     a[0] = s.size(); //a[0]记录字符串 s 的长度
8.     for (int i = 1; i <= a[0]; ++i)
9.         a[i] = s[a[0] - i] - '0';
10. }
11. bool cmp(int a[], int b[]) { //比较 a,b 两个高精度整数的大小
12.     if (a[0] != b[0]) return a[0] > b[0];
13.     else {
14.         for (int i = a[0]; i > 0; --i)
15.             if (a[i] != b[i]) return a[i] > b[i];
16.     }
17.     return true;
18. }
19. void sub(int a[], int b[], int c[]) {
20.     memset(c, 0, sizeof(c));
21.     c[0] = a[0];
22.     int t = 0;    //临时变量 t 计算每一位,同时存储借位
```

```
23.     for (int i = 1; i <= c[0]; ++i) {
24.         t = a[i] - t - b[i];
25.         if (t <0) { //有借位
26.             c[i] = t +10;
27.             t = 1;
28.         } else { //无借位
29.             c[i] = t;
30.             t = 0;
31.         }
32.         c[i +1] = t;
33.     }
34.     while (c[0] >1 && ! c[c[0]]) -- c[0]; //维护长度
35. }
36. void print(int c[ ]) {
37.     for (int i = c[0]; i >0; --i)
38.         cout << c[i];
39.     cout << endl;
40. }
41. int main( ) {
42.     cts(a); //将高精度数存储在数组中
43.     cts(b);
44.     if (cmp(a, b))
45.         sub(a, b, c);
46.     else
47.         sub(b, a, c);
48.     print(c);
49.     return 0;
50. }
```

【例 1.1.2】 高精度乘法(gjdmult,1 S,128 MB,内部训练)

【问题描述】

请你编写一个程序,计算两个正整数的乘法运算。

【输入数据】

共两行,分别是两个乘数 A 和 B,这两个数在 $1 \sim 10^{10\,000}$ 之间。

【输出数据】

一行,A×B 的乘积。

输入样例	输出样例
324198765478965429898543 8989876543259866897	2914506877133158005349072050614854394231071

【数据规模】

对于 100%的数据满足：$1 \leqslant A, B \leqslant 10^{10\,000}$。

【思路分析】

我们依然从数位操作和维护长度两方面来考虑。

① 数位操作

高精度数乘高精度数会比高精度的加法和减法复杂一些：

- 高精度加减法只需要第 i 位和第 i 位相加减，答案仍然存在第 i 位，且第 i 位可能产生对第 i+1 位的进位和借位。
- 在高精度乘法中，第二个乘数的第 j 位会和第一个乘数的每一位相作用。

我们来看一个例子，如图 1-1-4 所示：

```
      8 9
×     3 7
---------
    6 2 3
  2 6 7
---------
  3 2 9 3
```

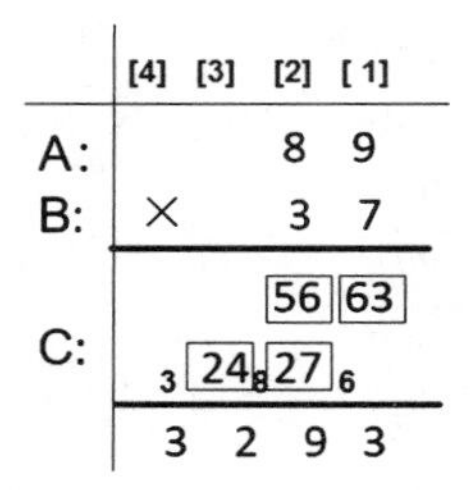

图 1-1-4　竖式计算乘法运算

令 t=0。（t 为进位）

```
step1: C[1+1-1]=C[1]+A[1]×B[1]=0+7×9=63
       C[2+1-1]=C[2]+A[2]×B[1]=0+8×7=56
       C[1+2-1]=C[2]+A[1]×B[2]=56+3×9=83
       C[2+2-1]=C[3]+A[2]×B[2]=0+3×8=24
step2: C[1]=C[1]+t=63;
       t=C[1]/10=6,C[1]=C[1]%10=3      // 进位为 6,本位为 3
       C[2]=C[2]+t=83+6=89;
       t=C[2]/10=8,C[2]=C[2]%10=9      //进位为 8,本位为 9
       C[3]=C[3]+t=24+8=32;
       t=C[3]/10=3,C[3]=C[3]%10=2      // 进位为 3,本位为 2
step3: t=3>0,C[4]=t=3
```

通过观察，我们发现：第一个乘数的第 i 位和第二个乘数的第 j 位相乘的结果，存在第 i+j-1 位。当所有数位计算完毕后，遍历每一个位置 k，将大于等于 10 的部分进位到第 k+1 位。

② 维护长度

不妨假设初始长度为两个乘数的长度之和。可以证明一个 n 位的整数和一个 m 位的整数相乘，结果最多为 $n+m$ 位的整数。

维护长度可以用 while 循环去掉前导 0。

高精度乘法的代码实现主要分为四个部分：数位操作、统一进位、维护长度、输出。

【参考程序】

```
1. #include<bits/stdc++.h>
2. using namespace std;
3. int a[10005], b[10005], c[20005];
4. void cts(int a[]) { //字符串转为数组并翻转
5.     string s;
6.     cin >> s;
7.     a[0] = s.size(); //a[0]记录字符串 s 的长度
8.     for (int i = 1; i <= a[0];++i)
9.         a[i] = s[a[0] - i] - '0';
10. }
11. void mult(int a[], int b[], int c[]) {
12.     memset(c, 0, sizeof(c));
13.     c[0] = a[0] + b[0];          //初始化长度
14.     for (int i = 1; i <= a[0];++i) //按位进行乘法运算
15.         for (int j = 1; j <= b[0]; ++j)
16.             c[i + j - 1] += a[i] * b[j];
17.     int t = 0;
18.     for (int i = 1; i <= c[0];++i) { //统一进位
19.         c[i] += t;
20.         t = c[i] / 10;
21.         c[i] %= 10;
22.     }
23.     while (c[0] > 1 && ! c[c[0]]) --c[0]; //维护长度
24. }
25. void print(int c[]) {
26.     for (int i = c[0]; i > 0; --i)
27.         cout << c[i];
28.     cout << endl;
29. }
30. int main() {
31.     cts(a); //将高精度数存储在数组中
32.     cts(b);
33.     mult(a, b, c);
34.     print(c);
35.     return 0;
36. }
```

【例 1.1.3】 高精度数除以低精度数问题(gjddivd,1 S,128 MB,内部训练)

【问题描述】

请你编写一个程序,计算一个高精度数除以 int 类型数的除法运算。

【输入数据】

共两行,分别是被除数 A 和除数 B,A 在 $10^{11} \sim 10^{10\,000}$ 之间,B 为 int 类型。

【输出数据】

一行,A/B 的商和余数。

输入样例	2914506877133158005349072050614854394231071 324198
输出样例	8989897769675192337241661116400639097...261865

【数据规模】

对于 100%数据满足:A 在 $10^{11} \sim 10^{10\,000}$ 之间,B 为 int 类型。

【思路分析】

我们还是通过一个例子来进行,如图 1-1-5 所示。通过观察发现仍然从数位操作和维护长度两方面来考虑。先创建一个临时变量 t,用于计算结果的每一位,也记录最终的余数。

```
      00089
324 ) 29145
      2592
      ----
       3225
       2916
       ----
        309
```

图 1-1-5 竖式计算除法运算

① 数位操作(高精度数除以一个 int 类型数)

- 从被除数最高位 t 开始除以除数 b。
- 将余数 t 加到下一位:数 t×10+下一位数,得到的新数赋给 t。
- 取出 t/b,得到商,以及 t%b,再存入 t 中。

② 维护长度(可以用 while 循环去掉前导 0。)

高精度除法的代码实现主要分为三个部分:数位操作、维护长度、输出。

【参考程序】

```
1. #include<bits/stdc++.h>
2. using namespace std;
3. int a[10005], b[10005], c[10005];
4. void cts(int a[]) { //输入字符并将字符串转为数组且翻转
5.     string s;
6.     cin >>s;
7.     a[0] = s.size(); //a[0]记录字符串 s 的长度
8.     for (int i = 1; i <= a[0];++i)
9.         a[i] = s[a[0] - i] - '0';
10. }
11. void divd(int a[], int b, int c[]) {
12.     memset(c, 0, sizeof(c));
13.     int t;
14.     c[0] = a[0];              //初始化长度
15.     t = 0;
16.     for (int i = c[0]; i >0; --i) {
17.         t = a[i] +t * 10;
18.         c[i] = t / b;
```

```
19.         t = t % b;
20.     }
21.     while (c[0] > 1 && ! c[c[0]]) --c[0]; //维护长度
22.     for (int i = c[0]; i > 0; --i)
23.         cout << c[i];
24.     if (t ! = 0) cout << "..." << t << endl;
25. }
26. int main() {
27.     int b;
28.     cts(a); //将高精度数存储在数组中
29.     cin >> b;
30.     divd(a, b, c);
31.     return 0;
32. }
```

实际上,在做两个高精度数运算的时候,存储高精度数的数组元素可以不止保留一位数字,也可以采取保留多位数,这样在做运算时,可以减少很多操作次数。如下框所示,采用 4 位保存的“万进制”除法运算,其他运算也类似。

示例:123456789 ÷ 55 = 1 ' 2345 ' 6789 ÷ 55 = 224 ' 4668 因为 1 / 55 = 0 , 1 % 55 =1 所以取 12345 / 55 = 224,12345 % 55 = 25 再取 256789 / 55 = 4668,256789 % 55 = 49 最终,123456789 ÷ 55 的整数商为 2244668,余数为 49

【例 1.1.4】 高精度数除以高精度数问题(gjdcf,1 S,128 MB,内部训练)

【问题描述】

输入两个长度不超过 100 位的正整数 m、n,求 m 除以 n 的商和余数。

【输入数据】

共两行,第一行为 m,第二行为 n。

【输出数据】

共两行,第一行为商,第二行为余数。

输入样例	输出样例
12345678909876543266778765543976543 234567543234456789	52631658837542982 3 209814763644347086

【数据规模】 m、n 均不超过 100 位的正整数。

【思路分析】

高精度数除以低精度数问题是将被除数的每一位(含前面的余数)都除以除数,而高精度数除以高精度数问题则是用减法来模拟除法,具体做法是将被除数的每一位(含前面的余数)都减去除数,一直减到当前位置的数字(含前面的余数)小于除数。由于每一位数字都小于 10,因此对于每一位数最多进行 10 次计算。下面以样例来说明(如表 1-1-1),被除数为 123456789098765432667787655439765433,除数为 234567543234456789。

表 1-1-1　用减法来模拟高精度数除以高精度数

<table>
<tr><th>被除数位</th><th>减法次数</th><th>减法运算</th></tr>
<tr><td>1</td><td></td><td>1 小于除数</td></tr>
<tr><td>2</td><td></td><td>1×10+2 = 12 小于除数</td></tr>
<tr><td>3</td><td></td><td>12×10+3 = 123 小于除数</td></tr>
<tr><td>……</td><td></td><td>……</td></tr>
<tr><td>18</td><td></td><td>123456789098765432 小于除数</td></tr>
<tr><td rowspan="6">19</td><td></td><td>123456789098765432×10+6 = 1234567890987654326 大于除数</td></tr>
<tr><td>1</td><td>1234567890987654326 − 234567543234456789 = 1000000347753197537</td></tr>
<tr><td>2</td><td>1000000347753197537 − 234567543234456789 = 765432804518740748</td></tr>
<tr><td>3</td><td>765432804518740748 − 234567543234456789 = 530865261284283959</td></tr>
<tr><td>4</td><td>530865261284283959 − 234567543234456789 = 296297718049827170</td></tr>
<tr><td>5</td><td>296297718049827170 − 234567543234456789 = 61730174815370381
小于除数,本次减法结束</td></tr>
<tr><td>20</td><td></td><td>61730174815370381×10+6 = 617301748153703816 大于除数</td></tr>
<tr><td></td><td>……</td><td>……</td></tr>
</table>

【参考程序】

```
1. #include<bits/stdc++.h>
2. using namespace std;
3. int a[101], b[101], c[101];
4. void cts(int a[]) { //读入字符串且将字符串转为数组并翻转
5.     string s;
6.     cin >> s;
7.     a[0] = s.size(); //a[0]记录字符串 s 的长度
8.     for (int i = 1; i <= a[0];++i)
9.         a[i] = s[a[0] - i] - '0';
10. }
11. void print(int a[]) {
12.     int i;
13.     if (a[0] == 0) {
14.         cout << 0 << endl;
15.         return;
```

```
16.     }
17.     for (int i = a[0]; i >0; --i)
18.         cout <<a[i];
19.     cout <<endl;
20.     return;
21. }
22. int compare(int a[ ], int b[ ])
23. //比较 a 和 b 的大小关系,若 a>b 则为 1,若 a<b,则为-1,若 a=b 则为 0
24. {
25.     int i;
26.     if ( a[0] >b[0] ) return 1; //a 的位数大于 b,则 a>b
27.     if ( a[0] <b[0] ) return-1; //a 的位数小于 b, 则 a<b
28.     for (int i = a[0]; i >0; --i) { //从高位到低位比较
29.         if (a[i] >b[i]) return 1;
30.         if (a[i] <b[i]) return -1;
31.     }
32.     return 0;
33. }
34. void sub(int a[ ], int b[ ]) { //计算 a-b 的值,结果放到 a 中
35.     int flag;
36.     flag = compare(a, b); //调用比较函数
37.     if (flag == 0) {
38.         a[0] = 0;
39.         return; //相等
40.     }
41.     if (flag == 1) { //大于
42.         for (int i = 1; i <= a[0];++i) {
43.             if (a[i] <b[i]) {
44.                 --a[i+1];
45.                 a[i] += 10; //若不够减,则向上借一位
46.             }
47.             a[i] -= b[i];
48.         }
49.         while (a[0] >0 && a[a[0]] == 0) --a[0]; //修正 a 的位数
50.         return ;
51.     }
52. }
53. void numcpy(int p[ ], int q[ ], int pos) {
54.     //将 p 数组复制到 q 数组,从 pos 位置开始存放
55.     for (int i = 1; i <= p[0];++i)
56.         q[i+pos - 1] = p[i];
57.     q[0] = p[0] +pos - 1;
```

```
58. }
59. void cs(int a[ ], int b[ ], int c[ ]) {
60.     int tmp[101];
61.     c[0] = a[0] - b[0] +1;
62.     for (int i = c[0]; i >0; --i) {
63.         memset(tmp, 0, sizeof(tmp)); //tmp 数组清 0
64.         numcpy(b, tmp, i); //从 tmp 数组的第 i 位置开始将 b 数组复制到 tmp 数组中
65.         while (compare(a, tmp) >= 0) {
66.             ++c[i];
67.             sub(a, tmp); //用减法来模拟
68.         }
69.     }
70.     while (c[0] >0 && c[c[0]] == 0) --c[0]; //调整位数
71.     return ;
72. }
73. int main() {
74.     memset(a, 0, sizeof(a));
75.     memset(b, 0, sizeof(b));
76.     memset(c, 0, sizeof(c));
77.     cts(a); //将高精度数存储在数组中
78.     cts(b);
79.     cs(a, b, c);
80.     print(c);
81.     print(a);
82.     return 0;
83. }
```

五、拓展提升

1. 本节要点

高精度运算，一般是把一个数按位分别放在数组中，然后模拟竖式计算的方法进行计算。高精度计算要注意处理好以下三个问题：

（1）数据的接收与存储

采用字符串接收，将字符串的每一位转换成数值反向存放在数组中。

（2）计算结果位数的确定

① 两数之和的位数最大为两加数中较大数的位数加 1。

② 乘积的位数最大为两个乘数的位数之和。

（3）进位和借位的处理

借用临时变量 t。

加法进位：t+= a[i] + b[i]；　c[i] = t %10；　t / = 10；

减法借位：
```
t = a[i] - t - b[i];
if ( t < 0 ) {  //有借位
    c[i] = t+ 10;
    t = 1;
}  else { //无借位
     c[i] = t;
     t = 0;
}
c[i+ 1] = t;
```
乘法进位：可以先乘，再统一进行进位处理。即：
```
c[i+ j - 1]+= a[i] * b[j];
c[i]+= t;  t = c[i] / 10;  c[i]%= 10;
```
除法进位：
```
t = a[i]+ t * 10;  c[i] = t / b;  t = t %b;
```

2. 拓展应用

【练习 1.1.1】 纯小数加法问题(xsjf,1 S,128 MB,内部训练)

【问题描述】

小 Q 和小 H 都是数学小天才，有一天，他们想玩数学的加法游戏，两个人各出一串纯小数数字(小数位数不超过 20 000 位)，看两个人中谁算得又快又准确，请你帮忙编程来验证他们计算的准确性。

【输入数据】

共两行，每行一个纯小数。

【输出数据】

一行，两个纯小数的和。

输入样例 1	输出样例 1
0. 9876543987 0. 1234567890987	1. 1111111877987

输入样例 2	输出样例 2
0. 25 0. 75	1

【数据规模】

对于 100%的数据满足纯小数的小数位数不超过 20 000 位。

【练习 1.1.2】 大整数的因子 1(factor1,1 S,128 MB,内部训练)

【问题描述】

已知正整数 k 满足 $2 \leqslant k \leqslant 9$，现给出长度最大为 100 位的十进制非负整数 a，求所有能

整除 a 的 k。

【输入数据】

共一行。一个正整数 a，a 的位数 $\leqslant 100$。

【输出数据】

若存在满足 $a\%k == 0$ 的 k，从小到大输出所有这样的 k，相邻两个数之间用一个空格隔开；若没有这样的 k，则输出“none”。

输入样例 1	输出样例 1
100	2 4 5

输入样例 2	输出样例 2
31	none

【数据规模】

对于 100%数据满足：正整数 a 的位数不超过 100。

【练习 1.1.3】　大整数的因子 2（factor2，1 S，128 MB，内部训练）

【问题描述】

现给出 $n(1 \leqslant n \leqslant 10\,000)$ 个询问，判断 a 是否能被 k 整除，若能被整除则输出“YES”，否则输出“NO”。a、k 两个数均为长度不超过 100 位的十进制正整数。

【输入数据】

共 $n+1$ 行。

第一行，一个正整数 n。

第 $2 \sim n+1$ 行，每行包含两个正整数 a 和 k，整数之间用一个空格隔开。

【输出数据】

共 n 行，每行为判断的结果。

输入样例	输出样例
2 100 50 37 10	YES NO

【数据规模】

对于 100%数据满足 $1 \leqslant n \leqslant 10\,000$。$a$、$k$ 两个数均为长度不超过 100 位的十进制正整数。

【练习 1.1.4】　阶乘的准确值（factorial，1 S，128 MB，内部训练）

【问题描述】

已知正整数 $N(N \leqslant 200)$，$N! = 1 \times 2 \times 3 \times \cdots \times (N-1) \times N$，其中“！”表示阶乘，如 $3! = 1 \times 2 \times 3 = 6$。请编程实现：输入正整数 N，计算 $N!$ 的准确值。

【输入数据】

一个正整数 $N(N \leqslant 200)$。

【输出数据】

阶乘的准确值。

输入样例	输出样例
5	120

【数据规模】

对于 100%数据满足：$N \leqslant 200$。

【练习 1.1.5】 国王游戏（play，1 S，128 MB，NOIP 2012 提高组 Day1 P2 改编）

【问题描述】

恰逢 H 国国庆，国王邀请 n 位大臣来玩一个有奖游戏。首先，他让每个大臣在左、右手上面分别写下一个整数，国王自己也在左、右手上各写一个整数。然后，让这 n 位大臣排成一排，国王站在队伍的最前面。排好队后，所有的大臣都会获得国王奖赏的若干金币，每位大臣获得的金币数分别是：排在该大臣前面的所有人的左手上的数的乘积除以他自己右手上的数，然后向下取整得到的结果。

注意，国王的位置始终在队伍的最前面。

【输入数据】

第一行包含一个正整数 n，表示大臣的人数。

第二行包含两个整数 a 和 b，之间用一个空格隔开，分别表示国王左手和右手上的整数。

接下来 n 行，每行包含两个整数 a 和 b，之间用一个空格隔开，分别表示每个大臣左手和右手上的整数。

【输出数据】

共 n 行，每行一个整数，表示每个大臣所得的金币。

输入样例 1	输出样例 1
3 1 1 2 3 7 4 4 6	0 0 2

输入样例 2	输出样例 2
5 10 6 2 6 15 7 33 20 12 24 50 15	1 2 15 412 7920

【数据范围】

对于 100%的数据满足：$1 \leqslant n \leqslant 1\,000$，$0 < a, b < 10\,000$。

第二节　消消乐问题——用栈解决问题

一、问题引入

【问题描述】

小 H 设计了一款消消乐游戏，该游戏给出一个由字符'A''B''C'组成的字符串 SS，只要 SS 包含子串"ABC"，那么重复以下操作：

从 SS 中删除最左边出现的子串"ABC"。

执行上述操作后，输出最终字符串 SS。若 SS 串完全被消除，则输出"none"。

【输入数据】

共一行，由'A''B''C'组成的字符串 SS。

【输出数据】

共一行，最终消除后的字符串 SS。

输入样例 1	输出样例 1
BAABCBCCABCAC	BCAC

输入样例 2	输出样例 2
ABCABC	none

输入样例 3	输出样例 3
AAABCABCABCAABCABCBBBAABCBCCCAAABCBCBCC	AAABBBCCC

【数据规模】

对于 100%的数据，输入的字符串长度 $1 < n < 2 \times 10^5$。

二、问题探究

我们很容易想到,采用一个字符数组 a 来存储字符串 SS。根据题意,做如下操作:如果在字符串 SS 中包含子串“ABC”,就从 SS 中删除最左边出现的子串“ABC”。因此我们还需要用另一个特殊的数组 S 来处理字符串并完成相关删除子串的操作(如图 1-2-1 所示)。

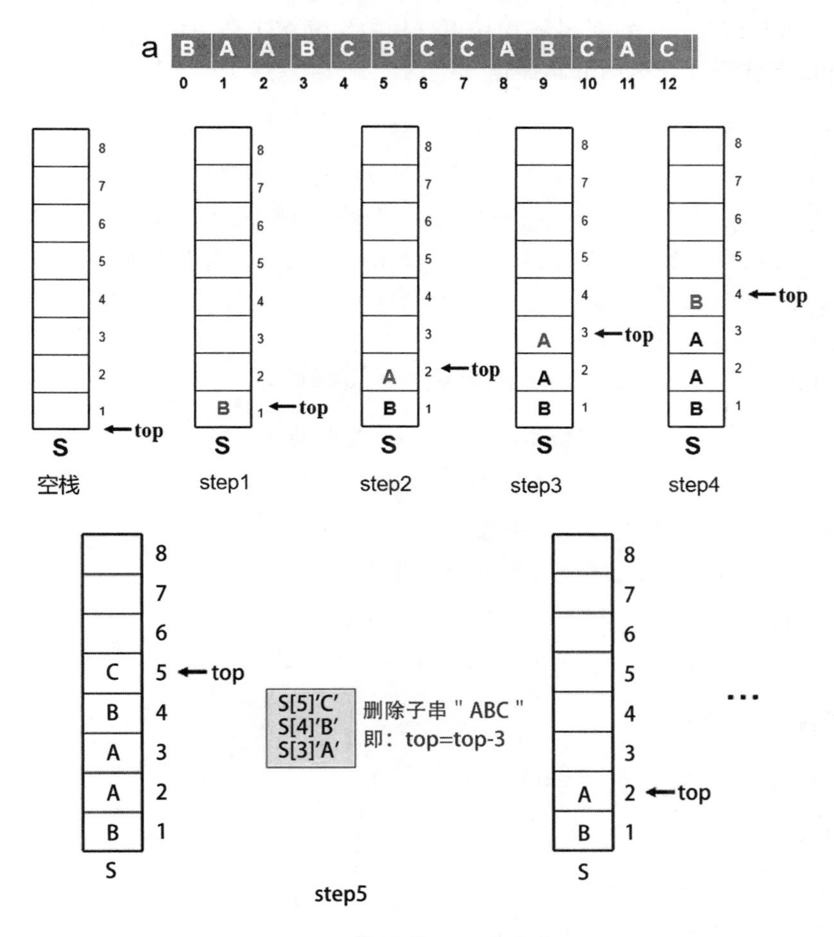

图 1-2-1 使用栈处理消消乐问题

通过观察,我们发现当数组 S 中有 i 个元素($i \geqslant 3$)时,如果 S[i-2]为‘A’且 S[i-1]为‘B’以及 S[i]为‘C’时,就将 $i = i - 3$;否则就将新元素放入到数组中。我们将 S[1]作为数组的一端,该数组中的元素按照进入数组的先后顺序排列,并且数据的插入和删除均在数组的另一端进行,把类似这种操作的数据结构称为栈(stack)。可以用一个数组 S 和一个指针 top 来实现这个栈。

三、知识建构

栈(Stack)是一种一端开口另一端封闭的特殊“容器”,遵循后进先出(Last In First Out, LIFO)的原则,即最后一个被放入栈中的元素第一个被取出。栈的基本操作包括进栈(push,

将元素添加到栈顶)、出栈(pop,从栈顶移除元素)以及取栈顶元素(top)等。需要注意的是,栈不支持在中间位置插入或删除元素,也不支持随机访问栈中的元素。它的所有操作只能在栈顶进行。

一个栈可以用定长为 n 的数组 s 来表示,用一个栈指针 top 指向栈顶。若 top=0,表示栈空,top=n 时栈满。进栈时 top 加 1,退栈时 top 减 1,当 top<0 时下溢,top>n 时上溢。栈指针在运算中永远指向栈顶。栈的基本操作可以用数组和 STL 等方式来实现。

1. 用数组方式来实现栈的基本操作

```
基本类型 s[maxn+10];       // 使用一维数组 s 作为栈的存储结构
int top;                   // top 是栈顶指针,s[top]是栈顶元素;
```

注意:栈的下标可以从 0 开始,也可以从 1 开始。如果是从 0 开始,则定义 n 个元素的下标范围是 0~maxn-1;如果是从 1 开始,则定义 n 个元素的下标范围是 1~maxn。建议栈的下标从 1 开始,把位置 0 作为判断栈是否为空的标志。

① 初始化栈(init):top=0;

② 进栈(push):进栈前首先检查栈是否已满,若满则溢出;

```
不满则:top++;           //栈指针加 1,指向进栈地址
        s[top] = x;      // x 为新进栈的元素
```

③ 出栈(pop):出栈前先检查是否为空栈,若空则下溢出;
即:若 top≤0,则给出下溢信息,作出错处理;

```
不空,则:x = s[top];    //出栈后的元素赋给 x
         top --;        //栈指针减 1,指向栈顶
```

④ 判断栈是否为空:

```
bool isempty( int top ) {   return (top ==0);  }
```

⑤ 判断栈是否为满:

```
bool isfull( int top )
{   return (top == maxn);   }
```

⑥ 获取栈顶元素:

```
if (! isempty( top ))   x = s[top];
```

⑦ 获取栈内元素个数:

```
size = top;
```

下面,我们使用数组模拟栈来解决消消乐问题。

【参考程序】

```
1. #include<bits/stdc++.h>
2. using namespace std;
```

```
3. char a[200005]; //字符串 SS
4. char S[200005]; //栈
5. int top = 0; //栈顶指针
6. int main() {
7.     cin >> a;
8.     int n = strlen(a);
9.     for (int i = 0; i < n; i++) {
10.        S[++top] = a[i]; //入栈
11.        if (top >= 2) { //防溢出
12.            if (S[top - 2] == 'A' && S[top - 1] == 'B' && S[top] == 'C')
13.                        //检查栈顶的元素
14.                top -= 3; //出栈
15.        }
16.    }
17.    if (top == 0) cout << "none";
18.    else
19.       for (int i = 1; i <= top; i++) cout << S[i]; //输出
20.    cout << endl;
21.    return 0;
22. }
```

2. C++ STL 中的 stack

在 C++中,除了使用数组来手动实现栈的基本操作(如 push、pop、top、empty 和 size 等)外,标准库(Standard Template Library, STL)提供了一个名为 stack 的容器,它提供了对栈的完整封装,使得栈的使用变得非常便利。

stack 的底层实现通常是基于其他 STL 容器(如 deque 或 list),但它只提供了栈的接口,隐藏了底层实现的细节。这使得你可以像使用栈一样使用 stack,而无需关心底层是如何实现的。以下是一些 stack 的常见用法:

头文件:# include <stack>

定义:stack <基本类型> 标识符;

例如:stack<int> s;　　//定义一个 int 型的 stack。

stack 中的类型一般是 int、float、char 等,也可以是结构体。

表 1-2-1　stack 的常用函数

函数	使用
push(x)	s. push(x); //向栈顶压入元素 x
pop( )	s. pop(); //弹出栈顶元素
top ( )	s. top(); //访问栈顶元素
empty( )	s. empty(); //判断栈是否为空,如果为空则返回真(或 1)
size( )	s. size(); //返回 stack 中元素的个数

使用 STL 栈解决消消乐问题。

【参考程序】

```
1. #include <bits/stdc++.h>
2. using namespace std;
3. int main() {
4.      string a;
5.      stack<char> S;
6.      cin >> a;
7.      int n = a.size();
8.      for (int i = 0; i < n; i++) {
9.          S.push(a[i]);
10.         if (S.size() >= 3) {
11.             char ch1 = S.top(); S.pop();
12.             char ch2 = S.top(); S.pop();
13.             char ch3 = S.top(); S.pop();
14.             S.push(ch3); S.push(ch2); S.push(ch1);
15.             if (ch1 == 'C' && ch2 == 'B' && ch3 == 'A') {
16.                 S.pop(); S.pop(); S.pop();
17.             }
18.         }
19.     }
20.     a = "";
21.     if (S.empty()) cout << "none";
22.     else {
23.         while (! S.empty()) {
24.             a = S.top() + a; S.pop();
25.         }
26.         cout << a;
27.     }
28.     cout << endl;
29.     return 0;
30. }
```

四、迁移应用

【例 1.2.1】 括号画家(draw,1 S,128 MB,洛谷 P1944)

【问题描述】

Candela 是一名漫画家,她有一个奇特的爱好,就是在纸上画括号。这一天,刚刚起床的 Candela 画了一排括号序列,其中包含小括号( )、中括号[ ]和大括号{ },总长度为 N。这排随意绘制的括号序列显得杂乱无章,于是 Candela 定义了什么样的括号序列是美观的:

（1）空的括号序列是美观的；

（2）若括号序列 A 是美观的，则括号序列(A)、[A]、{A}也是美观的；

（3）若括号序列 A、B 都是美观的，则括号序列 AB 也是美观的；

例如[(){}]()是美观的括号序列，而)({)[}](则不是。

现在 Candela 想在她绘制的括号序列中，找出其中连续的一段，满足这段子序列是美观的，并且长度尽量大。你能帮帮她吗？

【输入数据】

1 个长度不为 0 的括号序列。

【输出数据】

一个整数，表示最长的美观的连续子序列的长度。

输入样例 1	输出样例 1
[[[[]]{}]]	10

输入样例 2	输出样例 2
([){}	2

【数据规模】

各个测试点的长度的大小：5，10，50，100，100，1 000，1 000，10 000，10 000，10 000。

【思路分析】

根据题意可知：要求在绘制的括号序列中，找出连续的一段子序列是美观的，并且该段尽量是最长的。我们很容易想到采用栈来解决该问题。

首先用一个字符数组或字符串 str 来存储读入的括号序列。为了找到最长的美观连续子序列的长度，可以使用栈来辅助遍历并检查括号序列。栈的主要作用是帮助跟踪尚未匹配的括号，并且在遇到不匹配时，用来确定当前位置之前的最长美观子序列的结束位置。

需要注意的是：这里的栈存储的是索引（即存储的是字符串 str 中字符的位置，而不是直接存储字符），此使用方式是为了便于跟踪字符在字符串中的位置。

基本思路如下：

（1）遍历括号序列中的每个括号。

（2）当遇到一个左括号（小括号 '('、中括号 '[' 或大括号 '{'）时，将其压入栈中。

（3）当遇到一个右括号时，我们尝试从栈顶取一个元素，并检查它们是否匹配。

① 如果栈为空或者栈顶元素与当前右括号不匹配，则将该右括号入栈。

② 如果它们匹配，说明当前右括号是之前某个左括号的一部分，则将栈顶元素出栈，继续遍历。

（4）在遍历过程中，记录当前最长美观子序列的长度。

（5）遍历结束后，栈中可能还剩下一些未匹配的括号，说明它们之后没有匹配的右括号，因此它们不属于任何美观子序列，则可以忽略这些括号。

（6）输出最长美观子序列的长度。

【参考程序】

```
1. #include<bits/stdc++.h>
2. using namespace std;
3. int main( ) {
4.     string str;
5.     cin >> str;
6.     stack<int> s;
7.     int res = 0;
8. for ( int i = 0; i < str.size( ); i++) {
9.     char c = str[ i];
10.    if ( s.size( ) ) {
11.        char t = str[ s.top( ) ];
12.        if ( c == ')' && t == '(' || c == ']' && t == '[' || c == '}' && t == '{')
13.            s.pop( );
14.        else s.push( i);
15.    } else  s.push( i);
16.    if ( s.size( ) )
17.        res = max( res, i - s.top( ) );
18.    else
19.        res = max( res, i + 1);
20.    }
21.    cout << res << endl;
22.    return 0;
23. }
```

【例 1.2.2】 弹奏（play，1 S，128 MB，洛谷 P6704）

【问题描述】

小 Q 梦见一个外星朋友，他有十亿根手指。外星人能快速拿起吉他，在网上找到一段简单的旋律并开始弹奏。这个吉他有六根弦，用 1 到 6 表示。每根弦被分成 P 段，令其用 1 到 P 表示。旋律是一串音调，每一个音调都是由按下特定的一根弦上的一段而产生的（如按第 4 弦第 8 段）。如果在一根弦上同时按在几段上，产生的音调是段数最大的那一段所能产生的音调。例如，对于第 3 根弦第 5 段已经被按，若你要弹出第 7 段对应音调，只需按住第 7 段，而不需放开第 5 段，因为只有最后的一段才会影响该弦产生的音调（在这个例子中是第 7 段）类似，如果现在你要弹出第 2 段对应音调，你必须把第 5 段和第 7 段都释放。

请你编写一个程序，计算外星人在弹出给定的旋律情况下，手指运动的最小次数。

【输入数据】

第一行包含两个正整数 n,P。它们分别指旋律中音调的数量及每根弦的段数。

接下来 n 行,每行两个正整数 i,j,分别表示能弹出对应音调的位置——弦号和段号,其为外星人弹奏的顺序。

【输出数据】

一个非负整数表示外星人手指运动次数最小值。

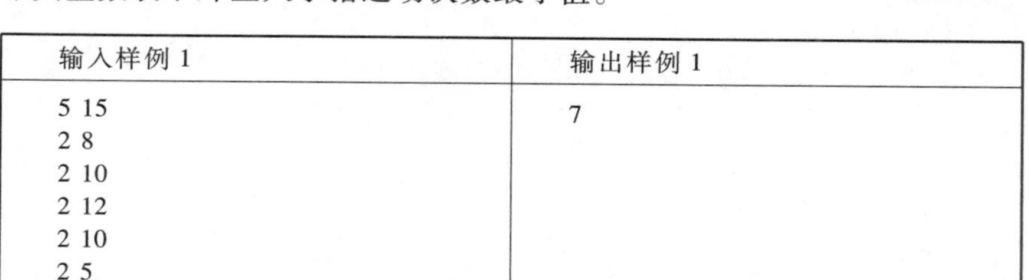

输入样例 1	输出样例 1
5 15 2 8 2 10 2 12 2 10 2 5	7

【样例 1 解释】

所有的音调都是由第二根弦产生的。首先按顺序按 8 10 12(count=3)。然后释放第 12 段(count=4)。最后,按下第 5 段,释放第 8 10 段(count=7)。

输入样例 2	输出样例 2
7 15 1 5 2 3 2 5 2 7 2 4 1 5 1 3	9

【样例 2 解释】

对于每个操作,分别需要 1 1 1 1 3 0 2 次手指运动。

【数据规模及约定】

按下或释放一段弦各计一次手指运动。弹弦不算手指的移动,而是一个弹吉他的动作。(即:你不需要管他怎么弹的,只需要按就是啦,说不定他可以用超能力哦)

对于 100%的数据满足:$1 \leqslant n \leqslant 5 \times 10^5, 2 \leqslant P \leqslant 3 \times 10^5$。

【思路分析】

本题是典型的栈的操作。根据题意,我们知道弦数固定只有六根,很容易想到用 6 个栈来记录不同的弦的操作。

下面来考虑每根弦上的操作:对于每一个音调,必须保证在它前面已经被按下的段中其段数最大。由此,我们可以考虑维护 6 个栈结构,每个栈代表一根弦。每次操作时,从栈顶向下遍历:

如果栈顶元素大于询问值,则不断弹出,同时统计相应的手指运动次数。

如果栈顶元素等于询问值,则结束本次操作。

如果栈顶元素小于询问值,则将询问值进栈,并统计一次手指运动。

【参考程序】

```
1. #include <bits/stdc++.h>
2. using namespace std;
3. int n, p, x, y, s, sum[7] = {0}, a[7][300005];
4. int main( ) {
5.       cin >> n >> p;
6.       for (int i = 1; i <= n; i++) {
7.             cin >> x >> y;
8.             while (sum[x] >0 && a[x][sum[x]] >y) {
9.                   sum[x]--;
10.                  s++;
11.            }
12.            if (a[x][sum[x]] == y) continue;
13.            a[x][++sum[x]] = y;
14.            s++;
15.      }
16.      cout << s << endl;
17.      return 0;
18. }
```

【例 1.2.3】 发型(hair,1 S,128 MB,CSDN 社区)

【问题描述】

Farmer John 的 N 头奶牛($1 \leqslant N \leqslant 80\,000$) 正在过乱头节! 由于每头奶牛都意识到自己凌乱的发型,Farmer John 希望统计出能够看到其他奶牛头发的牛的数量。

每头奶牛 i 都有一个指定的高度 hi($1 \leqslant hi \leqslant 1\,000\,000\,000$),而且面向东方站成一排(在我们的图中向右)。因此,第 i 头奶牛可以看到她面前奶牛的头顶,(即 $i+1$、$i+2$ 等),只要那些奶牛的高度严格低于她的高度。

【输入数据】

第 1 行: 奶牛数量 n。

第 $2 \sim n+1$ 行: 第 $i+1$ 行包含一个整数,即牛 i 的高度。

【输出数据】

共一行: 一个整数,它是 C_1 到 C_n 之和。

输入样例	输出样例
6 10 3 7 4 12 2	5

【数据规模】

对 100%的数据满足：$1 \leqslant N \leqslant 80\,000$，$1 \leqslant hi \leqslant 1\,000\,000\,000$。

【思路分析】

首先我们来分析样例，奶牛 1 可以看到奶牛 2、3、4 的头顶；奶牛 2 看不到任何奶牛的头顶；奶牛 3 可以看到奶牛 4 的头顶；奶牛 4 看不到任何奶牛的头顶；奶牛 5 可以看到奶牛 6 的头顶；奶牛 6 看不到任何奶牛的头顶！

不妨令 C_i 表示从奶牛 i 可以看到其发型的奶牛数量；则计算 C_1 到 C_n 的总和。对于此示例（如图 1-2-2 所示），所需的答案是 3+0+1+0+1+0=5。

图 1-2-2 奶牛发型

根据样例分析可知，将一群高度不同的牛从左到右排开，每头牛只能看见它右边的比它矮的牛的发型，若遇到一头高度大于或等于它的牛，则无法继续看到这头牛后面的其他牛。求出所有的牛能够看见的发型总数。

我们可以使用一个栈来模拟奶牛之间的遮挡关系。栈中存储的奶牛索引应满足从栈底到栈顶奶牛的高度递减。当我们遍历奶牛时，如果当前奶牛的高度高于栈顶奶牛，则栈顶奶牛无法看到后面的奶牛（包括当前奶牛），因此我们将栈顶奶牛出栈，并累加其能看到的奶牛数量。

【参考程序】

```
1. #include <bits/stdc++.h>
2. using namespace std;
3. int main() {
4.     int n;
5.     long long ans = 0;   // 记录能看到的奶牛总数
6.     cin >> n;
7.     stack<int> sta;   // 存储奶牛索引的栈
8.     for (int i = 0; i < n; i++) {
9.         int a;
10.         cin >> a;
11.         while (! sta.empty() && sta.top() <= a)
12.             sta.pop();   // 弹出栈中所有高度小于当前奶牛的奶牛
13.         ans += sta.size();  // 当前奶牛能看到栈中剩余的奶牛
14.         sta.push(a);     // 当前奶牛入栈
```

```
15.        }
16.        cout << ans << endl;
17.        return 0;
18. }
```

这个问题本质上是一个寻找递增序列(或者叫作山峰)的数量的问题。由于奶牛只能看到比自己矮的奶牛,因此我们需要找到每个奶牛后面第一个比它高的奶牛的位置,然后计算每头奶牛可以看到的奶牛数量(即从这个奶牛到第一个比它高的奶牛之间的奶牛数量)。

【例 1.2.4】 游戏图(graphics,1 S,128 MB,内部训练)

【问题描述】

小 Q 和小 H 两个好朋友喜欢下围棋,小 Q 执黑棋,小 H 执白棋,游戏结束时,他们想计算棋盘上由黑棋所完全围成的图形的面积。面积的计算方法是统计黑棋所完全包围而成的闭合曲线中白棋的个数。黑棋用“*”表示,白棋用“0”表示。

【输入数据】

共若干行,第一行由一个空格隔开的两个正整数 m、n,表示棋盘的行和列。

第 $2 \sim m+1$ 行,每行由 n 个“0”和“*”组成的字符串。

【输出数据】

黑棋所完全包围而成的闭合曲线中白棋的个数。

输入样例	输出样例
4 5 **00* 0**** 0*00* 0****	2

【输出样例说明】

答案为 2,表示中间只有两个 0 是完全被包围的。

【数据规模】

对于 100%数据满足,$0 < m \leqslant 10, 0 < n \leqslant 200$。

【思路分析】

根据题意可知,本题实际是要数被“*”完全包围着的“0”的个数, 那么我们很容易想到只需要把“*”外面的“0”变成其他符号,再数这个矩阵里有多少个“0”就可以了。

根据样例数据,按照下、右、上、左的规则顺序去拓展状态,可以画出以下如图 1-2-3b 所示的搜索树。由题意知,问题的状态是矩阵中的每个元素的位置(即行号和列号)。为了程序实现更简单,我们可以在原矩阵的外围加上一圈哨兵“0”(如图 1-2-3a 所示)。然后从左上角开始搜索(每个结点按下、右、上、左四个方向进行遍历)。当矩阵中某个位置已经访问过,就不需要再访问(否则会出现死循环,永远结束不了),所以需要作标记。我们搜索的顺序:

```
0000000
0**00*0
00****0
00*00*0
00****0
0000000
```

图 1-2-3a “哨兵”矩阵

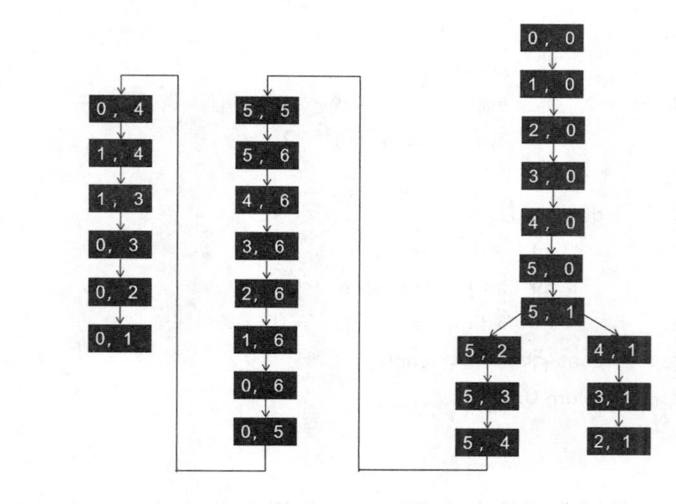

图 1-2-3b 游戏图的搜索树

(0,0)→(1,0)→(2,0)→(3,0)→(4,0)→(5,0)→(5,1)→(5,2)→(5,3)→(5,4)→(5,5)→(5,6)→(4,6)→(3,6)→(2,6)→(1,6)→(0,6)→(0,5)→(0,4)→(1,4)→(1,3)→(0,3)→(0,2)→(0,1)→(4,1)→(3,1)→(2,1)。

搜索树如图 1-2-3b 所示。从搜索树上看出,按照深度优先搜索的次序,首先依次访问状态(0,0)→(1,0)→(2,0)→(3,0)→(4,0)→(5,0)→(5,1)→(5,2)→(5,3)→(5,4)→(5,5)→(5,6)→(4,6)→(3,6)→(2,6)→(1,6)→(0,6)→(0,5)→(0,4)→(1,4)→(1,3)→(0,3)→(0,2)→(0,1),由于该路径已无法继续向深度搜索,则回溯到(5,1),选择另一个分支继续沿深度访问(4,1)→(3,1)→(2,1),此时再无路可走,搜索结束。

【参考程序】

```
1. #include <bits/stdc++.h>
2. using namespace std;
3. const int dx[4] = {0, 0, 1, -1};
4. const int dy[4] = {1, -1, 0, 0};
5. int mymap[110][110];
6. int m, n, sum;
7. void dfs(int x, int y) {
8.     if (x <0 || y <0 || x >m +1 || y >n +1 || mymap[x][y] ! =0) return ;
9.     mymap[x][y] = 1; //标记为非 0
10.    for ( int i = 0; i <4;++i)
11.        dfs(x + dx[i], y + dy[i]); //搜索下一层
12. }
13. int main( ) {
14.     cin >> m >> n;
15.     memset( mymap, 0, sizeof( mymap) );
16.     for (int i = 1; i <= m;++i)
17.         for (int j = 1; j <= n; ++j) {
```

```
18.                 char ch;
19.                 cin >> ch;
20.                 if (ch == '0') mymap[i][j] = 0;
21.                 else mymap[i][j] = 2;
22.             }
23.     dfs(0, 0);
24.     for (int i = 1; i <= m; ++i)
25.         for (int j = 1; j <= n; ++j)
26.             if (mymap[i][j] == 0) sum++;
27.     cout << sum << endl;
28.     return 0;
29. }
```

本题是因为把超出边界作为退出条件，即我们会访问到矩阵边界外的结点，所以在定义这个矩阵的大小时一定要比它的实际大小要大一点，否则会越界错误。

需要注意的是：当访问了一个结点后要对它进行标记，否则会出现重复访问，陷入死循环。深搜在递归实现中，每一次函数调用都会在栈区上申请内存空间，隐式地扮演了栈的角色，保存了每个递归调用的状态，就像一个显式的栈数据结构。（深搜相关知识见本节的“拓展提升”）。

【例 1.2.5】 传球（football，1 S，128 MB，USACO）

【问题描述】

为即将到来的足球锦标赛做准备，Farmer 八哥正在训练他的 N 只兔子（$1 \leqslant N \leqslant 100$）传球。兔子都站在兔窝一侧的一条很长的线上，兔 i 站在距离兔窝 x_i 个单位的位置（$1 \leqslant x_i \leqslant 1\,000$）。每只兔都站在不同的位置。在演习开始时，Farmer 八哥会将几个球传给不同的兔子。当兔 i 收到来自 Farmer 八哥或另一只兔的球时，她会将球传给离她最近的兔子（如果多只兔子与她的距离相同，她会将球传给最左边的兔子）。为了让所有兔至少得到一点练习传球，Farmer 八哥希望确保每只兔子至少握住一个球一次。假设他将球交给一组适当的初始兔子，请你帮助他找出他最初需要分配的最小球数以确保发生这种情况。

【输入数据】

第一行，一个整数 N。

第二行，N 个整数，第 i 个整数是 x_i.

【输出数据】

请输出 Farmer 八哥最初必须传给兔子的最小球数，这样每只兔至少可以握住一个球。

输入样例	输出样例
5 7 1 3 11 4	2

【数据规模】

对于 100%数据满足：$1 \leqslant N \leqslant 100$，$1 \leqslant x_i \leqslant 1\,000$。

【思路分析】

根据题意,我们需要将原来的兔子序号(如图 1-2-4a 所示)按到兔窝的距离进行从小到大重新编号。(样例重新编号后的序号如图 1-2-4b 所示)同时求出相邻两兔之间的距离,以决定到底将球传给谁。

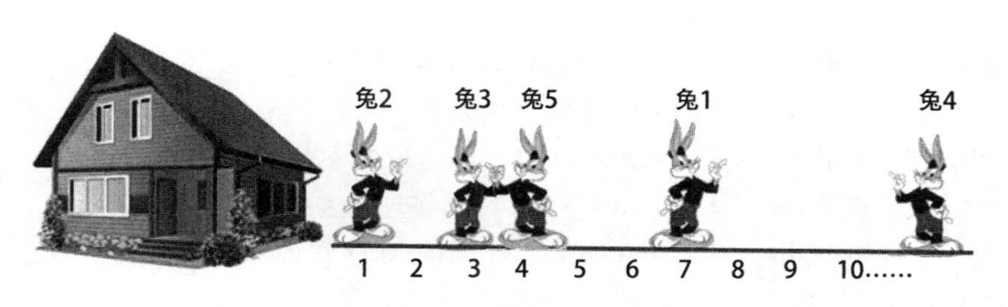

图 1-2-4a 兔子的原状态

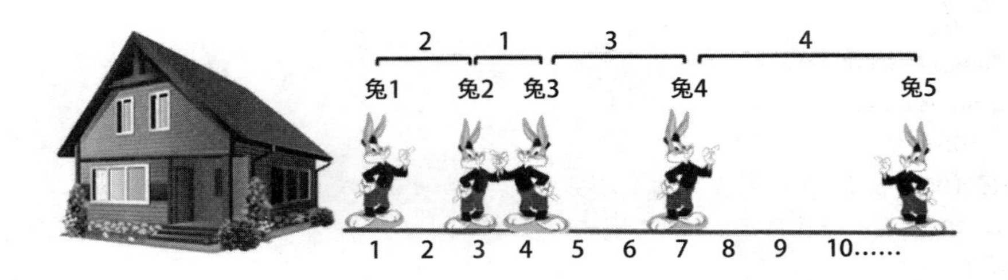

图 1-2-4b 将兔子序号按到兔窝的距离进行从小到大重新编号后的状态

以样例数据为例:假设开始各兔子握球编号初始值为 0,即 f(1)= f(2)= f(3)= f(4)= f(5)= 0。

第一次:Farmer 八哥将 1 号球传给兔 1,则有兔 1、兔 2、兔 3,兔 2……接到了 1 号球,即:f(1)= f(2)= f(3)= 1,f(4)= f(5)= 0。

第二次:Farmer 八哥将 2 号球传给兔 2,则有兔 2、兔 3、兔 2……接到了 2 号球,即:f(1)= 1,f(2)= f(3)= 2,f(4)= f(5)= 0。

第三次:Farmer 八哥将 3 号球传给兔 3,则有兔 3、兔 2、兔 3……接到了 3 号球,即:f(1)= 1,f(2)= f(3)= 3,f(4)= f(5)= 0。

第四次:Farmer 八哥将 4 号球传给兔 4,则有兔 4、兔 3、兔 2 接到了 4 号球,即:f(1)= 1,f(2)= f(3)= f(4)= 4,f(5)= 0。

第五次:Farmer 八哥将 5 号球传给兔 5,则有兔 5、兔 4、兔 3、兔 2 接到了 5 号球,即:f(1)= 1,f(2)= f(3)= f(4)= f(5)= 5。

根据观察得出:每只兔子至少可以握到一次球,Farmer 八哥最初必须传给兔子的最小球数为 2。

求解本题的思路是:

(1) 在搜索前需要做的准备工作:

① 用 a 数组存储各兔子到兔窝的距离,将兔 i 按到兔窝的距离远近进行重新编号;

② 用 dis 数组存储兔 i 到兔 i-1 以及兔 i 到兔 i+1 之间的距离。

（2）状态表示：

① a[i]记录兔 i 到兔窝的距离；

② dis[i][1]表示兔 i 到兔 i-1 的距离，dis[i][2]表示兔 i 到兔 i+1 的距离；

③ f[i]记录兔 i 接球的状态；

（3）状态转移：

① 边界条件：如果 dis[i][1]=0，则将球向右传 dfs(i+1)；

如果 dis[i][2]=0，则将球向左传 dfs(i-1)；

② 中间端点：如果 dis[i][1]< dis[i][2]，则将球向左传 dfs(i-1)；

如果 dis[i][1]= dis[i][2]，则将球向左传 dfs(i-1)；

如果 dis[i][1] > dis[i][2]，则将球向右传 dfs(i+1)；

对每只兔子都进行深搜，对路径进行标记（后面搜的能够覆盖前面搜过留下的路径），所有兔子都搜完后，检查一共有多少个不同的标记，标记的个数就是所需要的球的个数。

【参考程序】

```
1. #include<bits/stdc++.h>
2. using namespace std;
3. int a[105];         //位置
4. int dis[105][5]; //1是左,2是右
5. int vis[105];       //标记
6. int ans[105];
7. int cnt = 1;
8. int dfs(int i) {
9.      if (vis[i] == cnt)
10.         return 0;
11.     vis[i] = cnt;
12.     if (dis[i][1] == 0) //如果是端点,走对的那条
13.         dfs(i + 1);
14.     else if (dis[i][2] == 0)
15.         dfs(i - 1);
16.     else if (dis[i][1] != 0 && dis[i][2] != 0) { //如果不是端点,继续搜
17.         if (dis[i][1] < dis[i][2])
18.             dfs(i - 1);
19.         else if (dis[i][1] > dis[i][2])
20.             dfs(i + 1);
21.         else  //两边一样近 ,给左边
22.             dfs(i - 1);
23.     }
24.     return 0;
25. }
26. int main() {
27.     int n;
```

```
28.     scanf("%d", &n);
29.     for (int i = 1; i <= n; i++)
30.         scanf("%d", &a[i]);
31.     sort(a + 1, a + n + 1); //从左到右排
32.     dis[1][2] = a[2] - a[1];
33.     dis[n][1] = a[n] - a[n - 1];
34.     for (int i = 2; i < n; i++) {
35.         dis[i][1] = a[i] - a[i - 1];
36.         dis[i][2] = a[i + 1] - a[i];
37.     }
38.     for (int i = 1; i <= n; i++) {
39.         if (vis[i] == 0)
40.             dfs(i);
41.         cnt++;
42.     }
43.     for (int i = 1; i <= n; i++)
44.         ans[vis[i]] = 1;
45.     cnt = 0;
46.     for (int i = 1; i <= 105; i++)
47.         if (ans[i] == 1)
48.             cnt++;
49.     printf("%d\n", cnt);
50.     return 0;
51. }
```

五、拓展提升

1. 本节要点

栈是一种操作受限的数据结构,只支持进栈和出栈操作,后进先出(LIFO)是它最大的特点。栈既可以通过数组实现,也可以通过 STL 栈(stack)来实现。不管基于数组还是 STL 栈(stack),进栈、出栈的时间复杂度都为 $O(1)$。为保证“后生成的结点先扩展”,深搜需用到符合“后进先出”特点的“栈”这种重要的数据结构。一般采用递归形式,利用系统栈来实现。

2. 拓展知识

(1) 单调栈

单调栈是一种数据结构,栈中元素值单调递增或递减。它利用栈的后进先出(LIFO)特性来维护一个具有单调性的元素序列。

在前面【例 1.2.3】发型问题中,单调栈被用来快速找到每头奶牛后面第一头比它高的奶牛。由于栈是单调递减的(从栈底到栈顶),当遇到一头比栈顶奶牛更低的奶牛时,栈顶奶牛以及栈顶奶牛之前所有奶牛都能看到当前奶牛,而遇到一头比栈顶奶牛更高的奶牛时,需要从栈顶起将比当前低的奶牛依次退栈并计算答案,以此保持栈的单调性,便于后面再次计算答案。因此,我们只需要记录栈的大小(即能被看到的奶牛数量),并将这个数量累加到总和中。

(2)栈与深度优先搜索

① 栈与深度优先搜索的关系

栈(Stack)和深度优先搜索(Depth-First Search, DFS)之间有着密切的关系,这种关系主要体现在 DFS 算法的实现过程中,通常使用栈来辅助实现 DFS 的遍历过程。具体来说,在实现 DFS 时,我们通常使用栈来依次存储已访问的结点。当一个结点被访问过并入栈后,它的其中一个未被访问的邻接结点将接着被访问并压入栈中,以此类推。若当前结点的所有邻接点均被访问过时即进行回溯,算法会不断地从栈顶弹出结点并继续访问其他未被访问的相关结点,直到栈为空,保证所有可能的结点都被访问。如前面【例 1.2.4】游戏图问题,这种使用栈的方式确保了 DFS 的"深度优先"特性,即总是先访问到当前结点的最深子结点。

DFS 可以使用递归或迭代的方式实现。在递归实现中,函数调用栈隐式地扮演了栈的角色。而在迭代实现中,我们显式地使用一个栈来模拟递归过程。

② 深度优先搜索的算法思路

深度优先搜索(DFS)遵循的搜索策略是尽可能"深"地搜索。对于当前发现的结点,如果它还存在以此结点为起点而未探测到的边,就沿此边继续搜索下去。若当结点的所有边都已被探寻过,将回溯到当前结点的父结点,继续上述的搜索过程,直到所有结点都被探寻为止。每个结点只能访问一次,在探索过程中,一旦发现无法继续向前,就退回一步重新选择,继续向前探索,如此反复进行,直至得到解或证明无解。

解决深度优先搜索的相关问题一般从以下四个方面来考虑:

- 状态表示:一般是指客观现实信息的描述,通常用 T 表示。T0 表示初始状态,Tn 表示目标状态。(我现在在哪里?)
- 状态转移:根据题意规则从当前状态转移到下一个状态。(我要到哪里去?)
- 状态判重:大多数情况下,重复状态会造成死循环或空间浪费。(去过的地方就不去了!)
- 递归回溯:当把问题分成若干步骤并递归求解时,如果当前步骤没有合法选择,则函数将返回上一步递归调用。(此路不通,回头是岸!)

③ 深度优先搜索的两种算法框架:

框架一:

```
void DFS( int dep,[参数表] )   //  当前状态 u
{
        if  (到达目标状态)  {输出解或者作计数、评价处理;}
        else 枚举每一个从状态 u 能到达的状态 v
              {
                  if  (状态拓展 v 可行)
                  {
                    保存现场(断点,维护参数表);
                    DFS( dep + 1 );
                    恢复现场 {恢复到保存结果之前的状态,即回溯到上一步}
```

```
            }
        }
}
```

框架二：

```
void DFS( int dep,[参数表] )    //  当前状态 u
{
    枚举每一个从状态 u 能到达的状态 v
    {
        if  (状态拓展 v 可行) {
            保存现场(断点,维护参数表);
            if  (状态 v 是目标状态)  {输出解或者作计数、评价处理;}
            else DFS(dep+1);
            恢复现场 {恢复到保存结果之前的状态,即回溯到上一步}
        }
    }
}
```

3. 拓展应用

【练习 1.2.1】 日志分析(log,1 S,128 MB,洛谷 P1165)

【问题描述】

M 海运公司最近要对仓库货物的进出情况进行统计。目前他们所拥有的唯一记录就是一个集装箱进出情况的日志。

该日志记录两类操作：第一类操作为集装箱入库操作,以及该次入库的集装箱重量;第二类操作为集装箱的出库操作。这些记录都严格按时间顺序排列。集装箱入库和出库的规则为先进后出。

出于分析目的,分析人员在日志中随机插入了若干第三类操作—查询操作,该操作需要报告出当前仓库中最大集装箱的重量。

【输入数据】

第一行为 1 个正整数 N,对应于日志内所含操作的总数。

接下来的 N 行,分别属于以下三种格式之一：

格式 1：0 X　表示入库操作,正整数 X 表示该次入库的集装箱的重量;

格式 2：1　表示出库操作,(就当时而言)最后入库的集装箱出库;

格式 3：2　表示查询操作,输出当前仓库内最大集装箱的重量;

当仓库为空时你应该忽略出库操作,当仓库为空查询时你应该输出 0。

【输出数据】

输出行数等于日志中查询操作的次数。每行为一个正整数,表示查询结果。

输入样例	输出样例
13 0 1 0 2 2 0 4 0 2 2 1 2 1 1 2 1 2	2 4 4 1 0

【数据规模】

对于 20%的数据,有 $N \leqslant 10$;

对于 40%的数据,有 $N \leqslant 1\ 000$;

对于 100%的数据, $N \leqslant 200\ 000, X \leqslant 10^8$。

【练习 1.2.2】 超市排队问题(line,1 S,128 MB,内部训练)

【问题描述】

在一个超市里,顾客们正在排队结账。每个顾客都有自己的购物金额,并且他们希望尽快完成结账。然而,超市有一个特殊的规定:如果一个正在结账的顾客发现后面排队的某个顾客的购物金额(price)比自己的大,那么他会感到不悦。为了优化顾客的购物体验,超市想要知道每个顾客后面第一个购物金额比他大的顾客的位置(队伍中的索引)。如果某个顾客后面没有购物金额比他大的顾客,那么他的位置应该标记为-1。

【输入数据】

第一行包含一个整数 n, 表示队伍中顾客的数量。

第二行包含 n 个整数,表示每个顾客的购物金额。

【输出数据】

输出一个长度为 n 的整数数组,其中第 i 个元素表示第 i 个顾客后面第一个购物金额比他大

的顾客的索引(基于 1 的索引)。如果第 i 个顾客后面没有购物金额比他大的顾客,则输出-1。

输入样例	输出样例
5 2 5 1 3 4	2 -1 4 5 -1

【数据规模】

对于 100%数据,有 $1 \leqslant n \leqslant 1\,000$,$1 \leqslant \text{price} \leqslant 10\,000$。

【练习 1.2.3】 困难的串(string,1 S,128 MB,UVA129)

【问题描述】

如果一个字符串包含两个相邻的重复子串,则称它是“容易的串”,其他串称为“困难的串”。例如:BB、ABCDABCD 都是容易的串,而 D、DC、ABDAD、CBABCBA 都是困难的串。

输入正整数 n 和 L,输出由前 L 个字符组成的、字典序第 n 个困难的串。例如,当 L=3 时,前 7 个困难的串分别为 A、AB、ABA、ABAC、ABACA、ABACAB、ABACABA。输入保证答案不超过 80 个字符。

【输入数据】

共一行,两个正整数,分别表示 n 和 L。

【输出数据】

共一行,字典序第 n 小的困难的串。

输入样例 1	输入样例 1
7 3	ABACABA

输入样例 2	输入样例 2
30 4	ABACABADABACABCACBABCABACABCAA

【数据规模】

输入保证不超过 80 个字符。

【练习 1.2.4】 矩阵问题(matrix,1 S,128 MB,洛谷 ABC271F)

【问题描述】

给定一个 n 行 n 列的矩阵,定义合法路径为只向右或向下的路径,且途径数字异或和为 0。求合法路径条数。

输入样例 1	输出样例 1
3 1 5 2 7 0 5 4 2 3	2

输入样例 2	输出样例 2
2 1 2 2 1	0

输入样例 3	输出样例 3
10 1 0 1 0 0 1 0 0 0 1 0 0 0 1 0 1 0 1 1 0 1 0 0 0 1 0 1 0 0 0 0 1 0 0 0 1 1 0 0 1 0 0 1 1 0 1 1 0 1 0 1 0 0 0 1 0 0 1 1 0 1 1 1 0 0 0 1 1 0 0 0 1 1 0 0 1 1 0 1 0 1 0 1 1 0 0 0 0 0 0 1 0 1 1 0 0 1 1 1 0	24307

【数据规模】

对于 100%数据,有 $2 \leqslant n \leqslant 20, 0 < a_{i,j} < 2^{30} (1 \leqslant i, j \leqslant n)$

样例说明:

第一种方案:(1,1)→(1,2)→(1,3)→(2,3)→(3,3)

第二种方案:(1,1)→(2,1)→(2,2)→(2,3)→(3,3)

第三节　巧解 QQ 号问题——用队列解决问题

一、问题引入

【问题描述】

想知道我的 QQ 号吗?在此仅告诉你一串加密过的数字和解密规则。

QQ 密文:6871256890

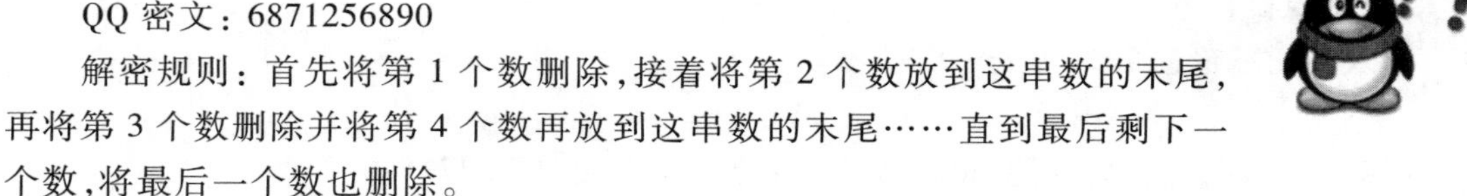

解密规则:首先将第 1 个数删除,接着将第 2 个数放到这串数的末尾,再将第 3 个数删除并将第 4 个数再放到这串数的末尾……直到最后剩下一个数,将最后一个数也删除。

按照这样删除的顺序,将数连在一起就是我的 QQ 啦!

【输入数据】

共一行,一个不超过 20 位的整数,表示 QQ 密文。

【输出数据】

共一行,一个整数,表示解密后的 QQ 号。

输入样例	输出样例
6871256890	6726985081

【数据规模】

密文长度不超过 20 位。

二、问题探究

由题意可知,解密规则:首先将第 1 个数删除,接着将第 2 个数放到这串数的末尾,再将第 3 个数删除并将第 4 个数再放到这串数的末尾……,这些数字像不像是在排队?我们把这种数据结构称为队列(如图 1-3-1 所示)。

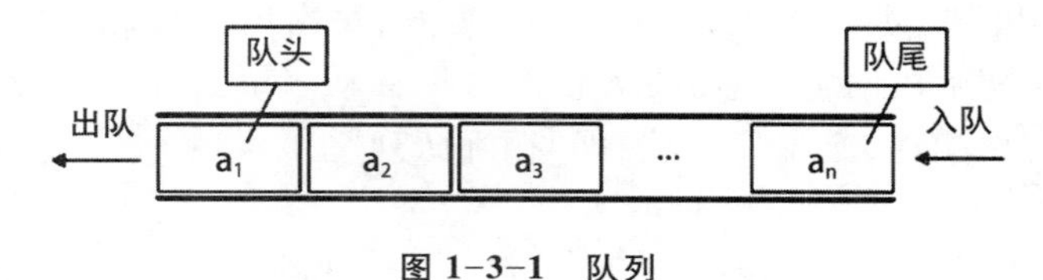

图 1-3-1 队列

三、知识建构

1. 队列的基本知识及基本操作

(1) 队列的定义

队列是一种有限制的线性表,规定只能从一端(队尾)添加元素(入队)、从另一端(队头)取出元素(出队)。该特点保证了元素“先进先出(FIFO: First In First Out)”。

通常用一个数组存储队列元素,用两个“指针”变量分别记录队头和队尾的位置。

```
const int N = 100 + 28;
int q[N];
int front , rear;
front = rear = 0;
```

在此约定:头指针指向实际队头元素的前一个元素(如图 1-3-2 所示),尾指针指向实际队尾元素,即有效位置从 1 开始使用。

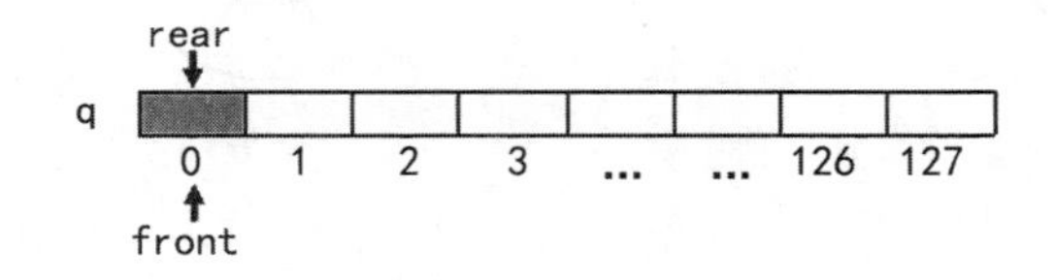

图 1-3-2 队列的约定

(2) 队列的操作

队列常见的基本操作有:入队、出队、队列中元素个数、队列判空等。

① 入队:++rear; q[rear]=val; 等价于 q[++rear]= val;

② 求队列中元素的个数:rear-front;

③ 队列不空的条件:front<rear;

④ 队列为空的条件:front==rear;

⑤ 取队头元素操作:++front; x=q[front]; //该操作队头元素并没有被删除

⑥ 出队：++front； //数组模拟队列时，出队元素并未真正删除

在不断入队、出队的过程中，队列会呈现以下几种状态：队空（队列中没有任何元素）、队满（队列空间已全被占用）、溢出（当队列已满，还有元素要入队，则为"上溢 overflow"；当队列为空，还要出队，则为"下溢 underflow"）。需要注意的是，在入队前，需要判断队列是否已满，出队前则要判断队列是否为空。

随着入队和出队的不断进行，front 和 rear 一直向后移动，队头前面产生了一片空闲区，当队尾指针指向数组最后一个位置（rear = maxn−1）时，若继续有元素入队，此时产生了"假溢出"。解决"假溢出"问题有两种方案：第一种方案，每次出队时，都向"空闲区"整体移动一位，这种方法虽然能解决问题，但需要大量的数据移动。第二种方案，我们不用对数据进行移动，将数组的首尾相连，形成"环"状，即"循环队列"。

（3）循环队列

为了解决顺序队列的缺点，将顺序队列变为一个环状的空间，即把存储队列元素的表从逻辑上看成一个环，称为循环队列。跟普通队列一样，循环队列也有入队、出队、对队列是否为满或空作判断等基本操作（如图 1-3-3 所示）。当队头指针 front = maxn−1 后，再前进一个位置就自动到 0，这可以利用取余运算（%）来实现。初始时 front = rear = −1。

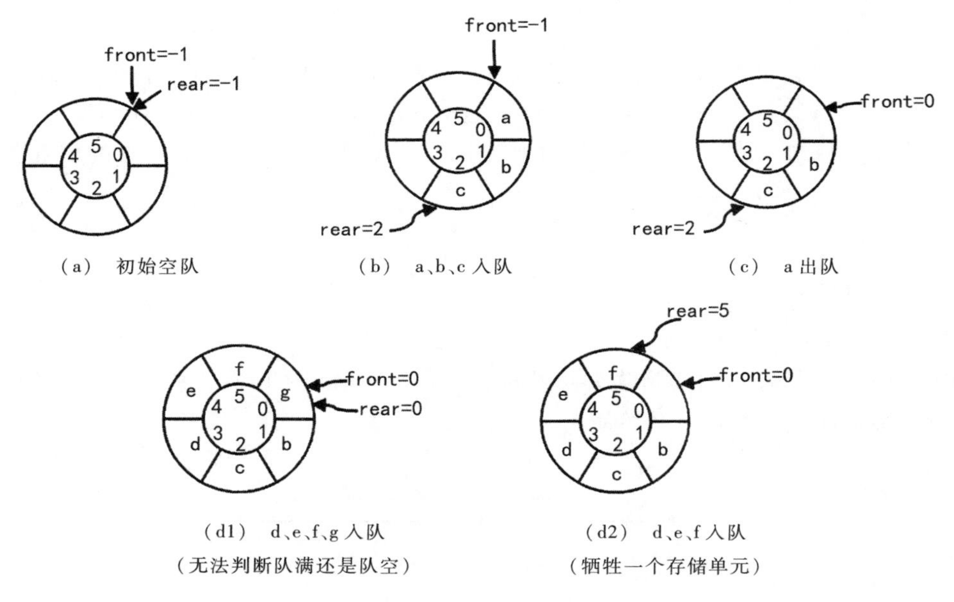

图 1-3-3 循环队列

① 队满的条件：(rear+1) % maxn = = front;

② 队空的条件：rear = = front;

③ 求循环队列的实际长度：(rear−front+maxn)%maxn;

④ 入队：如果队列未满，则执行 rear = (rear+1)%maxn; q[rear] = x;

⑤ 出队：如果队列不空，则执行 front = (front+1)%maxn;

（4）STL 中的<queue>

要使用 STL 中的队列，需要先调用头文件#include <queue>，队列遵循先进先出，后进后

出,使用与栈 stack 相类似。(见表 1-3-1)

表 1-3-1 STL 中队列的常用语法

作用	语法	作用	语法
队列声明	queue<基本类型>q;	队头出队	q.pop();
入队	q.push(x);	返回队列元素个数	q.size();
判队空	q.empty();	取队尾	q.back();
取队首元素	q.front();	清空队列	while (!q.empty()) q.pop();

方法 1:用普通队列方法解决 QQ 号问题。

【参考程序】

```
1. #include<bits/stdc++.h>
2. using namespace std;
3. const int N = 100 + 10;
4. string str;
5. char q[N];
6. int front, rear;
7. int main() {
8.         cin >> str;
9.         front = rear = 0;
10.        int len = str.size();
11.        for (int i = 0; i < len; i++)
12.            q[++rear] = str[i];
13.        while (front < rear) {
14.            cout << q[++front];
15.            if (front < rear) q[++rear] = q[++front];
16.        }
17.        return 0;
18. }
```

方法 2:用循环队列方法来解决 QQ 号问题。

【参考程序】

```
1. #include<bits/stdc++.h>
2. using namespace std;
3. const int N = 7;
4. string str;
5. char q[N];
6. int front, rear;
7. int main() {
8.     cin >> str;
9.         front = rear = -1;
```

```
10.     int len = str.size();
11.     for (int i = 0; i < len; i++)
12.         q[++rear] = str[i];
13.     while (front != rear) {
14.         front = (front + 1) % N;
15.         cout << q[front];
16.         if (front != rear) {
17.             rear = (rear + 1) % N;
18.             front = (front + 1) % N;
19.             q[rear] = q[front];
20.         }
21.     }
22.     return 0;
23. }
```

方法 3：使用 STL 队列解决 QQ 号问题。

【参考程序】

```
1. #include <bits/stdc++.h>
2. using namespace std;
3. queue<char> q;
4. int main() {
5.     string str;
6.     cin >> str;
7.     for (int i = 0; i < str.size(); i++) q.push(str[i]);
8.     while (!q.empty()) {
9.         cout << q.front(); //打印队首元素
10.        q.pop();           //抛弃队首元素
11.        if (!q.empty()) q.push(q.front()); //把队首元素加入队尾
12.        q.pop();    //抛弃队首元素
13.    }
14.    return 0;
15. }
```

四、迁移应用

【例 1.3.1】 订单处理问题(order,1 S,128 MB,内部训练)

【问题描述】

“双十一”到了,小明家网店玩具热卖,接到大量订单,妈妈让小明设计一个程序,将订单按下单时间的先后次序保存下来,先下单的客户安排先发货。妈妈需要随时可以查阅当前待发货的单号。总订单量少于 10 000。

【输入数据】

若干行，每行一个整数 m，为订单号，不同订单的订单号各不相同。m 为 0 表示发货，m 为 -1 表示输入结束。

【输出数据】

一行一个整数。为下一个待发货的订单号，若订单都发出，则输出 0。

输入样例	输出样例
14235 36728 0 23456 14563 0 -1	23456

【思路分析】

这是一个典型的队列问题。我们可以用数组来模拟队列，根据题意可知，将订单按下单时间的先后次序进行入队，遇到 0 时，出队操作；遇到-1 时则结束程序。

【参考程序】

```
1. #include <bits/stdc++.h>
2. using namespace std;
3. int n = 10000;
4. int main( ) {
5.     int a[n], m, front = 0, rear = 0;
6.     cin >> m;
7.     while (m != -1) {
8.         if (m != 0) {
9.             rear++;
10.            a[rear] = m;
11.        } else
12.            ++front;
13.        cin >> m;
14.    }
15.    if (rear == front)
16.        cout << 0 << endl;
17.    else
18.        cout << a[++front] << endl;
19.    return 0;
20. }
```

【例 1.3.2】　订单加急处理(**jjorder**，**1 S**，**128 MB**，内部训练)

【问题描述】

“双十一”小明家网店玩具热卖，接到大量订单，妈妈让小明设计一个程序，将订单按下单时间的先后次序保存下来，先下单的客户安排先发货。妈妈需要随时可以查阅当前待发货的单号。总订单量少于10 000。现网店推出VIP服务，VIP客户享受加急发货处理，可随时提出发货要求而立即发货。

【输入数据】

若干行，每行两个整数 m（$m < 100\,000$）和 n。m 为订单号（唯一），n 为VIP号（$n < 10\,000$ 且唯一），$n = 0$ 为非VIP客户。$m = n = 0$ 表示正常发货；$m = 0, n \neq 0$ 表示 *VIP* 号为 n 的加急发货。$m = n = -1$ 表示输入结束。

【输出数据】

一行一个整数，下一个待发货的订单号，若所有订单都已发出，则输出0。

输入样例 1	输出样例 1
14235 12 36728 0 0 0 23456 1 14563 0 0 0 -1 -1	23456

输入样例 2	输出样例 2
14235 12 36728 0 0 0 23456 1 0 0 14563 3 0 3 -1 -1	23456

输入样例 3	输出样例 3
14235 12 36728 0 0 0 23456 1 0 0 14563 3 0 3 12345 0 98764 4 0 4 0 0 19087 5 0 0 -1 -1	19087

【思路分析】

为了解决这个问题,我们可以使用一个队列 q 来保存订单,同时使用哈希表 b 数组来记录订单是否已经发货以及 VIP 客户的订单在队列中的位置。下面对样例 3 进行分析(如图 1-3-4 所示):

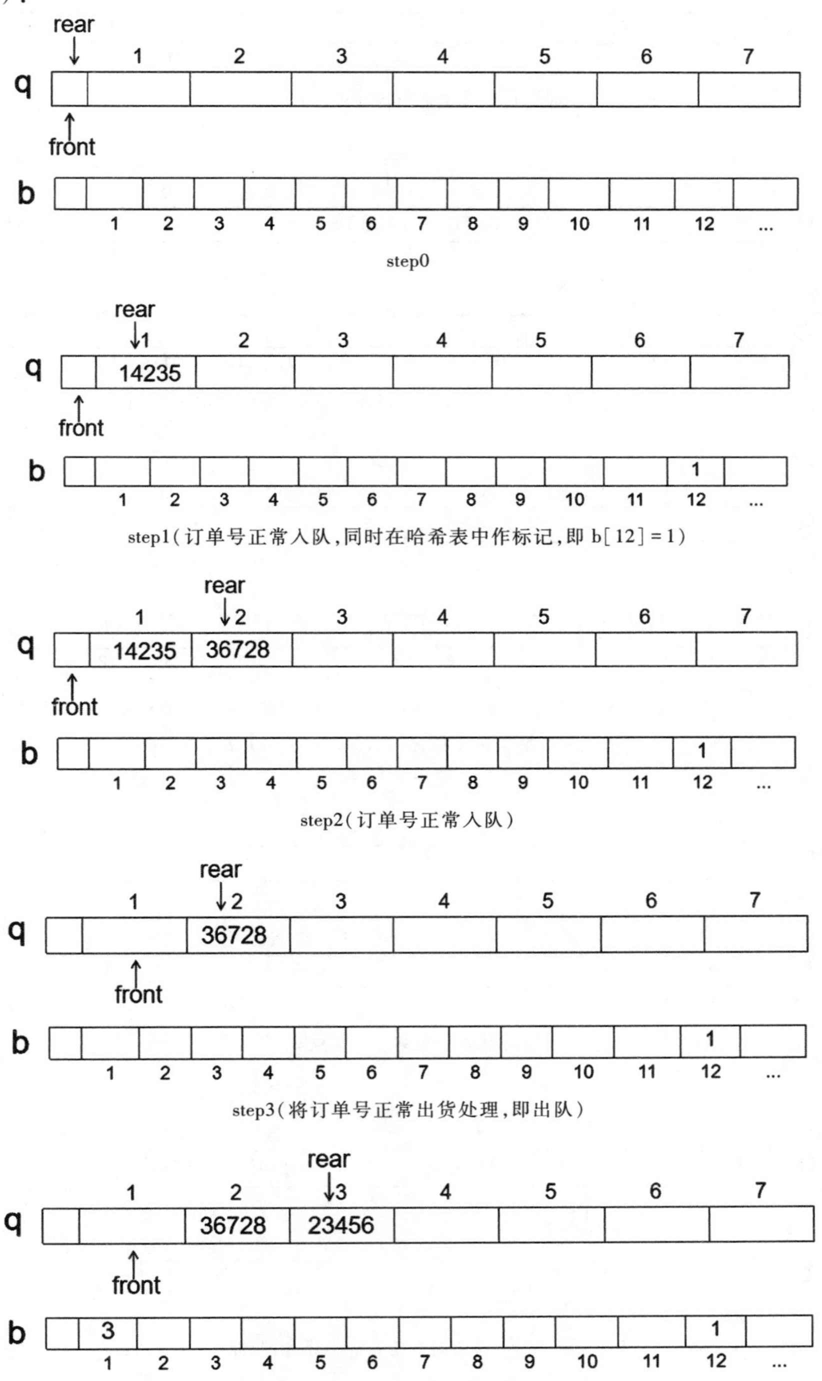

step0

step1(订单号正常入队,同时在哈希表中作标记,即 b[12]=1)

step2(订单号正常入队)

step3(将订单号正常出货处理,即出队)

step4(将订单号正常入队,同时在哈希表中作标记,即 b[1]=3)

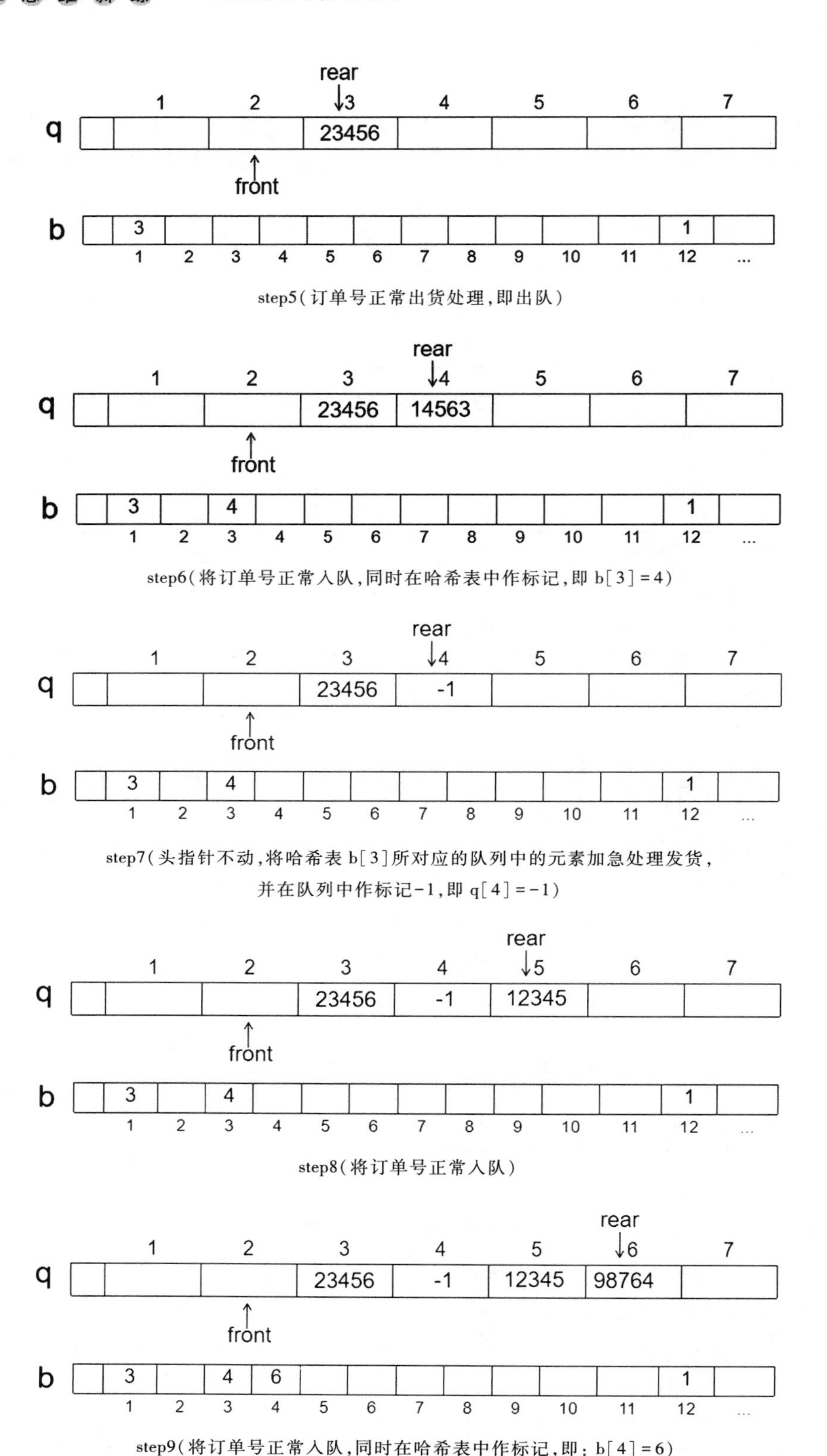

step5(订单号正常出货处理,即出队)

step6(将订单号正常入队,同时在哈希表中作标记,即 b[3]=4)

step7(头指针不动,将哈希表 b[3]所对应的队列中的元素加急处理发货,
并在队列中作标记-1,即 q[4]=-1)

step8(将订单号正常入队)

step9(将订单号正常入队,同时在哈希表中作标记,即:b[4]=6)

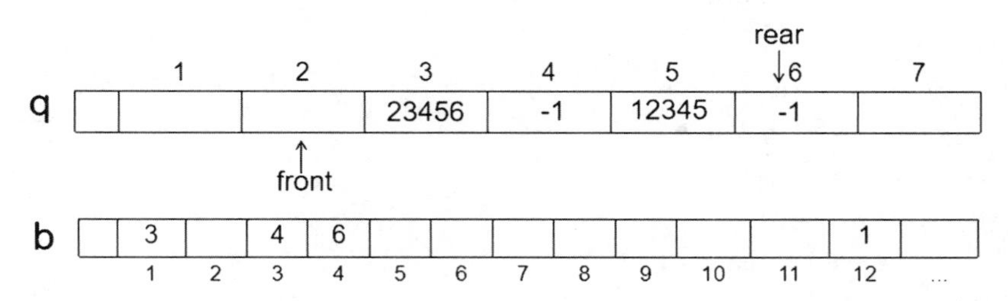

step10(头指针不动,将哈希表 b[4]所对应的队列中的元素加急处理发货,
并在队列中作标记-1,即 q[6]=-1)

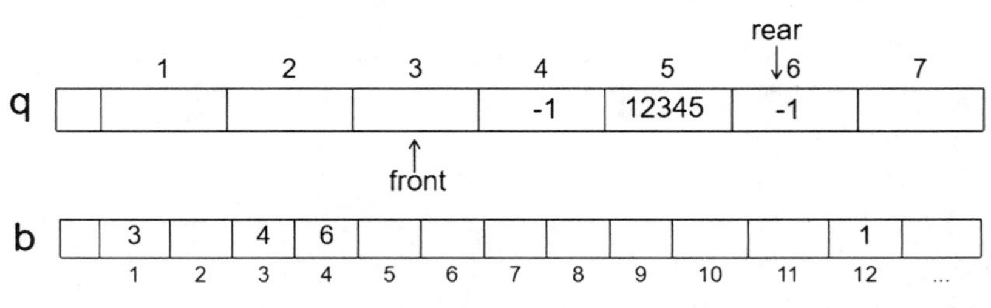

step11(将订单号正常出货处理,即出队)

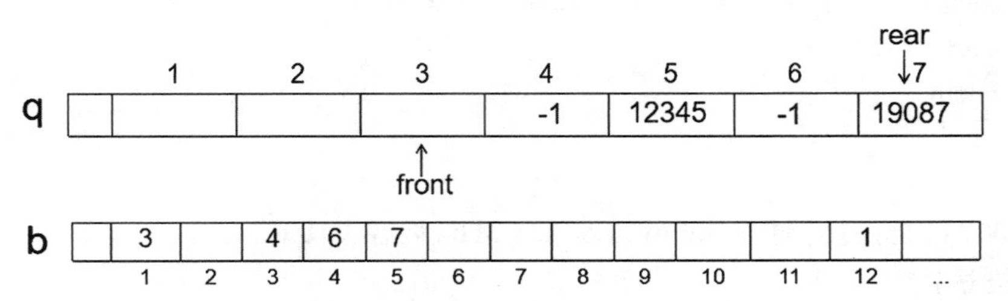

step12(将订单号正常入队,同时在哈希表中作标记,即:b[5]=7)

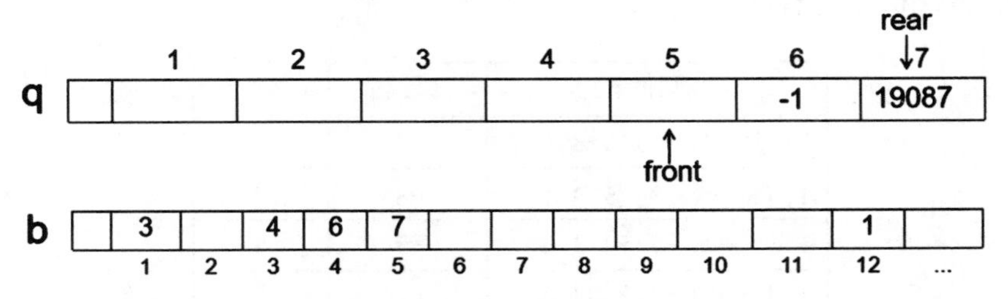

step13(将订单号出货处理,如果订单号为-1,则说明前面已作加急出货处理,直接跳过)

图 1-3-4 订单加急处理分析步骤

【参考程序】

```
1. #include<bits/stdc++.h>
2. using namespace std;
3. const int N = 100000;
4. int q[N], front = 0, f1, rear = 0, b[N];
5. int main() {
6.       int n, m;
```

```
7.      while (true) {
8.          cin >> m >> n;
9.          if (m == -1 && n == -1) break;
10.         if (m == 0) {
11.             if (n == 0) {
12.                 front = (front + 1) % N;
13.                 while (q[front] == -1)
14.                     front = (front + 1) % N;
15.             } else q[b[n]] = -1;
16.         } else {
17.             rear = (rear + 1) % N;
18.             q[rear] = m;
19.             b[n] = rear;
20.         }
21.     }
22.     front = (front + 1) % N;
23.     while (q[front] == -1) front = (front + 1) % N;
24.     cout << q[front];
25.     return 0;
26. }
```

【例 1.3.3】 窗口问题(window,1 S,128 MB,洛谷 P1886)

【问题描述】

给一个长度为 N 的数组,一个长为 K 的滑动窗体从最左端移至最右端,你只能看到窗口中的 K 个数,每次窗体向右移动一位,如下图 1-3-5 所示:$N=8$, $K=3$。

窗口位置	最小值	最大值
[1 3 −1] −3 5 3 6 7	−1	3
1 [3 −1 −3] 5 3 6 7	−3	3
1 3 [−1 −3 5] 3 6 7	−3	5
1 3 −1 [−3 5 3] 6 7	−3	5
1 3 −1 −3 [5 3 6] 7	3	6
1 3 −1 −3 5 [3 6 7]	3	7

图 1-3-5 $N=8$, $K=3$ 的窗体状态

你的任务是找出窗体在各个位置时的最大值和最小值。

【输入数据】

第 1 行:两个整数 N 和 K,整数之间用一个空格隔开;

第 2 行:N 个整数,表示数组的 N 个元素,整数之间用一个空格隔开。

【输出数据】

第 1 行为滑动窗口从左向右移动到每个位置时的最小值,数据之间用空格隔开;

第 2 行为滑动窗口从左向右移动到每个位置时的最大值,数据之间用空格隔开。

输入样例	输出样例
8 3 1 3 -1 -3 5 3 6 7	-1 -3 -3 -3 3 3 3 3 5 5 6 7

【数据规模】

对于 20%的数据满足:$2 \leqslant K \leqslant N \leqslant 1\,000$;

对于 50%的数据满足:$2 \leqslant K \leqslant N \leqslant 10^5$;

对于 100 %的数据满足:$2 \leqslant K \leqslant N \leqslant 10^6$。

【思路分析】

窗口的滑动过程使得数组中的元素形成一个队列,但此队列的特殊之处在于,除了在队头删除元素,队尾也可以出队。因为,如果是求区间最小值,当前滑动窗口的元素值比当前的队尾元素小,那么,队尾元素比该元素“更没有潜力”,随着窗口向右滑动,队尾元素不可能成为后面区间的最小值。我们就需要将队尾出队,同样,新的队尾如果仍然符合上述情形,也需出队,直到队列中元素比当前元素小为止,该数再入队。以上操作中,队列中的元素形成了一个单调递增的序列,我们称之为“单调队列”(见本节拓展知识)。

下面用表格来对样例数据进行模拟单调递增队列的操作(如表 1-3-2 所示),用 a 数组记录原始数组数据,队列 q 记录 a 数组的下标,f、r 分别为队列的头指针和尾指针,r=0, f=1。

a[8]={1,3,-1,-3,5,3,6,7}。

表 1-3-2 模拟单调递增队列

步骤	队列操作	指针变化
step1	a[1]=1 入队,即:q[1]=1;	i=1 q: [ ][1][ ][ ][ ] 0 1 2 3 4 r↓ 指向 1,f↑ 指向 1
step2	a[2]=3 入队,即:q[2]=2;(虽然 a[2]>a[1],但 a[2]的下标在后面,如:1 3 4 5,当窗口移到【2,4】时,1 出去了,3 便出头了,成为了最小值,所以将 a[2]入队。)	i=2 q: [ ][1][2][ ][ ] 0 1 2 3 4 r↓ 指向 2,f↑ 指向 1
step3	a[3]=-1 想入队,对于队尾的 a[q[2]]=3 而言,-1 更小,而且下标 3 更在后面,所以 q[2]要出队,同样 q[1]=1 也要出队,是在队尾操作。输出 -1(a[q[1]]=a[3]=-1)。	i=3 q: [ ][3][ ][ ][ ] 0 1 2 3 4 r↓ 指向 1,f↑ 指向 1

（续表）

步骤	队列操作	指针变化
step4	q[1]出队，a[4]=-3入队，即：q[1]=4；输出-3（a[q[1]]=a[4]=-3）。	i=4 q：[, 4, , ,]（下标0 1 2 3 4），r指向1，f指向1
step5	a[5]=5入队，即：q[2]=5；输出-3（a[q[1]]=a[4]=-3）。	i=5 q：[, 4, 5, ,]（下标0 1 2 3 4），r指向2，f指向1
step6	q[2]出队，a[6]=3入队，即：q[2]=6；输出-3（a[q[1]]=a[4]=-3）。	i=6 q：[, 4, 6, ,]（下标0 1 2 3 4），r指向2，f指向1
step7	a[7]=6入队，即q[3]=7；q[1]出队，头指针从1指向2；输出3（a[q[2]]=a[6]=3）。	i=7 q：[, 4, 6, 7,]（下标0 1 2 3 4），r指向3，f指向2
step8	a[8]=7入队，即q[4]=8；	i=8 q：[, 4, 6, 7, 8]（下标0 1 2 3 4），r指向4，f指向2

方法1：使用单调队列解决窗口问题。

【参考程序】

```
1. #include <bits/stdc++.h>
2. using namespace std;
3. const int N = 1e6 + 10;
4. int q[N], a[N];
5. int n, k;
6. int main() {
7.     cin >> n >> k;
8.     for (int i = 1; i <= n; i++)
9.         cin >> a[i];
10.    //窗口维护单调递增队列 队头为最小值
11.    int front = 1, rear = 0;
12.    for (int i = 1; i <= n; i++)  {
13.        if (front <= rear && q[front] < i - k + 1)
14.            front++;
15.        while (front <= rear && a[q[rear]] >= a[i])
```

```
16.                 rear--;
17.             rear++;
18.             q[rear] = i;
19.             if (i > k - 1) cout << a[q[front]] << " ";
20.         }
21.         cout << endl;
22.         //窗口维护单调递减队列 队头为最大值
23.         front = 1, rear = 0;
24.         for (int i = 1; i <= n; i++) {
25.             if (front <= rear && q[front] < i - k + 1) front++;
26.             while (front <= rear && a[q[rear]] <= a[i])
27.                 rear--;
28.             q[++rear] = i;
29.             if (i > k - 1) cout << a[q[front]] << " ";
30.         }
31.         cout << endl;
32.         return 0;
33. }
```

方法 2：使用 STL 实现单调队列。

【参考程序】

```
1. #include <bits/stdc++.h>
2. using namespace std;
3. const int N = 1e6 + 10;
4. int q[N], a[N];
5. int n, k;
6. int main() {
7.     cin >> n >> k;
8.     for (int i = 1; i <= n; i++)
9.         cin >> a[i];
10.    deque <int> q; //窗口维护单调递增队列 队头为最小值
11.    for (int i = 1; i <= n; i++) {
12.        if (! q.empty() && q.front() < i - k + 1)
13.            q.pop_front();
14.        while (! q.empty() && a[q.back()] >= a[i])
15.            q.pop_back();
16.        q.push_back(i);
17.        if (i > k - 1) cout << a[q.front()] << " ";
18.    }
19.    cout << endl;
20.    deque<int> q1; //窗口维护单调递减队列 队头为最大值
```

```
21.    for (int i = 1; i <= n; i++)    {
22.            if (! q1.empty() && q1.front() <i - k + 1)
23.                q1.pop_front();
24.            while (! q1.empty() && a[q1.back()] <= a[i])
25.                q1.pop_back();
26.            q1.push_back(i);
27.            if (i > k - 1) cout << a[q1.front()] << " ";
28.    }
29.    cout << endl;
30.    return 0;
31. }
```

【例 1.3.4】 迷宫问题(maze,1 S,128 MB,内部训练)

【问题描述】

给定一个迷宫,求一条从左上角走到右下角的最短路径步数。只能在水平方向或垂直方向走,不能斜着走。迷宫的规模 n 不超过 100。

【输入数据】

第一行一个整数,表示迷宫规模 n

接下来 n 行,每行 n 个整数 0 或者 1,表示迷宫的初始状态,0 表示空地,1 表示有障碍物。

【输出数据】

一个整数,表示从一条入口到出口的最短路径步数。

输入样例	输出样例
5 0 0 0 0 0 1 1 1 0 1 1 0 0 0 0 0 0 1 1 0 0 0 0 0 0	8

【样例说明】

从起点开始,最短路径可经过下面步骤(1,1)→(1,2)→(1,3)→(1,4)→(2,4)→(3,4)→(3,5)→(4,5)→(5,5),一共 8 步。

【思路分析】

根据样例数据,按照左、右、上、下的规则顺序去拓展状态,可以画出以下的搜索树(图 1-3-6 所示),从搜索树上看出,一共有 3 条路径可以到达终点(5,5)。按照深度优先搜索的次序,首先依次访问状态(1,1)→(1,2)→(1,3)→(1,4)→(1,5),由于该路径已无法继续向深度搜索,则回溯到(1,4),选择另一个分支继续沿深度访问(2,4)→(3,4)→(3,3)→(3,2)→(4,2)→(4,1)→(5,1)→(5,2)→(5,3)→(5,4)→(5,5),由此得到第一条路径,然后根据深搜规则,回溯到(4,2),选择另一个分支继续深搜,直到所有路径都被访问,结束整个深搜过程,再通过比较选出最短路径。

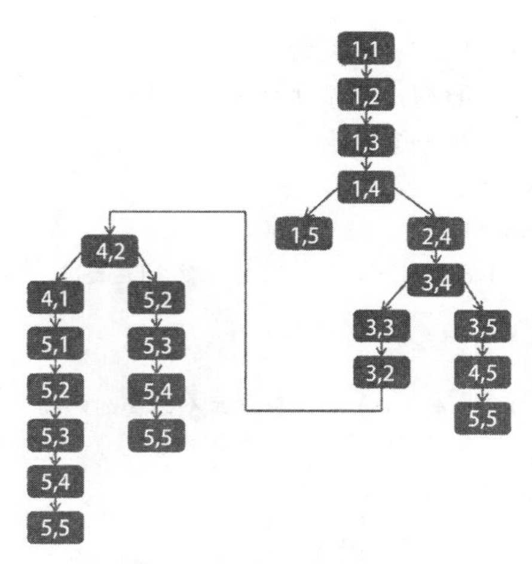

图 1-3-6 迷宫问题搜索树

我们仔细观察搜索树,发现上述深搜过程中,最短的那条路径最后才会遍历到。当我们采用不同的规则次序,便形成了不同的深搜过程,而本题要求的是最短路径,有没有效率更高的方法求解呢? 进一步观察和思考,树上的状态每沿深度拓展一层,就是向终点靠近一步,搜索树上结点的层次就是从树根结点(起点状态)不断拓展所需的步数。如果我们能将搜索树的结点一层一层遍历的话,我们就能最先访问到最短路径上的终点。

下面我们用宽搜的思想解决走迷宫问题。

先将迷宫的初始状态(1,1)进队,记录位置、当前步数和标记当前状态已访问。将队头元素 i 按照一定的规则顺序,即上、下、左、右四个方向进行拓展,如果拓展成功,则新状态 j 进入队列,此时 j 的步数是 i 的步数加 1,重复上述过程,直至目标状态进队,结束整个搜索过程。

方法 1: 用宽搜解决走迷宫问题。

【参考程序】

```
1. #include <bits/stdc++.h>
2. using namespace std;
3. const int MAXN = 101;
4. int maze[MAXN][MAXN];
5. bool vis[MAXN][MAXN];  // 访问标记
6. int qx[MAXN * MAXN], qy[MAXN * MAXN];
7. // 队列,使用两个数组来模拟队列的 front 和 rear
8. int front = 0, rear = 0;
9. int dx[] = {-1, 0, 1, 0};
10. int dy[] = {0, 1, 0, -1};
11. int bfs(int n) {
12.     memset(vis, 0, sizeof(vis));
13.     qx[rear] = 0;
14.     qy[rear++] = 0;
15.     vis[0][0] = true;
16.     int steps = 0;
```

```
17.     while (front < rear) {
18.         int size = rear - front; // 当前层的结点数
19.         for (int i = 0; i < size; ++i) {
20.             int x = qx[front];
21.             int y = qy[front++];
22.             if (x == n - 1 && y == n - 1) {  // 到达终点
23.                 return steps;
24.             }
25.             for (int j = 0; j < 4; ++j) {// 尝试四个方向的移动
26.                 int nx = x + dx[j];
27.                 int ny = y + dy[j];
28.                 // 检查新位置是否合法
29.                 if (nx >= 0 && nx < n && ny >= 0 && ny < n )
30.                     if ( maze[nx][ny] == 0 && ! vis[nx][ny]) {
31.                         qx[rear] = nx;
32.                         qy[rear++] = ny;
33.                         vis[nx][ny] = true;
34.                     }
35.             }
36.         }
37.         steps++; // 完成一层搜索后步数加 1
38.     }
39.     return -1;// 如果无法到达终点,返回-1 或其他错误值
40. }
41. int main() {
42.     int n;
43.     cin >> n;
44.     for (int i = 0; i < n; ++i) {  // 读取迷宫数据
45.         for (int j = 0; j < n; ++j) {
46.             cin >> maze[i][j];
47.         }
48.     }
49.     int shortestPath = bfs(n);  // 使用 BFS 寻找最短路径
50.     cout << shortestPath << endl;
51.     return 0;
52. }
```

方法 2：使用 STL 队列解决该问题。

【参考程序】

```
1. #include<bits/stdc++.h>
2. using namespace std;
```

```
3. const int N = 101;
4. int n, m;
5. int vis[N][N];
6. int u[4][2] = {{0, -1}, {0, 1}, {-1, 0}, {1, 0}};
7. struct node {
8.     int x; // x 坐标
9.     int y; // y 坐标
10.    int step; // 步数
11.    node() {}  // 默认构造函数,不进行任何初始化
12.    // 带参数的构造函数,用于初始化 x、y 和 step
13.    node(int x1, int y1, int step1) : x(x1), y(y1), step(step1) {}
14. };
15. char mapp[N][N];
16. int cnt = 1;
17. int  bfs(int x, int y, int step) {
18.     vis[x][y] = 1;
19.     queue<node> Q;
20.     Q.push(node(x, y, step));
21.     while (! Q.empty()) {
22.         node a = Q.front();
23.         Q.pop();
24.         for (int i = 0; i < 4; i++) {
25.             int xx = a.x + u[i][0];
26.             int yy = a.y + u[i][1];
27.             if ((xx >= 0 && xx < n) && (yy >= 0 && yy < n) && ! vis[xx][yy] && (mapp[xx]
    [yy] == '0')) {
28.                 if ((xx == n - 1) && (yy == n - 1)) return a.step + 1;
29.                 vis[xx][yy] = 1;
30.                 Q.push(node(xx, yy, a.step + 1));
31.             }
32.         }
33.     }
34. }
35. int main() {
36.     cin >> n;
37.     for (int i = 0; i < n; i++)
38.         for (int j = 0; j < n; j++)
39.             cin >> mapp[i][j];
40.     memset(vis, 0, sizeof(vis));
41.     cout << bfs(0, 0, 0) << endl;
42.     return 0;
43. }
```

五、拓展提升

1. 本节要点

(1) 队列的定义及基本操作

队列是一种只能从队尾添加元素、从队头取出元素的线性表,队内元素具有"先进先出(First In First Out, FIFO)"特点。队列有入队、出队、队列中元素个数、队列判空等常见的基本操作。将顺序队列首尾相连,就形成了循环队列,鉴于环形数据的特点,循环队列有效位置从0开始使用。队列既可以通过数组实现,也可以通过STL队列(queue)来实现。为保证"先生成的结点先扩展",宽搜用到符合"先进先出"特点的"队列"这种重要的数据结构。

(2) STL队列与循环队列

实现方式:STL队列是基于序列容器实现;循环队列是基于数组实现。

内存分配:STL队列在需要扩容时会重新分配内存;循环队列使用固定大小的数组,不需要频繁地进行内存分配。

队列大小:STL队列没有大小限制,可以动态增长;循环队列的大小是固定不变的。

2. 拓展知识

(1) 单调队列

① 单调队列的概念

单调队列(Monotonic Queue)是一种特殊的队列数据结构,它保持了队列内元素的单调性,即其中元素的顺序是单调递增或单调递减的。一般使用两个单调队列,分别维护单调递增和递减序列。需要注意的是单调队列是一个双端队列。这种数据结构在处理滑动窗口最大/最小值、查找连续子数组的最大/最小和等问题时非常有用。

② 单调队列的基本操作

初始化:创建一个空的队列(可以使用双端队列 deque 来实现,因为需要在队列的两端进行操作)。

设定队列中元素的单调性(递增或递减)。

入队操作:当需要加入一个新元素时,首先检查队列的尾部元素与新元素的关系。

如果队列不为空且队列尾部的元素不满足单调性(例如,如果队列是递增的,但新元素小于队列尾部元素),则从队列尾部删除元素,直到队列为空或满足单调性为止,再将新元素加入队列的尾部。

出队操作:当队列的头部元素需要被移除时(例如,在处理滑动窗口问题时,窗口向前移动),从队列的头部删除元素。

查询操作:队列的头部元素通常是当前窗口或序列中的最大/最小元素(取决于队列的单调性)。可以直接访问队列的头部元素来获取结果。

(2) 队列与宽度优先搜索

① 宽度优先搜索概念

宽度优先搜索(Breath First Search, BFS)又称为广度优先搜索,是按照搜索树的层次对"问题状态空间"进行遍历的算法,简称宽搜。由于需要逐层按照次序访问结点,下层拓展时

也会先选择上层先访问过的结点，队列结构可以满足这种存储和处理数据的要求。按照该方式遍历时，如【例 1.3.4】迷宫问题，我们用表（见表 1-3-3）记录状态的拓展过程，行和列表示迷宫中的位置，前趋表示拓展到当前位置的上一层结点的序号，层次即为拓展到当前状态的步数。

表 1-3-3 迷宫问题宽搜队列

序号	1	2	3	4	5	6	7	8	9	10	11	12	13	14	15	16	17	18	…
行	1	1	1	1	1	2	3	3	3	3	4	4	5	4	5	5	5	5	…
列	1	2	3	4	5	4	4	3	5	2	5	2	5	1	2	1	3	2	…
前趋	0	1	2	3	4	4	6	7	7	8	9	10	11	12	12	14	15	16	…
层次	0	1	2	3	4	4	5	6	6	7	7	8	8	9	9	10	10	11	…

在逐层遍历搜索树的过程中，依次将生成的数据填写到表中，此过程正好符合队列结构的操作方式，上述的表格描述的就是一个宽搜时队列所存储的数据。通过队列中记录的数据，我们可以得出从起始状态到目标状态的最短路径。队列中序号为 15 和 18 的结点都是到达(5,2)，这两个状态其实是同一个状态，先进队列的状态的层次一定不比后进队列的层次更深，因此相同的状态只需保留最先进队的即可。宽搜过程中拓展的新状态必须进行判重后，才能决定是否进入队列。

② 宽度优先搜索的算法思路

先将起始状态值进队，此时队头和队尾均指向它，接下来取出队头元素，依次选择规则进行拓展，如果能够拓展到一个新的合法状态，则将新状态添加到队尾，将其标记为已访问。当队头状态已被拓展完毕，则出队，取下一个队头元素重复上述过程，直到目标状态进队，或者队列为空，结束整个宽搜过程。

③ 宽搜的算法框架：

```
void BFS( )
{
    f=1; r =1;  q[1] = 起始状态; 标记起始状态;
    while (f<=r)
      {cur =q[f];
       for (cur 的所有能拓展的新状态 v)  {
           if (v 未标记)
           {
               q[r] = v; r++;标记 v;
               if (v 是目标状态) 输出解,结束程序;
           }
       }
       f++;
      }
}
```

3. 拓展应用

【练习 1.3.1】 Blah 数集问题(blah,1 S,128 MB,OpenJudge NOI 3.4 2729)

【问题描述】

有一种有趣的自然数集合 Blah。对于以 a 为基的集合 Blah 定义如下:

(1) a 是集合 Blah 的基,且 a 是 Blah 的第一个元素;

(2) 如果 x 在集合 Blah 中,则 2x+1 和 3x+1 也都在集合 Blah 中;

(3) 没有其他元素在集合 Blah 中了。

现在如果将集合 Blah 中元素升序排列,想知道第 n 个元素是多少?

【输入数据】

共一行,两个正整数,Blah 集中的第一个元素 a,以及所求元素的序号 n。

【输出数据】

一个正整数,为 Blah 集中第 n 个元素的值。

输入样例 1	输出样例 1
1 100	418

输入样例 2	输出样例 2
28 5437	900585

【数据规模】

对于 100%数据,有 $1 \leqslant a \leqslant 50, 1 \leqslant n \leqslant 1\,000\,000$。

【练习 1.3.2】 购书赠零食问题(buy,1 S,128 MB,内部训练)

【问题描述】

某商店为了让顾客爱上阅读,推出了“购书赠零食”的优惠活动。

(1) 购买一次书,可获得一张零售赠送券,有效期 20 天,在有效期内可以使用这张券,免费领取一份价值不超过书价的零食。“在有效期内”指领取零食的时间与购书的日期之差小于等于 20 天,即 Dfood-Dbook≤20;

(2) 购书获得的赠送券可以累积,即可以连续购买若干次书后再连续使用赠送券领取零食;

(3) 购买零食时,如果可以使用赠送券一定会使用;如果有多张赠送券满足条件,则优先使用获得最早的赠送券。

现在提供小明最近的商店购物记录,请帮他算算,怎样花费最低?

【输入数据】

第一行,一个正整数 n,代表购物记录的数量。($n < 100\,000$)

2~n+1 行,每行 3 个整数(整数之间用单个空格分隔),购买的商品 i(0 代表书,1 代表零食)、花费的金额 pr、购买的时间 tm(距最早日期第 0 天的天数)。

注意：购买记录按照购买时间顺序给出，同一天不会有两次购买记录出现。

【输出数据】

一行，一个正整数，代表小明购物的最低总花费。

输入样例 1	输出样例 1
6 0 10 3 1 5 21 0 12 25 1 3 71 0 5 85 1 6 110	32

输入样例 2	输出样例 2
6 0 5 1 0 20 8 0 7 13 1 18 15 1 4 20 1 7 33	36

【数据规模】

对于 100%数据满足：$1 < n < 100\ 000$。

【练习 1.3.3】 最长不降子序列（mzxl，1 S，128 MB，内部训练）

【问题描述】

有 n 个不相同的整数组成的数列，记为 $a_1, a_2, a_3, \cdots, a_n$，若存在 $i_1 < i_2 < i_3 < \cdots < i_m$ 且有 $a_{i1} < a_{i2} < a_{i3} < \cdots < a_{im}$，则称序列 $a_{i1}, a_{i2}, a_{i3}, \cdots, a_{im}$ 为一个长度为 m 的不降子序列。$0 < n < 1\ 000\ 000$。

【输入数据】

第一行，一个整数 n；

第二行，n 个不相同的整数，整数之间用一个空格隔开。

【输出数据】

仅有一个正整数，为该序列中最长不下降子序列的长度。

输入样例	输出样例
10 1 9 2 15 16 13 28 22 0 5	5

【数据规模】

对于 100%数据满足：$0 < n < 1\,000\,000$。

【练习 1.3.4】 团体队列（team，1 S，128 MB，UVA 540）

【问题描述】

有 t 个团队的人正在排一个长队。每次新来一个人时，如果他有队友在排队，那么这个新人会插队到最后一个队友的身后。如果没有任何一个队友排队，则他会排到长队的队尾。输入每个团队中所有队员的编号，要求支持如下 3 种指令（前两种指令可以穿插进行）。

ENQUEUE x：编号为 x 的人进入长队。

DEQUEUE：长队的队首出队。

STOP：停止模拟。

对于每个 DEQUEUE 指令，输出出队的人的编号。

【输入数据】

输入文件中有一组或多组测试数据。每组测试数据开始有 t 个团队。下面 t 行，每行的第一个数字代表这个团队人数，后面是这几个人的编号。编号为 0 到 999 999 之间的一个整数。每组测试数据以“STOP”结束。输入以 t=0 时结束。

注意：一个测试用例可能包含最多 200 000（二十万）个命令，所以实现团队的队列应该是有效的。

【输出数据】

对于每组测试数据，先打印一句“Scenario #k”，k 是第几组数据。对于每一个“DEQUEUE”指令，输出一个出队的人的编号。每组测试数据后要换行（即使是最后一组测试数据）。

<table>
<tr><th>输入样例</th><th>样例输出</th></tr>
<tr><td>2
3 101 102 103
3 201 202 203
ENQUEUE 101
ENQUEUE 201
ENQUEUE 102
ENQUEUE 202
ENQUEUE 103
ENQUEUE 203
DEQUEUE
DEQUEUE
DEQUEUE
DEQUEUE
DEQUEUE
DEQUEUE
STOP
2
5 259001 259002 259003 259004 259005
6 260001 260002 260003 260004 260005 260006</td><td>Scenario # 1
101
102
103
201
202
203

Scenario # 2
259001
259002
259003
259004
259005
260001</td></tr>
</table>

（续表）

输入样例	样例输出
ENQUEUE 259001 ENQUEUE 260001 ENQUEUE 259002 ENQUEUE 259003 ENQUEUE 259004 ENQUEUE 259005 DEQUEUE DEQUEUE ENQUEUE 260002 ENQUEUE 260003 DEQUEUE DEQUEUE DEQUEUE DEQUEUE STOP 0	

【数据规模】

对于 100%的数据满足：一个测试用例最多 200 000 个命令。

【练习 1.3.5】 献给阿尔吉侬的花束(flowers,1 S,128 MB,NOI 7218)

【问题描述】

阿尔吉侬是一只聪明又慵懒的小白鼠,它最擅长的就是走各种各样的迷宫。今天它要挑战一个非常大的迷宫,研究员们为了鼓励阿尔吉侬尽快到达终点,就在终点放了一块阿尔吉侬最喜欢的奶酪。现在研究员们想知道,如果阿尔吉侬足够聪明,它最少需要多少时间就能吃到奶酪。

迷宫用一个 R×C 的字符矩阵来表示。字符 S 表示阿尔吉侬所在的位置,字符 E 表示奶酪所在的位置,字符#表示墙壁,字符. 表示可以通行。阿尔吉侬在 1 个单位时间内可以从当前的位置走到它上、下、左、右四个方向上的任意一个位置,但不能走出地图边界。

【输入数据】

第一行是一个正整数 $T(1 \leqslant T \leqslant 10)$,表示一共有 T 组数据。

每一组数据的第一行包含了两个用空格分开的正整数 R 和 C(2≤R, C≤200),表示地图是一个 R×C 的矩阵。

接下来的 R 行描述了地图的具体内容,每一行包含了 C 个字符。字符含义如题目描述中所述。保证有且仅有一个 S 和 E。

【输出数据】

对于每一组数据,输出阿尔吉侬吃到奶酪的最少单位时间。若阿尔吉侬无法吃到奶酪,则输出“oop!”(只输出引号里面的内容,不输出引号)。每组数据的输出结果占一行。

输入样例	输出样例
3 3 4 .S.. ###. ..E. 3 4 .S.. .E.. .... 3 4 .S.. #### ..E.	5 1 oop!

【数据规模】

对于 100%数据,有 $1 < T \leqslant 10, 2 \leqslant R, C \leqslant 200$。

【练习 1.3.6】 产生数(number,1 S,128 MB,NOI 1126)

【问题描述】

给出一个整数 $n(n < 10^{30})$ 和 k 个变换规则($k \leqslant 15$)。规则:

① 1 个数字可以变换成另 1 个数字;

② 规则中,右边的数字不能为零。

例如:n=234,k=2。规则为

2→5

3→6

上面的整数 234 经过变换后可能产生出的整数为(包括原数)234,534,264,564 共 4 种不同的产生数。

求经过任意次的变换(0 次或多次),能产生出多少个不同的整数。仅要求输出不同整数个数。

【输入数据】

共若干行:第一行,一个整数 n;

第 2 行:一个整数 k;

第 3~k+2 行:每行两个正整数,分别表示数字变换规则。

【输出数据】

共一行:一个整数,根据变换规则可产生的不同的整数个数。

输入样例	输出样例
234 2 2 5 3 6	4

【数据范围】

对于 100%数据满足：$1 < n < 10^{30}, 1 \leqslant k \leqslant 15$。

第四节 法雷序列问题——用链表解决问题

一、问题引入

【例 1.4.1】 法雷序列(farey,1 S,128 MB,CSDN 社区)

【问题描述】

对任意给定的一个自然数 $n(n \leqslant 100)$，将分母小于等于 n 的不可约的真分数按上升次序排序，并且在第一个分数前加 0/1，而在最后一个分数后加 1/1，这个序列称为 n 级的法雷序列。当 $n = 8$ 时序列为：0/1,1/8,1/7,1/6,1/5,1/4,2/7,1/3,3/8,2/5,3/7,1/2,4/7,3/5,5/8,2/3,5/7,3/4,4/5,5/6,6/7,7/8,1/1。编程求出 n 级的法雷序列，每行输出 10 个分数。

【输入数据】

共一行，一个整数 n。

【输出数据】

若干行，每行 10 个分数，每个分数之间用一个空格隔开。

输入样例	输出样例
8	0/1 1/8 1/7 1/6 1/5 1/4 2/7 1/3 3/8 2/5 3/7 1/2 4/7 3/5 5/8 2/3 5/7 3/4 4/5 5/6 6/7 7/8 1/1

【数据规模】

对于 100%的数据满足：$1 \leqslant n \leqslant 100$。

二、问题探究

法雷序列(Farey Sequence)的构造规则是一个按照从小到大排序的分数序列，其中每个分数都是最简形式(即分子和分母互质)，并且分母不超过给定的自然数 n。序列从 0/1 开始，到 1/1 结束，中间插入所有符合条件的分数。

为了生成这个序列，我们很容易想到采用双重循环进行穷举、结合数组存储的方法来模拟实现：分母 m 的穷举范围从 2 到 n、分子 z 的穷举范围从 1 到 $m-1$；对生成的分数进行是否需要约分判断，如果不能约分则在已有的序列中查找新分数该在的位置后，将序列中的相关数据进行移位，再把新分数插入到相应的位置，直到循环结束。

下 标 k		0	1
f 数组	fz	0	1
	fm	1	1

使用数组模拟方法解决法雷序列问题。

【参考程序】

```
1. #include <bits/stdc++.h>
2. using namespace std;
3. const int MAX_N = 100;
4. struct Node {
5.     int fz;//分子
6.     int fm;//分母
7. } f[MAX_N * MAX_N];
8. void fs(int n) {
9.     int len = 2;   // 当前法雷序列的长度,初始为 0/1 和 1/1
10.      // 初始化
11.      f[0] = {0, 1}; f[1] = {1, 1};
12.      // 生成序列
13.      for (int m = 2; m <= n; ++m) {
14.          for (int z = 1; z <= m - 1; ++z) {
15.              int k = 1;
16.              while (f[k].fz * m < f[k].fm * z)   ++k;
17.              if (f[k].fz * m != f[k].fm * z ) {
18.                 for (int i = len - 1; i >= k; --i) {
19.                         f[i + 1] = f[i];
20.                     }
21.                     f[k] ={z, m};
22.                     ++len;
23.              }
24.          }
25.      }
26.      // 输出序列
27.      for (int i = 0; i < len;++i) {
28.          cout << f[i].fz << '/' << f[i].fm << " ";
29.          if ((i + 1) % 10 == 0) cout << endl;
30.      }
31.      cout << endl; // 输出完最后一行后换行
32. }
33. int main() {
34.     int n;
35.     cin >> n;
36.     if (n <= 0 || n > 100) {
37.         cout << "error!" << endl;
38.         return 1;
39.     }
```

```
40.     fs(n);
41.     return 0;
42. }
```

当 n 较大时，这种方法效率会非常低效，因为在插入排序操作时，需要数据大量的移动，因而大大降低了程序的效率。那么，如何才能减少数组元素的移动操作？

三、知识建构

1. 链表的概念

链表是一种在物理存储单元上非连续、非顺序的存储结构，数据元素的逻辑顺序是通过链表中的指针链接次序实现的。链表由一系列结点（链表中每一个元素称为结点）组成，每个结点包括两个部分：一个是存储数据元素的数据域，另一个是存储下一个结点地址的指针域。我们把这两部分信息合在一起称为一个“结点 node”。N 个结点链接在一起就构成了一个链表。$N = 0$ 时，称为空链表。如图 1-4-1 链表中，存储了 5 个结点。

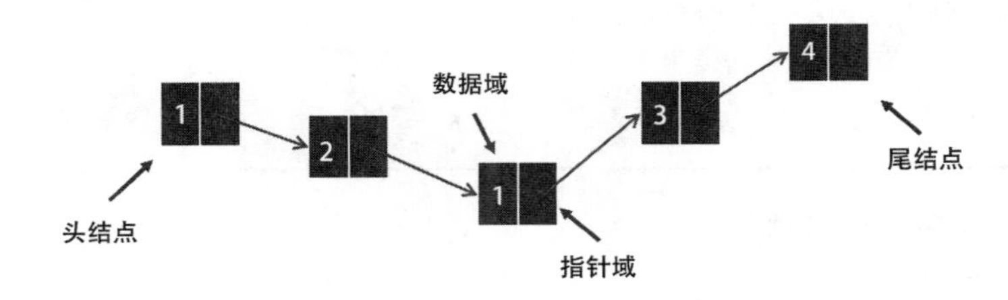

图 1-4-1　5 个结点的链表

2. 链表的分类

依据分配和管理内存的方式不同，链表可以分为：静态链表和动态链表。

静态链表是通过数组实现的链表。在物理地址上是连续的，需要预先分配地址空间大小，初始长度一般是固定的。链表中的元素在内存中占据固定的位置，在做插入和删除操作时不需要移动元素，仅需修改指针。静态链表实际上就是一个结构体数组，用数组元素的下标来模拟链表的指针。

动态链表是在运行时动态分配和释放内存的链表。本节主要介绍如何使用数组来模拟实现链表的基本操作，有兴趣的读者可以查看资料学习动态链表的相关知识。

依据链表中结点的链接方向和链表的结构来区分，链表可分为：单向链表、双向链表、单向循环链表、双向循环链表等。（见表 1-4-1 所示）

表 1-4-1　依据结点的链接方向和结构来划分链表种类

链表种类	图　示
单向链表：每个结点由数据域和一个指针域组成，指针域指向下一个结点，最后一个结点的指针域指向 nullptr（空指针的意思）。链表的入口结点也就是 head（头结点）。	

（续表）

链表种类	图　示
双向链表：每个结点由数据域和两个指针域组成，指针域一个指向下一个结点，一个指向上一个结点。既可以向前查询也可以向后查询。	
单向循环链表：每个结点由数据域和一个指针域组成，链表首尾相连	
双向循环链表：每个结点由数据域和两个指针域组成，指针域分别指向前后结点，且首尾相连。	

3. 链表的定义及相关操作

（1）链表结点的定义

【参考代码】

```
1. struct Node {
2.     基本类型 data;  //数据域
3.     int next;
         //为下一个数据元素的数组下标，如果为-1 则表示本结点为尾结点(或空闲结点)
4. };
5. Node list[MAXSIZE];  //最大长度为 MAXSIZE 的链表
6. int length = 0;  // 当前链表长度
```

（2）初始化链表

将链表 0 位置的结点设置为头结点，用它来对已申请的结点进行管理。该结点的特点是数据域不存数据，指针为第一个申请结点所对应的下标（如果该链表还未申请结点来存放数据，那么该值为-1 表示该链表为空）。

【参考程序】

```
1. void initList() { // 初始化所有结点为空闲状态
2.     for (int i = 0; i < MAXSIZE-1; ++i)   list[i].next = i + 1;
3.    // 初始时，每个结点的 next 指向下一个结点
4.     list[0].next = -1;   // 初始化为空链表
5.     list[MAXSIZE - 1].next = -1;  // 这里设置为-1 表示非循环链表
```

```
6.     length  = 0; //长度为 0
7. }
```

注意：头结点的 next 通常设置为第一个有效结点的索引，设置为-1 则表示空链表，如果最后一个结点的 next 指向头结点就形成循环链表，如果设置为-1 则为非循环链表。

（3）链表的输出

【参考程序】

```
1. void printList( ) {
2.     int p  = list[0].next;  // 从头结点的 next 开始遍历
3.     while (p != -1) {
4.         cout << "Node data: " << list[p].data ;
5.         cout << ", Next: " << list[p].next << endl;
6.         p  = list[p].next;
7.     }
8. }
```

（4）获取第一个空闲结点的位置(初始化时空闲结点的数据为 0，根据实际需要约定初始值)

【参考程序】

```
1. int getPosition( ) {     //初始化时空闲结点的数值为 0
2.     int  i  = 1;
3.     while (i < MAXSIZE && list[i].data != 0)   i++;
4.     return (i < MAXSIZE) ? i : -1;  //返加空闲结点的位置，i=-1 表示没有空闲结点
5. }
```

（5）链表结点的插入

要在链表中插入一个结点，通常需要以下三个基本步骤：

step1 查找插入位置。遍历链表，找到要插入位置的前一个结点。可以使用一个指针来遍历链表，初始时指向链表的头结点。

step2 分配新结点。在链表的空闲位置上分配一个新结点，为新结点赋值。

step3 插入结点。将新结点的下一个结点指向前一个结点的下一个结点，然后将前一个结点的下一个结点指向新结点的位置。

下面分几种情况来实现在链表中对结点的插入操作。

① 在链表末尾插入一个数据为 $x(x \neq 0)$ 结点(如图 1-4-2a 所示)。

【参考程序】

```
1. void insert1(int& length, int x ) {
2.     if (length >= MAXSIZE - 1)   return ; // length 表示链表长度，链表已满
3.     int pos  = getPosition( );          // 获取第一个空闲结点的位置
4.     if (pos  == -1)   return ;    // 没有空闲结点
```

```
5.     list[pos].data = x;
6.     if (length == 0) {      // 如果链表为空,第一个结点即为当前结点
7.         list [0].next = pos;
              // 假设第一个位置用作头结点,不存储数据,只存储 next 指针
8.     } else {
9.      // 否则,遍历链表,找到链表最后一个结点,更新其 next 指向新结点
10.            int p = list[0].next;
11.            while (list[p].next ! = -1)      p = list[p].next;
12.            list[p].next = pos;
13.    }
14.    list[pos].next = -1;  // 将当前结点的 next 设为-1,表示这是链表的最后一个结点
15.    ++length; // 链表长度加 1
16.    return ;
17. }
```

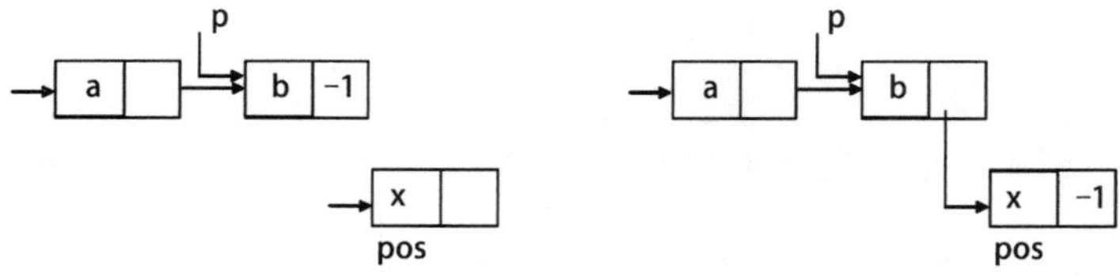

图 1-4-2a　插入结点前、后的链表变化(在链表末尾处插入元素 x)

② 在链表的第 i 结点位置处插入元素 x(x≠0)(如图 1-4-2b 所示)

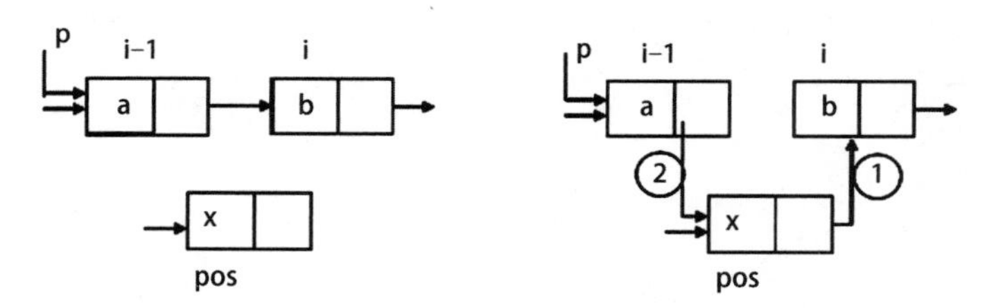

图 1-4-2b　插入结点前、后的链表变化(在第 i 个结点位置处插入元素 x)

【参考程序】

```
1. void insert2(int& length, int i, int x) {
2.     if (length < i - 1 || length >= MAXSIZE - 1) return;
3.     int j = 1;
4.     int p = list[0].next;  //遍历链表,找 p 为第 i-1 个结点的位置
5.     while (list[p].next ! = -1 && j < i - 1 ) {
6.            p = list[p].next;
7.            j++;
8.     }
9.     if ( p == -1)     return ;    // i 位置没找到,不存在
10.    int pos = getPosition();
```

```
11.    if (pos == -1) return;  // 没有空闲结点
12.    list[pos].data = x;
13.    List[pos].next = list[p].next; // 新结点的 next 指向原来 p 的下一个结点
14.    List[p].next = pos; // 将 p 的 next 指向新结点
15.    ++length;   // 插入后链表长度增加,更新 length 的值
16. }
```

③ 在链表的具体数值位置处插入元素 x(x≠0)。

如：将数据 x(x≠0)插入到数据为 a(a≠0)的结点的后面。

【参考程序】

```
1. void insert3(int& length, int a, int x) {
2.    if (length >= MAXSIZE - 1) return;
3.    int p = list[0].next;  // 遍历链表,在链表中找数据为 a 的结点的前一个结点位置
4.    while (list[p].next ! = -1 & & list[p].data ! = a )   p = list[p].next;
5.    if (a[p].data! = a)    return ;   //没找到 a
6.    int pos = getPosition();
7.    if (pos == -1) return; //没有空闲结点
8.    list[pos].next = list[p].next; // 新结点的 next 指向原来 p 的下一个结点
9.    list[p].next = pos;  // 将 p 的 next 指向新结点
10.   list[p].data = x;
11.   ++length;   // 插入后链表长度增加,更新 length 的值
12. }
```

若在数据元素为 $a(a \neq 0)$ 的结点前插入数据为 $x(x \neq 0)$ 的结点,则需要两个指针变量 p、q 来找寻数据元素为 a 的插入点。

【参考程序】

```
1. void insert4(int& length, int a, int x) {
2.    if ( length >= MAXSIZE - 1) return;
3.    int p;
4.    int q = list[0].next;
5.    while (list[q].next ! = -1 & & list[q].data ! = i) {
6.          p = q;
7.          q = list[q].next;
8.     }
9.     if (list[q].data ! = i ) return;
10.    int pos = getPosition();
11.    if (pos == -1) return;
12.    list[pos].data = x;
13.    list[pos].next = list[p].next;
14.    list[p].next = pos;
```

```
15.     length++;
16.     return;
17. }
```

（6）链表结点的删除

在链表中，实现对结点的删除需要以下四个步骤：

step1　找到要删除结点的前一个结点的位置。

step2　将要删除结点的数据值赋为0(或其他特定值)，使其成为空闲结点。

step3　将被删除结点的下一个结点的下标保存下来。

step4　修改被删除结点的前一个结点的指针域，使其指向被删除结点的下一个结点。

比如，在链表中删除数据元素为 $b(b \neq 0)$ 的结点(如图1-4-3所示)。只需找到数据元素为 b 的前结点 p 即可。

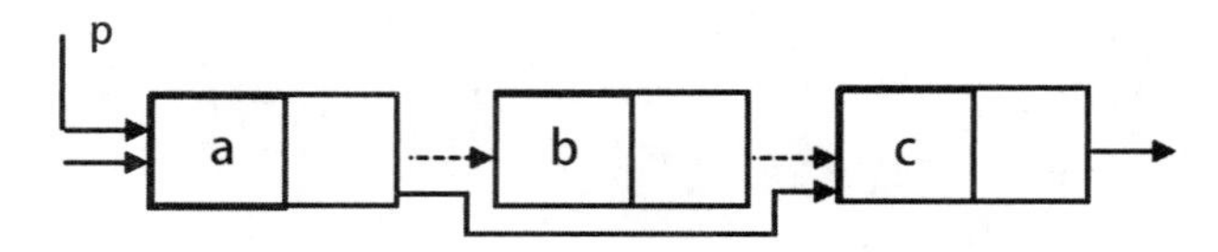

图1-4-3　删除结点前、后的链表变化

删除指定数据的结点。

【参考程序】

```
1. // 删除指定数据的结点
2. void deleteList( int &length, int b) {
3.     int q = list[0].next; //遍历链表,q为待删除的结点
4.     if (list[q].data == b) { //删除头结点
5.         list[q].data = 0;      //将被删除结点的数据值改为0,成为空闲结点
6.         list[0].next = list[q].next;
7.         length--;
8.         return;
9.     }
10.    int p; //p为待删除结点的前一个结点
11.    while (list[q].next ! = -1 && list[q].data ! = b) {
12.         p = q;
13.             q = list[q].next;
14.        }
15.        if (list[q].data == b) {//删除q结点
16.           list[q].data == 0; //将被删除结点的数据值改为0,成为空闲结点
17.           list[p].next = list[q].next; //将p的next指向q的next
18.           length--;
19.        }
20.        return ;
21. }
```

前面介绍了链表的基本操作，下面我们就用链表的思想方法来解决法雷序列问题。

【参考程序】

```
1. #include <bits/stdc++.h>
2. using namespace std;
3. const int MAX_N = 100;
4. struct  node {
5.     int  fz, fm;  // 分子、分母
6.     int  next;  // 连接部分
7. } f[MAX_N * MAX_N];
8. int  gcd(int x, int y) {    /*  求最大公约数 */
9.     while (y) {
10.         int r;
11.         r = x % y;  x = y;  y = r;
12.     }
13.     return x;
14. }
15. void farlei(int n, node f[], int &k) {
16.     int kk = k;
17.     for (int m = 2; m <= n; ++m) { //分母,从 2 开始到 n
18.         for (int z = 1; z < m; ++z) { //分子,从 1 开始到 m-1,
19.             if (gcd(m, z) == 1) {
20.                 kk++;  f[kk].fz = z;     f[kk].fm = m;
21.                 int l = 1, r = 1; //l,r 分别为待插分数 z/m 的前趋和后继
22.                 while (f[r].fz * m < f[r].fm * z) {
23.                     l = r;  r = f[l].next;
24.                 }
25.                 f[kk].next = r;  f[l].next = kk;
26.             }
27.         }
28.     }
29. }
30. void Print(node f[]) {
31.     int x = 1, i = 0;
32.     while (f[x].next != -1) {
33.         i++;
34.         cout << f[x].fz << "/" << f[x].fm;
35.         (i % 10) ? cout << " " : cout << endl;
36.         x = f[x].next;
37.     }
38.     i++;
39.     if (i % 10 == 0) cout << endl;
```

```
40.        cout << "1/1" << endl;
41. }
42. int main( ) {
43.     int n, k = 2;
44.     cin >> n;
45.     if (n < 1) return 0;
46.     f[1] = {0, 1, 2};
47.     f[2] = {1, 1, -1};
48.     farlei(n, f, k); //生成 n 级法雷序列
49.     Print(f);
50.     return 0;
51. }
```

四、迁移应用

【例 1.4.1】 公共后缀问题(suffix,1 S,128 MB,CSDN 社区)

【问题描述】

要存储英语单词,一种方法是使用链表并逐字母存储单词。为了节省空间,如果单词共享相同的后缀,我们可以让它们共享相同的子链表。例如,loading 和 being 存储如下图 1-4-4 所示。

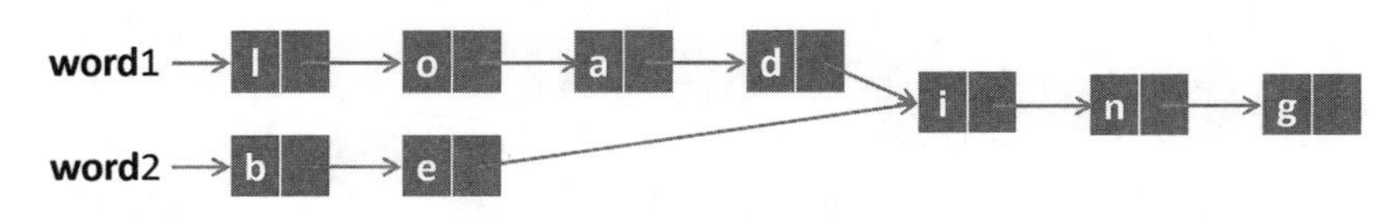

图 1-4-4 公共后缀

现在你的任务就是找到公共后缀的起始位置(如图 1-4-4 中 'i' 结点的位置)

【输入数据】

输入第一行,包含两个结点地址和结点总数 n($n \leqslant 10^5$)。

接下来 n 行,每行描述一个结点:address data next。

其中 address 是结点位置,data 是该结点包含的大小写字母,next 是下一个结点的位置;所有地址由 5 个数字构成,-1 表示空。

【输出数据】

输出由 5 个数字构成,表示公共后缀的起始位置。如果没有公共后缀,则输出-1。

输入样例 1	输出样例 1
11111 22222 9 67890 i 00002 00010 a 12345 00003 g -1	67890

（续表）

输入样例 1	输出样例 1
12345 d 67890 00002 n 00003 22222 b 23456 11111 l 00001 23456 e 67890 00001 o 00010	

输入样例 2	输出样例 2
00001 00002 4 00001 a 10001 10001 s -1 00002 a 10002 10002 t -1	-1

【数据规模】

结点总数 n 的范围：$1 < n \leq 10^5$。

【思路分析】

根据题意，找两个链表表示的英语单词共享的最长公共后缀的起始位置，很容易想到，从两个单词的起始结点开始，同时遍历两个链表，直到遇到不同的字符或者到达链表的末尾。如果两个链表有公共后缀，那么这两个链表在公共后缀开始之前的部分将会是不同的，在公共后缀开始之后的部分将会是相同的。

下面用更简便方法来处理，定义包含三个成员的结构体：data（字符数据）、next（指向下一个结点的索引）和 flag（布尔值，标记结点是否已被访问）。具体操作步骤如下：

（1）读取输入，建立静态链表的映射关系。

（2）做标记：遍历第一个单词（从 word1 开始），将遍历过的结点 flag 设置为 true。

（3）查找公共后缀：从第二个单词的起始结点 word2 开始遍历。

① 如果当前结点 p 的 flag 为 false（表示该结点未被访问过），则继续遍历到下一个结点。

② 如果当前结点 p 的 flag 为 true（表示该结点已被访问过，意味着它是两个单词的公共部分）。

③ p 为-1（即链表结束），则停止遍历。

如果 p 不是-1，则 p 就是公共后缀的起始位置。

用数组模拟链表解决公共后缀问题。

【参考程序】

```
1. #include <bits/stdc++.h>
2. using namespace std;
3. const int N = 100010;
4. struct node {
```

```
5.     char data;
6.     int next;
7.     bool flag;
8. } Link[N];
9. int main() {
10.    int word1, word2, n;
11.    cin >> word1 >> word2 >> n;
12.    while (n--) {
13.        int address, next;
14.        char data;
15.        cin >> address >> data >> next;
16.        Link[address] = {data, next, false};
17.    }
18.    for (int p = word1; p! =-1; p = Link[p].next)
19.        Link[p].flag = true;
20.    int p = word2;
21.    while (p! =-1 && ! Link[p].flag)
22.        p = Link[p].next;
23.    if (p! =-1) cout << setfill('0') << setw(5) << p << endl;
24.    else puts("-1");
25.    return 0;
26. }
```

【例 1.4.2】 悲剧文本(text,1 S,128 MB,UVA11988)

【问题描述】

小明没有开屏幕就输入一个字符串,他的电脑键盘出现了问题会不定时地自动录入 home、end 两个键,我们知道如果录入 home 则将光标定位到行首,如果录入 end 则是将光标定位到行末。

现在告诉你小明输入的字符串以及自动出现的 home、end 键,让你输出最后屏幕上显示的文本。

【输入数据】

若干行,每行表示一个可能包含 home、end 键的字符串。其中 home 键用 '[' 字符表示,end 用 ']' 字符表示。

【输出数据】

若干行,每行对应输入的一行文本。

输入样例	输出样例
This_is_a_[Beiju]_text [[]][][]Happy_Birthday_to_Tsinghua_University	BeijuThis_is_a__text Happy_Birthday_to_Tsinghua_University

【思路分析】

首先，我们从样例出发来考虑：This_is_a_[Beiju]_text，在输入正常的情况下，一直用尾插法建立链表。

T >h >i >s >_ >i >s >_ >a >_ |

当遇到 '[' 时，将插入点移到头部，继续插入 Beiju：

|T >h >i >s >_ >i >s >_ >a >_
B >e >i >j >u >|T >h >i >s>_ >i >s >_ >a >_

当遇到 ']' 时，将插入点移到尾部，继续插入_text：

B >e >i >j >u >T >h >i >s>_ >i >s >_ >a >_|
B >e >i >j >u >T >h >i >s>_ >i >s >_ >a >_ >_ >t >e >x >t|

使用数组模拟链表结点。

【参考程序】

```
1. #include <bits/stdc++.h>
2. using namespace std;
3. const int N = 1e5 +5;
4. struct node {
5.     char val;
6.     int pre, nxt;
7. } a[N];
8. int tot, head, tail;
9. void init() {
10.    tot = 2;
11.    head = 1;
12.    tail = 2;
13.    a[head].nxt = 2;
14.    a[tail].pre = 1;
15. }
16. int insert(int p, char val) {
17.     int q = ++tot;
18.     a[q].val = val;
19.     a[q].pre = p;
20.     a[q].nxt = a[p].nxt;
21.     a[p].nxt = q;
22.     a[a[q].nxt].pre = q;
23.     return q;
24. }
25. int main() {
26.    string s;
27.    while (cin >> s) {
```

```
28.         init();
29.         int p = head;
30.         for (int i = 0; i < (int) s.size(); i++) {
31.             if (s[i] == '[') p = head;
32.             else if (s[i] == ']') p = a[tail].pre;
33.             else p = insert(p, s[i]);
34.         }
35.         p = a[head].nxt;
36.         while (p != tail) {
37.             cout << a[p].val;
38.             p = a[p].nxt;
39.         }
40.         cout << endl;
41.     }
42.     return 0;
43. }
```

在前面分析的基础上，我们来进一步分析：将 This_is_a_[Beiju]_text 看成用 '['、']' 分隔而成的三段字符串。

在正常读入时，直接用尾插法插入字符串：This_is_a_。

当遇到 '[' 时，将插入点移到头部，继续插入 Beiju：

```
| This_is_a_
Beiju >|This_is_a_
```

当遇到 ']' 时，将插入点移到尾部，再插入 _text：

```
Beiju > This_is_a_ |
Beiju > This_is_a_ > _text |
```

下面使用 STL 中的 list 进行链表操作。

【参考程序】

```
1. #include<bits/stdc++.h>
2. using namespace std;
3. string str;
4. list<string> L; // list: 链表
5. int main() {
6.     while (cin >> str) {
7.         L.clear(); //多组数据，每组数据要清空链表
8.         str = '[' + str + ']'; //为方便处理在字符串开头添加一个 '['，结尾添加一个 ']'
9.         int s = 0; //s 表示这段字符串起始位置
10.         for (int i = 0; i < str.size(); i++)
11.             if (str[i] == '[' || str[i] == ']') {
```

```
12.                 if (i - s >1 && str[s] == '[')
13.                     L.push_front(str.substr(s + 1, i - s - 1));
14.                 if (i - s >1 && str[s] == ']')
15.                     L.push_back(str.substr(s + 1, i - s - 1));
16.                 s = i;
17.             }
18.         for (auto x : L) cout << x;    //遍历 L 链表
19.         cout << endl;
20.     }
21.     return 0;
22. }
```

【例 1.4.3】　统计数字问题(count,1 S,128 MB,内部训练)

【问题描述】

某次科研调查时得到了 $n(n \leqslant 1\,000)$ 个正整数,每个数 x 均不超过 1.5×10^9。现在需要统计这些自然数各自出现的次数,并按照自然数从小到大的顺序输出统计结果。

【输入数据】

第 1 行一个整数 n,表示自然数的个数;

第 2 行,n 个用空格隔开的整数。

【输出数据】

每行 2 个数,第 1 个为自然数,第 2 个为自然数的个数。自然数按从小到大排序。

输入样例	输出样例
8 2 4 2 4 5 100 2 100	2 3 4 2 5 1 100 2

【数据规模】

对于 100%数据满足:$n \leqslant 1\,000, 1 \leqslant x \leqslant 1.5 \times 10^9$。

【思路分析】

本题的要求是统计每个自然数各自出现的次数,根据题意可知,有 $n(n \leqslant 1\,000)$ 个正整数(每个数均不超过 1.5×10^9),采用基数排序的方法费时费空间,采用常规的排序方法,又难以统计每个数出现的次数。

我们不妨建立一个链表,每读入一个数字,遍历链表,在链表中寻找相应位置,若链表中已经存在这个数,则将相应结点的计数器 cnt 加 1;若没有出现这个数,就将该数插入到链表的相应位置,并调整该结点的计数器值。

方法 1:采用数组模拟链表解决统计数字问题。

【参考程序】

```
1. #include <bits/stdc++.h>
```

```
2. using namespace std;
3. const int N = 1005;
4. struct Node {
5.     int data, cnt,  next;
6. } Link[N];
7. int tot, head;
8. int getpos(int x) {
9.         int p = head, q = 0;
10.        while (p && Link[p].data <= x) {
11.            if (Link[p].data == x)   return p;
12.            q = p;
13.            p = Link[p].next;
14.        }
15.        return q;
16. }
17. void insert(int pos, int x) {
18.     tot++;
19.     Link[tot] = {x, 1, Link[pos].next};
20.     Link[pos].next = tot;
21. }
22. int main() {
23.     int n, x;
24.     bool flag = true;
25.     cin >> n;
26.     while (n--) {
27.         cin >> x;
28.         if (flag) {
29.             tot++;
30.             Link[tot] = {x, 1, 0};
31.             head = tot;  flag = false;
32.         } else {
33.             int pos = getpos(x);
34.             if (Link[pos].data == x)   Link[pos].cnt++;
35.             else if (pos == 0) Link[++tot] = {x, 1, head}, head = tot;
36.             else insert(pos, x);
37.         }
38.     }
39.     for (int p = head; p; p = Link[p].next)
40.         cout << Link[p].data << " " << Link[p].cnt << endl;
41.     cout << endl;
42.     return 0;
43. }
```

方法 2：使用 STL 中的 list 模拟链表。

【参考程序】

```
1. #include <bits/stdc++.h>
2. using namespace std;
3. const int N = 1005;
4. struct Node {
5.     int data, cnt;
6. };
7. list <Node> L;
8. auto getpos(int x) {
9.      auto it = L.begin();
10.     while (it != L.end() && it->data < x) it++;
11.     return it;
12. }
13. int main() {
14.     int n, x;
15.     cin >> n;
16.     while (n--) {
17.         cin >> x;
18.         auto pos = getpos(x);
19.         if (pos->data == x)     pos->cnt ++;
20.         else
21.             L.insert(pos, {x, 1});
22.     }
23.     for (auto t : L)
24.         cout << t.data << " " << t.cnt << endl;
25.     cout << endl;
26.     return 0;
27. }
```

五、拓展提升

1. 本节要点

(1) 静态链表的概念及特点

静态链表通过数组实现，链表中的每个数据元素，除了要存储它本身的信息(数据域 data)外，还要存储它的直接后继元素的存储位置。

在做插入和删除操作时不需要移动元素，仅需修改指针。插入和删除操作需要重建链表的链接关系，有一定的时间开销。

(2) 链表的类型

链表可分为：单向链表、双向链表、单向循环链表、双向循环链表等。

（3）链表的基本操作

主要有链表的定义、初始化、输出、插入结点、删除结点等。

2. 拓展知识

（1）STL 链表之 list

在 C++标准模板库（Standard Template Library，STL）中，list 是一个双向链表容器，它提供了许多成员函数和操作符，以便我们对其中的元素进行操作。

表 1-4-2　STL 中 list 常用用法

引入头文件	#include <list>
创建一个空的 int 类型的 list	list<int> myList;
初始化列表	list<int> myList = {1, 2, 3, 4, 5};
尾部插入元素 push_back	myList.push_back(6); // 在链表尾部插入元素 6
头部插入元素 push_front	myList.push_front(0); // 在链表头部插入元素 0

一般位置插入元素 insert	myList.insert(myList.begin()+ 2, 7);// 在第三个位置插入元素 7
	(begin() 返回的是第一个元素的迭代器)

访问元素 begin 和 end	for (list<int>::iterator it = myList.begin();it ! = myList.end();++ it) cout << * it << ' ';　// 访问并打印链表中的每个元素
访问第一个元素 front	cout << "First element: " << myList.front() << '\n';
访问最后一个元素 Back	如：cout << "Last element: " << myList.back() << '\n';
删除链表尾部的元素 pop_back	if (! myList.empty()) { myList.pop_back(); }
删除链表头部 pop_front 的元素	if (! myList.empty()) { myList.pop_front(); }
删除所有等于特定值的元素 remove	list<int> myList = {1, 2, 3, 2, 4, 2, 5}; myList.remove(2);　// 删除所有值为 2 的元素
查找元素的位置 find	auto it = myList.find(4);　//查找元素 4 的位置（返回指向该元素的迭代器，如果未找到则返回 end()）

自动类型推导关键字 auto，让编译器自动确定变量的类型	自动推导基本类型，如：
	auto x = 42;　　// x 的类型是 int
	auto y = 3.14;　// y 的类型是 double
	自动推导复杂类型，如：
	vector<int> myList = {1, 2, 3, 4, 5};
	auto it = myList.begin();
	// it 的类型是 vector<int>::iterator
	auto 与范围 for 循环使用，实现链表的遍历，如：
	vector<int> myList = {1, 2, 3, 4, 5};
	for (auto i : myList)　// i 的类型是 int
	{ cout << i << ' '; }
	比如：vector <int> myList(5); // 定义了 5 个元素
	for (auto &i: myList) cin >> i;　// 通过 i 输入这些元素

另外：*x 可以读取位置 x 对应的数值。

这些只是 list 的一些常见用法。要充分利用其所有功能，建议查阅 C++标准库文档或相关书籍。

3. 拓展应用

【练习 1.4.1】 约瑟夫问题(ysf,1 S,128 MB,洛谷 P1996)

【问题描述】

设编号分别为：1, 2, 3, …, n 的 n 个人围坐一圈。从序号为1的人开始报数，数到 m 的那个人出列，他的下一位又从1开始报数，数到 m 的那个人再出列，依次类推，直到所有人出列为止。

【输入数据】

共 1 行，人数 n 和报数 m，用空格隔开。

【输出数据】

共 1 行，出圈序列。

输入样例	输出样例
6 5	5 4 6 2 3 1

【数据范围】

对于 100%数据满足：$1 \leqslant n \leqslant 30\,000, 1 \leqslant m \leqslant n$。

【练习 1.4.2】 小熊果篮(bear,1 S,128 MB,CSP-J2 2021)

【问题描述】

小熊的水果店里摆放着一排 n 个水果。每个水果只可能是苹果或桔子，从左到右依次用正整数 1, 2, 3, …, n 编号。连续排在一起的同一种水果称为一个“块”。小熊要把这一排水果挑到若干个果篮里，具体方法是：每次都把每一个“块”中最左边的水果同时挑出，组成一个果篮。重复这一操作，直至水果用完。注意，每次挑完一个果篮后，“块”可能会发生变化。比如两个苹果“块”之间的唯一桔子被挑走后，两个苹果“块”就变成了一个“块”。

请帮小熊计算每个果篮里包含的水果。

【输入数据】

第一行包含一个正整数 n，表示水果的数量。

第二行包含 n 个空格分隔的整数，其中第 i 个数表示编号为 i 的水果的种类，1 代表苹果，0 代表桔子。

【输出数据】

输出若干行。第 i 行表示第 i 次挑出的水果组成的果篮。从小到大排序输出该果篮中所有水果的编号，每两个编号之间用一个空格分隔。

输入样例	输出样例
12 1 1 0 0 1 1 1 0 1 1 0 0	1 3 5 8 9 11 2 4 6 12 7 10

【样例解释】

所有水果一开始的情况是 1 1 0 0 1 1 1 0 1 1 0 0,一共有 6 个块。

在第一次挑水果组成果篮的过程中,编号为 1 3 5 8 9 11 的水果被挑了出来。之后剩下的水果是 1 0 1 1 1 0,一共 4 个块。

在第二次挑水果组成果篮的过程中,编号为 2 4 6 12 的水果被挑了出来。之后剩下的水果是 1 1,只有 1 个块。

在第三次挑水果组成果篮的过程中,编号为 7 的水果被挑了出来。最后剩下的水果是 1,只有 1 个块。在第四次挑水果组成果篮的过程中,编号为 10 的水果被挑了出来。

【数据规模】

对于 10%的数据满足:$n \leqslant 5$。

对于 30%的数据满足:$n \leqslant 1\,000$。

对于 70%的数据满足:$n \leqslant 50\,000$。

对于 100%的数据满足:$1 \leqslant n \leqslant 2 \times 10^5$。

【练习 1.4.3】 移动盒子(Boxes,1 S,128 MB,UVA 12657)

【问题描述】

你有一行盒子,从左到右依次编号为 1,2,3,…, n。可以执行以下 4 种指令:

- 1 X Y 表示把盒子 X 移动到盒子 Y 左边(如果 X 已经在 Y 的左边则忽略此指令)。
- 2 X Y 表示把盒子 X 移动到盒子 Y 右边(如果 X 已经在 Y 的右边则忽略此指令)。
- 3 X Y 表示交换盒子 X 和 Y 的位置。
- 4 表示反转整条链。

指令保证合法,即 X 不等于 Y。例如:当 n=6 时在初始状态下执行 1 1 4 后,盒子序列为 2 3 1 4 5 6。接下来执行 2 3 5,盒子序列变成 2 1 4 5 3 6。再执行 3 1 6,得到 2 6 4 5 3 1,最终执行 4,得到 1 3 5 4 6 2。

【输入数据】

输入包含不超过 10 组数据,每组数据第一行为盒子个数 n 和指令条数 m($1 \leqslant n, m \leqslant 100\,000$)。以下 m 行每行包含一条指令。

【输出数据】

每组数据输出一行。即所有奇数位置的盒子编号之和。位置从左到右编号为 1 ~ n。

输入样例 1	输出样例 1
6 4 1 1 4 2 3 5 3 1 6 4 6 3 1 1 4 2 3 5 3 1 6	case 1: 12 case 2: 9

输入样例 2	输出样例 2
6 4 1 1 4 2 3 5 3 1 6 4 6 3 1 1 4 2 3 5 3 1 6 100000 1 4	case 1：12 case 2：9 case 3：2500050000

【数据规模】

对于 100%数据满足，$1 \leqslant n, m \leqslant 100\,000$。

【练习 1.4.4】 多项式的和（polynomials，1 S，128 MB，CSDN 社区）

【问题描述】

求两个一元多项式的和。

例如，求 $4x^3 + 2x^2 - 5x + 6$ 与 $2x^4 - 2x^2 + 6x$ 的和。

【输入数据】

依次输入两个一元多项式，均以 0 0 标志结束。

每个多项式由多行构成，每行两个整数 coef 和 exp，分别表示系数与指数（保证指数从大到小排列）

【输出数据】

相加之后的一元多项式。

输入样例 1	输出样例 1
4 3 2 2 -5 1 6 0 0 0 2 4 -2 2 6 1 0 0	2 4 4 3 1 1 6 0

输入样例 2	输出样例 2
4 3 0 0 -4 3 0 0	0

第二章　用经验解决问题

在学习与生活中，人们总会遇到形形色色的问题。有些问题与生活经验紧密相连，我们往往会依赖于个人的既有经验来尝试寻求解决问题的策略和方案。

对于那些经历丰富、见多识广的人来说，他们通常能够轻松地构思出初步的解决方案，并通过在小规模数据范围内验证自己的想法。验证成功且经过正确性证明后，再运用编程技能，将这些思路进一步转化为程序代码。

当然，有些问题则更适合通过建立数学模型来解决。对于那些数学功底深厚、思维敏捷的人来说，他们可以通过深入分析问题、数学推导，凭借自身丰富的数学经验更快地找到高效解决方案。

此外，还有部分追求最优解的问题。我们则会依托先天的直觉和后天的数学素养，确保每一步决策都力求最佳，通过不断实现局部的最优化，最终实现全局范围内的最优解决方案。

在本章的学习中，读者将会对模拟、解析和贪心这三种常用策略有一个初步的认识。它们不仅建立在严谨的算法逻辑基础之上，更需要融入编程者丰富的实战经验。这就要求读者能够深刻挖掘问题的本质，灵活地将自己的经验应用到实际问题中，通过深入分析找出内在规律，从而更加高效、精确地解决各种复杂问题。

第一节　幻方构造问题——用模拟法解决问题

一、问题引入

【问题描述】

幻方是一种很神奇的 $N \times N$ 的矩阵：它由数字 $1, 2, 3, \cdots, N \times N$ 构成，且每行、每列及两条对角线上的数字之和都相同。

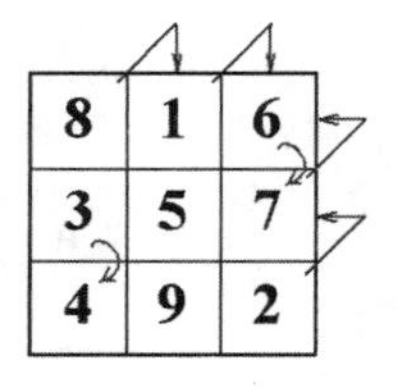

当 N 为奇数时，我们可以通过以下方法构建一个幻方：

首先将 1 写在第一行的中间。

之后，按如下方式从小到大依次填写每个数 $K(K = 2, 3, \cdots, N \times N)$：

① 若 $K - 1$ 在第一行但不在最后一列，则将 K 填在最后一行，$K - 1$ 所在列的右一列；

② 若 $K - 1$ 在最后一列但不在第一行，则将 K 填在第一列，$K - 1$ 所在行的上一行；

③ 若 $K - 1$ 在第一行最后一列，则将 K 填在 $K - 1$ 的正下方；

④ 若 $K - 1$ 既不在第一行，也不在最后一列，如果 $K - 1$ 的右上方还未填数，则将 K 填在

$K-1$ 的右上方，否则将 K 填在 $K-1$ 的正下方。

现给定 N，请按上述方法构造 $N\times N$ 的幻方。

【输入格式】

只有一行，包含一个整数 N，即幻方的大小。

【输出格式】

包含 N 行，每行 N 个整数，即按上述方法构造出的 $N\times N$ 的幻方。

每行中相邻两个整数之间用单个空格隔开。

输入样例	输出样例
3	8 1 6 3 5 7 4 9 2

【数据规模】

对于 100%的数据，$1\leqslant N\leqslant 39$ 且为奇数。

二、问题探究

仔细阅读题目，根据填写规则，可以构造出需要的幻方。

结合输入样例构造如下图 2-1-1 所示的 3×3 的幻方，具体过程如下：

第 1 步，填入数字 1，根据"首先将 1 写在第一行的中间"可知，在第 1 行第 2 个格子填入数字 1；

第 2 步，填入数字 2，符合规则 1："若 1 在第一行但不在最后一列，则将 2 填在最后一行，1 所在列的右一列"，即将数字 2 填入最后一行（第 3 行）右一列（第 3 个格子）；

第 3 步，填入数字 3，符合规则 2："若 2 在最后一列但不在第一行，则将 3 填在第一列，2 所在行的上一行"，即将数字 3 填入第 1 列上一行（第 2 行）；

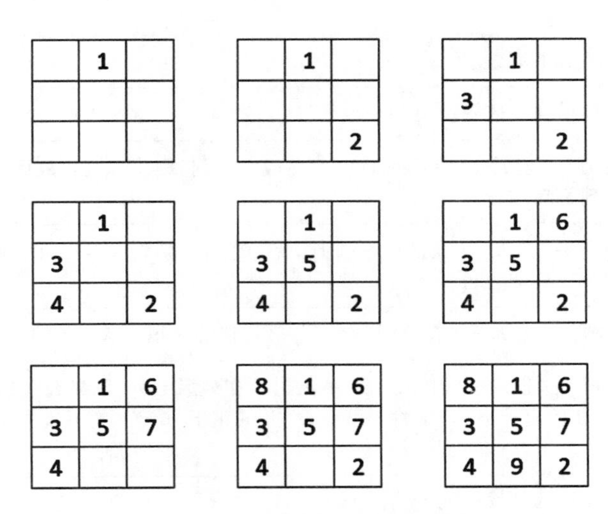

图 2-1-1　幻方构造过程

第 4 步，填入数字 4，符合规则 4："若 3 既不在第一行，也不在最后一列，如果 3 的右上方还未填数，则将 4 填在 3 的右上方，否则将 4 填在 3 的正下方"，因为右上方有数字 1，所以将数字 4 填入 1 的正下方（第 3 行，对应下图 2-1-1 中间排左边的图）；

接下来的第 5 步和第 6 步，同理根据规则 4，符合右上方没有数的情况，因此将 5、6 依次填入即可；

第 7 步，填入数字 7，符合规则 3："若 6 在第一行最后一列，则将 7 填在 6 的正下方"。

第 8 步，根据规则 2，数字 8 填入第 1 列上一行（第 1 行）；

第 9 步，根据规则 1，数字 9 填入最后一行（第 3 行）右一列（第 2 个格子）；

那又该如何写出相应的代码呢？

三、知识构建

1. 模拟法

在信息学奥赛中，模拟法是一种通过模拟实际问题的解决过程，逐步逼近答案的解题方法。它通常适用于计算机的执行速度快、问题描述和解决方法已经十分清楚、但直接进行数学建模比较困难的情况。

比如模拟一个游戏的对弈过程，或者模拟一项任务的操作过程，进行统计记分、判断输赢等。

2. 模拟法的一般思路

首先是分析题目意图，然后提炼解决问题的规则和步骤，以近乎自然的方式复现情景。最后再将这些步骤转变为代码即可。

3. 模拟法解决幻方构造问题

分析上述填数过程，可以将上述 9 个步骤列表如下：

表 2-1-1　幻方构造步骤

步骤	幻方构造
第 1 步	在第一行中间格子填数字 1；
第 2 步	按如下方式从小到大依次填写每个数 K（$K = 2, 3, \cdots, N \times N$）；
第 3 步	如果符合规则 1："若 $K-1$ 在第一行但不在最后一列，则将 K 填在最后一行，$K-1$ 所在列的右一列"，则转到最后一行右一列；
第 4 步	如果符合规则 2："若 $K-1$ 在最后一列但不在第一行，则将 K 填在第一列，$K-1$ 所在行的上一行"，则转到第一列上一行；
第 5 步	如果符合规则 3："若 $K-1$ 在第一行最后一列，则将 K 填在 $K-1$ 的正下方"，则转到正下方；
第 6 步	如果符合规则 4："若 $K-1$ 既不在第一行，也不在最后一列，如果 $K-1$ 的右上方还未填数，则将 K 填在 $K-1$ 的右上方，否则将 K 填在 $K-1$ 的正下方。"，则再视右上方是否已填数决定转到右上方还是正下方；
第 7 步	填入下一个数字（此时格子为空）；
	转到第 2 步继续。

定义变量 x、y 表示即将要填入的数字所在位置。

第 1 步，在第一行中间格子填数字 1，可以转译为如下代码：

```
int x = 1, y = (n+1) / 2, t = 1;
a[x][y] = t;
```

接下来的第 2 步到第 7 步可以写成 while 循环：while (t <= n * n) { … }；其中循环体内写好第 3 步到第 7 步对应的代码。

第 3 步，如果符合规则 1："若 $K-1$ 在第一行但不在最后一列，则将 K 填在最后一行，$K-1$ 所在列的右一列"，则转到最后一行右一列。

```
if (x == 1 && y != n) x = n, ++y;
```

第 4 步，如果符合规则 2："若 $K-1$ 在最后一列但不在第一行，则将 K 填在第一列，$K-1$ 所在行的上一行"，则转到第一列上一行。

```
if (x != 1 && y == n) --x, y = 1;
```

第 5 步，如果符合规则 3："若 $K-1$ 在第一行最后一列，则将 K 填在 $K-1$ 的正下方"，则转到正下方。

```
if (x == 1 && y == n) ++x;
```

第 6 步，如果符合规则 4："若 $K-1$ 既不在第一行，也不在最后一列，如果 $K-1$ 的右上方还未填数，则将 K 填在 $K-1$ 的右上方，否则将 K 填在 $K-1$ 的正下方。"，则再视右上方是否已填数决定转到右上方还是正下方。

这里又分为两种情况，可以用 if 双分支结构转译：

```
if (! a[x - 1][y + 1]) --x, ++y;
else ++x;
```

第 7 步，填入下一个数字：

```
a[x][y] = ++t;
```

将上述代码合并起来即可，注意其中循环体内应使用多分支结构区分各种情况。

【参考程序】

```
1. #include <bits/stdc++.h>
2. using namespace std;
3. int main() {
4.      int a[40][40], n;
5.      memset(a, 0, sizeof a) ;
6.      cin >> n;
7.      // 第 1 步
8.      int x = 1, y = (n + 1) / 2, t = 1;
9.      a[x][y] = t;
10.     while (t <= n * n) {  // 第 2 步
```

```
11.         if (x == 1 && y != n) x = n, ++y;  // 第 3 步
12.         else if (x != 1 && y == n) --x, y = 1;  // 第 4 步
13.         else if (x == 1 && y == n) ++x;  // 第 5 步
14.         else if (x != 1 && y != n) {  // 第 6 步
15.             if (! a[x - 1][y + 1]) --x, ++y;
16.             else x++;
17.         }
18.         a[x][y] = ++t; // 第 7 步
19.     }
20.     for (int i = 1; i <= n; ++i) {
21.         for (int j = 1; j <= n; ++j)
22.             cout << a[i][j] << " ";
23.         cout << endl;
24.     }
25.     return 0;
26. }
```

在上述代码中,第 9 行与第 18 行代码其实是相同的,可以将循环外的重复代码删掉;此外 while 循环也可以调整为 for 循环,直接让 t 从 1 取到 n ∗ n 即可。

【参考程序】

```
1. #include <bits/stdc++.h>
2. using namespace std;
3. int main() {
4.     int a[40][40], n;
5.     memset(a, 0, sizeof a) ;
6.     cin >> n;
7.     int x = 1, y = (n + 1) / 2;
8.     for (int t = 1; t <= n * n; ++t) {
9.         a[x][y] = t;
10.        if (x == 1 && y != n) x = n, ++y; // 规则 1
11.        else if (x != 1 && y == n) --x, y = 1; // 规则 2
12.        else if (x == 1 && y == n) ++x; // 规则 3
13.        else if (x != 1 && y != n) { // 规则 4
14.            if (! a[x - 1][y + 1]) --x, ++y;
15.            else ++x;
16.        }
17.    }
18.    for (int i = 1; i <= n; ++i) {
19.        for (int j = 1; j <= n; ++j)
20.            cout << a[i][j] << " ";
21.        cout << endl;
22.    }
```

```
23.     return 0;
24. }
```

回顾上述解题步骤，无论从模拟填数到构造步骤表格，再到转译代码以及优化调整。这里需要编程者在题意理解的基础之上，结合 C++的基础知识将每一步进行转译，并将其调整为更合适的代码结构，这都要求编程者有着丰富的经验才行。

四、迁移应用

【例 2.1.1】 开关灯(**lamp，1 S，64 MB，NOI 7597**)

【问题描述】

有 N 盏灯，从 1 到 N 按顺序依次编号，初始时全部处于开启状态；有 M 个人(也从 1 到 M 依次编号)。

第 1 个人将灯全部关闭，第 2 个人将编号为 2 的倍数的灯打开，第 3 个人将编号为 3 的倍数的灯做相反处理(将打开的灯关闭，将关闭的灯打开)。依照编号递增顺序，以后的人都和 3 号一样，将凡是自己编号倍数的灯做相反处理。

请问：当第 M 个人操作之后哪几盏灯是关闭的？

【输入格式】

输入正整数 N 和 M，以单个空格隔开。

【输出格式】

顺次输出关闭的灯的编号，其间用逗号间隔。

输入样例	输出样例
10 10	1,4,9

【数据规模】

对于 100%的数据，$N \leqslant 5\,000, 1 \leqslant M \leqslant N$。

【思路分析】

定义布尔数组 lamp 存储 N 个灯的开关状态，初始时全部开启对应数组 lamp 中的值均为 true，根据题意，可将操作过程描述如下。

表 2-1-2 开关灯步骤

步骤	开关灯
第 1 步	初始时全部处于开启状态；
第 2 步	第 1 个人将灯全部关闭；
第 3 步	第 2 个人将编号为 2 的倍数的灯打开；
第 4 步	第 3 个人将编号为 3 的倍数的灯做相反处理；
……	……
第 $M+1$ 步	第 M 个人将编号为 M 的倍数的灯做相反处理。

类似于幻方构造问题，这里将每一步进行转译。

第 1 步，初始时全部处于开启状态。转译为 for (int i = 1; i <= n; ++i) lamp[i] = true; 或 memset(lamp, true, sizeof lamp) ; 均可。

第 2 步，第 1 个人将灯全部关闭。

```
for (int i = 1; i <= n; ++i) lamp[i] = false;
```

第 3 步，第 2 个人将编号为 2 的倍数的灯打开。

```
for (int i = 1; i <= n; ++i)
    if (i % 2 == 0) lamp[i] = true;
```

第 4 步，第 3 个人将编号为 3 的倍数的灯做相反处理。

```
for (int i = 1; i <= n; ++i)
    if (i % 3 == 0) lamp[i] =! lamp[i];
```

……

第 M+1 步，第 M 个人将编号为 M 的倍数的灯做相反处理。

```
for (int i = 1; i <= n; ++i)
    if (i % m == 0) lamp[i] =! lamp[i];
```

很明显，这里的第 4 步到第 M 步因为描述相同，因此得到的代码也相同，具体编程时应调整为双重循环才能实现；进一步可以发现：第 2 步，“第 1 个人将灯全部关闭”可以调整为“第 1 个人将编号为 1 的倍数的灯做相反处理”；第 3 步，“第 2 个人将编号为 2 的倍数的灯打开。”同样可以调整为“第 2 个人将编号为 2 的倍数的灯做相反处理”。

这样从第 1 个人到第 M 个人的描述就完全相同了，对应的代码也一样。于是得到如下双重循环：

```
for (int i = 1; i <= m; ++i)   // 枚举人的编号
    for (int j = 1; j <= n; ++j)   // 枚举灯的编号
        if (j % i == 0) lamp[j] =! lamp[j];
```

【参考程序】

```
1. #include <bits/stdc++.h>
2. using namespace std;
3. int main() {
4.     int n, m;
5.     cin >> n >> m;
6.     bool lamp[5005];
7.     memset(lamp, true, sizeof lamp);
8.     for (int i = 1; i <= m;++i) // 枚举人的编号
9.         for (int j = 1; j <= n; ++j) // 枚举灯的编号
10.            if (j % i == 0) lamp[j] =! lamp[j];
```

```
11.    cout << 1;
12.    if (n > 1) {
13.            for (int i = 2; i <= n; ++i)
14.                if (! lamp[i]) cout << "," << i;
15.        }
16.        cout << endl;
17.        return 0;
18. }
```

【例 2.1.2】　**统计单词数(stat,1 S,128 MB,NOIP 2011 普及组 P2)**

【问题描述】

一般的文本编辑器都有查找单词的功能,该功能可以快速定位特定单词在文章中的位置,有的还能统计出特定单词在文章中出现的次数。

现在,请你编程实现这一功能,具体要求是：给定一个单词,请你输出它在给定的文章中出现的次数和第一次出现的位置。

注意：匹配单词时,不区分大小写,但要求完全匹配,即给定单词必须与文章中的某一独立单词在不区分大小写的情况下完全相同,如果给定单词仅是文章中某一单词的一部分则不算匹配。

【输入格式】

第 1 行为一个字符串,其中只含字母,表示给定单词；

第 2 行为一个字符串,其中只可能包含字母和空格,表示给定的文章。

【输出格式】

如果在文章中找到给定单词则输出两个整数,分别是单词在文章中出现的次数和第一次出现的位置；如果单词在文章中没有出现,则直接输出一个整数-1。

输入样例 1	输出样例 1
To to be or not to be is a question	2 0

【样例 1 说明】

输出结果表示,给定的单词“To”在文章中出现两次,第一次出现的位置为 0。

输入样例 2	输出样例 2
to Did the Ottoman Empire lose its power at that time	-1

【样例 2 说明】

表示给定的单词“to”在文章中没有出现,输出整数-1。

【数据范围】

1≤单词长度≤10;1≤文章长度≤1 000 000。

【思路分析】

分析题意，根据经验在文章中按顺序扫描每一个单词，就尝试匹配给定的单词并计数。难点在于如何在扫描过程中得到每一个单词。

如右图 2-1-2，引入变量 l 和 r 分别记录单词的起始位置和结束位置的后一个位置。用布尔变量 InWord 记录扫描过程中的当前位置是否仍然位于某个单词内。

to be or not to be is a question

↑↑

l r

图 2-1-2　单词匹配

开始时，让 InWord 为 false，表示不在单词内，接着从左向右扫描文章，对于每次遇到的字符（当前字符）结合布尔变量 InWord 的值可以得到四种不同的情形（以扫描“to be or not to be is a question”为例）：

情形 1：当前字符为字母，InWord = true，此时应处于连续的字母内，即还在一个单词内。如扫描位于第一次单词 to 的第 2 个字母 o 时对应的状态（Inword = true，当前字母为 o）。此时还不能得到单词 to；

情形 2：当前字符为空格，InWord = true，此时刚刚离开某个单词，即得到一个单词。如扫描到第一个单词 to 的后一个空格位置对应的状态（InWord = true，当前字母为空格）。

情形 3：当前字符为字母，InWord = false，此时刚刚进入一个新单词。如开始扫描第 2 个单词首字母时的状态（InWord = false，当前字母为 b）。

情形 4：当前字符为空格，InWord = false，此时应处于连续的空格内。

对于每种不同的状态，相应处理如下表 2-1-3 所示。

表 2-1-3　统计单词数在不同情况下的相应处理

情形	当前字符，InWord	当前状态	相应处理
①	字母，true	处于连续的字母内（单词）	无
②	空格，true	离开某个单词（字母变为空格）此时得到单词	记录 r，InWord = false；匹配单词
③	字母，false	进入某个单词（空格变为字母）	记录 l，InWord = true
④	空格，false	处于连续的空格内（空白）	无

可以发现，其中情形 1 和 4 无需处理，只需对情形 2 和 3 加以实现；此外对于情形 2 中的匹配单词，通过自定义函数 check 代码实现，具体如下。

【参考程序】

```
1. #include <bits/stdc++.h>
2. using namespace std;
3. string s, t;
4. bool check( int l, int len) {
5.      for ( int i = 0; i < len; ++i) {
6.           int diff = abs(s[i + l] - t[i]) ;
```

```
7.            if (diff == 0) continue;
8.            if (diff == 'a' - 'A') continue;
9.            return false;
10.       }
11.       return true;
12. }
13. int main() {
14.       getline(cin, t);
15.       getline(cin, s);
16.       s += ' ';
17.       int l, r, pos;
18.       int cnt = 0, len = t.size( ) ;
19.       bool InWord = false;
20.       for ( int i = 0; i < s.size( ) ; ++i) {
21.           bool isSpace = s[ i ] == ' ';
22.           if ( ! isSpace & & ! InWord) InWord = true, l = i;  // 情形 3
23.           if ( isSpace & & InWord) { // 情形 2
24.               InWord = false, r = i;
25.               if (r - l == len & & check(l, len)) { // 长度一致时再进行 check
26.                   ++cnt;
27.                   if ( cnt == 1) pos = l;
28.               }
29.           }
30.       }
31.       if (! cnt) cout << -1 << endl;
32.       else cout << cnt << " " << pos << endl;
33.       return 0;
34. }
```

【例 2.1.3】　石头剪刀布(game,1 S,64 MB,NOI 4973)

【问题描述】

石头剪刀布是常见的猜拳游戏。“石头胜剪刀,剪刀胜布,布胜石头。”如果两个人出拳一样,则不分胜负。

一天,小 A 和小 B 正好在玩石头剪刀布。已知他们的出拳都是有周期性规律的,比如:“石头-布-石头-剪刀-石头-布-石头-剪刀……”,就是以“石头-布-石头-剪刀”为周期不断循环的。请问,小 A 和小 B 比了 N 轮之后,谁赢的轮数多?

【输入格式】

输入包含三行。

第一行包含三个整数:N、N_A、N_B,分别表示比了 N 轮,小 A 出拳的周期长度,小 B 出拳的周期长度;

第二行包含 N_A 个整数,表示小 A 出拳的规律;

第三行包含 N_B 个整数，表示小 B 出拳的规律。

其中 0 表示“石头”，2 表示“剪刀”，5 表示“布”。

相邻两个整数之间用单个空格隔开。

【输出格式】

输出一行，如果小 A 赢的轮数多，输出 A；如果小 B 赢的轮数多，输出 B；如果两人打平，输出 draw。

输入样例	输出样例
10 3 4 0 2 5 0 5 0 2	A

【数据范围】

$0 < N, N_A, N_B < 100$。

【思路分析】

模拟猜拳过程如下：

表 2-1-4　石头剪刀布猜拳过程

轮数	1	2	3	4	5	6	7	8	9	10	…
A	0	2	5	0	2	5	0	2	5	0	…
B	0	5	0	2	0	5	0	2	0	5	…
胜方	–	A	A	A	B	–	–	–	A	B	…

定义数组 a[10]、b[10]，在读入数据时，对两个数组的前几个数值分别初始化为 0, 2, 5 和 0, 5, 0, 2。

后面的数值可以根据“周期性出拳”生成：a[i] = a[i-na], b[i] = b[i-nb] (i>na, i>nb)。

【参考程序】

```
1.  #include <bits/stdc++.h>
2.  using namespace std;
3.  int main( ) {
4.      const int N = 105;
5.      int a[N], b[N];
6.      int n, na, nb;
7.      cin >> n >> na >> nb;
8.      for (int i = 1; i <= na;++i) cin >> a[i];
9.      for (int i = 1; i <= nb;++i) cin >> b[i];
10.     for (int i = na + 1; i <= n;++i) a[i] = a[i - na];
11.     for (int i = nb + 1; i <= n;++i) b[i] = b[i - nb];
```

```
12.    int cnt1 = 0, cnt2 = 0;
13.    for (int i = 1; i <= n;++i) {
14.        if (a[i] == 0 && b[i] == 2) ++cnt1;
15.        if (a[i] == 2 && b[i] == 5) ++cnt1;
16.        if (a[i] == 5 && b[i] == 0) ++cnt1;
17.        if (a[i] == 2 && b[i] == 0) ++cnt2;
18.        if (a[i] == 5 && b[i] == 2) ++cnt2;
19.        if (a[i] == 0 && b[i] == 5) ++cnt2;
20.    }
21.    if (cnt1 > cnt2) cout << "A\n";
22.    else if (cnt1 < cnt2) cout << "B\n";
23.    else cout << "draw\n";
24.    return 0;
25. }
```

如果将出拳次数 n 改为 10^9,其他条件均不改变。上述程序中的循环结构实际执行将会超过 1 S,同时数组 a、b 的存储总空间: $2 \times (n \times 4) = 8 \times 10^9$ B $\approx 8 \times 10^6$ KB $\approx$ 8 000 MB,可以发现同样不够。那又该如何在规定的时空范围内解决问题呢?

注意到两个人的出拳是有周期的,因此可以将两人的出拳周期综合考虑,在他们每最小公倍数次内的出拳情况是一样的。

如上述样例中周期分别为 3 和 4,因此每 12 次出拳胜负状态其实是一样的,这样只要模拟一个 12 次的出拳情况,100 次的出拳情况就可以使用 8 个 12 次出拳周期外加 4 次出拳情况即可($100=8\times12+4$)。

考虑极端情况下的出拳周期,na 与 nb 的最小公倍数一般不超过 na×nb,根据 na、nb 均小于 100,因此 na×nb 小于 10 000。数组 a、b 可调整为: int a[10 000], b[10 000];此时空间大小=2×(10 000×4)B≈80 KB,只需模拟一个周期即可,循环最多不超过 10 000 次,1 S 时限足够。

设 m 为周期数,最后剩下不足一个周期的出拳次数为 r,则一般情况下有:

A 赢的次数=一个周期内赢的次数×m+r 次出拳中赢的次数

定义变量 cnt1,cnt2 分别记录一个周期内小 A 及小 B 赢的次数,rcnt1,rcnt2 分别记录剩余不足一个周期内的赢的次数。

【参考程序】

```
1. #include <bits/stdc++.h>
2. using namespace std;
3. int gcd(int x, int y) {
4.     if (! y) return x;
5.     return gcd(y, x % y);
6. }
7. int main() {
```

```
8.    const int N = 10005;
9.    int a[N], b[N];
10.   int n, na, nb;
11.   cin >> n >> na >> nb;
12.   for (int i = 1; i <= na;++i) cin >> a[i];
13.   for (int i = 1; i <= nb;++i) cin >> b[i];
14.   int t = na / gcd(na, nb)* nb;     // 计算 na, nb 的最小公倍数
15.   for (int i = na + 1; i <= t;++i) a[i] = a[i - na];
16.   for (int i = nb + 1; i <= t;++i) b[i] = b[i - nb];
17.   int cnt1 = 0, cnt2 = 0, rcnt1 = 0, rcnt2 = 0;
18.   for (int i = 1; i <= t;++i) {
19.       if (a[i] == 0 && b[i] == 2) ++cnt1;
20.       if (a[i] == 2 && b[i] == 5) ++cnt1;
21.       if (a[i] == 5 && b[i] == 0) ++cnt1;
22.       if (a[i] == 2 && b[i] == 0) ++cnt2;
23.       if (a[i] == 5 && b[i] == 2) ++cnt2;
24.       if (a[i] == 0 && b[i] == 5) ++cnt2;
25.       if (i == n % t) rcnt1 = cnt1, rcnt2 = cnt2;
26.   }
27.   cnt1 = cnt1* (n / t) + rcnt1;
28.   cnt2 = cnt2* (n / t) + rcnt2;
29.   if (cnt1 > cnt2) cout << "A\n";
30.   else if (cnt1 < cnt2) cout << "B\n";
31.   else cout << "draw\n";
32.   return 0;
33. }
```

对于有些问题的模拟，可以通过合适的数据结构辅助或者通过算法的优化设计，从而达到简化代码或者高效构建代码，降低程序的编程复杂度或时间复杂度的目的。

例如，在刚才这个例子中还可以将题中描述的出拳规则用二维数组提前存储好：

```
int table[3][3] = {{0,1,-1},
                   {-1,0,1},
                   {1,-1,0}};
```

其中 table[i][j]=0 表示二人出拳一样，1 表示 A 赢，-1 表示 B 赢。

这样，循环体内的 6 个 if 语句就可以使用以下两行代码代替。

```
if (table[a[i]/2][b[i]/2] ==1) ++cnt1;
if (table[a[i]/2][b[i]/2] ==-1) ++cnt2;
```

至于为什么能这么简化，就请读者自己思考吧！

【参考程序】

```
1. #include <bits/stdc++.h>
2. using namespace std;
3. int gcd(int x, int y) {
4.     if (! y) return x;
5.     return gcd(y, x % y);
6. }
7. int main() {
8.     const int N = 10005;
9.     int a[N], b[N];
10.    int table[3][3] = {
11.        {0, 1, -1},
12.        {-1, 0, 1},
13.        {1, -1, 0}
14.    };
15.    int n, na, nb;
16.    cin >> n >> na >> nb;
17.    for (int i = 1; i <= na;++i) cin >> a[i];
18.    for (int i = 1; i <= nb;++i) cin >> b[i];
19.    int t = na / gcd(na, nb)* nb;
20.    for (int i = na + 1; i <= t;++i) a[i] = a[i - na];
21.    for (int i = nb + 1; i <= t;++i) b[i] = b[i - nb];
22.    int cnt1 = 0, cnt2 = 0, rcnt1 = 0, rcnt2 = 0;
23.    for (int i = 1; i <= t;++i) {
24.        if (table[a[i] / 2][b[i] / 2] == 1) ++cnt1;
25.        if (table[a[i] / 2][b[i] / 2] == -1) ++cnt2;
26.        if (i == n % t) rcnt1 = cnt1, rcnt2 = cnt2;
27.    }
28.    cnt1 = cnt1* (n / t) + rcnt1;
29.    cnt2 = cnt2* (n / t) + rcnt2;
30.    if (cnt1 > cnt2) cout << "A\n";
31.    else if (cnt1 < cnt2) cout << "B\n";
32.    else cout << "draw\n";
33.    return 0;
34. }
```

【例 2.1.4】　猫和老鼠(catmouse,1 S,128 M,CodeVS　2111)

【问题描述】

猫和老鼠在 10×10 的方格中,例如:

```
*...*.....
......*...
...*...*..
..........
...*.C....
*.....*...
...*......
..M......*
...*.*....
.*.*......
```

- C 为猫(CAT)
- M 为老鼠(MOUSE)
- * 为障碍
- . 为空地

猫和老鼠每秒走一格,如果在某一秒末它们在同一格中,我们称它们“相遇”。

注意,“对穿”是不算相遇的。猫和老鼠的移动方式相同:平时沿直线走,下一步如果会走到障碍物上去或者出界,就用 1 秒的时间做一个右转 90°。约定一开始它们都面向北方。

编程计算多少秒以后它们会相遇。

【输入格式】

第一行,一个正整数 N,表示有 N 组数据;

接下来,共 $10\times N$ 行,每 10 行为一组,共 N 组。其中每组的 10 行对应一个 10×10 的方格。

【输出格式】

共 N 行,每行一个相遇时间 T。如果 100 步内无解,输出-1。

输入样例	输出样例
1 *...*..... ......*... ...*...*.. ....*.C.... *.....*... ...*...... ..M......* ...*.*.... .*.*......	49

【数据范围】

$N\leqslant 10$。

【思路分析】

根据题意，猫和老鼠移动规则一致，因此模拟二者移动的代码应完全一致，可以设计一个统一的函数来简化它们的移动过程。

(x-1, y)
(x, y-1) (x, y) (x, y+1)
(x+1, y)

图 2-1-3　猫和老鼠移动一步

定义无返回值函数 move(int &x, int &y, int &d)，其中 (x, y) 为猫或老鼠的所处位置（行列坐标），d 为当前方向。

规定初始向北对应 d=0，每右转 90°就让 d 加 1，这样就可以将它们的朝向“北、东、南、西”按顺时针方向依次规定为 0、1、2、3。

同时，为了模拟走一步的动作，可以将 (x, y) 周围四个点根据上述方向分别取对应增量预先存储为数组：

```
int dx[4] = {-1, 0, 1, 0};
int dy[4] = {0, 1, 0, -1};
```

此外，这里应注意到将 move 函数的三个参数均定义为引用型变量，以便在模拟一次移动后可以改变调用者对应状态变量的值。

【参考程序】

```
1. #include <bits/stdc++.h>
2. using namespace std;
3. int dx[4] = {-1, 0, 1, 0};
4. int dy[4] = {0, 1, 0, -1};
5. int mx, my, md, cx, cy, cd;
6. char Map[12][12];
7. void move(int &x, int &y, int &d) {
8.     int nx = x + dx[d], ny = y + dy[d];
9.     if (Map[nx][ny] == '.') x = nx, y = ny;
10.    else d = (d + 1) % 4;
11. }
12. int main() {
13.     int n;
14.     cin >> n;
15.     while (n--) {
16.         md = cd = 0;
17.         memset(Map, '*', sizeof Map);
18.         for (int i = 1; i <= 10; ++i)
19.             for (int j = 1; j <= 10; ++j) {
20.                 char c;
21.                 cin >> c;
22.                 if (c == 'C') cx = i, cy = j, c = '.';
23.                 if (c == 'M') mx = i, my = j, c = '.';
```

```
24.                 Map[i][j] = c;
25.             }
26.         int ans = -1;
27.         for (int t = 1; t <= 100; ++t) {
28.             move(cx, cy, cd);
29.             move(mx, my, md);
30.             if (cx == mx && cy == my) {
31.                 ans = t;
32.                 break;
33.             }
34.         }
35.         cout << ans << endl;
36.     }
37.     return 0;
38. }
```

【例 2.1.5】 玩具谜题(toy,1 S,512 M,NOIP 2016 提高组 Day1 P1)

【问题描述】

小南有一套可爱的玩具小人,它们各有不同的职业。

有一天,这些玩具小人把小南的眼镜藏了起来。小南发现玩具小人们围成了一个圈,它们有的面朝圈内,有的面朝圈外。如下图:

这时 singer 告诉小南一个谜题:"眼镜藏在我左数第 3 个玩具小人的右数第 1 个玩具小人的左数第 2 个玩具小人那里。"

小南发现,这个谜题中玩具小人的朝向非常关键,因为朝内和朝外的玩具小人的左右方向是相反的:面朝圈内的玩具小人,它的左边是顺时针方向,右边是逆时针方向;而面向圈外的玩具小人,它的左边是逆时针方向,右边是顺时针方向。

小南一边艰难地辨认着玩具小人，一边数着：

“singer 朝内，左数第 3 个是 archer。”

“archer 朝外，右数第 1 个是 thinker。”

“thinker 朝外，左数第 2 个是 writer。”

“所以眼镜藏在 writer 这里！”

虽然成功找回了眼镜，但小南并没有放心。如果下次有更多的玩具小人藏他的眼镜，或是谜题的长度更长，他可能就无法找到眼镜了。所以小南希望你写程序帮他解决类似的谜题。这样的谜题具体可以描述为：

有 n 个玩具小人围成一圈，已知它们的职业和朝向。现在第 1 个玩具小人告诉小南一个包含 m 条指令的谜题，其中第 i 条指令形如“左数/右数第 s_i 个玩具小人”。你需要输出依次数完这些指令后，到达的玩具小人的职业。

【输入格式】

输入的第一行包含两个正整数 n, m，表示玩具小人的个数和指令的条数。

接下来 n 行，每行包含一个整数和一个字符串，以逆时针为顺序给出每个玩具小人的朝向和职业。其中 0 表示朝向圈内，1 表示朝向圈外。保证不会出现其他的数。字符串长度不超过 10 且仅由小写字母构成，字符串不为空，并且字符串两两不同。整数和字符串之间用一个空格隔开。

接下来 m 行，其中第 i 行包含两个整数 a_i, s_i，表示第 i 条指令。若 $a_i = 0$，表示向左数 s_i 个人；若 $a_i = 1$，表示向右数 s_i 个人。保证 a_i 不会出现其他的数，$1 \leq s_i < n$。

【输出格式】

输出一个字符串，表示从第一个读入的小人开始，依次数完 m 条指令后到达的小人的职业。

输入样例 1	输出样例 1
7 3 0 singer 0 reader 0 mengbier 1 thinker 1 archer 0 writer 1 mogician 0 3 1 1 0 2	writer

【样例 1 说明】

这组数据就是【问题描述】中提到的例子。

输入样例 2	输出样例 2
10 10 1 c 0 r 0 p 1 d 1 e 1 m 1 t 1 y 1 u 0 v 1 7 1 1 1 4 0 5 0 3 0 1 1 6 1 2 0 8 0 4	y

【数据范围】

对于 80% 的数据, $n = 20$, $m = 1\,000$;

对于 100% 的数据, $n = m = 10^5$。

【思路分析】

对于每个玩具小人,可以使用结构体类型存储其朝向和职业:

```
1.    struct toy {
2.      int face;   // 朝向
3.    string name;  // 职业
4.   };
```

这样就可以使用 toy 类型数组 a 存储围成一圈的玩具小人。

为了顺利进行绕圈模拟,无论顺时针还是逆时针,数组下标从 0 开始比较合适, n 个人时最后一个玩具小人对应下标为 $n-1$。

若从当前编号 i 逆时针数 t 个人,可以类似于上一题中的代码实现: $i = (i + t)\%n$;

若顺时针数 t 个人,此时应注意 $i - t$ 可能是负数,应加上 n,再模 n: $i = (i - t + n)\%n$;

此外,对于是需要顺时针还是逆时针绕圈,可以根据小人朝向 face 和向左数还是向右数 turn(0 或 1)来决定:

face = 0,turn = 0,小人朝里,向左数,此时为顺时针方向(反向);

face = 0,turn = 1,小人朝里,向右数,此时为逆时针方向(正向);

face = 1, turn = 0, 小人朝外, 向左数, 此时为逆时针方向(正向);
face = 1, turn = 1, 小人朝外, 向右数, 此时为顺时针方向(反向)。

可以将其中逆时针正向合并条件为:

face + turn == 2, 或 face == !turn, 或 face! = turn, 或 face ^ turn == 1

【参考程序】

```
1. #include <bits/stdc++.h>
2. using namespace std;
3. const int N = 100005;
4. struct toy {
5.     int face;
6.     string name;
7. } a[N];
8. int main() {
9.     int n, m;
10.    cin >> n >> m;
11.    for (int i = 0; i < n; ++i)
12.        cin >> a[i].face >> a[i].name;
13.    int i = 0;
14.    while (m--) {
15.        int turn, t;
16.        cin >> turn >> t;
17.        if (a[i].face ^ turn)
18.            i = (i + t) % n;
19.        else
20.            i = (i - t + n) % n;
21.    }
22.    cout << a[i].name << endl;
23.    return 0;
24. }
```

【例 2.1.6】　一元二次方程(uqe,1 S,512 M,CSP-J 2023 P3)

【问题背景】

众所周知,对一元二次方程 $ax^2 + bx + c = 0(a \neq 0)$,可以用以下方式求实数解:

- 计算 $\Delta = b^2 - 4ac$,则:

(1) 若 $\Delta<0$,则该一元二次方程无实数解;

(2) 否则 $\Delta \geqslant 0$,此时该一元二次方程有两个实数解 $x_{1,2} = \dfrac{-b \pm \sqrt{\Delta}}{2a}$;

其中,$\sqrt{\Delta}$ 表示 Δ 的算术平方根,即使得 $s^2 = \Delta$ 的唯一非负实数 s。

特别地,当 $\Delta = 0$ 时,这两个实数根相等;当 $\Delta > 0$ 时,这两个实数解互异。

例如：

- $x^2 + x + 1 = 0$ 无实数解，因为 $\Delta = 1^2 - 4 \times 1 \times 1 = -3 < 0$；
- $x^2 - 2x + 1 = 0$ 有两相等实数解 $x_{1,2} = 1$；
- $x^2 - 3x + 2 = 0$ 有两互异实数解 $x_1 = 1, x_2 = 2$；

在题面描述中 a 和 b 的最大公因数使用 $\gcd(a, b)$ 表示。例如 12 和 18 的最大公因数是 6，即 $\gcd(12, 18) = 6$。

【问题描述】

现在给定一个一元二次方程的系数 a, b, c，其中 a, b, c 均为整数且 $a \neq 0$。你需要判断一元二次方程 $ax^2 + bx + c = 0$ 是否有实数解，并按要求的格式输出。

在本题中输出有理数 v 时须遵循以下规则：

- 由有理数的定义，存在唯一的两个整数：p 和 q，满足 $q > 0, \gcd(p, q) = 1$ 且 $v = \frac{p}{q}$。
- 若 $q = 1$，则输出{p}，否则输出{p}/{q}，其中{n}代表整数 n 的值；

例如：

当 $v = -0.5$ 时，p 和 q 的值分别为 -1 和 2，则应输出 $-1/2$；

当 $v = 0$ 时，p 和 q 的值分别为 0 和 1，则应输出 0。

对于方程的求解，分两种情况讨论：

(1) 若 $\Delta = b^2 - 4ac < 0$，则表明方程无实数解，此时你应当输出 NO；

(2) 否则 $\Delta \geqslant 0$，此时方程有两解（可能相等），记其中较大者为 x，则：

① 若 x 为有理数，则按有理数的格式输出 x。

② 否则根据上文公式，x 可以被唯一表示为 $q_1 + q_2\sqrt{r}$ 的形式，其中：

- q_1, q_2 为有理数，且 $q_2 > 0$；
- r 为正整数且 $r > 1$，且不存在正整数 $d > 1$ 使 $d^2 \mid r$（即 r 不应是 d^2 的倍数）；

此时：

① 若 $q_1 \neq 0$，则按有理数的格式输出 q_1，并再输出一个加法+；

② 否则跳过这一步输出；

随后：

① 若 $q_2 = 1$，则输出 sqrt({r})；

② 否则若 q_2 为整数，则输出{q2}*sqrt({r})；

③ 否则若 $q_3 = \frac{1}{q_2}$ 为整数，则输出 sqrt({r})/{q3}；

④ 否则可以证明存在唯一整数 c, d 满足 $c, d > 1$，$\gcd(c, d) = 1$ 且 $q_2 = \frac{c}{d}$，此时输出{c}*sqrt({r})/{d}；

上述表示中{n}代表整数 n 的值，详见样例。

如果方程有实数解，则按要求的格式输出两个实数解中的较大者。否则若方程没有实数解，则输出 NO。

【输入格式】

输入的第一行包含两个正整数 T, M, 分别表示方程数和系数的绝对值上限。

接下来 T 行,每行包含三个整数 a, b, c。

【输出格式】

输出 T 行,每行包含一个字符串,表示对应询问的答案,格式如题面所述。

每行输出的字符串中间不应包含任何空格。

输入样例	输出样例
9 1000 1 -1 0 -1 -1 -1 1 -2 1 1 5 4 4 4 1 1 0 -432 1 -3 1 2 -4 1 1 7 1	1 NO 1 -1 -1/2 12*sqrt(3) 3/2+sqrt(5)/2 1+sqrt(2)/2 -7/2+3*sqrt(5)/2

【数据范围】

对于所有数据有:$1 \leqslant T \leqslant 5\,000, 1 \leqslant M \leqslant 10^3$, $|a|$, $|b|$, $|c| \leqslant M$, $a \neq 0$。

【思路分析】

根据题目描述,对于一元二次方程的求解,详细过程分析如下:

(1) 首先是调整 a 为正数。

```
if (a<0) a = -a, b = -b, c = -c;
```

这是因为对于 $\Delta \geqslant 0$ 的情况,两个解 $x_{1,2} = \dfrac{-b \pm \sqrt{\Delta}}{2a}$ 中较大数会由 a 的符号决定。否则需要分 a 为正数和 a 为负数两种情况解决问题,两种情况下除了选出较大者不同,其他模拟过程是完全一致的。

(2) 计算 $\Delta = b^2 - 4ac$, 若小于 0 直接输出 NO,若大于等于 0,较大解 $x = \dfrac{-b + \sqrt{\Delta}}{2a}$。

(3) 无论 x 为有理数还是无理数,均可以将 x 视为 $q_1 + q_2\sqrt{r}$ 的形式。其中 $q_2 = 0$ 时,x 即为有理数。

分两种情况:

① Δ 是完全平方数时,$x = q_1 = \dfrac{-b + \sqrt{\Delta}}{2a}$, 此时化简这个分数,按题意要求输出即可。

比如样例中第 1 组数据, $\Delta = 1 - 4 \times 1 \times 0 = 1$, $x = \dfrac{1+1}{2 \times 1} = 1$。

同样对于第 5 组数据, $\Delta = 4 \times 4 - 4 \times 4 \times 1 = 0$, $x = \dfrac{-4}{2 \times 4} = -\dfrac{1}{2}$。

② Δ 不是完全平方数时，$x = q_1 + q_2\sqrt{r} = \frac{-b+\sqrt{\Delta}}{2a}$，其中 $q_1 = \frac{-b}{2a}$，$q_2\sqrt{r} = \frac{\sqrt{\Delta}}{2a}$，这里对于 q_1 的处理和前一种情况一致，而对于 $q_2\sqrt{r}$ 的处理，需要将$\frac{\sqrt{\Delta}}{2a}$化简后得到。

比如第 6 组数据，$\Delta = 1\,728 = 2^6 \times 3^3$，$x = \frac{\sqrt{2^6 \times 3^3}}{2} = \frac{2^3 \times 3 \times \sqrt{3}}{2} = 12\sqrt{3}$。

综合以上两点，可以优化步骤为："在计算出 Δ 的值之后，分解素因数的同时计算出 $q_2\sqrt{r}$，"具体地，先令 $q_2 = r = 1$，分解时每遇到两个素因子 d 时，则在 q_2 中累乘 d，若只剩下一个素因子 d 时，r 累乘 d 即可。

其他编程细节详见具体程序。

【参考程序】

```
1. #include <bits/stdc++.h>
2. using namespace std;
3. void fenjie(int x, int &d, int &r) {      // 将 x 分解为 d sqrt(r)
4.     if (x == 0) d = 0, r = 0;
5.     for (int i = 2; i <= sqrt(x); ++i) {
6.         while (x % (i * i) == 0) x /= i * i, d * = i; // 分解 i*i
7.          if (x % i == 0) x /= i, r * = i; // 剩下 1 个 i
8.     }
9.     if (x > 1) r * = x; // 还有一个大素数
10. }
11. int gcd(int a, int b) {
12.     return (! b) ? a : gcd(b, a % b);
13. }
14. void print1(int p, int q, bool lf = 0) { // 打印有理数,默认不换行
15.     int d = gcd(abs(p), q);
16.     p /= d, q /= d;
17.     cout << p;
18.     if (q > 1) cout << "/" << q;
19.     if (lf) cout << endl;
20. }
21. void print2(int p, int q, int r) { // 打印无理数
22.     int d = gcd(p, q);
23.     p /= d, q /= d;
24.     if (p > 1) cout << p << ' * ';
25.     cout << "sqrt(" << r << ")";
26.     if (q > 1) cout << "/" << q;
27.     cout << endl;
28. }
29. void solve(int a, int b, int c) {
```

```
30.     int delta = b * b - 4 * a * c;
31.     if (delta <0) puts("NO");
32.     else {
33.         int d = 1, r = 1;
34.         fenjie(delta, d, r); // 边分解边开方
35.         if (d == 0 || r == 1) // 平方数
36.             print1(-b + d, 2 * a, 1);
37.         else {
38.             if (b) print1(-b, 2 * a), putchar('+');
39.             print2(d, 2 * a, r);
40.         }
41.     }
42. }
43. int main() {
44.     int T, M;
45.     cin >> T >> M;
46.     while (T--) {
47.         int a, b, c;
48.         cin >> a >> b >> c;
49.         if (a <0) a = -a, b = -b, c = -c;
50.         solve(a, b, c);
51.     }
52.     return 0;
53. }
```

五、拓展提升

1. 本节要点

(1) 过程模拟,通过状态变量,模拟动态进程。

(2) 模拟加速,通过计算周期,减少重复模拟。

2. 拓展知识

(1) 最大公约数与最小公倍数

如果整数 a 能被整数 b 整除,a 就叫做 b 的倍数,b 就叫做 a 的约数(也叫因数)。约数和倍数都表示一个整数与另一个整数的关系,不能单独存在。

如只能说 16 是某数的倍数,2 是某数的约数(因数),而不能孤立地说 16 是倍数,2 是约数(因数)。

几个整数中公有的约数,叫作这几个数的公约数;其中最大的一个,叫作这几个数的最大公约数(最大公因数)。

例如:

12、16 的公约数有 1、2、4,其中最大的一个是 4,4 是 12 与 16 的最大公约数,一般记为

(12, 16) = 4。12、15、18 的最大公约数是 3,记为(12, 15, 18) = 3。

几个数中公有的倍数,叫作这几个数的公倍数,其中最小的叫作这几个数的最小公倍数。

例如:

4 的倍数有 4、8、12、16、……,6 的倍数有 6、12、18、24、……,4 和 6 的公倍数有 12、24、……,其中最小的是 12,一般记为[4, 6] = 12。

12、15、18 的最小公倍数是 180。记为[12, 15, 18] = 180。

两个数的最大公约数与最小公倍数之间存在如下关系:

$$最大公约数 \times 最小公倍数 = 两个数的乘积$$

最大公约数的计算一般使用如下递归形式实现:

```
1. int gcd(int a, int b) {  // 辗转相除法
2.     if (! b) return a;
3.     return gcd(b, a % b);
4. }
```

最小公倍数的计算使用上述关系间接实现:

```
1. int lcm(int a, int b) {
2.     return a / gcd(a, b) * b;
3. }
```

这里应注意计算顺序:若写成 a * b / gcd(a, b),其中 a * b 可能会因为先超出 int 界导致运算不正确。

(2) 素数唯一分解定理

素数唯一分解定理,也称为算术基本定理,是数论中的一个核心定理。它阐明了整数一个非常重要的基本性质,即每个大于 1 的整数都可以唯一地表示成有限个素数的乘积。

换句话说,忽略乘积中素因子的顺序,每个整数都有一个独一无二的素因数分解形式。

这个定理用数学语言就是:每个大于 1 的整数都能以唯一的方式表示成素数幂的乘积。

$$x = p_1^{\alpha_1} p_2^{\alpha_2} \cdots p_n^{\alpha_n}, 其中 p_1, p_2, \cdots, p_n 为互不相等的素数$$

这个定理的证明涉及一些基本的数学概念和技巧,这里不再赘述。

素数唯一分解定理的应用非常广泛,包括但不限于计算最大公因数、最小公倍数以及在密码学等领域的应用。它是数学和计算机科学中一个基础且重要的定理。

例如:计算 12 和 18 的最大公因数 $12 = 2^2 \times 3$, $18 = 2 \times 3^2$, $(12, 18) = (2^2 \times 3, 2 \times 3^2) = 2 \times 3 = 6$。

```
2|12
2|6
3|3
  1
```

图 2-1-4　短除法

在数学中,一般采用短除法进行素数分解(以 12 为例,如右图 2-1-4 所示):

代码实现同样可以采用模拟法：

```
1. vector <int> fenjie(int x) {
2.     vector <int> res;
3.     int p = 2;
4.     while (x != 1) {
5.         while (x % p == 0) {
6.             res.push_back(p);
7.             x /= p;
8.         }
9.         ++p;
10.    }
11.    return res;
12. }
```

上述代码在 x 存在大素数因子时，程序执行效率会很低。

比如 $x = 2147483647$(int 上界)时，由于这个数本身恰好就是素数，代码++p 重复执行的次数远超过 1 个亿，时长会超过 1 S。

此时可以将 p 的上限控制在 $\sqrt{x}$(含)以下，循环执行结束后 x 可能不为 1。此时根据数论相关定理和性质可知，分解剩下的 x 就是一个大素数(可以证明)。从而可以极大提高循环的效率。

【参考程序】

```
1. vector <int> fenjie(int x) {
2.     vector <int> res;
3.     for (int p = 2; p <= sqrt(x); ++p)
4.         while (x % p == 0) {
5.             res.push_back(p);
6.             x /= p;
7.         }
8.     if (x != 1) res.push_back(x);
9.     return res;
10. }
```

上述代码的时间复杂度为 $O(\sqrt{n})$。

素数唯一分解定理有如下几点应用：

① 求因子个数

若 $x = p_1^{\alpha_1}p_2^{\alpha_2}\cdots p_n^{\alpha_n}$，则 x 的因子个数为 $(1+\alpha_1)(1+\alpha_2)\cdots(1+\alpha_n)$。

如：$100 = 2^2\times5^2$，100 的因子个数有：$(1+2)\times(1+2) = 9$ 个

证明：

由 $x = p_1^{\alpha_1}p_2^{\alpha_2}\cdots p_n^{\alpha_n}$，可设它的任意一个因子形式为 $p_1^{\beta_1}p_2^{\beta_2}\cdots p_n^{\beta_n}$。

则有：$0 \leqslant \beta_1 \leqslant \alpha_1$，$0 \leqslant \beta_2 \leqslant \alpha_2$，$\cdots$，$0 \leqslant \beta_n \leqslant \alpha_n$

根据乘法原理有：因子个数 $= (1+\alpha_1)(1+\alpha_2)\cdots(1+\alpha_n)$

对 $x = 100$ 而言，因子形式为 $2^{\beta_1} \times 5^{\beta_2}$，其中 β_1 取 0、1、2，β_2 同样取 0、1、2，组合起来一共有 $3 \times 3 = 9$ 个因子。比如 β_1 取 0，β_2 取 1，对应因子 $2^0 \times 5^1 = 5$。

可将上述代码修改为求因子个数的程序。

【参考程序】

```
1. int factor( int x) {
2.     int res = 1;
3.     for ( int p = 2; p <= sqrt( x); ++p) {
4.         int cnt = 0;
5.         while ( x % p == 0) {
6.             ++cnt;
7.             x /= p;
8.         }
9.         res * = cnt+1;
10.     }
11.     if ( x ! = 1) res * = 2;
12.     return res;
13. }
```

② 求因子之和

若 $x = p_1^{\alpha_1} p_2^{\alpha_2} \cdots p_n^{\alpha_n}$，则 x 的因子之和为

$$\sum p_1^{\beta_1} p_2^{\beta_2} \cdots p_n^{\beta_n} = (1 + p_1 + \cdots + p_1^{\alpha_1})(1 + p_2 + \cdots + p_2^{\alpha_2})\cdots(1 + p_n + \cdots + p_n^{\alpha_n})$$

$$= \frac{p_1^{\alpha_1+1} - 1}{p_1 - 1} \cdot \frac{p_2^{\alpha_2+1} - 1}{p_2 - 1} \cdot \cdots \cdot \frac{p_n^{\alpha_n+1} - 1}{p_n - 1} = \prod \frac{p_i^{\alpha_i+1} - 1}{p_i - 1}$$

其中 $\sum$ 和 Π 分别表示和式和乘积式。

如：$100 = 2^2 \times 5^2$，因子之和 $= (1 + 2 + 2^2) \times (1 + 5 + 5^2) = 7 \times 31 = 217$

在上面的连乘式子中，将其展开后的任意一项即为 x 的一个因子，反过来 x 的任意一个因子，可以将其对应到这 n 个式子展开后的具体某一项。二者一一对应，即展开后的式子项数即为因子个数，其运算结果就是因子之和。

代码实现仍然可以使用上面的代码修改得到，这里就留给读者自行完成了。

③ 求最大公约数和最小公倍数

若 $x = p_1^{\alpha_1} p_2^{\alpha_2} \cdots p_n^{\alpha_n}$，$y = p_1^{\beta_1} p_2^{\beta_2} \cdots p_n^{\beta_n}$，则有

$$(x, y) = p_1^{\min(\alpha_1, \beta_1)} p_2^{\min(\alpha_2, \beta_2)} \cdots p_n^{\min(\alpha_n, \beta_n)}$$

$$[x, y] = p_1^{\max(\alpha_1, \beta_1)} p_2^{\max(\alpha_2, \beta_2)} \cdots p_n^{\max(\alpha_n, \beta_n)}$$

例如：$100 = 2^2 \times 3^0 \times 5^2$，$120 = 2^3 \times 3^1 \times 5^1$

则 $(100, 120) = 2^{\min(2,3)} \times 3^{\min(0,1)} \times 5^{\min(2,1)} = 2^2 \times 3^0 \times 5^1 = 20$

$[100, 120] = 2^{\max(2,3)} \times 3^{\max(0,1)} \times 5^{\max(2,1)} = 2^3 \times 3^1 \times 5^2 = 600$

证明略。

3. 拓展应用

【练习 2.1.1】 筛法求素数(prime,1 S,128 M,内部训练)

【问题描述】

埃拉托斯特尼筛法(sieve of Eratosthenes),简称埃氏筛或爱氏筛,是一种由希腊数学家埃拉托斯特尼所提出的一种简单判定素数的算法。因为希腊人是把数写在涂蜡的板上,每次划去一个数,就在上面记以小点,寻求素数的工作完毕后,这许多小点就像一个筛子,所以就把埃拉托斯特尼的方法叫作“埃拉托斯特尼筛”,简称“筛法”。

具体做法如下:

① 先把从 2 到 n 的一组正整数从小到大按顺序排列。

② 然后从中依次删除 2 的倍数、3 的倍数、4 的倍数,直到 n 的倍数为止,剩余的即为 2 到 n 之间的所有素数。

如 $n = 30$:

① 先去掉 2 的倍数(不包括 2),余下:2 3 5 7 9 11 13 15 17 19 21 23 25 27 29

② 然后再去掉 3 的倍数(不包括 3),余下:2 3 5 7 11 13 17 19 23 25 29

③ 接着考虑 4 的倍数,因为 4 是 2 的倍数,已经被筛去,所以接下来考虑筛掉 5 的倍数……,如此下去直到所有的数都被筛完。

因此 30 以内的素数有:2 3 5 7 11 13 17 19 23 29。

【输入格式】

一个正整数 n。

【输出格式】

输出不大于 n 的所有素数,每行输出 5 个素数。

输入样例	输出样例
100	2 3 5 7 11 13 17 19 23 29 31 37 41 43 47 53 59 61 67 71 73 79 83 89 97

【数据范围】

$1 \leqslant n \leqslant 1\ 000\ 000$。

【练习 2.1.2】 混合牛奶(milk,1 S,128 M,USACO 2018 Dec B P1)

【问题描述】

农业,尤其是生产牛奶,是一个竞争激烈的行业。Farmer John 发现如果他不在牛奶生产工艺上有所创新,他的乳制品生意可能就会受到重创!

幸运的是,Farmer John 想出了一个好主意。他的三头获奖的乳牛各自产奶的口味有些许不同,他打算混合这三种牛奶调制出完美的口味。

为了混合这三种不同的牛奶,他拿来三个桶,其中分别装有三头奶牛所产的奶。这些桶可能有不同的容积,也可能并没有完全装满。

然后他将桶 1 的牛奶倒入桶 2,然后将桶 2 中的牛奶倒入桶 3,然后将桶 3 中的牛奶倒入桶 1,然后再将桶 1 的牛奶倒入桶 2,如此周期性地操作,共计进行 100 次(所以第 100 次操作会是桶 1 倒入桶 2)。当 Farmer John 将桶 a 中的牛奶倒入桶 b 时,他会倒出尽可能多的牛奶,直到桶 a 被倒空或是桶 b 被倒满。

请告诉 Farmer John 当他倒了 100 次之后每个桶里将会有多少牛奶。

【输入格式】

第一行包含两个空格分隔的整数:第一个桶的容积 c_1,以及第一个桶里的牛奶量 m_1。

第二和第三行类似地包含第二和第三个桶的容积和牛奶量。

【输出格式】

输出三行,给出倒了 100 次之后每个桶里的牛奶量。

输入样例	输出样例
10 3 11 4 12 5	0 10 2

【样例说明】

在这个例子中,每倒一次之后每个桶里的牛奶量如下:

初始状态: 3 4 5
1. 桶 1→ 2: 0 7 5
2. 桶 2→ 3: 0 0 12
3. 桶 3→ 1: 10 0 2
4. 桶 1→ 2: 0 10 2
5. 桶 2→ 3: 0 0 12

(之后最后三个状态循环出现……)

【数据范围】

c_1 和 m_1 均为正,并且不超过 10^9。

【练习 2.1.3】 超速罚单(speeding,1 S,128 M,USACO 2015 Dec B P2)

【问题描述】

总是惹麻烦的奶牛 Bessie 偷了 Farmer John 的拖拉机并沿着道路逃走了!

这条路正好 100 英里长,Bessie 开车走完了整条路,最后被一名警察拦下,警察给 Bessie 开了一张罚单,理由是超速、驾照过期、像头牛一样驾驶机动车。虽然 Bessie 承认最后两张罚单可能有效,但她质疑警察开超速罚单是否正确,她想自己确定自己在部分路程中是否确实超速行驶。

该道路分为 N 条路段,每个路段都用一个正整数长度(单位:英里)和一个范围内的整

数限速(单位: 英里/小时)。由于道路长 100 英里,因此所有 N 条路段加起来为 100。

例如,这条道路的开始路段长度为 45 英里,限速为 70,结束路段长度为 55 英里,限速为 60。Bessie 的旅程也可以用 M 个片段来描述。在每一段路程中,她以某个整数速度行驶一定正整数英里数。例如,她可能先以 65 的速度行驶 50 英里,然后以 55 的速度再行驶 50 英里。所有这些路段加起来总共有 100 英里。Farmer John 的拖拉机最快可以行驶 100 英里每小时。

根据以上信息,请确定 Bessie 在旅途中任何阶段行驶的最大超速量。

【输入格式】

输入的第一行包含 N 和 M, 以空格分隔。

接下来 N 行,每行包含两个整数来描述道路段,分别为长度和限速。

再接下来 M 行,每行包含两个整数,描述 Bessie 旅程的某个路段,给出 Bessie 行驶的长度和速度。

【输出格式】

请输出一行,其中包含 Bessie 在旅途中任何一段路程中超速的最大里程。

如果她从未超速,请输出 0。

输入样例	输出样例
3 3 40 75 50 35 10 45 40 76 20 30 40 40	5

【样例说明】

在这个例子中,道路包含三个路段(40 英里,时速 75 英里,随后是 50 英里,时速 35 英里,然后是 10 英里,时速 45 英里)。

Bessie 行驶了三个路段(40 英里,时速 76 英里,20 英里,时速 30 英里,40 英里,时速 40 英里)。

在第一段路段,她的速度略微超速,但最后一段路段的违规行为最为严重,其中一段路段她的速度超速 5 英里/小时。

因此,正确答案是 5。

【数据范围】

限速介于 1 到 100 之间(单位: 英里/小时)。

【练习 2.1.4】　字符串的展开(expand,1 S,128 M,NOIP 2007 提高组 P2)

【问题描述】

在初赛普及组的“阅读程序写结果”的问题中,我们曾给出一个字符串展开的例子: 如果在输入的字符串中,含有类似于“d-h”或者“4-8”的字串,我们就把它当作一种简写,输出时,用连续递增的字母或数字串替代其中的减号,即将上面两个子串分别输出为“defgh”和“45678”。在本题中我们通过增加一些参数的设置,使字符串的展开更为灵活。具体约定如下:

（1）遇到下面的情况需要做字符串的展开：在输入的字符串中，出现了减号“-”，减号两侧同为小写字母或同为数字，且按照 ASCII 码的顺序，减号右边的字符严格大于左边的字符。

（2）参数 p_1：展开方式。$p_1 = 1$ 时，对于字母子串，填充小写字母；$p_1 = 2$ 时，对于字母子串，填充大写字母。这两种情况下数字子串的填充方式相同。$p_1 = 3$ 时，不论是字母子串还是数字字串，都用与要填充的字母个数相同的星号“*”来填充。

（3）参数 p_2：填充字符的重复个数。$p_2 = k$ 表示同一个字符要连续填充 k 个。例如，当 $p_2 = 3$ 时，子串“d-h”应扩展为“deeefffgggh”。减号两边的字符不变。

（4）参数 p_3：是否改为逆序：$p_3 = 1$ 表示维持原来顺序，$p_3 = 2$ 表示采用逆序输出，注意这时候仍然不包括减号两端的字符。例如当 $p_1 = 1$、$p_2 = 2$、$p_3 = 2$ 时，子串“d-h”应扩展为“dggffeeh”。

（5）如果减号右边的字符恰好是左边字符的后继，只删除中间的减号，例如：“d-e”应输出为“de”，“3-4”应输出为“34”。如果减号右边的字符按照 ASCII 码的顺序小于或等于左边字符，输出时，要保留中间的减号，例如：“d-d”应输出为“d-d”，“3-1”应输出为“3-1”。

【输入格式】

第 1 行为用空格隔开的 3 个正整数，一次表示参数 p_1，p_2，p_3。

第 2 行为一行字符串，仅由数字、小写字母和减号“-”组成。行首和行末均无空格。

【输出格式】

只有一行，为展开后的字符串。

输入样例 1	输出样例 1
1 2 1 abcs-w1234-9s-4zz	abcsttuuvvw1234556677889s-4zz

输入样例 2	输出样例 2
2 3 2 a-d-d	aCCCBBBd-d

输入样例 3	输出样例 3
3 4 2 di-jkstra2-6	dijkstra2************6

【数据范围】

40%的数据满足：字符串长度不超过 5；

100%的数据满足：$1 \leqslant p_1 \leqslant 3, 1 \leqslant p_2 \leqslant 8, 1 \leqslant p_3 \leqslant 2$。字符串长度不超过 100。

【练习 2.1.5】 金币（coin，1 S，128 M，SDOJ 2019 小学组）

【问题描述】

George 在梦中来到了一个神奇部落，这个部落的神树具有奇特的功能：对于每一位新朋友，都会获赠金币，而且金币的数量会随时间的延续而增加：

第 1 周,每天 1 枚金币;

第 2 周,每天 2 枚金币;

第 3 周,每天 3 枚金币;

……

请问:至少多少天,George 的金币数量达到 n 枚?

【输入格式】

一行,只有一个正整数 n。

【输出格式】

一行,一个整数,表示金币达到 n 枚所需的最少天数。

输入样例	输出样例
30	17

【样例说明】

第 1 周:每天 1 枚,共 7 枚;

第 2 周:每天 2 枚,共 14 枚;

第 3 周:每天 3 枚,3 天即可:7+14+3×3=30。

共计:7+7+3=17 天。

【数据规模】

对于 30%的数据,n 不超过 2 147 483 647;

对于 100%的数据,n 的位数不超过 18。

【练习 2.1.6】　螺旋矩阵(matrix,1 S,128 M,NOIP 2014 普及组 P3)

【问题描述】

一个 n 行 n 列的螺旋矩阵可由如下方法生成:

从矩阵的左上角(第 1 行第 1 列)出发,初始时向右移动;如果前方是未曾经过的格子,则继续前进,否则右转;重复上述操作直至经过矩阵中所有格子。根据经过顺序,在格子中依次填入 1, 2, 3,…, n^2, 便构成了一个螺旋矩阵。

1	2	3	4
12	13	14	5
11	16	15	6
10	9	8	7

右图是一个 $n = 4$ 时的螺旋矩阵。

现给出矩阵大小 n 以及 i 和 j,请你求出该矩阵中第 i 行第 j 列的数是多少。

【输入格式】

输入共一行,包含三个整数 n, i, j, 每两个整数之间用一个空格隔开,分别表示矩阵大小、待求数所在的行号和列号。

【输出格式】

输出共一行,包含一个整数,表示相应矩阵中第 i 行第 j 列的数。

输入样例	输出样例
4 2 3	14

【数据范围】

对于50%的数据，$1 \leqslant n \leqslant 100$；

对于100%的数据，$1 \leqslant n \leqslant 30\,000$，$1 \leqslant i \leqslant n$，$1 \leqslant j \leqslant n$。

第二节　数字方阵问题——用解析法解决问题

一、问题引入

【问题描述】

一个 n 行 n 列的螺旋矩阵可由如下方法生成：

从矩阵的左上角（第1行第1列）出发，初始时向右移动；如果前方是未曾经过的格子，则继续前进，否则右转；重复上述操作直至经过矩阵中所有格子。根据经过顺序，在格子中依次填入1，2，3，…，n^2，便构成了一个螺旋矩阵。

1	2	3	4
12	13	14	5
11	16	15	6
10	9	8	7

右图是一个 $n=4$ 时的螺旋矩阵。

现给出矩阵大小 n 以及 i 和 j，请你求出该矩阵中第 i 行第 j 列的数是多少。

【输入格式】

输入共一行，包含三个整数 n，i，j，每两个整数之间用一个空格隔开，分别表示矩阵大小、待求数所在的行号和列号。

【输出格式】

输出共一行，包含一个整数，表示相应矩阵中第 i 行第 j 列的数。

输入样例	输出样例
4 2 3	14

【数据范围】

对于50%的数据，$1 \leqslant n \leqslant 100$；

对于100%的数据，$1 \leqslant n \leqslant 30\,000$，$1 \leqslant i \leqslant n$，$1 \leqslant j \leqslant n$。

二、问题探究

这个问题是上一节中的一个练习题，本意是采用模拟法解决问题。随着问题规模的不断扩大，程序的效率会显著下降，那么我们能否直接建立所在行 i 和所在列 j 与这一格子所填入数字 x 之间的关系，从而能更快地解决这个问题呢？

三、知识构建

1. 解析法

所谓解析法，就是建立从已知到未知的桥梁，从而构建数学模型，并利用数学表达式快速高效地解决问题。

这些数学模型可以是表达式、方程或不等式，用于描述问题中各个要素之间的关系，这

就要求编程者拥有一定的数学解决问题的经验，从而可以在不同的场景中使用并减少重复工作，提高代码的可维护性。

2. 解析法的一般思路

将实际问题抽象为数学问题，这是解析法的第一步，也是最关键的一步。通过对问题的深入分析和理解，将其转换为可以用数学语言描述的形式。

根据问题的不同特点，选择或构建最适合的数学模型，从而进一步用数学方法解决问题。

3. 解析法解决数字方阵问题

如右图 2-2-1 所示，用两条对角线可以将方阵分成上、下、左、右 4 个部分。

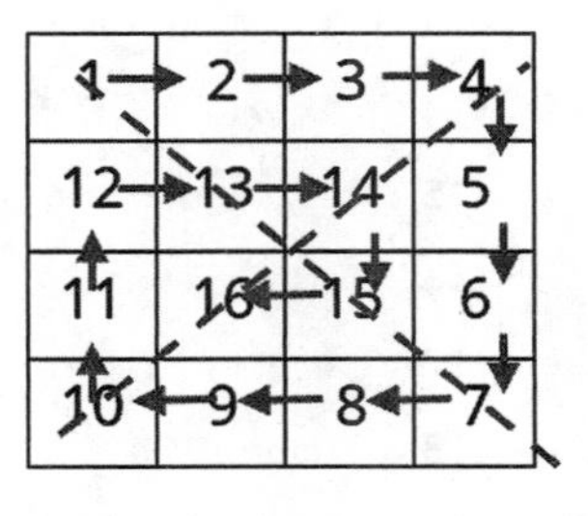

图 2-2-1　螺旋矩阵

先分析上面部分，此时 i、j 满足条件 $i \leqslant j,\ i+j \leqslant n+1$。

根据观察，可以发现第 i 行第 j 列位于前 $i-1$ 圈模拟结束后的某个位置，先计算前 $i-1$ 圈模拟结束时对应的数字，即位于行列相同时的填数情况。

- 第 1 圈有 $4(n-1)$ 个数字；
- 第 2 圈有 $4(n-3)$ 个数字；
- ……
- 第 $i-1$ 圈有 $4[n-(2i-3)]$ 个数字。

所以，$a[i]\ [i] = 4(n-1) + 4(n-3) + \cdots + 4[n-(2i-3)] + 1$

$$= 4 \times \frac{[2n-(2i-2)] \times (i-1)}{2} + 1 = 4(n-i+1)(i-1) + 1$$

因此，$a[i]\ [j] = 4(n-i+1)(i-1) + j - i + 1$。

再看左边部分，i、j 满足条件 $i > j,\ i+j \leqslant n+1$。此时第 i 行第 j 个数位于第 j 圈模拟结束前的某个位置。

因为 $a[j]\ [j] = 4(n-j+1)(j-1) + 1$，

所以 $a[i]\ [j] = 4(n-j+1)(j-1) + 1 - (i-j) = 4(n-j+1)(j-1) + j - i + 1$。

同理可以计算另两个部分，这里就留给读者自行分析了。

$$a[i]\ [j] = \begin{cases} 4(n-i+1)(i-1) + j - i + 1, & i \leqslant j,\ i+j \leqslant n+1 \\ 4(n-j+1)(j-1) + j - i + 1, & i > j,\ i+j \leqslant n+1 \\ 4i(n-i) + 2(2i-n-1) + i - j + 1, & i > j,\ i+j > n+1 \\ 4j(n-j) + 2(2j-n-1) + i - j + 1, & i \leqslant j,\ i+j > n+1 \end{cases}$$

【参考程序】

```
1. #include <bits/stdc++.h>
2. using namespace std;
3. int main() {
4.     int n, i, j, a;
5.     cin >> n >> i >> j;
6.     if (i+j <= n+1) { //位于左上角
```

```
7.         if (i >j) // 位于竖直方向
8.             a = 4 * j * (n - j) +j - i+1;
9.         else // 位于水平方向
10.            a = 4 * (i - 1)* (n - i+1) +j - i+1;
11.    } else { //位于右下角
12.        if (i >j) // 位于水平方向
13.            a = 4 * i * (n - i) +2 * (2 * i - n - 1) +(i - j+1);
14.        else // 位于竖直方向
15.            a = 4 * j * (n - j) +2 * (2 * j - n - 1) + (i - j + 1);
16.    }
17.    cout << a << endl;
18.    return 0;
19. }
```

在实战过程中,由于思考分析寻找行、列与数之间的关系可能会耗时很长,因而选择纯粹解析法的人并不太多,实际情况会像上一章最后一个问题提供的答案那样,先用解析法计算出第 i 行第 j 列位于第几圈,假设为第 k 圈,然后继续使用解析法计算出第 k 圈第 1 个数是多少,然后再使用模拟法得到第 i 行第 j 列的数值。

这种解析+模拟同时使用的方法,可以让编程者在实战中事半功倍,是很多编程爱好者做题的首选。

四、迁移应用

【例 2.2.1】 蛇形方阵(snake,1 S,128 M,内部训练)

【问题描述】

输入一个正整数 n,生成一个 $n \times n$ 的蛇形方阵(具体见样例)。

【输入格式】

一行一个正整数 n。

【输出格式】

共 n 行,每行 n 个正整数,每个正整数占 5 列。

输入样例	输出样例
5	1 2 6 7 15 3 5 8 14 16 4 9 13 17 22 10 12 18 21 23 11 19 20 24 25

【数据范围】

$1 \leqslant n \leqslant 20$。

【思路分析】

以 $n=5$ 为例，从 1 增加到 25 的走向在方阵中蛇形排列（如下图 2-2-2 所示）。

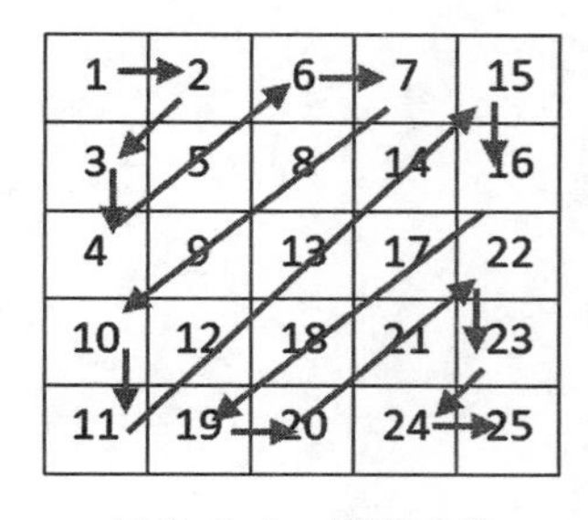

图 2-2-2　蛇形方阵

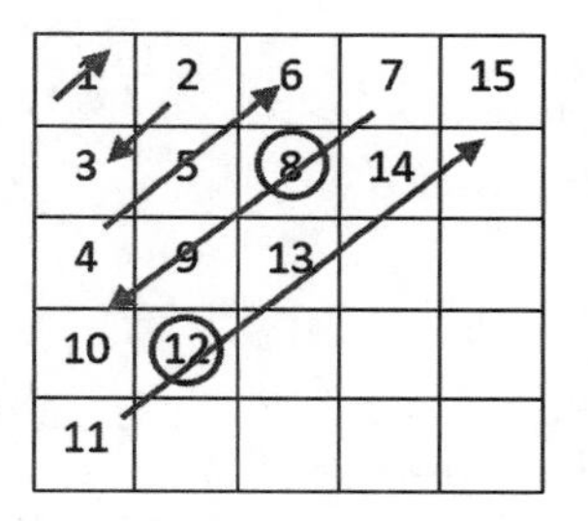

图 2-2-3　蛇形方阵上三角

不妨将方阵看成是一个 5×5 的二维数组 a，考虑直接计算出第 i 行第 j 个数填多少。

先考虑方阵的左上方如何填写。

以第 2 行第 3 列数据为例：按顺序填写数字 1,2,3,…,25 时，按斜线方向先依次填满 1 格、2 格和 3 格，最后从目标格所在斜线从上向下填 2 个数即可。

因此有 $a[2]\ [3]=(1+2+3)+2=8$。

再看第 4 行第 2 列数据：按斜线方向先依次填满 1 格、2 格、3 格和 4 格，然后从目标格所在斜线由下向上 2 个数即可。$a[4]\ [2]=(1+2+3+4)+2=12$。

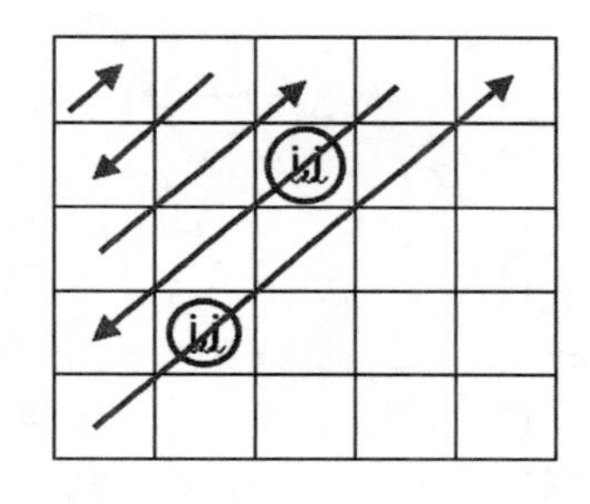

图 2-2-4　蛇形方阵上三角分析

因此，在一般情况下，一个 $n \times n$ 的蛇形方阵，对于方阵中的左上方一半的数字填充，可以按斜线方向分两种情况进行讨论：

（1）当 $(i+j)\%2=1$ 时，此时目标格位于某条从右上到左下的斜线上。此时如上图 2-2-4 靠上位置 (i,j)，

$$a[i]\ [j]=[(1+2+\cdots+(i+j-2))]+i=\frac{(i+j-1)(i+j-2)}{2}+i$$

（2）当 $(i+j)\%2=0$ 时，此时目标格位于某条从左下到右上的斜线上，有

$$a[i]\ [j]=[(1+2+\cdots+(i+j-2))]+j=\frac{(i+j-1)(i+j-2)}{2}+j$$

对于蛇形方阵的右下方，注意到蛇形方阵的对称性，因此也可以用类似方法得到结果。

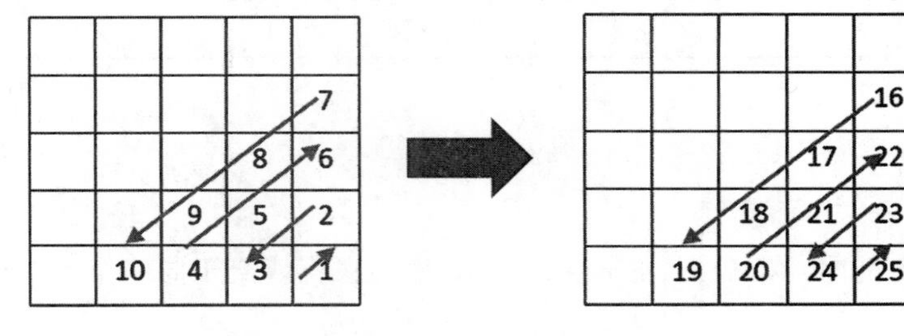

图 2-2-5　蛇形方阵下三角分析

此外还可以使用对称性并借助上三角来计算下三角，规律是上三角对称位置上的数与对称后的位置数字之和等于 n^2+1。具体过程请读者自行分析。

【参考程序】

```
1. #include <bits/stdc++.h>
2. using namespace std;
3. int main() {
4.     int a[25][25], n;
5.     cin >> n;
6.     for (int i = 1; i <= n; i++)
7.         for (int j = 1; j <= n + 1 - i; j++)
8.             if ((i + j) % 2 == 1)
9.                 a[i][j] = (i + j - 1) * (i + j - 2) / 2 + i;
10.            else
11.                a[i][j] = (i + j - 1) * (i + j - 2) / 2 + j;
12.     for (int i = 2; i <= n; i++)
13.         for (int j = n - i + 2; j <= n; j++)
14.             a[i][j] = n * n + 1 - a[n + 1 - i][n + 1 - j];
15.     for (int i = 1; i <= n; i++) {
16.         for (int j = 1; j <= n; j++)
17.             cout << setw(5) << a[i][j];
18.         cout << endl;
19.     }
20.     return 0;
21. }
```

【例 2.2.2】 平面分割（cut，1 S，128 M，内部训练）

同一平面内有 n 条直线，已知其中 p 条直线相交于同一点，则这 n 条直线最多能将平面分割成多少个不同的区域？

【输入格式】

两个整数 n 和 p。

【输出格式】

一个正整数，代表最多分割成的区域数目。

输入样例	输出样例
12 5	73

【数据范围】

$n \leqslant 500, 2 \leqslant p \leqslant n$。

【思路分析】

从简单的特殊情况开始分析，如 $n=2$，$p=2$ 时，2 根直线交于同一个点，显然将平面分割

为 4 个部分。接着开始调整 n 的值依次为 3,4,5,…,答案分别为 7,11,16, …。

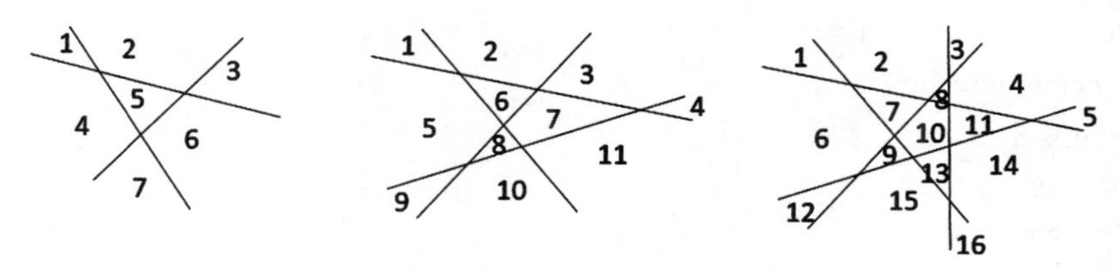

图 2-2-6　平面分割问题分析 1

列表找规律如下：

表 2-2-1　平面分割问题

n	答案	规律
2	4	
3	7	4+3=7
4	11	7+4=11
5	16	11+5=16
…	…	…

一般情况下,n 条直线时的答案比 $n-1$ 条直线时多 n 个区域。

因此对于 $p=2$ 时的一般结论为:答案 $=4+3+4+5+\cdots+n=4+(n+3)(n-2)/2$

这里试着对此规律做出合理解释：

当在前 $n-1$ 条直线基础上再增加第 n 条直线时,该直线与前 $n-1$ 条直线均两两相交,每相交一次得到一个交点,因此前 $n-1$ 条直线与第 n 条直线最多产生 $n-1$ 个交点。这些交点将第 n 条直线分割成 n 段,这 n 段将所经过的区域一分为二,即一共增加了 n 个区域。

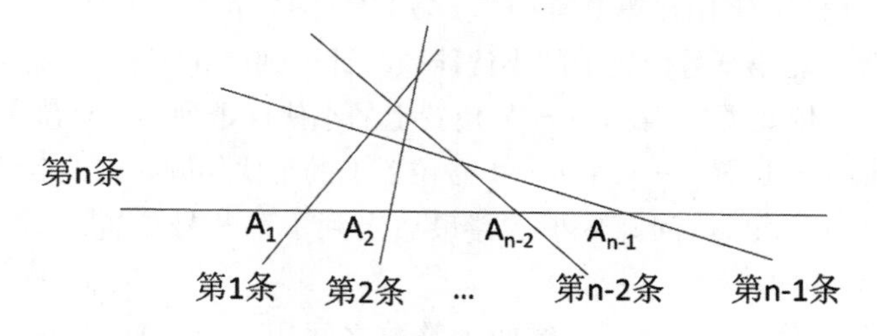

图 2-2-7　平面分割问题分析 2

对于更一般的问题,从 $n=p$ 时开始分析：p 根直线相交于同一个点,它们将平面分割成 $2p$ 个区域。

比如右面是 $p=5$ 时对应的图形,答案为 10。

接下来,类似于上面的分析过程,第 n 根直线与前面 $n-1$ 根直线均相交,产生的 $n-1$ 个交点将第 n 根直线分割成 n 段,同样会增加 n 个区域。

因此有：答案 $=2p+(p+1)+(p+2)+\cdots+n$

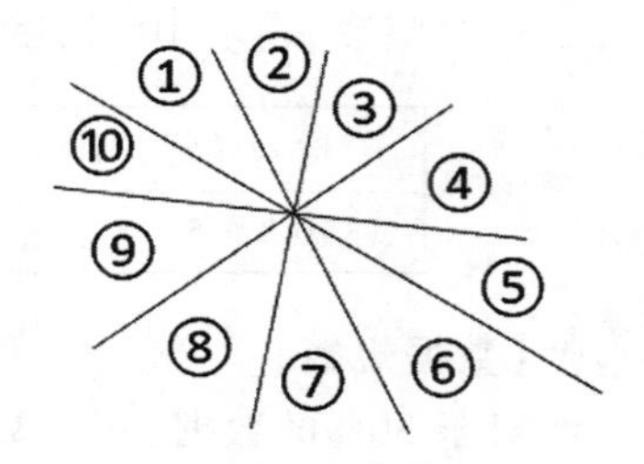

图 2-2-8　平面分割问题分析 3

【参考程序】

```
1. #include <bits/stdc++.h>
2. using namespace std;
3. int main() {
4.     int n, p;
5.     cin >> n >> p;
6.     int tot = 2 * p;
7.     for (int i = p + 1; i <= n; ++i)
8.         tot += i;
9.     cout << tot << endl;
10.    return 0;
11. }
```

在上述问题中,先从特殊情况开始考虑,通过寻找规律,进而合理归纳出一般情况下的结论,在很多问题中都可以尝试这样来解决问题。需要特别注意的是,对于发现的规律应该要给予合理的解释,严格情况下还应该加以证明。

在本题中,答案 $= 2p + (p+1) + (p+2) + \cdots + n$ 还可以根据求和公式进一步得出更简单的式子: $2p + (p+1) + (p+2) + \cdots + n = p + [p + (p+1) + (p+2) + \cdots + n] = p + (p+n)(n-p+1)/2$。

这样就可以写出更简单的程序。

【例 2.2.3】 转圈游戏(circle,1 S,128 M,NOIP 2013 提高组 Day1 P1)

【问题描述】

n 个小伙伴(编号从 0 到 $n-1$)围坐一圈玩游戏。按照顺时针方向给 n 个位置编号,从 0 到 $n-1$。最初,第 0 号小伙伴在第 0 号位置,第 1 号小伙伴在第 1 号位置……,依此类推。

游戏规则如下:每一轮第 0 号位置上的小伙伴顺时针走到第 m 号位置,第 1 号位置小伙伴走到第 $m+1$ 号位置……,依此类推,第 $n-m$ 号位置上的小伙伴走到第 0 号位置,第 $n-m+1$ 号位置上的小伙伴走到第 1 号位置……,第 $n-1$ 号位置上的小伙伴顺时针走到第 $m-1$ 号位置。

现在,一共进行了 10^k 轮,请问 x 号小伙伴最后走到了第几号位置。

【输入格式】

共一行,包含四个整数 n, m, k, x, 每两个整数之间用一个空格隔开。

【输出格式】

一个整数,表示 10^k 轮后 x 号小伙伴所在的位置编号。

输入样例	输出样例
10 3 4 5	5

【数据规模】

对于 30%的数据, $0 < k < 7$;

对于 80%的数据, $0 < k < 10^7$;

对于 100%的数据，$1 < n < 10^6$，$0 < m < n$，$0 \leqslant x \leqslant n$，$0 < k < 10^9$。

【思路分析】

先分析样例，$n = 10, m = 3, k = 4, x = 5$，即 5 号小伙伴进行了 10^4 次走动，每次走 3 个位置，模拟如下：

5 号小伙伴走一步到了 5+3=8 号位置，然后走第 2 步到了 8+3=11 号位置，因为一共只有 10 人，最大编号为 9，因此实际到了 11−10=1 号位，可以用模运算：$(8+3) \bmod 10 = 1$。为了使问题分析变得简单，可以先不考虑模，即先考虑一直向前走每次加 3，重复 10^4 次，这样应该到了 $5+10^4 \times 3$ 号位置，再根据模的性质，最终实际到达 $(5+10^4 \times 3) \bmod 10 = 30\ 005 \bmod 10 = 5$ 号位置。之所以能这样，是因为模运算有非常好的性质，具体内容在本节的【拓展知识】部分对模运算会有详细说明。

一般情况下的分析如下：

x 号小伙伴走一次应该到了 $x + m$ 号位置。若 $x + m > n$ 时，实际到了 $x + m - n$ 的位置。即 $(x + m) \bmod n$ 号位置。继续再走一次，应该到了 $(x + m) \bmod n + m$ 号位置，若 $(x + m) \bmod n + m > n$，实际到了 $(x + m) \bmod n + m - n$ 号位置，即到了 $((x + m) \bmod n + m) \bmod n = (x + 2m) \bmod n$ 号位置。

因此，进行 10^k 轮后应该到了 $(x + 10^k m) \bmod n$ 号位置。

对于 100%的数据，k 的值可以很大（最大不超过 10^9），因此 10^k 的计算非常巨大，通常需要高精度算法才能实现。由于上述结果表达式最后一步还需要做一次模运算，因此在计算 10^k 的过程中使用模运算控制中间结果的大小，就可以避免不必要的高精度计算。

具体实现采用如下快速幂算法实现。

【参考程序】

```
1. #include <bits/stdc++.h>
2. using namespace std;
3. using ll = long long; // 定义别名
4. int n, m, k, x;
5. ll quickpow(int a, int b) {
6.     ll res = 1;
7.     while (b) {
8.         if (b & 1) res = res * a % k; // b 是奇数
9.         b /= 2;
10.        a = a * a % k;
11.    }
12.    return res;
13. }
14. int main() {
15.    cin >> n >> m >> k >> x;
16.    cout << (m * quickpow(10, k) % n + x) % n << endl;
17.    return 0;
18. }
```

【例 2.2.4】 解密(decode,1 S,512 M,CSP-J 2022 普及组 P2)

【问题描述】

给定一个正整数 k,有 k 次询问,每次给定三个正整数 n_i, e_i, d_i,求两个正整数 p_i, q_i,使 $n_i = p_i \times q_i$、$e_i \times d_i = (p_i - 1)(q_i - 1) + 1$。

【输入格式】

第一行一个正整数 k,表示有 k 次询问。

接下来 k 行,第 i 行三个正整数 n_i, e_i, d_i。

【输出格式】

输出 k 行,每行两个正整数 p_i, q_i 表示答案。

为使输出统一,你应当保证 $p_i \leqslant q_i$。

如果无解,请输出 NO。

输入样例	输出样例
10 770 77 5 633 1 211 545 1 499 683 3 227 858 3 257 723 37 13 572 26 11 867 17 17 829 3 263 528 4 109	2 385 NO NO NO 11 78 3 241 2 286 NO NO 6 88

【数据范围】

以下记 $m = n - e \times d + 2$。

保证对于 100%的数据,$1 \leqslant k \leqslant 10^5$,对于任意的 $1 \leqslant i \leqslant k$, $1 \leqslant n_i \leqslant 10^{18}$, $1 \leqslant e_i \times d_i \leqslant 10^{18}$, $1 \leqslant m \leqslant 10^9$。

【思路分析】

根据题意,可知给定关系:$\begin{cases} n = pq \\ ed = (p-1)(q-1)+1 \end{cases}$,已知整数 n, e, d,求整数解 p, q 。

展开第二个式子,有 $ed = pq - p - q + 2$。

将第一个式子变形得 $q = \dfrac{n}{p}$,代入,有 $ed = n - p - \dfrac{n}{p} + 2$,化简得:

$$p^2 - (n - ed + 2)p + n = 0$$

先计算 $\Delta = (n - ed + 2)^2 - 4n$,当 $\Delta < 0$ 时,方程无解,输出 NO;

当 $\Delta \geqslant 0$ 时，首先要保证 Δ 是完全平方数，才可能有整数解；其余情况输出 NO。再根据 $p \leqslant q$，有 $p = \frac{(n - ed + 2) - \sqrt{\Delta}}{2}$，$q = \frac{(n - ed + 2) + \sqrt{\Delta}}{2}$。

此外，这里需要检查分子 $(n - ed + 2) \pm \sqrt{\Delta}$ 必须是偶数才行，否则还是要输出 NO。

【参考程序】

```
1. #include <bits/stdc++.h>
2. using namespace std;
3. using ll = long long;
4. ll n, d, e, p, q;
5. bool solve( ) {
6.     ll b = n - e * d + 2;
7.     ll delta = b * b - 4 * n;
8.     if (delta >= 0) {
9.         ll t = sqrtl(delta);
10.        if (t * t == delta) { // 先检查是否为平方数
11.            ll q2 = b + t;
12.            if (q2 % 2 == 0) q = q2 / 2, p = b - q;
13.            return 1;
14.        }
15.    }
16.    return 0;
17. }
18. int main( ) {
19.    int k;
20.    cin >> k;
21.    while (k-- ) {
22.        cin >> n >> d >> e;
23.          if (solve( ))
24.              cout << p << " " << q << endl;
25.          else
26.              puts("NO");
27.    }
28.    return 0;
29. }
```

【例 2.2.5】　堆木头（wood，1 S，128 M，江苏省 2012 信息与未来）

【问题描述】

有 n 根木头，堆成 k 层，要求下层木头数为上层木头数加 1。

例如：

木头根数 n	堆法	方案数
$n=4$	不可能有符合条件的堆法	
$n=6$		1 种堆法
$n=9$		2 种堆法

【输入格式】

只有一行，包含一个整数 n。

【输出格式】

一个整数，即堆法数，若不可能，则输出 0。

输入样例	输出样例
21	3

【数据规模】

对于 100%的数据，$2 \leqslant n \leqslant 10^{20}$，$2 \leqslant k \leqslant n$。

【思路分析】

根据题意中给出的具体方案，可以将截面图形状均视为梯形（第一个三角形视为特殊的梯形）。

分析样例数据 $n=21$，容易枚举得到以下 3 种堆法：

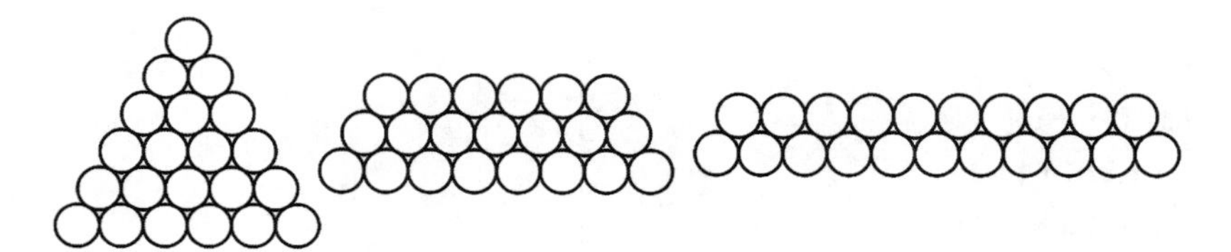

图 2-2-9　堆木头问题分析

- 21 = 21×1 = (10+11)×2/2，对应高为 2 的堆法：10、11。
- 21 = 7×3 = (6+8)/2×3，对应高为 3 的堆法：6、7、8；
- 21 = 3×7 = 6×(1+6)/2，对应高为 6 的堆法：1、2、3、4、5、6；

在上述式子中，可以发现每一种堆法恰好对应 21 的大于 1 的因子 3、7、21。

一般情况下，设梯形上底、下底以及高分别为 a、b、h。有 $n=(a+b)\times h/2$，注意到 $h=b-a+1$，即 $2n=(a+b)\times(b-a+1)$。

因为 $(a+b)-(b-a+1)=2a-1$ 是一个奇数，所以 $a+b$ 与 $b-a+1$ 奇偶性应不同。具体分解时注意分为一个奇数、一个偶数即可。

例如：

- $n=6$ 时，$2n=12=4\times 3$，可以对应一个 3 层的堆法：3、4、5；

- $n=9$ 时，$2n=18=6\times3=9\times2$，因此可以有两种堆法（1 个 3 层堆法：2、3、4，1 个 2 层堆法：4、5）。

可以发现，$n=6$ 时的堆法也能对应 3 的大于 1 的因子 3（高为 3），$n=9$ 时的堆法个数与 9 的大于 1 的因子 3 和 9 对应。

但若刚才的两项依然还是偶数时，此时只需不断除以 2，总能将其转变为两个奇偶性不同的数的乘积，这样就能找到唯一的对应堆法。

例如 $n=30$ 时，$2n=60=2^2\times15$，此时不能将 $2n$ 分解为 2×30，应需要如下处理：

- $15=15\times1$，$2n=60=4\times15$，对应 4 层的一种堆法：6、7、8、9；
- $15=5\times3$，$2n=60=5\times12$，对用 5 层的一种堆法：4、5、6、7、8；
- $15=3\times5$，$2n=60=3\times20$，对应 3 层的一种堆法：9、10、11。

即 $n=30$ 时的堆法数 = 15 的因数个数 − 1。

而当 $n=4$ 时，$2n=8$，只能将其拆分为 4×2，也就找不到对应的堆法。

因此，当 $n=2^k m$（m 为奇数）时，堆法数 = m 的因子个数 − 1。

代码实现时注意 n 的上限，使用素因数分解算法即可。

【参考程序】

```
1. #include <bits/stdc++.h>
2. using namespace std;
3. int fenjie(long long x) {
4.     int res = 1;
5.     for (int i = 2; i <= sqrt(x); ++i) {
6.         int cnt = 0;
7.         while (x % i == 0) { // 将素数 i 分解完
8.             x /= i;
9.             ++cnt;
10.        }
11.        if (i == 2) continue; // 2 分解完不做统计
12.        res *= cnt + 1;
13.    }
14.    if (x > 1) res *= 2; // 可能还剩一个大素数
15.    return res;
16. }
17. int main() {
18.     long long n;
19.     cin >> n;
20.     cout << fenjie(n) - 1 << endl;
21.     return 0;
22. }
```

在前面的推导过程中，我们很多时候会基于合理推测或者经验使然，严格意义上还应该证明才对。

简单证明如下：

令 $n = 2^k m$（m 为奇数），对于 m 的任意因数 $p(p > 1)$，存在另一个成对因子 q，使得 $m = p \times q$，这里 p、q 必然为奇数（否则有一个是偶数的话，m 就是偶数，矛盾！）

$2n = 2^k pq \times 2 = p \times 2^{k+1}q$，此时 p 为奇数、$2^{k+1}q$ 为偶数，可以对应堆法高度为 $\min(p, 2^{k+1}q)$ 的唯一一种堆法。

因此，堆法数 = m 的因子个数-1。

【例 2.2.6】 小凯的疑惑（doubt，1 S，256 M，NOIP 2017 提高组 Day1 P1）

【问题描述】

小凯手中有两种面值的金币，两种面值均为正整数且彼此互素。每种金币小凯都有无数个。在不找零的情况下，仅凭这两种金币，有些物品他是无法准确支付的。现在小凯想知道在无法准确支付的物品中，最贵的价值是多少金币？

注意：输入数据保证存在小凯无法准确支付的商品。

【输入格式】

两个正整数 a 和 b，它们之间用一个空格隔开，表示小凯中金币的面值。

【输出格式】

一个正整数 N，表示不找零的情况下，小凯用手中的金币不能准确支付的最贵的物品的价值。

输入样例	输出样例
3 7	11

【样例说明】

小凯手中有面值为 3 和 7 的金币无数个，在不找零的前提下无法准确支付价值为 1，2，4，5，8，11 的物品，其中最贵的物品价值为 11，比 11 贵的物品都能买到，比如：

$12=3\times4+7\times0$；

$13=3\times2+7\times1$；

$14=3\times0+7\times2$；

$15=3\times5+7\times0$。

【数据范围】

对于 30%的数据：$1 \leqslant a, b \leqslant 50$；

对于 60%的数据：$1 \leqslant a, b \leqslant 10\,000$；

对于 100%的数据：$1 \leqslant a, b \leqslant 1\,000\,000\,000$。

【思路分析】

根据题意，选取几种比较简单的情况，通过暴力枚举，先得到答案，进而寻找规律。

- 当 $a = 2, b = 3$ 时，可以支付面值 2，3，4，5，6，7，8，…，答案为 1，$1=2\times2-3$；
- 当 $a = 2, b = 5$ 时，可以支付面值 2，4，5，6，7，8，…，答案为 3，$3=2\times4-5$；
- 当 $a = 2, b = 7$ 时，可以支付面值 2，4，6，7，8，9，…，答案为 5，$5=2\times6-7$；

合理猜测答案为 $a(b-1)-b$。

此时可以通过其他情况检验猜测的合理性。

- 当 $a=3$, $b=5$ 时,可以支付面值 3, 5, 6, 8, 9, 10, …,答案为 7,$7=3\times4-5$;
- 当 $a=3$, $b=7$ 时,可以支付面值 3, 6, 7, 9, 10, 12, 13, …,答案为 11,$11=3\times6-7$。

以上检查虽然能够进一步验证答案的正确性,但还应该通过严谨的推理证明得到才行。严格证明需要论证以下两点:

结论 1:对于所有大于 $a(b-1)-b$ 的面值,均可以用 a、b 表示出来;

结论 2:面值 $a(b-1)-b$ 不能用 a、b 表示。

为了证明结论 1,先证明结论 0:

当 a、b 互素时,a 的 1 倍、2 倍 …… 以及 a 的 $b-1$ 倍除以 b 的余数两两不相等。

即 a 的这些倍数加上 0(a 的 0 倍) 恰好构成模 b 的完全剩余系。

证明如下:

设存在两个数 i 和 j 介于 1 到 $b-1$ 之间,有 a 的 i 倍与 j 倍除以 b 的余数相同。

此时有 $ai-aj$ 为 b 的倍数,即 $a(i-j)$ 是 b 的倍数。

因为 a、b 互素,所以 $i-j$ 是 b 的倍数。

又因为 i 和 j 均介于 1 到 b 之间,所以有 $0\leqslant|i-j|<b-1$;

0 到 $b-1$ 之间只有 0 是 b 的倍数,所以只能有 $i=j$。

因此,a 的 1 倍、2 倍 …… 以及 a 的 $b-1$ 倍除以 b 的余数两两不相等。

换个说法,即:

a 的 1 倍、2 倍 …… 以及 a 的 $b-1$ 倍除以 b 的余数恰好取遍 1 到 $b-1$。

对于任意大于 $a(b-1)-b$ 的面值 x,根据上述结论可知,一定可以找到整数 $t(1\leqslant t<b)$,使得:x 除以 b 的余数与 a 的 t 倍相同。

即存在整数 k,使得:$x-at=kb$。

因为 $x>a(b-1)-b$,所以 $x-at>a(b-1)-b-at=a(b-1-t)-b\geqslant-b$。因此 $x-at$ 至少是 b 的 0 倍。即 $k\geqslant0$。此时 x 可以表示为 a 的 t 倍与 b 的 k 倍的和。

再来证明结论 2 成立,可以反证如下:

反设存在两个自然数 t 和 k,$a(b-1)-b$ 可以表示为 $at+bk$,即 $a(b-1)-b=at+bk$。

整理得:$ab=a(t+1)+b(k+1)$

因为 a、b 互素,所以 $t+1$ 与 $k+1$ 分别为 b 和 a 的倍数。

设 $t+1=bt'$,$k+1=ak'$,$ab=abt'+abk'$,化简得 $1=t'+k'$。

因为 t、k 均为自然数,所以 t'、k' 均大于 0。$t'+k'$ 至少大于等于 2,与上述结果矛盾。

所以假设不成立,即 $a(b-1)-b$ 不可能被 a、b 加以表示。

【参考程序】

```
1. #include <bits/stdc++.h>
2. using namespace std;
3. int main() {
4.     int a, b;
5.     cin >> a >> b;
6.     cout << a * (b - 1) - b << endl;
```

```
7.     return 0;
8. }
```

五、拓展提升

1. 本节要点

（1）分析演绎，构造问题答案。

（2）从特殊到一般，归纳类比。

（3）寻找规律，猜测结论。

在解析法中，无论是采用构造答案、归纳类比，还是寻找规律，对于问题的结果从严格意义上都是需要加以证明的。但在一般实战过程中，很多人会根据经验或者依靠直觉，跳过严格的证明过程来节约宝贵的编程时间。

在上述几个例题中，例1、例3、例4推导过程本身比较严谨，因此证明显得不是特别重要，但对于例2、例5和例6，通过从特殊数值或者特殊情况开始分析，寻找规律得到的结论往往是需要加以严格证明的。可以总结为一句话：

寻找规律，大胆猜测，小心求证，严格证明。

2. 拓展知识

（1）模运算

定义 y 除以 x 所得的余数为 y 模 x。记为 $y \bmod x$，其中 y 是一个整数，x 是正整数。因此，对任意整数 y，可以写成：$y = qx + r$，其中 $q = \left[\dfrac{y}{x}\right]$，$r = y \bmod x, 0 \leqslant r < x$。

例如：$10 \bmod 3 = 1$，$-10 \bmod 3 = 2$。

若 $a \bmod x = b \bmod x$，则称整数 a 和 b 是模 x 同余的。记为 $a \equiv b (\bmod x)$

例如：$10 \equiv -2 (\bmod 3)$。

同余有以下几条基本性质：

① 若 $x \mid a - b$，则 $a \equiv b(\bmod x)$；

②（对称性）若 $a \equiv b(\bmod x)$，则有 $b \equiv a(\bmod x)$

③（传递性）若 $a \equiv b(\bmod x)$，$b \equiv c(\bmod x)$，则有 $a \equiv c(\bmod x)$

这里以性质1为例，证明如下：

设 $a \bmod x = r_1$，$b \bmod x = r_2$，即存在整数 q_1、q_2，使得 $a = q_1x + r_1$、$b = q_2x + r_2$，于是有 $a - b = (q_1 - q_2)x + (r_1 - r_2)$，因为 $x \mid a - b$，因此存在整数 q，使得 $a - b = qx$。即 $(q_1 - q_2)x + (r_1 - r_2) = qx$。移项有 $r_1 - r_2 = (q - q_1 + q_2)x$，因此 $r_1 - r_2$ 是 x 的倍数。

因为 r_1 和 r_2 均满足 $0 \leqslant r < x$，所以有 $-x < r_1 - r_2 < x$，在 $-x$ 到 x 之间仅有0是 x 的倍数，因此 $r_1 - r_2 = 0$，即 $a \bmod x = b \bmod x$，所以 $a \equiv b(\bmod x)$。

这里在证明中使用了模以及同余的定义，将条件转化为了更基本的关系，从而使用整除相关知识证明了性质1，其余两个性质可以使用同样的方法进行证明。

由模的定义可知，运算符 mod 将所有整数对应到了0到 $x - 1$ 中的某个数，于是很自然地考虑这样的问题：能否将数学中的算术运算甚至更高级的运算限制到这个范围内进

行呢？

答案是可以的。这样的运算就称为模运算。

模运算有如下几个重要性质：

①（可加性）$(a + b) \bmod x = (a \bmod x + b \bmod x) \bmod x$

②（可减性）$(a - b) \bmod x = (a \bmod x - b \bmod x) \bmod x$

③（可乘性）$(a \times b) \bmod x = (a \bmod x) \times (b \bmod x) \bmod x$

同样,这里仅证明性质 1。

设 $a \bmod x = r_1$，$b \bmod x = r_2$,即存在整数 q_1、q_2,使得 $a = q_1x + r_1$，$b = q_2x + r_2$，于是有：

左边 $= (a + b) \bmod x = [(q_1 + q_2)x + (r_1 + r_2)] \bmod x = (r_1 + r_2) \bmod x =$ 右边

得证！其余同理可证。

举例如下：

10 mod 3=1,2 mod 3=2;

(10+2)mod 3=12 mod 3=0=(1+2) mod 3=(10 mod 3+2 mod 3) mod 3;

(10−2)mod 3=8 mod 3=2=(1−2) mod 3=(10 mod 3−2 mod 3) mod 3;

(10×2) mod 3=20 mod 3=2=1×2=(10 mod 3)×(2 mod 3)。

总结性质：即两个数的和、差、积的模等于这两个数先模再做和、差、积运算。

换个说法就是算术运算和、差、积的模等于模的算术运算。模与算术运算可以交换！

幂的运算作为乘法的高一级运算,可以通过反复使用乘法实现。

如：计算 2^{100} mod 11。

$2^4 = 16 \equiv 5 \pmod{11}$;

$2^8 = (2^4)^2 = 5^2 = 25 \equiv 3 \pmod{11}$;

$2^{16} = (2^8)^2 = 3^2 = 9 \equiv -2 \pmod{11}$;

$2^{32} = (-2)^2 = 4 \pmod{11}$;

$2^{64} = (2^{32})^2 = 4^2 = 16 \equiv 5 \pmod{11}$;

$2^{100} = 2^{64+32+4} = 2^{64} \times 2^{32} \times 2^4 = 5 \times 4 \times 5 = 100 \equiv 1 \pmod{11}$。

因此,幂的运算也可以平移到模运算中来。

以上讨论的都是数学中的模运算 mod,C++也有模运算%。

二者对比如下：

表 2-2-2　模运算对比

数学中的模运算 mod	C++中的模运算%
10 mod 3=1	10 % 3 =1
−10 mod 3=2	−10 % 3=−1

以减法为例：

(10−2) mod 3=8 mod 3=2=(1−2) mod 3=(10 mod 3−2 mod 3) mod 3。

若将这里的 mod 均改为%,其中(1−2) mod 3 改为(1−2)%3 后,就需要调整为(1−2+3)% 3。即把负数的%运算改为正数的%运算即可。

即：(10−2)% 3=8 % 3=2=(1−2 + 3) % 3=(10 % 3−2 % 3 + 3) % 3

(2) 快速幂

在上述例子中 2^{100} 的计算,首先是对 b=100 进行了二进制拆分:100=64+32+4,因此 $a^{100}=a^{64}\times a^{32}\times a^{4}$,对于这些幂指数均为 2^{n} 的形式可以采用以下倍增的思想,快速进行计算。即按照:$a\rightarrow a^{2}\rightarrow a^{4}\rightarrow a^{8}\rightarrow a^{16}\rightarrow a^{32}\rightarrow a^{64}$ 的顺序,从 a 开始,每次直接把上一次的结果进行平方,计算 6 次就得到 a^{64} 的值,在此过程中将 a^{4}、a^{32}、a^{64} 累乘即可。

具体计算过程如下:

表 2-2-3　快速幂

次数	a(自乘)	$b=100$(除以 2)	取余	$s=1$(累乘)
1	$a^{2}=a\times a$	50	0	1
2	$a^{4}=a^{2}\times a^{2}$	25	1	a^{4}
3	$a^{8}=a^{4}\times a^{4}$	12	0	a^{4}
4	$a^{16}=a^{8}\times a^{8}$	6	0	a^{4}
5	$a^{32}=a^{16}\times a^{16}$	3	1	$a^{4}\times a^{32}=a^{36}$
6	$a^{64}=a^{32}\times a^{32}$	1	1	$a^{4}\times a^{32}\times a^{64}=a^{100}$

以上就是快速幂算法的核心思想,通过对幂指数的二进制拆分,巧妙地将底进行倍增的同时,有选择地将相应的幂进行累乘即可。是否需要累乘由二进制转换的过程中是否计算出余数为 1 决定。

快速幂代码如下:

```
1. ll quickpow(ll a, ll b) {
2.     ll res = 1;
3.     while (b) {
4.         if (b & 1) res = res * a % k;  // b是奇数
5.         b /= 2;
6.         a = a * a % k;
7.     }
8.     return res;
9. }
```

(3) 剩余类

定义比 x 小的非负整数集合 $A=\{0, 1, 2, \cdots, x-1\}$,我们称这个集合 A 为剩余类集合,或称为 x 的剩余类。准确地讲,集合中每个整数都代表了一个剩余类。不妨将模 x 的剩余类表示为[0]、[1]、[2]、…、[$x-1$],其中有:$[r]=\{y: y$ 是一个整数,满足 $y=r \bmod x\}$。

例如模 3 的剩余类为:

$[0]=\{\cdots, -6, -3, 0, 3, 6, \cdots\}$;

$[1]=\{\cdots, -5, -2, 1, 4, 7, \cdots\}$;

$[2]=\{\cdots, -4, -1, 2, 5, 8, \cdots\}$。

在模 x 的剩余类中各取一个元素,这些数就构成了模 x 的一个完全剩余系。这些数模 x 的余数不同,且恰好可以构成集合 A。根据模的性质,发现利用同余关系可以将所有整数分成 x 类,凡是不同类的数均不同余。

例如:模 3 的完全剩余系可以是$\{0, 1, 2\}$,也可以是$\{-3, 4, 8\}$、$\{6, -2, -1\}$等。

取最小非剩余类为代表,即集合 $A=\{0, 1, 2, \cdots, x-1\}$。剩余类的代表相加得一数属于另一类。这个类仅与相加两个所在类有关,而与代表的选取没有关系。于是就可以定义剩余类之间的加法。

例如:$[0]+[1]=[1]$、$[1]+[2]=[0]$,这里加法的含义指的是从相应剩余类中任意选一个数出来,相加后会在结果所在的剩余类中,和集合有关,和数值本身无关。

比如,刚才的第一个式子可能对应:$0+1\equiv1$,也可能对应 $3+4\equiv1$。

完全剩余系在数论中一般常用于存在性证明,并且具有一些重要的性质。基本性质有:

① 对于 x 个整数,恰好构成模 x 的完全剩余系等价于其关于模 x 两两不同余;

② 若 $a_1, a_2, \cdots, a_x$ 构成模 x 的完全剩余系,则有 $k+a_1, k+a_2, \cdots, k+a_x$ 也构成了模 x 的完全剩余系;

③ 若 $a_1, a_2, \cdots, a_x$ 构成模 x 的完全剩余系,则有 $ma_1, ma_2, \cdots, ma_x$ 也构成了模 x 的完全剩余系,其中$(m, x)=1$,即 m 与 x 互素。

例 6 的证明就是使用了这里的性质 3 加以证明的。

(4)反证法

反证法,又称“逆证”或“归谬法”,是间接论证的方法之一。它首先假设某命题不成立(即在原命题的条件下,结论不成立),然后依据推理规则进行推演,推导出与定义、定理或已知条件相矛盾的结果,从而证明原假设不成立,进而证明原命题为真。

反证法的逻辑原理在于逆否命题和原命题的真假性相同,即如果一个命题是真的,那么它的逆否命题也是真的。

符号表示为“若 A,则 B”是真的,则逆否命题“若非 B,则非 A”也是真的。

反证法的具体过程如下:

① 设原命题不成立,即设定原命题的反面成立。

② 推理出矛盾:基于反设条件和已知条件进行推理,推导出与定义、定理、已知条件或逻辑规律相矛盾的结论。

③ 下结论。由于推导出了矛盾,根据逻辑上的排中律(即两个相互矛盾的命题中必有一个为真,一个为假),既然反设为假,那么原命题便是真的。

使用反证法时应注意以下几点:

① 反证法是一种从反面出发考虑问题的方法,通过揭示矛盾来证明命题的真伪,具有简洁明了的优点。尤其是在正面直接论证比较困难时,反证法往往能收到更好的效果。

② 在使用反证法时,必须确保推理过程中的每一步都是正确无误的,以避免引入额外的矛盾或错误。

③ 反证法并不万能,它只适用于那些可以通过揭示矛盾来证明的命题。对于某些无法通过反证法证明的命题,需要采用其他证明方法。

3. 拓展应用

【练习 2.2.1】 回形方阵(circle,1 S,128 M,内部训练)

【问题描述】

输入一个正整数 n,输出 $n \times n$ 的回型方阵。例如,$n = 5$ 时,输出:

1 1 1 1 1

1 2 2 2 1

1 2 3 2 1

1 2 2 2 1

1 1 1 1 1

【输入格式】

一行一个正整数 n。

【输出格式】

共 n 行,每行包含 n 个正整数,之间用一个空格隔开。

输入样例	输出样例
5	1 1 1 1 1 1 2 2 2 1 1 2 3 2 1 1 2 2 2 1 1 1 1 1 1

【数据范围】

$n \leq 100$。

【练习 2.2.2】 骨牌游戏(douminuo,1 S,128 M,内部训练)

【问题描述】

小 X 喜欢下棋。这天,小 X 对着一个长为 m 宽为 n 的矩形棋盘发呆,突然想到棋盘上不仅可以放棋子,还可以放多米诺骨牌。每个骨牌都是一个长为 2 宽为 1 的矩形,当然可以任意旋转。小 X 想知道在骨牌两两不重叠的前提下,这个棋盘上最多能放多少个骨牌,希望你能帮帮他。

【输入格式】

输入正整数 m 和 n, 以单个空格隔开。

【输出格式】

一个整数,表示该棋盘上最多能放的骨牌个数。

输入样例	输出样例
2 3	3

【数据范围】

对于 30% 的数据, m, $n \leq 4$;

对于 60% 的数据, m, $n \leq 1\ 000$;

对于 100% 的数据，m，$n \leqslant 40\,000$。

【练习 2.2.3】　分糖果(candy，1 S，512 M，CSP-J 2021 P1)

【问题描述】

红太阳幼儿园有 n 个小朋友，你是其中之一。保证 $n \geqslant 2$。

有一天你在幼儿园的后花园里发现无穷多颗糖果，你打算拿一些糖果回去分给幼儿园的小朋友们。

由于你只是个平平无奇的幼儿园小朋友，所以你的体力有限，至多只能拿 R 块糖回去。

但是拿得太少不够分的，所以你至少要拿 L 块糖回去。保证 $n \leqslant L \leqslant R$。

也就是说，如果你拿了 k 块糖，那么你需要保证 $L \leqslant k \leqslant R$。

如果你拿了 k 块糖，你将把这 k 块糖放到篮子里，并要求大家按照如下方案分糖果：只要篮子里有不少于 n 块糖果，幼儿园的所有 n 个小朋友（包括你自己）都从篮子中拿走恰好一块糖，直到篮子里的糖果数量少 n 块。此时篮子里剩余的糖果均归你所有 —— 这些糖果是作为你搬糖果的奖励。

作为幼儿园高质量小朋友，你希望让作为你搬糖果的奖励的糖果数量（而不是你最后获得的总糖果数量！）尽可能多；因此你需要写一个程序，依次输入 n，L，R，并输出你最多能获得多少作为你搬糖果的奖励的糖果数量。

【输入格式】

输入一行，包含三个正整数 n，L，R，分别表示小朋友的个数、糖果数量的下界和上界。

【输出格式】

输出一行一个整数，表示你最多能获得的作为你搬糖果的奖励的糖果数量。

输入样例 1	输出样例 1
7 16 23	6

【样例 1 说明】

拿 $k = 20$ 块糖放入篮子里。

篮子里现在糖果数 $20 \geqslant n = 7$，因此所有小朋友获得一块糖；

篮子里现在糖果数变成 $13 \geqslant n = 7$，因此所有小朋友获得一块糖；

篮子里现在糖果数变成 $6 < n = 7$，因此这 6 块糖是作为你搬糖果的奖励。

容易发现，你获得的作为你搬糖果的奖励的糖果数量不可能超过 6 块（不然，篮子里的糖果数量最后仍然不少于 n，需要继续每个小朋友拿一块），因此答案是 6。

输入样例 2	输出样例 2
10 14 18	8

【样例 2 说明】

容易发现，当你拿的糖数量 k 满足 $14 = L \leqslant k \leqslant R = 18$ 时，所有小朋友获得一块糖后，剩下的 $k - 10$ 块糖总是作为你搬糖果的奖励的糖果数量，因此拿 $k = 18$ 块是最优解，答案是 8。

【数据规模】

对于所有数据，保证 $2 \leqslant n \leqslant L \leqslant R \leqslant 10^9$。

【练习 2.2.4】 小苹果（apple,1 S,512 M,CSP-J 2023 P1）

【问题描述】

小 Y 的桌子上放着 n 个苹果从左到右排成一列，编号为从 1 到 n。

小苞是小 Y 的好朋友，每天她都会从中拿走一些苹果。

每天在拿的时候，小苞都是从左侧第 1 个苹果开始、每隔 2 个苹果拿走 1 个苹果。随后小苞会将剩下的苹果按原先的顺序重新排成一列。

小苞想知道，多少天能拿完所有的苹果，而编号为 n 的苹果是在第几天被拿走的？

【输入格式】

输入的第一行包含一个正整数 n，表示苹果的总数。

【输出格式】

输出一行包含两个正整数，两个整数之间由一个空格隔开，分别表示小苞拿走所有苹果所需的天数以及拿走编号为 n 的苹果是在第几天。

输入样例	输出样例
8	5 5

【样例说明】

小苞的桌上一共放了 8 个苹果。

小苞第一天拿走了编号为 1、4、7 的苹果。

小苞第二天拿走了编号为 2、6 的苹果。

小苞第三天拿走了编号为 3 的苹果。

小苞第四天拿走了编号为 5 的苹果。

小苞第五天拿走了编号为 8 的苹果。

【数据范围】

对于所有测试数据有：$1 \leqslant n \leqslant 10^9$。

【练习 2.2.5】 细胞分裂（cell,1 S,128 M,NOIP 2009 普及组 P3）

【问题描述】

Hanks 博士是 BT（Bio-Tech，生物技术）领域的知名专家。现在，他正在为一个细胞实验做准备工作：培养细胞样本。

Hanks 博士手里现在有 N 种细胞，编号从 1 ~ N，一个第 i 种细胞经过 1 秒钟可以分裂为 S_i 个同种细胞（S_i 为正整数）。现在他需要选取某种细胞的一个放进培养皿，让其自由分裂，进行培养。一段时间以后，再把培养皿中的所有细胞平均分入 M 个试管，形成 M 份样本，用于实验。Hanks 博士的试管数 M 很大，普通的计算机的基本数据类型无法存储这样大的 M 值，但万幸的是，M 总可以表示为 m_1 的 m_2 次方，即 $M = {m_1}^{m_2}$，其中 m_1，m_2 均为基本数据类型可以存储的正整数。

注意，整个实验过程中不允许分割单个细胞，比如某个时刻若培养皿中有 4 个细胞，Hanks 博士可以把它们分入 2 个试管，每试管内 2 个，然后开始实验。但如果培养皿中有 5 个细胞，博士就无法将它们均分入 2 个试管。此时，博士就只能等待一段时间，让细胞们继续分裂，使得其个数可以均分，或是干脆改换另一种细胞培养。

为了能让实验尽早开始，Hanks 博士在选定一种细胞开始培养后，总是在得到的细胞"刚好可以平均分入 M 个试管"时停止细胞培养并开始实验。现在博士希望知道，选择哪种细胞培养，可以使得实验的开始时间最早。

【输入格式】

第一行，有一个正整数 N，代表细胞种数。

第二行，有两个正整数 m_1，m_2，以一个空格隔开，${m_1}^{m_2}$ 即表示试管的总数 M。

第三行有 N 个正整数，第 i 个数 S_i 表示第 i 种细胞经过 1 秒钟可以分裂成同种细胞的个数。

【输出格式】

一个整数，表示从开始培养细胞到实验能够开始所经过的最少时间(单位为秒)。

如果无论 Hanks 博士选择哪种细胞都不能满足要求，则输出整数-1。

输入样例 1	输出样例 1
1 2 1 3	-1

【样例 1 说明】

经过 1 秒钟，细胞分裂成 3 个，经过 2 秒钟，细胞分裂成 9 个……，可以看出无论怎么分裂，细胞的个数都是奇数，因此永远不能分入 2 个试管。

输入样例 2	输出样例 2
2 24 1 30 12	2

【样例 2 说明】

第 1 种细胞最早在 3 秒后才能均分入 24 个试管，而第 2 种最早在 2 秒后就可以均分(每试管 $144/(24^1)=6$ 个)。故实验最早可以在 2 秒后开始。

【数据范围】

对于 50%的数据，有 ${m_1}^{m_2} \leqslant 30\,000$；

对于所有的数据，有 $1 \leqslant N \leqslant 10\,000$，$1 \leqslant m_1 \leqslant 30\,000$，$1 \leqslant m_2 \leqslant 10\,000$，$1 \leqslant S_i \leqslant 2 \times 10^9$。

【练习 2.2.6】　末尾 0 的个数(zero，1 S，128 M，内部训练)

【问题描述】

n 的阶乘定义为 $n! = n \times (n-1) \times (n-2) \times \cdots \times 1$。

但是阶乘的增长速度太快了，所以我们现在只想知道 $n!$ 末尾的 0 的个数。

【输入格式】

一个正整数 n。

【输出格式】

一个整数，即为 $n!$ 末尾 0 的个数。

输入样例	输出样例
10	2

【样例说明】

10！=3628800。

【数据范围】

$n \leqslant 10^7$。

第三节　股票买卖问题——用贪心算法解决问题

一、问题引入

【问题描述】

给你一个整数数组 prices，其中 prices[i] 表示某支股票第 i 天的价格。

在每一天，你可以决定是否购买或出售股票。你在任何时候最多只能持有一股股票。你也可以先购买，然后在同一天出售。

计算这只股票能获得的最大利润。

【输入格式】

第一行，一个整数 n；

第二行，用空格隔开的 n 个整数。

【输出格式】

一个整数，表示能获得的最大利润。

输入样例 1	输出样例 1
6 7 1 5 3 6 4	7

【样例 1 说明】

在第 2 天（股票价格=1）的时候买入，在第 3 天（股票价格=5）的时候卖出，这笔交易所能获得利润=5-1=4；随后在第 4 天（股票价格=3）的时候买入，在第 5 天（股票价格=6）的时候卖出，这笔交易所能获得利润=6-3=3。总利润为 4+3=7。

输入样例 2	输出样例 2
5 1 2 3 4 5	4

【样例 2 说明】

在第 1 天(股票价格 = 1)的时候买入,在第 5 天(股票价格 = 5)的时候卖出,这笔交易所能获得利润 = 5-1 = 4。总利润为 4。

输入样例 3	输出样例 3
5 7 6 4 3 1	0

【样例 2 说明】

在这种情况下交易无法获得正利润,所以不参与交易可以获得最大利润,最大利润为 0。

【数据范围】

$1 \leqslant$ prices, length $\leqslant 3\times10^4$, $0 \leqslant$ prices $[i] \leqslant 10^4$。

二、问题探究

股票买卖的基本常识是"低买高卖"。

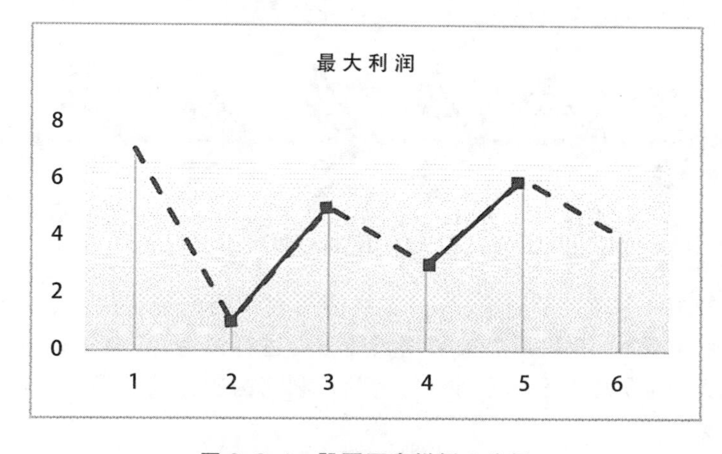

图 2-3-1　股票买卖样例 1 分析

在上述样例 1 中,股票分别在低点(第 2 天和第 4 天)购入,高点(第 3 天和第 5 天)出售(如上图 2-3-1 所示);样例 2 中第 1 天为低点,第 5 天为高点;样例 3 因低点在高点之后而无法获得正利润。注意到条件"你也可以先购买,然后在同一天出售。",这样的话可以在低点到高点之间的每一天都进行先购买,再出售,这样就可以将所获利润分解到每一天。

在示例 2 中,在第 1 天买入并在第 5 天出售:所获利润 = prices[5]-prices[1]可以视为:(prices[5]-prices[4])+(prices[4]-prices[3])+(prices[3]-prices[2])+(prices[2]-prices[1])。

即:最大利润 = 第 5 天利润+第 4 天利润+第 3 天利润+第 2 天利润

这样对于样例 1 可以有以下解决方案:

- 先计算每天的所获利润:-6, 4, -2, 3, -2,负利润表示将会出现亏损情况(不选)。
- 再选择其中的正利润:4, 3,将其相加就得到最大利润 7。

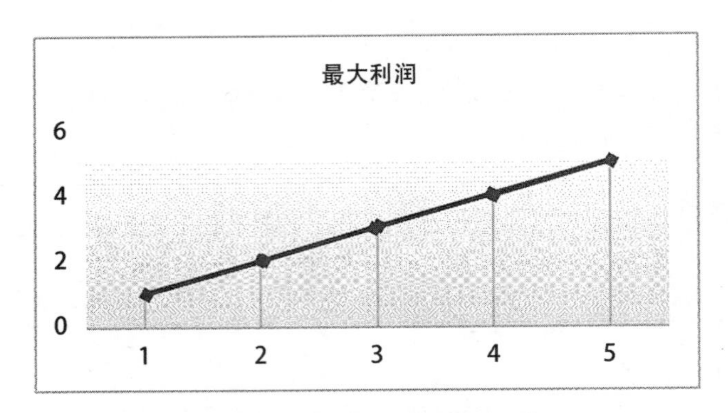

图 2-3-2 股票买卖样例 2 分析

三、知识构建

1. 贪心法

贪心法是指从问题的某一个初始状态出发，通过逐步构造最优解的方法向给定的目标前进，并期望通过这种方法产生出一个全局最优解的方法。

图 2-3-3 贪心法

在上图 2-3-3 中，小球表示当前状态，实线箭头表示当前最优决策，虚线箭头表示其他决策。在股票买卖问题中，我们沿着天数增长的方向进行构造，其中每天的正利润和负利润为两种不同的决策，而最大利润正是通过每天的正利润构造得到。即正利润为最佳决策，负利润则为其他决策。

贪心法是一种解题策略，也是一种解题思想。使用贪心法对问题进行求解时，总是会做出在当前看来最好的选择（走一步看一步，"短视"）。也就是说，它所做出的是在某种意义上的局部最优解，以期望最终达到整体最优。

当所求问题的整体最优解确实可以通过一系列局部问题的最优解构造时，我们称此问题具有贪心选择性质。

2. 贪心解题的一般思路

首先我们需要确定问题是否可以采用贪心法求解，即是否具有贪心选择性质；其次根据问题的特点，选择一个适合的贪心策略能保证前一步所说的贪心选择性质，即局部最优能构成全局最优；最后将选定的贪心策略转换为具体的算法步骤加以实现即可。

需要补充说明的是，对于贪心选择是否正确，从严格意义上来讲是需要证明的。在实战中，很多人通常只是对其做出验证或者找出反例对某个决策加以否决。换句话说，就是和解析法类似，贪心选择证明往往是作为可选步骤出现的。

3. 贪心解决股票买卖问题

根据上述分析，对于一般股票问题，解决方法如下：

- 计算每天都购买以及售出时对应的获利情况：prices[i]-prices[i-1]；
- 贪心选取每个正利润：即满足 prices[i]>prices[i-1]时的正利润。

局部最优：收集每天所获正利润；

全局最优：相加即得最大利润。

【参考程序】

```
1. #include <bits/stdc++.h>
2. using namespace std;
3. int maxProfit(vector<int>& prices) {
4.     int res = 0;
5.     for (int i = 1; i < prices.size();++i) {
6.         if (prices[i] - prices[i - 1] >0)
7.             res += prices[i] - prices[i - 1];
8.     }
9.     return res;
10. }
11. int main() {
12.     int n;
13.     cin >> n;
14.     vector <int> prices(n);
15.     for (auto &price : prices) {  // 自动类型推算
16.         cin >> price;
17.     }
18.     cout << maxProfit(prices);
19.     return 0;
20. }
```

四、迁移应用

【例 2.3.1】 排队接水(water,1 S,128 M,内部训练)

【问题描述】

有 n 个人同时排队到1个水龙头去打水，他们装满水桶的时间为 $T_1,T_2,T_3,\cdots,T_n$ 均为整数，应如何安排他们的打水顺序才能使所有人花费的总时间最少？

【输入格式】

第 1 行，一个整数 n；

第 2 行，每个人的打水时间 T_i。

【输出格式】

第 1 行，花费时间最少时的排队顺序；

第 2 行，平均等待时间(保留小数点后两位)。

输入样例	输出样例
4 2 6 4 5	1 3 4 2 9.00

【数据范围】

$n < 1\,000$, $T_i < 1\,000$。

【思路分析】

根据题意,假定按照某个顺序的 n 个人的接水时间分别为 $t_1, t_2, \cdots, t_n$,等待时间依次为 $w_1, w_2, \cdots, w_n$。

- 第 1 个人打水时,所有人都处于等待状态, $w_1 = nt_1$;
- 第 2 个人打水时, $n-1$ 个人处于等待状态,$w_2 = (n-1)t_2$;
- ……
- 第 n 个人打水时,仅剩最后 1 个人处于等待状态,$w_n = t_n$;

因此,总的等待时间 $T = \sum_{i=1}^{n} w_i = nt_1 + (n-1)t_2 + \cdots + t_n$。

根据生活经验可以有:第 1 人打水的时候等候的人最多,此时应该安排接水时间比较少的才行,而第 n 个人打水时就剩他自己 1 个人等待,适宜安排接水时间最长的最后打水。因此贪心策略为“每次让接水时间最少的先打水”。这样可以让平均等待时间最小。

【参考程序】

```
1. #include <bits/stdc++.h>
2. using namespace std;
3. const int N = 1005;
4. int t[N], order[N], n;
5. int main() {
6.     int n;
7.     cin >> n;
8.     for (int i = 1; i <= n;++i) {
9.         order[i] = i;
10.        cin >> t[i];
11.    }
12.    int T = 0;
13.    for (int i = 1; i <= n;++i) {
14.        // 每一轮从剩下的人中选出最短接水时长的人先打水
15.        int id = i;
16.        for (int j = i+1; j <= n; ++j)
17.            if (t[id] > t[j]) id = j;
18.        swap(t[i], t[id]);
19.        swap(order[i], order[id]);
20.        // 计算总的等待时间
21.        T += (n - i+1) * t[i];
```

```
22.    }
23.    for (int i = 1; i <= n;++i)
24.        cout << order[i] << " ";
25.    cout << endl << fixed << setprecision(2) << 1.0 * T / n << endl;
26.    return 0;
27. }
```

从上面的代码可以发现,贪心有时会和排序算法联系在一起,对于排序算法中的选择排序来讲,它在本质上也是采用了贪心策略来实现,其贪心策略就是每次从剩下数中选择最小的作为最优决策。

在上述程序中,寻找最短接水的人员正是使用了选择排序相应的贪心策略,从本题规模 $n <$ 1 000 来看是没有问题的,一旦 n 的规模超过 10 000 次,选择排序就可能会超时,此时需要更换效率更高的排序算法,比如可以使用 C++ STL 中提供的 sort 函数来帮忙,这样也能让代码实现变得简单。

【参考程序】

```
1. #include <bits/stdc++.h>
2. using namespace std;
3. const int N = 1005;
4. pair <int, int> t[N];
5. int n;
6. int main() {
7.     cin >> n;
8.     for (int i = 1; i <= n;++i) {
9.         cin >> t[i].first;
10.        t[i].second = i;
11.    }
12.    sort(t + 1, t + n + 1);
13.    int T = 0;
14.    for (int i = 1; i <= n;++i)
15.        T += (n + 1 - i) * t[i].first;
16.    for (int i = 1; i <= n;++i)
17.        cout << t[i].second << " ";
18.    cout << endl << fixed << setprecision(2) << 1.0 * T / n << endl;
19.    return 0;
20. }
```

接下来,我们试着证明刚才的贪心选择策略是正确的。

使用反证法。

假设存在一个不同于上述从小到大排好序的时间序列,使得总的等待时长还要小。那么必然至少会存在一对相邻的两个人 A

序列 1:…… A B ……
序列 2:…… B A ……

图 2-3-4　邻项交换法

和B,他们的接水时间 t_a 与 t_b 之间有关系 $t_a > t_b$ 成立。将两人交换得另一个序,同时考虑这两个序对应的总的等待时间。

不妨设两个人分别位于第i和第 $i+1$ 个位置。对于位于两个人前面的 $i-1$ 个人打水时,所有人的等待总时间是一样的;同样对于从第 $i+2$ 个人开始,后面的所有人不会因为A、B的交换,同样等待的总时间也是一样的。因此只需考虑在这两个人打水时,所需要的等待总时间即可。

设序列1、序列2在A、B打水时对应的总等待时间分别为 T_1 和 T_2。

$$T_1 = (n-i+1)t_a + (n-i)t_b = (n-i)(t_a+t_b) + t_a$$
$$T_2 = (n-i+1)t_b + (n-i)t_a = (n-i)(t_a+t_b) + t_b$$

相减,得:$T_1 - T_2 = [(n-i)(t_a+t_b)+t_a] - [(n-i)(t_a+t_b)+t_b] = t_a - t_b > 0$

即 $T_1 > T_2$。

也就是说,通过交换相邻两个人的位置,让接水时间少的人排在前面,最终得到的总时长会更小。这和一开始的假设是矛盾的。

因此,对于最优的策略中,任意相邻两个人的接水时间一定是时间少的排在前面,即这个最优序列为从小到大排好序的。

总等待时间 $T = nt_1 + (n-1)t_2 + \cdots + t_n$,在 $t_1 \leqslant t_2 \leqslant \cdots \leqslant t_n$ 时取得最小。

这种通过相邻两项交换比较大小的方法通常称为“邻项交换法”。

此外,也可以换一个角度来计算总的等待时间:仍然假定按照某个顺序的 n 个人的接水时间分别为 $t_1, t_2, \cdots, t_n$。

- 当第1个人打水时,第1个人的等待时间 $w_1 = t_1$;
- 当第2个人打水时,第2个人的等待总时间为 $w_2 = t_1 + t_2$;
- ……
- 当第 n 个人打水时,第 n 个人的等待总时间为 $w_n = t_1 + t_2 + \cdots + + t_n$;

因此,总的等待时间 $= t_1 + (t_1 + t_2) + \cdots + (t_1 + t_2 + \cdots + + t_n)$

即:

等待总时间为数组 t 的前缀和数组的前 n 项和。

同样可以化简到:$T = nt_1 + (n-1)t_2 + \cdots + t_n$。

【参考程序】

```
1. #include <bits/stdc++.h>
2. using namespace std;
3. const int N = 1005;
4. pair <int, int> t[N];
5. int n;
6. int main() {
7.     cin >> n;
8.     for (int i = 1; i <= n;++i) {
9.         cin >> t[i].first;
10.        t[i].second = i;
```

```
11.     }
12.     sort(t + 1, t + n + 1);
13.     int T = 0, W = 0;
14.     for (int i = 1; i <= n; ++i) {
15.         W += t[i].first;
16.         T += W;
17.     }
18.     for (int i = 1; i <= n; ++i)
19.         cout << t[i].second << " ";
20.     cout << endl << fixed << setprecision(2) << 1.0 * T / n << endl;
21.     return 0;
22. }
```

将问题一般化，如果有 r 个水龙头时，又该如何安排接水顺序才能使得他们总的平均等待时间最少呢？

根据以上分析，显然还是等待时间越小的排在前面会让总的平均等待时间最少。因此还是按接水等待时间从小到大依次到各个水龙头打水即可。

具体的，先将第 1 个人到第 r 个人按顺序安排到第 1 个水龙头到第 r 个水龙头，然后再将剩下的人按顺序安排到最先接好水的水龙头继续接水(不让水龙头空闲下来)。

因为排序后有：$t_1 < t_2 < \cdots < t_r$，因此必然有 t_{r+1} 接到 t_1 后面；

此时，有 $t_2 < t_3 < \cdots < t_r < t_1 + t_{r+1}$，$t_{r+2}$ 应接到 t_2 后面……，以此类推。

因此，t_{r+1}，t_{r+2}，…，t_{2r} 应按顺序安排在第 1 个水龙头到第 r 个水龙头后面。

最终安排顺序如下：

- 第 1 个水龙头：t_1，t_{r+1}，t_{2r+1}，…，t_{kr+1}；
- 第 2 个水龙头：t_2，t_{r+2}，t_{2r+2}，…，t_{kr+2}；
- ……
- 第 m 个水龙头：t_m，t_{r+m}，t_{2r+m}，…，$t_{(k-1)r+m}$，t_n；
- 第 $m+1$ 个水龙头：t_{m+1}，t_{r+m+1}，t_{2r+m+1}，…，$t_{(k-1)r+m+1}$；
- ……
- 第 r 个水龙头：t_r，t_{2r}，t_{3r}，…，t_{kr}。

其中 $n = kr + m$，$1 \leqslant m \leqslant r$。

具体步骤如下：

(1) 将等待时间按由小到大排序；

(2) 将排序后的时间按顺序依次放入每个水龙头的队列中；

(3) 统计，输出答案。

【参考程序】

```
1. #include <bits/stdc++.h>
2. using namespace std;
3. const int N = 1005;
```

```
4. int t[N], W[N];
5. int n, r;
6. int main() {
7.     cin >> n >> r;
8.     for (int i = 1; i <= n;++i)
9.         cin >> t[i];
10.    sort(t+1, t+n+1);
11.    int T = 0, j = 0;
12.    for (int i = 1; i <= n;++i) {
13.        ++j;
14.        if (j == r+1) j = 1;
15.        W[j] += t[i];
16.        T += W[j];
17.    }
18.    cout << fixed << setprecision(2) << 1.0 * T / n << endl;
19.    return 0;
20. }
```

【例 2.3.2】 最大和(maxsum,1 S,128 M,Codeforces 276C)

【问题描述】

有 n 个数 $a_1, a_2, \cdots, a_n$。有 q 次询问,第 i 次询问为两个正整数 l_i, r_i,查询下标在区间 $[l_i, r_i]$ 内的数的和。

这个问题太简单了。现在倒过来已知所有的查询,你可将 n 个数任意排列,使得所有查询结果的和最大。求最大查询结果的和。

【输入格式】

第一行有两个数 n 和 q,分别表示数的个数和查询的个数;

第二行为 n 个数,表示 $a_1, a_2, \cdots, a_n$;

接下来 q 行,每行为 l_i 和 r_i。

【输出格式】

输出最大查询结果的和。

输入样例	输出样例
3 3 5 3 2 1 2 2 3 1 3	25

【数据范围】

$1 \leqslant n \leqslant 2 \times 10^5, 1 \leqslant q \leqslant 200, 1 \leqslant l_i \leqslant r_i \leqslant n$。

【思路分析】

分析样例,将三个查询表格化如下:

表 2-3-1　最大和问题

下标	1	2	3
[1, 2]	a_1	a_2	
[2, 3]		a_2	a_3
[1, 3]	a_1	a_2	a_3
累加	$2a_1$	$3a_2$	$2a_3$

观察发现,下标 1、2、3 对应的数值查询次数依次为 2 次、3 次和 2 次。

因此,要想让查询结果最大,应根据查询次数从大到小填入数字,其中数字也是从大到小排列即可。

贪心策略:每次选最大的填在查询次数最多的下标内。

即查询结果的和 $= 2a_1 + 3a_2 + 2a_3 = 3a_2 + 2a_1 + 2a_3$。当 $a_2 = 5$, $a_1 = 3$, $a_3 = 2$ 时,取得最大值 $= 3 \times 5 + 2 \times 3 + 2 \times 2 = 25$。

一般地,考虑 n 个数的 q 次查询问题。类似于上述分析,得出如下计算步骤:

(1) 将输入的 n 个数从大到小排序;

(2) 统计 q 个查询中的每一个位置进行查询的次数;

(3) 将查询次数从大到小排序;

(4) 将 n 个数与查询次数对应相乘相加即为答案。

【参考程序】

```
1. #include <bits/stdc++.h>
2. using namespace std;
3. const int N = 200005;
4. int n, q;
5. int a[N], l[N], r[N], tong[N];
6. bool cmp(int a, int b) {
7.     return a > b;
8. }
9. int main() {
10.    scanf("%d%d", &n, &q);
11.    for (int i = 1; i <= n; ++i)
12.        scanf("%d", &a[i]);
13.    for (int i = 1; i <= q; ++i)
14.        scanf("%d%d", &l[i], &r[i]);
15.    sort(a + 1, a + n + 1, cmp);
16.    for (int i = 1; i <= q; ++i)
17.        for (int j = l[i]; j <= r[i]; ++j)
18.            ++tong[j];
19.    sort(tong + 1, tong + n + 1, cmp);
20.    long long ans = 0;
```

```
21.     for (int i = 1; i <= n;++i)
22.         ans += a[i] * tong[i];
23.     printf("% lld\n", ans);
24.     return 0;
25. }
```

在本题中,贪心策略为“每次选最大的填在查询次数最多的下标内”,此时得到的和最大。相应证明可以类似于排队接水问题中的“邻项交换法”进行,这里不再赘述。

两个例题中出现的和式,在数学中分别称为顺序和和逆序和。

更一般的结论被称为排序不等式:顺序和≥乱序和≥逆序和。在【拓展提升】部分会有详细说明。

若查询次数 q 的范围也调整为 $1 \leqslant q \leqslant 2 \times 10^5$,此时上面代码中第 16 ~ 17 行双重循环在极端情况下循环次数将达到$(2 \times 10^5) \times (2 \times 10^5) = 4 \times 10^{10}$,超时!

此时,对于每一个区间的每一个位置上的查询次数统计将不能暴力枚举计算,应改为差分算法进行统计。

具体而言,对于每一个区间,每次在区间的开始位置(左端点)做加 1 操作,在区间的结束位置(右端点)做减 1 操作。最后累加每个位置上的加 1 或减 1,对于结果数组计算前缀和,即得到数组 a 在每个位置上的查询次数。

表 2-3-2　差分与前缀和

下标	1	2	3	4
[1, 2]	+1		−1	
[2, 3]		+1		−1
[1, 3]	+1			−1
合计	+2	+1	−1	−2
前缀和	2	3	2	0

可以看到上述表格中的前缀和与前一个表的每个位置上数值的查询次数一致!差分与前缀和的相关知识详见【拓展提升】部分。

【参考程序】

```
1. #include <bits/stdc++.h>
2. using namespace std;
3. const int N = 200005;
4. int n, q, l, r;
5. int a[N], b[N], tong[N];
6. bool cmp(int a, int b) {
7.     return a > b;
8. }
9. int main() {
```

```
10.     scanf("%d%d", &n, &q);
11.     for (int i = 1; i <= n;++i)
12.         scanf("%d", &a[i]);
13.     for (int i = 1; i <= q;++i) {
14.         scanf("%d%d", &l, &r);
15.         ++b[l], --b[r + 1];
16.     }
17.     for (int i = 1; i <= n;++i)
18.         tong[i] = tong[i - 1] + b[i];
19.     sort(a + 1, a + n + 1, cmp);
20.     sort(tong + 1, tong + n + 1, cmp);
21.     long long ans = 0;
22.     for (int i = 1; i <= n;++i)
23.         ans += a[i] * tong[i];
24.     printf("%lld\n", ans);
25.     return 0;
26. }
```

【例 2.3.3】　最优分解(unpack,1 S,128 M,内部训练)

【问题描述】

设 n 是一个正整数。现在要求将 n 分解为若干个(至少 2 个)互不相同的正整数的和，且使这些正整数的乘积最大。如果不能拆分则输出 0。

【输入格式】

第 1 行是正整数 n。

【输出格式】

计算所有分解方案中的最大乘积。

输入样例	输出样例
10	30

【数据范围】

$n \leqslant 50$。

【思路分析】

分析样例 $n = 10$ 如下：

(1) 拆成 2 个数的和，10=1+9=2+8=3+7=4+6，相应乘积为 9、16、21、24，可以发现规律：两个数越接近，乘积越大。

(2) 拆成 3 个数的和，10=1+2+7=1+3+6=1+4+5=2+3+5，相应乘积为 14、18、20、30，同样可以发现 3 个数越接近，乘积越大。

(3) 将 10 拆为 4 个数的和，仅一个方案：10=1+2+3+4，乘积为 24，此时 4 个数是连续的。

根据上述分析，合理猜测贪心策略为“将 n 拆分为数量尽量多的一些不相等的数字，且这些数尽量连续”。

设 n 已拆分为 k 个从小到大排好序的数。考虑可能的极端情况，比如第一个数为 1，此时将其合并到后面任意一个数上去，可以发现合并后的乘积会更大。

因此，在具体拆分时应从 2 开始，列表如下：

表 2-3-3　最优分解问题

n	拆分调整	最大乘积	调整说明
9	9=2+3+4	24	没有多余的数
10	10=2+3+4+1=2+3+5	30	多余的 1 增加给最后一个数
11	11=2+3+4+2=2+3+6=2+4+5	40	多余的 2 平均分给最后几个数
12	12=2+3+4+3=3+4+5	60	多余的 3 恰好可以平均分配
13	13=2+3+4+4=3+4+5+1=3+4+6	72	一轮分配后还有得多

在上述调整的过程中，可以发现在保持和不变的同时，乘积不断变大。

因此，贪心策略可以如下进行：

(1) 首先将 n 拆分为从 2 开始的若干个连续不相等的数之和，直到不能分解为止；

(2) 然后将多余的值从大到小平均分配给每一个数，这样可以让乘积调整得更大；

(3) 若还有多余的话，就将其拆分为若干个 1，还是从大到小依次加 1 即可。

需要注意的是，上述方法应从 $n=5$ 开始才能使用($5=2+3$)，$n \leqslant 4$ 时需要特殊处理。

【参考程序】

```
1. #include <bits/stdc++.h>
2. using namespace std;
3. int a[25];
4. int res[ ] = {0, 0, 0, 2, 3};
5. int main() {
6.       int n, ans;
7.       cin >> n;
8.       if (n > 4) {
9.             int cnt = 1, i = 2, t = n;
10.            while (t >= i) {
11.                  a[cnt++] = i;
12.                  t -= i++;
13.            }
14.            i = --cnt;
15.            while (t) {
16.                  a[i--]++;
17.                  t--;
18.                  if (i == 0) i = cnt;
```

```
19.            }
20.            ans = 1;
21.            for (int i = 1; i <= cnt; i++) ans * = a[i];
22.        } else
23.            ans = res[n];
24.        cout << ans << endl;
25.        return 0;
26. }
```

在上述贪心策略中,我们通过样例分析,观察得到规律,并采用动态调整的手段使乘积不断变大。同样的,从严格意义上也需要证明该策略的正确性。

【例 2.3.4】 导弹拦截(missle,1 S,128 M,NOIP 1999 提高组 P1 改)

【问题描述】

某国为了防御敌国的导弹袭击,开发出一种导弹拦截系统,但是这种拦截系统有一个缺陷:虽然它的第一发炮弹能够到达任意的高度,但是以后每一发炮弹都不能高于前一发的高度。

某天,雷达捕捉到敌国的导弹来袭,由于该系统还处于试用阶段,所以一套系统可能不能拦截所有的导弹。输入依次飞来导弹的高度,计算要拦截所有导弹最小需要配备多少套这种导弹拦截系统。

【输入格式】

两行。第一行包含一个正整数 n, 表示导弹的个数。

第二行包含 n 个整数,表示依此飞来的 n 个导弹的高度 h_i。

【输出格式】

输出一个整数,表示拦截所有导弹最少需要配备多少套这种导弹拦截系统。

输入样例	输出样例
8 389 207 175 300 299 170 165 158	2

【数据范围】

$1 \leqslant n \leqslant 10^3, 1 \leqslant h_i \leqslant 3 \times 10^4$。

【思路分析】

按依次飞来的导弹进行考虑:389,207,175,300,299,170,165,158。

第 1 枚导弹总是要拦截的,因此至少需要 1 套导弹拦截系统。当第 1 发炮弹击中第 1 枚导弹后,后面发射的炮弹将不能高于 389,因为第 2 枚导弹的高度为 207,因此可以发射第 2 发炮弹拦截第 2 枚,依此类推,还可以发射第 3 枚炮弹拦截第 3 枚导弹。

由于第 4 枚导弹高度 300 高于 175,因此需要第 2 套导弹拦截系统进行拦截。因为第 5 枚导弹高度 299 小于 300,可以使用第 2 套系统继续拦截这枚导弹。

表 2-3-4 导弹拦截问题

导弹拦截系统	第 1 次拦截	第 2 次拦截	第 3 次拦截	第 4 次拦截	……
第 1 套	389	207	175		
第 2 套	300	299			

在本题中从第 6 枚导弹开始,后面第 7 枚、第 8 枚高度依次递减,可以任意填入上述表格的第 1 套和第 2 套所在行的后面均可,所以答案为 2。

考虑问题的一般性,第 6 枚导弹高度 170,使用哪套系统会更佳呢?

可以发现,如果在高度 170 后,还有一个高于 170,但小于 299 的导弹存在的话,比如第 7 枚导弹高度为 280 时,若此时使用第 2 套系统拦截第 6 枚导弹,后续高度 299 的导弹将不得不使用第 3 套系统进行拦截;而若使用第 1 套系统拦截第 6 枚导弹时,第 2 套系统还可以继续拦截高度为 280 的导弹。

因此可以发现贪心策略如下:“每新来一枚导弹,先看是否可以使用现有最适合的系统进行拦截,如果没有则新建一套系统。”

代码实现时,可以定义数组 h 表示每一套系统当前还能拦截的最大高度,当来袭导弹的高度为 a 时,在所有 $h[1]$ 到 $h[\mathrm{cnt}]$ 中选择大于等于 a 的且离 a 最近的一套系统继续拦截,拦截后更新相应 $h[i]$ 的高度即可;否则增加一套系统,使得 $h[\mathrm{cnt}+1]=a$。

【参考程序】

```
1. #include <bits/stdc++.h>
2. using namespace std;
3. const int N = 1005;
4. int a[N], h[N]; // h[i]保存第 i 套系统当前能够拦截的最大高度
5. int cnt = 0; // 拦截系统的个数
6. int select(int a) {
7.     int minid = 0;
8.     for (int i = 1; i <= cnt;++i) {
9.         if (h[i] >= a && h[i] <h[minid])
10.            minid = i;
11.    }
12.    return minid;
13. }
14. int main() {
15.     int n;
16.     cin >> n;
17.     for (int i = 1; i <= n;++i) cin >> a[i];
18.     h[0] = INT_MAX;
19.     for (int i = 1; i <= n;++i) {
20.         int cur = select(a[i]);
21.         if (cur) h[cur] = a[i];
22.         else h[++cnt] = a[i];
```

```
23.     }
24.     cout << cnt << endl;
25.     return 0;
26. }
```

【例 2.3.5】　刷题高手(brush,1 S,128 M,内部训练)

【问题描述】

JSOI 网站上发布了 n 场比赛,每场比赛的开始和结束时间都提前知道了。小齐想知道他最多能打满几场比赛。

规定:如果参加一场比赛必须善始善终,而且不能同时参加两场及以上的比赛。

【输入格式】

第一行包含一个整数 n;

接下来的 n 行,每行包含两个整数 a_i, b_i, 表示比赛的开始和结束时间。

【输出格式】

一个整数表示最多可以参加的比赛场数。

输入样例	输出样例
3 0 2 2 4 1 3	2

【数据范围】

$1 \leqslant n \leqslant 10^3, 1 \leqslant h_i \leqslant 3 \times 10^4, 1 \leqslant n \leqslant 10^6, 0 \leqslant a_i < b_i \leqslant 10^6$。

【思路分析】

分析样例,根据比赛先后顺序,可以将三场比赛画出时序图如右:

可以直观得到结论,最多可以选择第 1 场和第 2 场参加比赛即可,其他任意选择都会因为同一时刻只能参加一场比赛导致的比赛冲突。比如第 1 场与第 3 场。

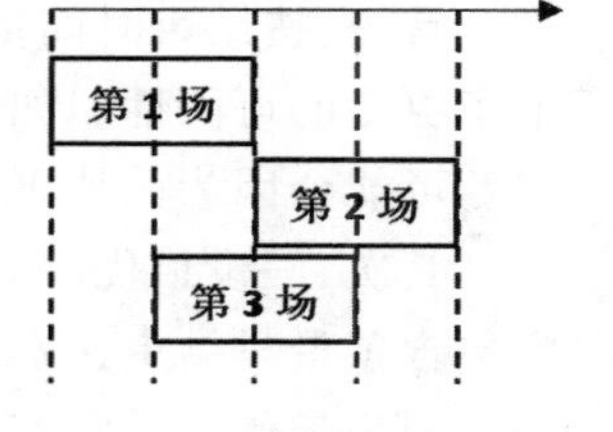

图 2-3-4　刷题高手

如将 3 场比赛视为 3 个区间[0, 2]、[2, 4]、[1, 3],此时问题就变成从 3 个区间中选取最多的区间,使得任意两个区间之间没有公共部分。更一般地,可以将问题抽象为如下数学模型:从 n 个区间中选取最多几个区间可以让它们之间任意两个都没有公共部分。

对于区间类的问题,如果可以使用贪心法解决,一般考虑如下几个策略中的一种:

策略 1:开始时间早的优先选取;

策略 2:耗时少的优先选取;

策略 3:结束时间早的优先选取;

如果一个贪心策略不正确时,我们通常会寻找反例来否定它。

对于贪心策略 1 和策略 2,可以找到反例如下:

图 2-3-5　贪心策略的反例

在上面左图中,如果选取开始时间早的第 1 场比赛,就只能选择一个比赛参加,实际情况可以同时参与 2 场比赛(第 2 场和第 3 场);同理,在上面右图中,如果选择耗时短的第 1 场,同样只能参加一场比赛,实际情况也是可以参与 2 场比赛。

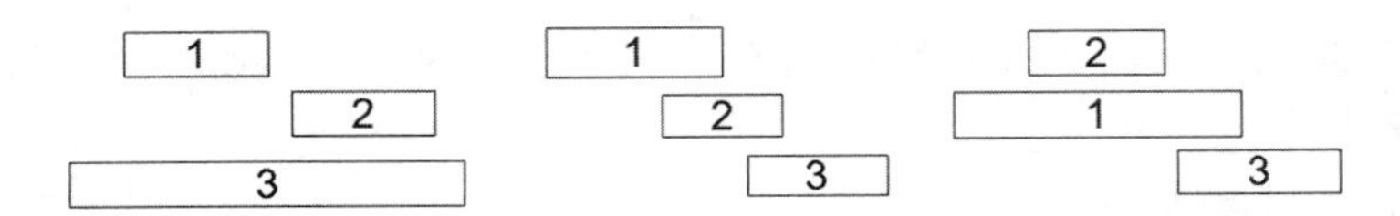

图 2-3-6　刷题高手贪心策略

对于贪心策略 3,在上述左图中先选取结束最早的第 1 场进行比赛,然后再选取结束次早的第 2 场进行比赛即可;对于第 3 场,由于与前面两场均有冲突,所以不能选取。

上述中间情况,同样先选取结束最早的第 1 场,然后考虑结束次早的第 2 场,因为和第 1 场有冲突,故不能选取。考虑第 3 场,因与前一次的选取没有冲突,因此最终选取第 1 场和第 3 场。

对于右图,可以同样分析得到,最终选取第 2 场和第 3 场。

因此对于策略 3,发现贪心策略:先将所有比赛按结束时间进行排序,然后每次选取和前面不冲突的场次中结束最早的比赛。

截至目前为止,尚未发现策略 3 的反例,这并不能说明策略 3 本身就是正确的,但也不能轻易判定其有误。事实上,对于本题该策略是正确的,因此我们还应对其正确性进行严格证明。

首先,按结束时间排序确保了我们每次都会考虑结束得比较早的比赛,为后面的选取留下了更多的可能性。如果不按结束时间排序,或许会错过更多可以参与的场次。因为某些比赛可能会因为其他更晚结束的活动而被错误地排除掉。

其次,假设最优解 S 包含了能够参与的比赛集合 $\{M_1, M_2, \cdots, M_k\}$。试着证明其中一定包含了最早结束比赛场次,不妨设为 M_1。

因为最优解一定存在,所以可以假设存在另一个最优解 S',其中最早结束的场次为 M'_1,M'_1 的结束时间晚于 M_1,那么可以用如下方法构造一个新的解 S'':先将 M_1 加入 S'' 中,然后将 S' 中的其他场次依次加入 S''。

这样,S'' 至少与 S' 一样好,且有可能更好。这就意味着最优解必然包含了结束时间最早的场次,从而证明了贪心选择的正确性。

具体实现步骤如下:

(1) 将比赛场次按结束时间从早到晚排序,如果结束时间相同的,则按开始时间排序;

(2) 按顺序贪心选取:考虑当前比赛是否选取,取决于当前比赛开始时间是否不早于之前已选取比赛的最后结束时间。若选择了该场比赛,则更新最晚结束时间。

【参考程序】

```
1. #include <bits/stdc++.h>
2. using namespace std;
3. const int N = 1000000 + 10;
4. int n;
5. struct Node {
6.     int a, b;
7. } oj[N];
8. bool cmp(Node x, Node y) {
9.      return (x.b < y.b) || (x.b == y.b && x.a >= y.a);
10. }
11. int main() {
12.     scanf("%d", &n);
13.     for (int i = 1; i <= n; ++i)
14.         scanf("%d%d", &oj[i].a, &oj[i].b);
15.     sort(oj + 1, oj + n + 1, cmp);
16.     int last = 0, ans = 0; // last：前面已经选取场次的最后结束时间
17.     for (int i = 1; i <= n; ++i) {
18.         if (oj[i].a >= last) { // 当前场次开始时间不早于前面的最后结束时间
19.             ++ans;
20.             last = oj[i].b; // 更新最后结束时间
21.         }
22.     }
23.     printf("%d\n", ans);
24.     return 0;
25. }
```

【例 2.3.6】　三国游戏(sanguo,1 S,128 M,NOIP 2010 普及组 P4)

【问题描述】

小涵很喜欢电脑游戏,这些天他正在玩一个叫作《三国》的游戏。

在游戏中,小涵和计算机各执一方,组建各自的军队进行对战。游戏中共 N 位武将(N 为偶数且不小于 4),任意两个武将之间有一个“默契值”,表示若此两位武将作为一对组合作战时,该组合的威力有多大。游戏开始前,所有武将都是自由的(称为自由武将,一旦某个自由武将被选中作为某方军队的一员,那么他就不再是自由武将),换句话说,所谓的自由武将不属于任何一方。游戏开始,小涵和计算机要从自由武将中挑选武将组成自己的军队,规则如下:小涵先从自由武将中选出一个加入自己的军队,然后计算机也从自由武将中选出一个加入计算机方的军队。接下来一直按照“小涵→计算机→小涵→……”的顺序选择武将,直到所有的武将被双方均分完。然后,程序自动从双方军队中各挑出一对默契值最高的武将组合代表自己的军队进行二对二比武,拥有更高默契值的一对武将组合获胜,表示两军交战,拥有获胜武将组合的一方获胜。

已知计算机一方选择武将的原则是尽量破坏对手下一步将形成的最强组合，它采取的具体策略如下：任何时刻，轮到计算机挑选时，它会尝试将对手军队中的每个武将与当前每个自由武将进行一一配对，找出所有配对中默契值最高的那对武将组合，并将该组合中的自由武将选入自己的军队。

下面举例说明计算机的选将策略，例如，游戏中一共有 6 个武将，他们相互之间的默契值如下表所示：

武将编号	1	2	3	4	5	6
1		5	28	16	29	27
2	5		23	3	20	1
3	28	23		8	32	26
4	16	3	8		33	11
5	29	20	32	33		12
6	27	1	26	11	12	

双方选将过程如下所示：

	小涵	轮到计算机时可选的自由武将	计算机	计算机选将说明
第一轮	5	1, 2, 3, 4, 6	<u>4</u>	小涵手中的 5 号武将与 4 号的默契值最高，所以计算机选择 4 号
第二轮	5, 3	1, 2, 6	4, <u>1</u>	小涵手中的 5 号和 3 号武将与自由武将中配对可产生的最大默契值为 29，是由 5 号与 1 号配对产生的，所以计算机选择 1 号
第三轮	5, 3, 6	2	4, 1, <u>2</u>	

小涵想知道，如果计算机在一局游戏中始终坚持上面这个策略，那么自己有没有可能必胜？如果有，在所有可能的胜利结局中，自己那对用于比武的武将组合的默契值最大是多少？

假设整个游戏过程中，对战双方任何时候均能看到自由武将队中的武将和对方军队的武将。为了简化问题，保证对于不同的武将组合，其默契值均不相同。

【输入格式】

共 N 行。

第一行为一个偶数 N，表示武将的个数；

第 2 行到第 N 行里，第 $i+1$ 行有 $N-i$ 个非负整数，每两个数之间用一个空格隔开，表示 i 号武将和 $i+1$, $i+2$, …, N 号武将之间的默契值（$0 \leq$ 默契值 $\leq 1\,000\,000\,000$）。

【输出格式】

共 1 或 2 行。

若对于给定的游戏输入，存在可以让小涵获胜的选将顺序，则输1，并另起一行输出所有获胜的情况中，小涵最终选出的武将组合的最大默契值。

如果不存在可以让小涵获胜的选将顺序，则输出0。

输入样例 1	输出样例 1
6 5 28 16 29 27 23 3 20 1 8 32 26 33 11 12	1 32

输入样例 2	输出样例 2
8 42 24 10 29 27 12 58 31 8 16 26 80 6 25 3 36 11 5 33 20 17 13 15 77 9 4 50 19	1 77

【数据范围】

对于40%的数据有 $N \leqslant 10$；

对于70%的数据有 $N \leqslant 18$；

对于100%的数据有 $4 \leqslant N \leqslant 500$。

【思路分析】

先分析样例1：

	1	2	3	4	5	6
1		5	28	16	29	27
2			23	3	20	1
3				8	**32**	26
4					**33**	11
5						12
6						

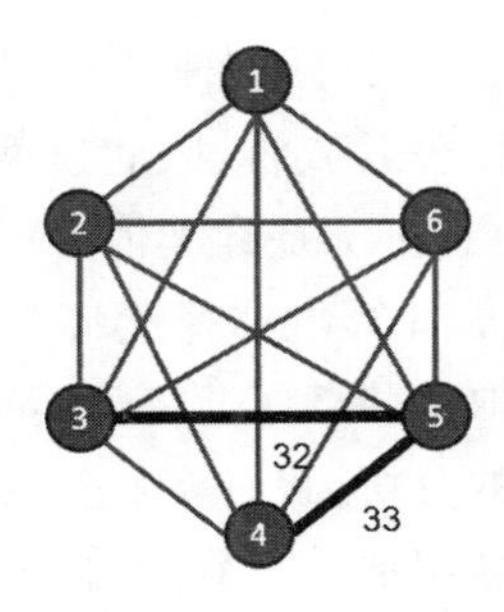

图 2-3-7　三国游戏样例1分析

小涵先选将，因为一开始武将都是自由的，如果小涵选了默契值最大的33对应的武将4

或5,此时计算机将会破坏性地选择武将5或4。即小涵是无法同时选择武将4和5的。

注意到次大默契值32对应的武将中也有武将5,因此小涵第一次可以选择武将5,根据规则,计算机会选择武将4,这时小涵再选择武将3即可(即选取了次大默契值)。这样接下来无论怎么选取武将,每次对战时,小涵都让武将3和武将5出战,这样两人的默契值32将会成为剩下所有选择武将默契值的最大值,即小涵总能保持获胜,因此答案为32。

再分析样例2:

类似于样例1,可以发现,武将7是最大默契值80与次大默契值77中的公共武将,因此小涵只需先选取公共武将7,计算机会选择武将2,然后小涵再选武将5即可。答案为77。

因此,我们很自然地会将默契值从大到小排序,在选取的过程中如果一直没能出现这些值之间的公共武将,那么在选将过程中,这些默契值对应的两个武将都将无法同时取得。

但是,一旦遇到某个默契值对应的武将在这之前曾经出现过,那么这时就会遇到一个公共武将,小涵选择这个武将即可,最后的答案就是刚刚这个默契值(因为该默契值对应的另一个武将也可以被选取到)。

构造数据如下:

	1	2	3	4	5	6	7
1		1	1	1	1	1	1
2			1	1	1	1	80
3				1	1	1	50
4					1	60	1
5						1	1
6							1
7							

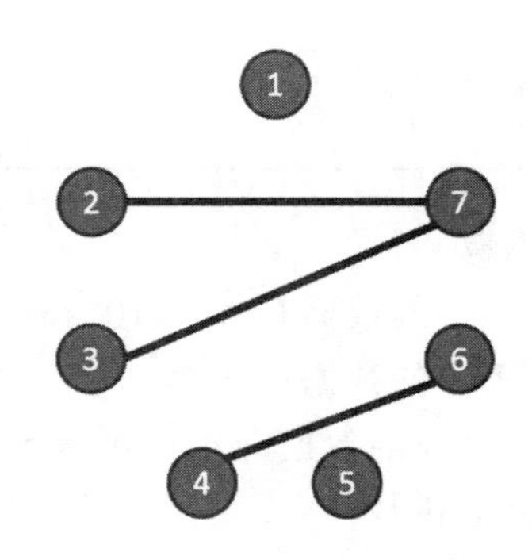

图2-3-8　三国游戏分析1

如上图2-3-8,将默契值从大到小排序,前3个数为80、60、50,由于80与60对应的两个武将之间不存在公共武将,因此这两个默契值对应的武将先不考虑;但默契值50对应的两个武将中,其中武将7是默契值80与默契值50的公共武将,因此小涵在选取武将时,首先选取武将7,然后计算机选择武将2;小涵接着选取武将4或6,计算机选取武将6或4;这时小涵就可以选取武将3了。答案等于55。

根据前面的分析,设计贪心算法如下:

先将所有默契值从大到小排序,检查每个默契值对应的两个武将编号是否出现过。

- 若两个编号都没有出现过,说明两个武将都是自由的,不能同时取到,先放弃;
- 若其中有一个编号出现过,即已经出现了公共武将,也就说明这个武将在前面可以被小涵优先选到,现在是可以选取另一个武将的,该默契值即为答案;

- 也可能两个编号都出现过，说明出现了公共武将，即这两个武将在前面都可以被小涵选到，该默契值即为答案。

【参考程序】

```
1. #include <bits/stdc++.h>
2. using namespace std;
3. const int N = 505;
4. struct node {
5.     int x, y, value; // 行、列、值
6. } w[N * N];
7. int vis[N];
8. bool cmp(node a, node b) {
9.     return a.value > b.value;
10. }
11. int main() {
12.     int n, x, ans = 0;
13.     cin >> n;
14.     int cnt = 0;
15.     for (int i = 1; i <= n; ++i)
16.         for (int j = i + 1; j <= n; ++j) {
17.             cin >> x;
18.             w[cnt++] = {i, j, x};
19.         }
20.     sort(w, w + cnt, cmp);
21.     for (int i = 0; i < cnt; ++i) {
22.         if (! vis[w[i].x] && ! vis[w[i].y]) // 都是自由武将
23.             vis[w[i].x] = vis[w[i].y] = 1;
24.         else {
25.             ans = w[i].value;
26.             break;
27.         }
28.     }
29.     if (ans) cout << 1 << endl;
30.     cout << ans << endl;
31.     return 0;
32. }
```

进一步分析，可以发现，如果将默契值对称地存储在二维数组中，此时的公共武将所在行将会同时出现两个默契值，而其中的较小者（也是这一行的次大值）就是答案了。

	1	2	3	4	5	6
1		5	28	16	29	27
2	5		23	3	20	1
3	28	23		8	32	26
4	16	3	8		33	11
5	29	20	**32**	**33**		12
6	27	1	26	11	12	

	1	2	3	4	5	6	7
1		1	1	1	1	1	1
2	1		1	1	1	1	80
3	1	1		1	1	1	50
4	1	1	1		1	60	1
5	1	1	1	1		1	1
6	1	1	60	1	1		1
7	**80**	**50**	1	1	1	1	

图 2-3-9　三国游戏分析 2

算法可以改进为：先将每行默契值从小到大排序，然后再求出所有次大值的最大值。

【参考程序】

```
1. #include <bits/stdc++.h>
2. using namespace std;
3. const int N = 505;
4. int a[N][N];
5. int main() {
6.     int n;
7.     cin >> n;
8.     for (int i = 0; i < n; ++i)
9.         for (int j = i + 1; j < n; ++j) {
10.            cin >> a[i][j];
11.            a[j][i] = a[i][j];
12.        }
13.    for (int i = 0; i < n; ++i)
14.        sort(a[i], a[i] + n); // 将每行排序
15.    int ans = 0;
16.    for (int i = 0; i < n; ++i)
17.        ans = max(ans, a[i][n - 2]); // 次大值打擂台
18.    cout << 1 << endl << ans << endl;
19.    return 0;
20. }
```

五、拓展提升

1. 本节要点

（1）直觉贪心，使用局部最优构建全局最优；

（2）动态调整，分阶段不断逼近全局最优；

（3）贪心证明，确保贪心选择策略万无一失。

2. 拓展知识

(1) 选择排序与冒泡排序

在以上问题的讨论中，不难发现贪心总是伴随着排序算法进行的，而排序方法中的选择排序、冒泡排序本质上也是采用了贪心策略。

选择排序的贪心策略：每一轮从剩下元素中通过打擂台的方式选取最小数加入已排好的序中。

```
1. // 选择排序
2. for (int i = 0; i < n - 1; ++i) {
3.     int minid = i;
4.     for (int j = i + 1; j < n; ++j)
5.         if (a[j] < a[minid])     // 打擂台选最小数
6.             minid = j;
7.     if (minid ! = i) swap(a[i], a[minid]);  // 执行后,a[0] ~ a[i]已排好
8. }
```

冒泡排序的贪心策略：每一轮从剩下元素中通过冒泡方式(交换相邻两个数)选取最小数加入已排好的序中。

```
1. // 冒泡排序
2. for (int i = 0; i < n - 1; ++i) {
3.     for (int j = 0; j < n - i - 1; ++j)
4.         if (a[j] > a[j + 1])
5.             swap(a[j], a[j + 1]);
6. }
```

此外在贪心选择的证明中，邻项交换法和冒泡排序相邻两项的交换，本质上也是保持一致的。

(2) 排序不等式

排序不等式(也称为重排不等式)，明确描述了当两个数列按相同顺序排列时，对应乘积和(顺序和)的值最大；按反向顺序排列时这个和(逆序和)的值最小；而其他乱序的排列所得到的和(乱序和)介于两者之间。即

$$\text{顺序和} \geqslant \text{乱序和} \geqslant \text{逆序和}。$$

用数学语言描述如下：

两组数列 $a_1, a_2, \cdots, a_n$ 和 $b_1, b_2, \cdots, b_n$，满足 $a_1 \geqslant a_2 \geqslant \cdots \geqslant a_n$ 和 $b_1 \geqslant b_2 \geqslant \cdots \geqslant b_n$，定义顺序和 $S_{\text{顺序}}$ 为 a_i 和 b_j 按顺序相乘的和，即 $S_{\text{顺序}} = a_1b_1 + a_2b_2 + \cdots + a_nb_n$；乱序和 $S_{\text{乱序}}$ 为 a_i 和 b_j 以任意方式相乘的和；逆序和 $S_{\text{逆序}}$ 为 a_i 和 b_j 按逆序相乘的和，即 $S_{\text{逆序}} = a_1b_n + a_2b_{n-1} + \cdots + a_nb_1$。则有：$S_{\text{顺序}} \geqslant S_{\text{乱序}} \geqslant S_{\text{逆序}}$。

证明方法与前面例 3.1.1 中的贪心策略证明一样，采用邻项交换法即可。

先证明 $S_{\text{顺序}} \geqslant S_{\text{乱序}}$，根据乱序和的定义，不妨固定数列 a 为顺序(即从大到小) 排列，数

列 b 视为乱序。取数列 b 中任意两个相邻的数 b_i 和 b_{i+1}，如果 $b_i \leqslant b_{i+1}$，证明这两个数交换后的乱序和将可能变大。

类似于例 3.1.1，设交换前对应的和为 S_1、交换后对应的和为 S_2，有

$$S_1 - S_2 = (a_ib_i + a_{i+1}b_{i+1}) - (a_ib_{i+1} + a_{i+1}b_i) = (a_ib_i - a_ib_{i+1}) - (a_{i+1}b_i - a_{i+1}b_{i+1})$$
$$= a_i(b_i - b_{i+1}) - a_{i+1}(b_i - b_{i+1}) = (a_i - a_{i+1})(b_i - b_{i+1})$$

因为 $a_i \geqslant a_{i+1}, b_i \leqslant b_{i+1}$，所以 $a_i - a_{i+1} \geqslant 0, b_i - b_{i+1} \leqslant 0, S_1 - S_2 \leqslant 0, S_1 \leqslant S_2$。

因此，通过不断调整数列 b 的相邻两项为顺序（调整后满足 $b_i \geqslant b_{i+1}$）后，乱序和可能会不断变大，最终数列 b 按顺序排列时（$b_1 \geqslant b_2 \geqslant \cdots \geqslant b_n$），乱序和就变成了最大的顺序和。冒泡排序法正是其中一种可行的调整方案。

同理可证明 $S_{乱序} \geqslant S_{逆序}$，这里就不再赘述，留给读者自行证明。

（3）STL 中的 sort

在具体程序实现时，经常会直接调用 sort 函数辅助贪心算法的实现。这里对于 sort 函数介绍如下。

首先，sort 函数是 C++中 algorithm 库中提供的模板函数，能够对于指定范围内的元素进行排序。其函数原型如下：

void sort(RomdomIt first, RomdomIt last, Compare comp);

① 参数 RandomIt 是一个模板参数，代表随机访问迭代器的类型。这意味着 sort 函数可以在任何支持随机访问的容器（如 vector、set 等）上使用；

② 参数 first 与 last 是随机访问迭代器，它们定义了要排序的元素范围，[first, last)是一个左闭右开的区间，即包括 first 指向的元素，但不包括 last 指向的元素；

③ 参数 comp 是一个可选的比较函数，其返回值为布尔值，用于定义排序的规则。未提供时，默认使用小于运算符<进行排序。

以下是几个典型应用：

① 数组排序

```
int a[ ] = {5, 2, 4, 1, 3};   sort(a, a+5);  // 对 a[0] ~ a[4] 升序排序
int b[6] = {0, 5, 2, 4, 1, 3};    sort(b+1, b+6);  // 对 b[1] ~ b[5] 升序排序
vector<int>v = {5, 2, 4, 1, 3};   sort(v.begin(), v.end());  // 对动态数组 v 升序排序
```

若需要降序排序，需要指定参数 comp。

```
sort(a, a+5, greater<int>());
sort(v.begin(), v.end(), greater<int>());
```

其中 greater< int>() 为内置的比较函数，我们也可以通过自定义比较函数来代替这个内置比较函数。

先实现一个自定义函数：

```
bool cmp(int a, int b) {
    return a>b;
}
```

接着就可以用如下代码实现从大到小的排序。

```
sort(a, a+5, cmp);
sort(v.begin(), v.end(), cmp);
```

② 结构体数组排序

由于结构体的自定义特性，在使用 sort 函数排序前，需要指定结构体的比较规则 comp 才行。

例如，在前面的例 2.3.6 中结构体定义为：

```
struct node {
    int x, y, value;
}  w[N * N];
```

这里在排序时需要对成员变量 value 从大到小进行。

```
bool cmp(node a, node b) {
    return a.value > b.value;
}
```

这样就可以在 sort 函数中通过指定参数 comp 实现结构体数组的排序。

```
sort(w, w+cnt, cmp);
```

对于结构体的排序，从问题的实际需要出发，有时可以定义多个不同的比较规则以适应不同需要，甚至可以定义非常复杂的比较规则来简化编程。

③ pair 数组排序

由于 pair 中内置了比较规则，当结构体中只有两个成员变量时，一般建议使用 pair 进行简化编码。

例如，在例 2.3.1 中使用了如下 pair 数组：

```
pair <int, int> t[N];
```

排序时就只需

```
sort(t+1, t+n+1);  // 对 t[1] ~ t[n]进行升序排序
```

具体排序时，先按 pair 的第一个关键字 first 进行升序排序，当两个值相等时，再根据第二个关键字 second 进行升序排序。

(4) 前缀和与差分

数组 b 称为数组 a 的前缀和数组，即数组 b 的第 i 项被定义为数组 a 的前 i 项的和。

具体如下：

```
b[1] = a[1]
b[2] = a[1] + a[2]
……
b[i] = a[1] + a[2] + … +a[i]
……
b[n] = a[1] + a[2] + … + a[n]
```

可以发现前缀和数组的重要性质：$b[i]=b[i-1]+a[i]$，其中 $i\geqslant 2$。因此可以使用递推计算数组 a 的前缀和数组 b。

```
b[1] = a[1];
for (int i =2; i<=n;++i)
      b[i] = b[i-1] +a[i];
```

其次，通过两个前缀和的差可以方便计算数组 a 在一个区间内的和：

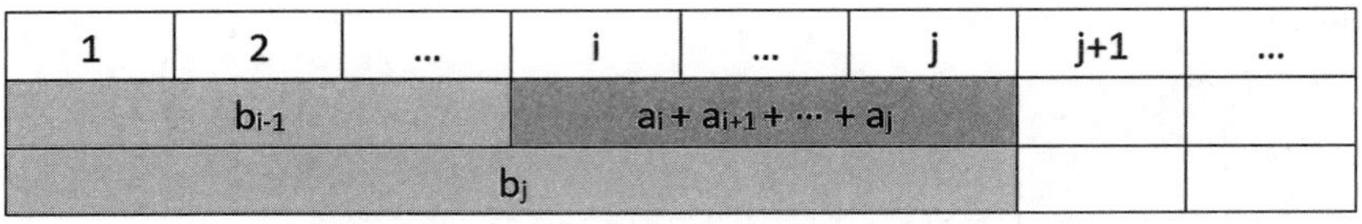

<table>
<tr><td>1</td><td>2</td><td>...</td><td>i</td><td>...</td><td>j</td><td>j+1</td><td>...</td></tr>
<tr><td colspan="3">b_{i-1}</td><td colspan="3">$a_i+a_{i+1}+\cdots+a_j$</td><td></td><td></td></tr>
<tr><td colspan="6">b_j</td><td></td><td></td></tr>
</table>

图 2-3-10　前缀和的应用

即在上图 2-3-10 中，有：$a_i+a_{i+1}+\cdots+a_j=b_j-b_{i-1}$。

将上述过程倒过来，数组 a 称为数组 b 的差分数组，即可以使用数组 b 中相邻两项来构造数组 a 的值，具体如下：

```
a[1] = b[1]
a[2] = b[2] - b[1]
......
a[i] = b[i] - b[i - 1]
......
a[n] = b[n] - b[n - 1]
```

同样，可以使用递推的过程计算差分数组：

```
a[1] = b[1];
for (int i = 2; i<= n;++i)
      a[i] = b[i] - b[i - 1];
```

差分数组 a 对于原数组 b 需要在一个区间上的每个位置均做加法操作可以实现优化：

表 2-3-5　差分数组的操作

下标	1	2	…	i	…	j	j+1	…
数组 b				$+x$	$+x$	$+x$		
数组 a	a_1	a_2	…	a_i+x	…	a_j	$a_{j+1}-x$	

鉴于差分与前缀和的关系，对于区间 $[i, j]$ 上每个 $b[k]$ 都需要 $+x$，可以转换为对其差分数组 a 的第 i 个位置 $+x$，第 j 个位置的后一个位置 $-x$，如上表 2-3-4 所示。

此时由 $b[i]=a[1]+a[2]+\cdots+a[i]$，有：

```
b[i] +x = (a[1] +a[2] +⋯ +a[i - 1] ) +(a[i] +x)
b[i+1] +x = (a[1] +a[2] +⋯ +a[i - 1] ) +(a[i] +x) +a[i+1]
......
```

$b[j]+x=(a[1]+a[2]+\cdots+a[i-1])+(a[i]+x)+a[i+1]+\cdots+a_j$

$b[j+1]=(a[1]+a[2]+\cdots+a[i-1])+(a[i]+x)+a[i+1]+\cdots+a_j+(a[j+1]-x)$

……

$b[n]=(a[1]+a[2]+\cdots+a[i-1])+(a[i]+x)+a[i+1]+\cdots+a_j+(a[j+1]-x)+\cdots+a[n]$

这样对于原数组 b 的区间上每个点的 $+x$ 操作就转换为对其差分数组 a 的两点操作 $(+x, -x)$，从而简化计算。

3. 拓展应用

【练习 2.3.1】　修理牛棚(repair, 1 S, 128 M, USACO Training Section 1.3.2)

【问题描述】

Farmer John 的牛棚的屋顶和门被吹飞了。牛棚一个紧挨着另一个被排成一行。有些牛棚里有牛,有些没有。牛棚有相同的宽度。Farmer John 必须尽快在牛棚之前竖立起新的木板。他的新木材供应商将会供应他任何他想要的长度,但供应商只能提供有限数目的木板, Farmer John 想将他购买的木板总长度减到最少。

【输入格式】

第 1 行: 木板最大的数目 M,牛棚的总数 S 和牛的总数 C;

第 2 到 $C+1$ 行: 每行包含一个整数,表示牛所占的牛棚的编号。

【输出格式】

单独的一行包含一个整数表示所需木板的最小总长度。

输入样例	输出样例
2 10 5 2 5 10 9 3	6

【样例说明】

一种最优的安排是用板拦牛棚 2-5 和 9-10。

【数据范围】

对于 100%的数据, $1 \leqslant M \leqslant 50, 1 \leqslant C \leqslant S \leqslant 200$。

【练习 2.3.2】　最大整数(bignum, 1 S, 64 M, NOIP 1998 提高组 P2)

【问题描述】

设有 n 个正整数,将它们连接成一排,组成一个最大的多位整数。

例如: $n=3$ 时,3 个整数 13,312,343 联接成的最大整数为: 34 331 213;

又如: $n=4$ 时,4 个整数 7,13,4,246 联接成的最大整数为: 7 424 613。

【输入格式】

第一行,一个整数 n;

第二行, n 个数。

【输出格式】

连接成的最大整数。

输入样例	输出样例
3 13 312 343	34331213

【数据范围】

$n \leqslant 20$。

【练习 2.3.3】 正整数拆分(num,1 S,128 M,内部训练)

将给出的一个正整数 x 分成任意个正整数的和,求在所有方案中这些数的乘积最大值。

【输入格式】

一个正整数 x。

【输出格式】

一个正整数,表示各种分解方法中乘积的最大值。

输入样例	输出样例
8	18

【数据范围】

$x \leqslant 200$。

【练习 2.3.4】 射气球(shoot,2 S,128 M,内部训练)

【问题描述】

现在房间里有 n 个气球,它们漂浮在不同点高度。

你可以从任意高度向右射箭,箭会笔直前进。如果在前进过程中射中了一个气球,那么它的飞行高度将会减 1。

你需要算出最少需要射出多少支箭方可使气球全部爆炸。

【输入格式】

第一行一个整数,表示气球的个数。

第二行 n 个正整数,依次表示气球飞行的高度(从左往右)。

【输出格式】

一个整数,表示最多射出的箭的数量。

输入样例	输出样例
5 2 1 5 4 3	2

【数据范围】

$1 \leqslant n \leqslant 1\,000\,000, 1 \leqslant h \leqslant 1\,000\,000$。

【练习 2.3.5】 监测点(point,1 S,128 M,内部训练)

【问题描述】

数轴上有 n 个闭区间 $[a_i, b_i]$。现要设置尽量少的监测点,使得每个区间内都至少有一个点(不同区间内含的点可以是同一个),请问需要多少个监测点?

【输入格式】

输入第一行为一个整数 x,表示有 x 组数据;

每组数据第一行为一个整数 n,表示有 n 个闭区间;

随后 n 行,每行为两个整数,表示区间左端点 a 和右端点 b。

【输出格式】

输出一个整数,即监测点个数。

输入样例	输出样例
1 3 1 5 2 8 6 9	2

【数据范围】

$x \leqslant 100, n \leqslant 100, 0 \leqslant a \leqslant b \leqslant 100$。

【练习 2.3.6】 国王游戏(king,1 S,128 M,NOIP 2012 提高组 Day1 P2)

【问题描述】

恰逢 H 国国庆,国王邀请 n 位大臣来玩一个有奖游戏。首先,他让每个大臣在左、右手上面分别写下一个整数,国王自己也在左、右手上各写一个整数。然后,让这 n 位大臣排成一排,国王站在队伍的最前面。排好队后,所有的大臣都会获得国王奖赏的若干金币,每位大臣获得的金币数分别是:排在该大臣前面的所有人的左手上的数的乘积除以他自己右手上的数,然后向下取整得到的结果。

国王不希望某一个大臣获得特别多的奖赏,所以他想请你帮他重新安排一下队伍的顺序,使得获得奖赏最多的大臣,所获奖赏尽可能的少。

注意,国王的位置始终在队伍的最前面。

【输入格式】

第一行包含一个整数 n,表示大臣的人数。

第二行包含两个整数 a 和 b,之间用一个空格隔开,分别表示国王左手和右手上的整数。

接下来 n 行,每行包含两个整数 a 和 b,之间用一个空格隔开,分别表示每个大臣左手和右手上的整数。

【输出格式】

一个整数,表示重新排列后的队伍中获奖赏最多的大臣所获得的金币数。

输入样例	输出样例
3 1 1 2 3 7 4 4 6	2

【样例说明】

按 1,2,3 这样排列队伍,获得奖赏最多的大臣所获得金币数为 2;
按 1,3,2 这样排列队伍,获得奖赏最多的大臣所获得金币数为 2;
按 2,1,3 这样排列队伍,获得奖赏最多的大臣所获得金币数为 2;
按 2,3,1 这样排列队伍,获得奖赏最多的大臣所获得金币数为 9;
按 3,1,2 这样排列队伍,获得奖赏最多的大臣所获得金币数为 2;
按 3,2,1 这样排列队伍,获得奖赏最多的大臣所获得金币数为 9。
因此,奖赏最多的大臣最少获得 2 个金币,答案输出 2。

【数据范围】

对于 20%的数据,有 $1 \leqslant n \leqslant 10,\ 0 < a,\ b < 8$;
对于 40%的数据,有 $1 \leqslant n \leqslant 20,\ 0 < a,\ b < 8$;
对于 60%的数据,有 $1 \leqslant n \leqslant 100$;
对于 60%的数据,保证答案不超过 10^9;
对于 100%的数据,有 $1 \leqslant n \leqslant 1\,000,\ 0 < a,\ b < 10\,000$。

第三章　用“大化小”思想解决问题

古人说:“天下难事,必作于易;天下大事,必作于细”。这句话深刻地揭示了解决复杂问题的核心策略——将宏大的问题细化,将困难的问题简化。在处理规模庞大、结构复杂的问题时,我们常需运用“大化小”的思维方式,通过逐步拆解和精细处理,将“大”问题化为“小”问题,让“难”问题变得“易”于解决。

一般来说,使用“大化小”的思想来解决问题会有以下几种算法思路:

(1) 从小问题出发,首先解决小问题,然后基于小问题的解,通过某种逻辑关系或数学公式,建立小问题与大问题的联系,逐步推导出大问题的解。这是递推的思想。

(2) 将一个大问题分解成若干个子问题,这些子问题在结构上与原问题相似,但规模更小。然后,我们递归地解决这些子问题,并将它们的解合并起来,从而得到原问题的解。这是分治的思想。

(3) 如果一个问题可以分解为若干个子问题,且这些子问题的最优解能组合成原问题的最优解,那么可以采用动态规划的思想来解决问题。动态规划的基本思想是将原问题分解为若干个规模较小且相互关联的子问题,在解决子问题的过程中存储子问题的最优解,然后利用这些子问题的最优解来逐步构造出原问题的最优解。在解决问题的过程中,相同的子问题往往会被求解多次,动态规划算法通过存储已解决的子问题结果,规避了重复计算的低效环节,从而显著提升了算法的整体执行效率。

第一节　走楼梯问题——用递推算法解决问题

一、问题引入

【问题描述】

有个小孩在上楼梯。楼梯有 n 级台阶,小孩每次可以走 1 级台阶或者 2 级台阶。输入楼梯的级数,求不同走法的数量。

例如:楼梯一共有 3 级,小孩可以每次都走一级,或者第一次走一级,第二次走两级,也可以第一次走两级,第二次走一级,一共 3 种走法。

【输入数据】

一行,一个数字,表示楼梯的级数。

【输出数据】

一行,一个整数,表示不同走法的数量。

输入样例	输出样例
3	3

【数据规模】

对于 40% 的数据满足：$1 \leqslant N \leqslant 40$；

对于 90% 的数据满足：$1 \leqslant N \leqslant 90$；

对于 100% 的数据满足：$1 \leqslant N \leqslant 100$。

二、问题探究

“不积跬步，无以至千里”，面对一个规模较大的问题，我们可以先从小规模的问题入手，解出答案，寻求规律，然后从小规模问题的解出发，逐步推导出大规模问题的解。

以“走楼梯问题”为例，令 $f[n]$ 表示到达 n 级台阶的不同走法的数量，从 1 级台阶开始，依次枚举小数据台阶的走法数量，尝试找出规律：

$f[1] = 1$　　// 只能走一级台阶，即 $1 = 1$

$f[2] = 2$　　// 可以每次都走一级，或者一次走两级，即 $2 = 1 + 1$ 或者 $2 = 2$

$f[3] = 3$　　//$3 = 1 + 1 + 1 = 1 + 2 = 2 + 1$

$f[4] = 5$　　//$4 = 1 + 1 + 1 + 1 = 1 + 1 + 2 = 1 + 2 + 1 = 2 + 1 + 1 = 2 + 2$

$f[5] = 8$　　//$5 = 1 + 1 + 1 + 1 + 1 = 1 + 1 + 1 + 2 = 1 + 1 + 2 + 1 = 1 + 2 + 1 + 1$
$= 2 + 1 + 1 + 1 = 1 + 2 + 2 = 2 + 1 + 2 = 2 + 2 + 1$

发现规律了吗？

由 $f[3] = f[2] + f[1]$、$f[4] = f[3] + f[2]$、$f[5] = f[4] + f[3]$ 可以猜测：

$$f[n] = f[n-1] + f[n-2] \quad (n > 2)$$

这个猜测能否成立？

这里我们使用逆向思考的方法，考虑“最后一步”。假设小孩当前站在第 n 级台阶上，那么前一步小孩会站在哪里？

显然，前一步小孩或者站在第 $n-1$ 级台阶上，或者站在第 $n-2$ 级台阶上，只有这两种可能。如果小孩站在第 $n-1$ 级台阶上，则下一步走 1 级到达第 n 级台阶；如果小孩站在第 $n-2$ 级台阶上，则下一步走 2 级到达第 n 级台阶。

由于走到第 $n-1$ 级台阶的方案数是 $f[n-1]$，走到第 $n-2$ 级台阶的数量是 $f[n-2]$，根据组合数学的加法原理，走到第 n 级台阶的数量由 $f[n-1] + f[n-2]$ 得到，其中 $n > 2$。

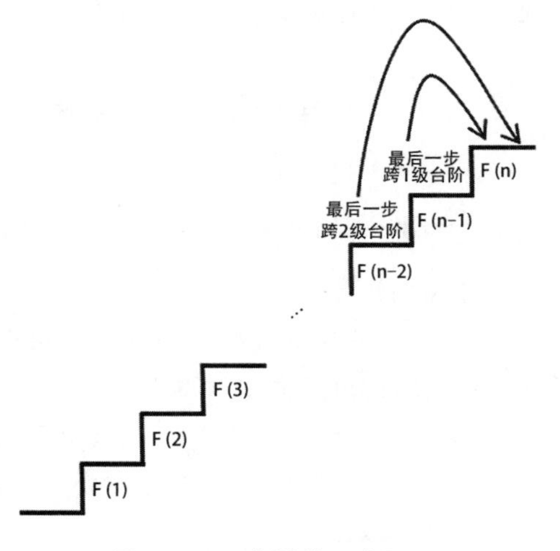

图 3-1-1　走楼梯示意图

因此，得到以下关系式：

$$f[n]=\begin{cases}1 & (n=1)\\ 2 & (n=2)\\ f[n-1]+f[n-2] & (n>2)\end{cases}$$

在递推算法中，这种关系式被称为递推关系式，其中$f[1]=1$，$f[2]=2$是递推关系的起点，称为边界条件。

【参考程序】

```
1. #include<bits/stdc++.h>
2. using namespace std;
3. int main( ) {
4.     long long f[105], n;
5.     cin >>n;
6.     f[1] = 1;
7.     f[2] = 2;
8.     for (int i = 3; i <= n;++i)
9.         f[i] = f[i - 1] +f[i - 2];
10.        cout <<f[n] << endl;
11.        return 0;
12. }
```

拓展探究 1：如果每次可以走的台阶数拓展到 3 级，那么问题又该如何解决？

【问题描述】

有个小孩在上楼梯。楼梯有 n 级台阶，小孩每次可以走 1 级台阶或者 2 级台阶或者 3 级台阶。输入楼梯的级数，求不同走法的数量。

例如：楼梯一共有 3 级，小孩可以每次都走一级，或者第一次走一级、第二次走两级，也可以第一次走两级、第二次走一级，也可以一次走三级，一共 4 种走法。

【问题分析】

和上一题类似，我们依然从小数据出发，依次枚举台阶的走法数量，尝试找出规律。

令 $f[n]$ 表示到达 n 级台阶的不同走法的数量，则：

$f[1]=1$，$f[2]=2$，$f[3]=4$，$f[4]=7$，$f[5]=13$。

大家可以动笔写一写，看自己能否写出所有的走法。

汇总以上数据，显然，$f[4]=f[3]+f[2]+f[1]$，$f[5]=f[4]+f[3]+f[2]$

为什么 $f[3]\neq f[2]+f[1]$？

因为和上题相比，这次小孩可以一次走三级台阶，$f[3]$ 多了一种单独的走法，即：

$f[3]=f[2]+f[1]+1=4$。

递推关系的解释和上题类似。假设小孩当前站在第 n 级台阶上，那么前一步小孩或者站在第 $n-1$ 级台阶上、或者站在第 $n-2$ 级台阶上、或者站在第 $n-3$ 级台阶上，有三种可能。如果小孩站在第 $n-1$ 级台阶上，则下一步走 1 级到达第 n 级台阶；如果小孩站在第 $n-2$ 级台阶上，则下一步走 2 级到达第 n 级台阶。如果小孩站在第 $n-3$ 级台阶上，则下一步走

3 级到达第 n 级台阶。所以 $f[n]=f[n-1]+f[n-2]+f[n-3](n>3)$，边界条件是 $f[1]=1, f[2]=2, f[3]=4$。

汇总递推关系和边界条件，得到完整的递推关系式：

$$f[n]=\begin{cases}1 & (n=1)\\ 2 & (n=2)\\ 4 & (n=3)\\ f[n-1]+f[n-2]+f[n-3] & (n>3)\end{cases}$$

【参考程序】

```
1. #include<bits/stdc++.h>
2. using namespace std;
3. int main() {
4.     long long f[105], n;
5.     cin >>n;
6.     f[1] = 1;
7.     f[2] = 2;
8.     f[3] = 4;
9.     for (int i = 4; i <= n;++i)
10.        f[i] = f[i - 1] +f[i - 2] +f[i - 3];
11.        cout <<f[n] <<endl;
12.        return 0;
13. }
```

拓展探究 2：如果楼梯中有一级坏台阶，不能踩，但可以跨过，那么问题该如何解决？

【问题描述】

有个小孩在上楼梯。楼梯有 n 级台阶，但是有一级台阶是坏的。小孩上楼梯时一步可走 1 级台阶或者 2 级台阶（坏级只能跨过不能踏上，但级数照算）。输入坏台阶的编号和台阶数量，求小孩走到第 n 级台阶不同走法的数量。

【问题分析】

令 $f[n]$ 表示到达 n 级台阶的不同走法的数量，x 表示坏台阶的编号，则

$n=1$ 时，如果没有坏台阶，则 $f[1]=1$；

　　如果 $x=1$，则 $f[1]=0$。

$n=2$ 时，如果没有坏台阶，则 $f[2]=2$；

　　如果 $x=1$，则 $f[2]=1$；

　　如果 $x=2$，则 $f[2]=0$。

$n=3$ 时，如果没有坏台阶，则 $f[3]=3$；

　　如果 $x=1$，则 $f[3]=1=1+0=f[2]+f[1]$

　　如果 $x=2$，则 $f[3]=1=0+1=f[2]+f[1]$

　　如果 $x=3$，则 $f[3]=0$

能不能套用之前的递推关系式呢？

$$f[n]=\begin{cases}n & (n=1,\ 2)\\ f[n-1]+f[n-2] & (n>2)\end{cases}$$

显然，如果没有坏台阶，答案是可以。有坏台阶怎么办呢？我们可以做特殊值判定，即 $f[x]=0$，表示从第 1 级台阶开始，走到第 x 级台阶的走法为 0。递推关系式修改如下：

$$f[n]=\begin{cases}0 & (n=x)\\ 1 & (n=1 \text{ 且 } n\neq x)\\ f[1]+1 & (n=2 \text{ 且 } n\neq x)\\ f[n-1]+f[n-2] & (n>2 \text{ 且 } n\neq x)\end{cases}$$

这里有一个细节需要注意：如果第一级台阶是坏的，那么走到第二级台阶的方法数是 1 而不是 2，因为小孩无法通过第一级台阶走到第二级台阶，而只能直接走到第二级台阶。所以，$f[2]=f[1]+1$，要根据 $f[1]$ 的值来推出 $f[2]$ 的值，而不能直接把 $f[2]=2$ 作为边界条件。

【参考程序】

```
1. #include<bits/stdc++.h>
2. using namespace std;
3. int main() {
4.     long long f[105];
5.     int x, n;
6.     cin >>x >>n;
7.     if (x == 1)
8.         f[1] = 0;
9.     else
10.        f[1] = 1;
11.     if (x == 2)
12.        f[2] = 0;
13.     else
14.        f[2] = f[1] +1;
15.     for (int i = 3; i <= n;++i)
16.         if (x == i)
17.             f[i] = 0;
18.         else
19.             f[i] = f[i - 1] +f[i - 2];
20.         cout <<f[n] <<endl;
21.         return 0;
22. }
```

拓展探究 3：如果楼梯中有多级坏台阶，不能踩，但可以跨过，那么问题该如何解决？

【问题描述】

有个小孩在上楼梯。楼梯有 n 级台阶,但是有若干级台阶是坏的。小孩上楼梯时一步可走1级台阶或者2级台阶或者3级台阶(坏级只能跨过不能踏上,但级数照算)。输入楼梯的级数 n、坏台阶的数量 k 和坏台阶的编号,求不同走法的数量。

【输入数据】

两行,第一行包含两个自然数 $n(1 \leqslant n \leqslant 100)$ 和 $k(0 \leqslant k < n)$;

第二行包含 k 个自然数 $x_i(1 \leqslant x_i \leqslant n)$,表示坏台阶的编号。

【输出数据】

一行,一个整数,表示不同走法的数量。

输入样例	输出样例
5 2 2 4	2

【问题分析】

仿照拓展探究2,先假设没有坏台阶,列出递推关系式,再做特殊判定。由于存在坏台阶,$f[2]$ 和 $f[3]$ 不能直接定值作为边界条件,而是要写清楚 $f[2]$ 和 $f[1]$ 的递推关系以及 $f[3]$ 和 $f[2]$、$f[1]$ 的递推关系。

如果没有坏台阶,本题的递推关系式如下:

$$f[n]=\begin{cases}1 & (n=1)\\ f[1]+1 & (n=2)\\ f[2]+f[1]+1 & (n=3)\\ f[n-1]+f[n-2]+f[n-3] & (n>3)\end{cases}$$

由于存在坏台阶,在做递推运算之前,需要先判断当前台阶 i 是否是坏台阶,即 bad[i] = true 是否成立:如果成立,则 $f[i]=0$;否则使用递推关系式得出当前 $f[i]$ 的值,再循环计算下一个 $f[i]$ 的值,直至计算出 $f[n]$ 的值,输出。

【参考程序】

```
1.  #include<bits/stdc++.h>
2.  using namespace std;
3.  int main() {
4.      long long f[105], n, k, x;
5.      bool bad[105] = {0};
6.      cin >> n >> k;
7.      for (int i = 1; i <= k;++i) {
8.          cin >> x;
9.          bad[x] = true;
10.     }
11.     if (bad[1] == true)
12.         f[1] = 0;
```

```
13.   else
14.       f[1] = 1;
15.   if (bad[2] == true)
16.       f[2] = 0;
17.   else
18.       f[2] = f[1] + 1;
19.   if (bad[3] == true)
20.       f[3] = 0;
21.   else
22.       f[3] = f[2] + f[1] + 1;
23.   for (int i = 4; i <= n; ++i) {
24.       if (bad[i] == true)
25.           f[i] = 0;
26.       else
27.           f[i] = f[i - 1] + f[i - 2] + f[i - 3];
28.   }
29.   cout << f[n] << endl;
30.   return 0;
31. }
```

以上做法在讨论边界条件有坏台阶的情况时很烦琐，如果分析不全面甚至会出错，这里我们可以采用更加简便的方式来解决边界问题。

假设在现有台阶前面加上 3 级好的台阶，那么现有的所有台阶就都被提高了 3 级，原来的第 1 级台阶就变成了第 4 级台阶、第 2 级台阶就变成了第 5 级台阶、……、以此类推。这样，边界条件就建立在好台阶的基础上，而不需要再讨论边界条件有坏台阶的情况。为了契合递推关系，边界条件设置为 $f[1] = 0$、$f[2] = 0$、$f[3] = 1$。

【参考程序】

```
1. #include<bits/stdc++.h>
2. using namespace std;
3. int main() {
4.   long long f[105], n, k, x;
5.   bool bad[105] = {0};
6.   cin >> n >> k;
7.   for (int i = 1; i <= k; ++i) {
8.     cin >> x;
9.     bad[x + 3] = true; //坏台阶对应的序号加 3
10. }
11. f[1] = 0; //在原楼梯前面增加三级台阶，作为边界条件
12. f[2] = 0;
13. f[3] = 1;
14. for (int i = 4; i <= n + 3; ++i) {
```

```
15.    if (bad[i] == true)
16.      f[i] = 0;
17.    else
18.      f[i] = f[i - 1] + f[i - 2] + f[i - 3];
19.  }
20.  cout << f[n + 3] << endl; //输出第 n+3 级台阶的走法数量
21.  return 0;
22. }
```

像走楼梯这种知道初始条件,能够根据递推关系式从初始条件出发,逐步递推计算直至目标的算法思想就是递推算法。

三、知识建构

1. 递推算法的概念

递推算法是一种重要的数学方法,也是计算机中用于数值计算的重要方法。

递推算法在求解问题时,从初始的一个或若干数据项出发,通过递推关系逐步推进,从而得到最终的结果。

在递推问题模型中,每个数据项都与它前面的若干数据项(或后面的若干数据项)存在一定的关联,这种关联被称为递推关系,也叫递推公式,它是递推算法的核心。序列中初始的若干项被称为边界条件或初始条件。完整的递推关系式由递推公式和初始条件组成。下面是常见数字序列的递推边界和递推关系,大家可以体会一下。

表 3-1-1　常见数字序列的递推关系

序	数字序列	递推边界	递推关系
1	1,1,1,1,1,1,…	$f[1]=1$	$f[n]=f[n-1] \quad (n>1)$
2	1,2,3,4,5,6,…	$f[1]=1$	$f[n]=f[n-1]+1 \quad (n>1)$
3	1,2,4,8,16,32,…	$f[1]=1$	$f[n]=2f[n-1] \quad (n>1)$
4	1,3,6,10,15,21,…	$f[1]=1$	$f[n]=f[n-1]+n \quad (n>1)$
5	1,1,2,3,5,8,…	$f[1]=1,\ f[2]=1$	$f[n]=f[n-1]+f[n-2] \quad (n>2)$

递推算法的核心思想,简而言之,就是“以简驭繁”。它不是试图一步到位地解决整个问题,而是将问题分解成若干个相互关联的子问题,通过逐步求解这些子问题,最终达到解决原问题的目的。这种逐步推进、层层递进的求解方式,正是递推算法名称的由来。

2. 递推算法的分类

按照推导问题的方向,递推算法可以分为顺推法和倒推法两大类。

(1) 顺推法:步步为营,逐步前行

顾名思义,顺推法是按照问题的自然发展顺序,从已知条件出发,逐步推导出最终结果的方法。走楼梯问题和求解数字序列都是顺推法。在算法实现中,顺推法常常利用循环结构,通过迭代的方式,不断更新状态,直至达到目标状态。

（2）倒推法：回溯过往，反推答案

与顺推法不同，倒推法是从问题的目标状态出发，逆向推导出初始状态或已知条件的方法。在算法实现中，倒推法常常利用递归或回溯等技术，通过反向思考的方式，寻找问题的解决方案。

【倒推例题】猴子吃桃子

猴子摘了一堆桃，有 x 个。第一天，吃一半多一个；第二天，再吃剩下的一半多一个；……；第十天，吃之前发现只剩下一个。问原来的 x 是多少？

【问题分析】

按照题目描述，设 $f[n]$ 是第 n 天桃子剩余的数量。则 $f[n]=f[n-1]/2-1$。由于已知 $f[10]$，要求的是 $f[1]$，所以递推关系式要转变为：

$$f[n]=\begin{cases}1 & (n=10)\\(f[n+1]+1)*2 & (0<n<10)\end{cases}$$

填表如下，通过递推计算可知，这堆桃子最初有 1 534 个。

表 3-1-2　猴子吃桃子问题的倒推过程

n	10	9	8	7	6	5	4	3	2	1
$f[n]$	1	4	10	22	46	94	190	382	766	1 534

像这种已知问题的目标状态（第十天的桃子数），要求问题的初始状态（第一天的桃子数）的递推方法就是倒推法。

3. 递推算法的实现

与其他算法相比，递推算法不仅结构清晰、易于理解，而且在代码实现上非常简洁，是解决许多算法问题的重要工具。在实际应用中，实现递推关系式的方法主要有三种。

以数字序列 1,2,3,4,5,6,…的递推关系式为例：

$$f[n]=\begin{cases}1 & (n=1)\\f[n-1]+1 & (n>1)\end{cases}$$

（1）直接递推法

```
1. f[1] = 1;
2. for  (int i = 2;  i <= n;  ++i)
3.    f[i] = f[i - 1]  +1;
```

（2）迭代法

```
1. f = 1;
2. for  (int i = 2;  i <= n;  ++i)
3.    f = f + 1;
```

（3）递归法

```
1. int f(int x) {
2.    if (x == 1)
3.       return 1;
```

```
4.    else
5.        return f(x - 1) + 1;
6. }
```

递推算法往往伴随着数值的快速增长。在代码实现过程中,我们需要根据问题的数据规模,选择合适的数据类型来存储数值。

以走楼梯问题为例,随着 n 的增大,$f[n]$ 的值会迅速增长。

① 当 $1 \leqslant n \leqslant 40$ 时,可以使用 int 类型来存储 $f[n]$;

② 当 $40 < n \leqslant 90$ 时,则需要使用 long long 类型来存储 $f[n]$;

③ 当 $90 < n \leqslant 100$ 时,只能借助高精度来存储和计算 $f[n]$ 的值;

在信息学竞赛中,递推算法和高精度的结合尤为紧密。许多递推题都需要用到高精度来处理大规模的数值。关于高精度的相关知识,同学们可以参考本书的第一章。

四、迁移应用

【例 3.1.1】 过河卒(river,1 S,128 MB,NOIP2002)

【问题描述】

棋盘上 A 点有一个过河卒,需要走到目标 B 点。卒行走的规则:可以向下或者向右。棋盘上有一个对方的马(C 点),该马所在点和所有跳跃一步可达的点称为对方马的控制点(C 点和 $P_1, P_2, \cdots, P_8$),卒不能通过对方马的控制点。

棋盘用坐标表示,A 点$(0, 0)$、B 点(n, m)(n, m 为不超过 20 的整数),同样马的位置坐标是需要给出的,$C \neq A$ 且 $C \neq B$。现在从键盘输入 n, m,要你计算出卒从 A 点能够到达 B 点的路径的条数。

【输入数据】

一行四个正整数,分别表示 B 点坐标和马的坐标。

【输出数据】

一个整数,表示所有的路径条数。

输入样例	输出样例
6 6 3 3	6

【数据规模】

对于 100%的数据,$1 \leqslant n, m \leqslant 20$,$0 \leqslant$ 马的坐标 $\leqslant 20$。

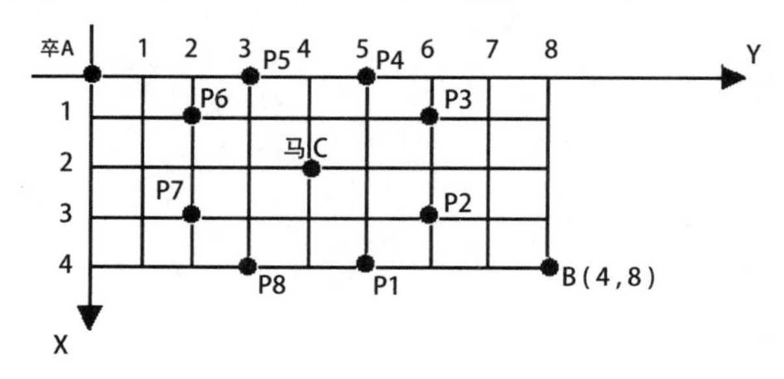

图 3-1-2 过河卒示意图

【问题分析】

本题的解题思路和有坏台阶情况下走楼梯问题的解题思路是类似的。

先简化问题：如果马不存在，从 A 点(0,0) 到 B 点(n, m) 的路径有多少条？

可以定义一个二维数组 $f[x][y]$，表示从 A 点(0, 0) 到坐标(x, y) 的路径数量。

显然，从 A 点(0,0) 出发，笔直向右或者笔直向下，无论走多远，走法都只有一种。所以，当 $x*y=0$ 时，$f[x][y]=1$，这是问题的边界条件。

如果 $x*y \neq 0$，怎么计算 $f[x][y]$ 的值呢？借鉴走楼梯中递推关系式的推理过程，由于小卒只能向下或者向右，如果当前小卒在点(x, y) 上，则上一步小卒必然在点($x-1$, y) 或者(x, $y-1$) 上。参考走楼梯问题的思路，到达点(x, y) 的路径数量 $f[x][y]$ 由 $f[x-1][y]$ 和 $f[x][y-1]$ 的和决定。比如，当前小卒在点(2, 3) 上，则上一步小卒必然在点(1, 3) 或者(2, 2) 上。从 A 点到达点(2, 3) 的路径数量 $f[2][3]=f[1][3]+f[2][2]=4+6=10$。

根据上述分析，我们可以得到递推关系式：

$$f[x][y]=\begin{cases}1 & (x*y=0)\\ f[x-1][y]+f[x][y-1] & (x*y\neq 0)\end{cases}$$

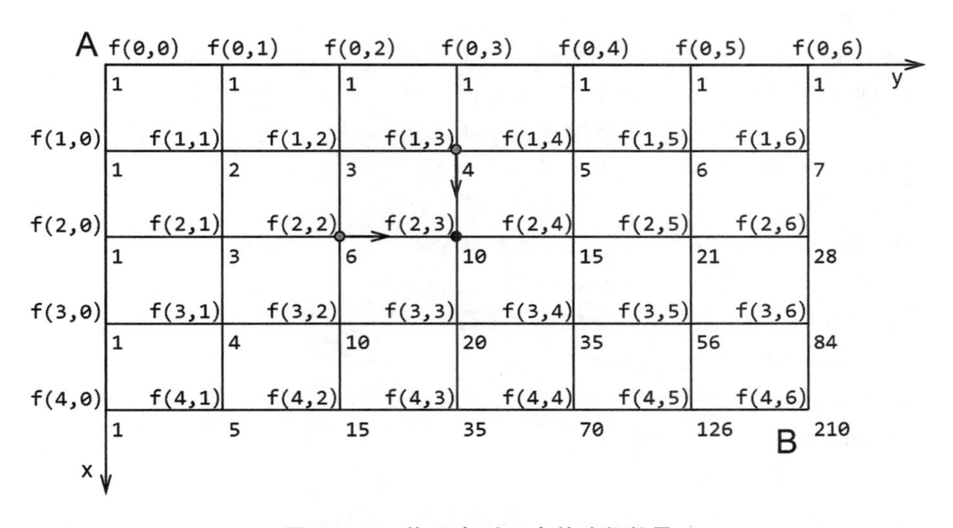

图 3-1-3　从 A 点到 B 点的路径数量

如果有些点因为马的控制而不能走(称为控制点)，那么和处理坏楼梯一样，设置控制点(x, y) 处的 $f[x][y]=0$，表示小卒从 A 点出发，走到控制点上的路径数量为 0。

关于马的控制点的处理，设马当前的位置是 $P(x, y)$，则按照中国象棋中马的走法规定，马跳跃一步可以到达的位置有 8 个，如下图所示。

这 8 个点的坐标位置分别是 ($x-2$, $y+1$)、($x-1$, $y+2$)、($x+1$, $y+2$)、($x+2$, $y+1$)、($x+2$, $y-1$)、($x+1$, $y-2$)、($x-1$, $y-2$)、($x-2$, $y-1$)。可以设置一个方向(增量)数组 dir，表示从马所在的位置出发，马可能控制的 8 个点的方位的相对位移。当然，如果马控制的点在棋盘以外，是不需要处理的。这样，连马所在的位置在内，棋盘上最多有 9

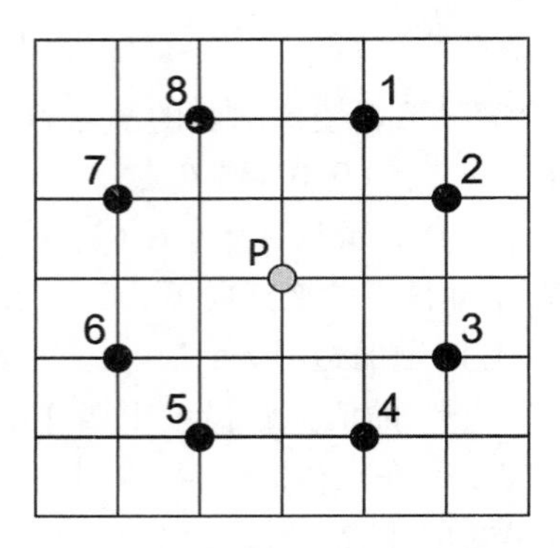

图 3-1-4　马控制点示意图

个点是小卒无法走到的,设置一个二维数组,标识出被马控制的点的坐标。

【参考程序】

```
1. #include<bits/stdc++.h>
2. using namespace std;
3. int main() {
4.     int n, m, x, y, a[101][101] = {0};
5.     long long b[101][101] = {0};
6.     int dir[8][2] = {{-2, 1}, {-1, 2}, {1, 2}, {2, 1},
7.                      {2, -1}, {1, -2}, {-1, -2}, {-2, -1}};
8.     cin >> n >> m >> x >> y;
9.     a[x][y] = 1;                          //马的位置
10.    for (int i = 0; i <= 7;++i)       //马所控制的点
11.        if (x + dir[i][0] >= 0 && x + dir[i][0] <= n
12.            && y + dir[i][1] >= 0 && y + dir[i][1] <= m)
13.            a[x + dir[i][0]][y + dir[i][1]] = 1;
14.    b[0][0] = 1;                          //起点位置
15.    for (int i = 1; i <= n;++i)
16.        if (a[i][0] == 0)
17.            b[i][0] = b[i - 1][0];       //递推边界
18.    for (int i = 1; i <= m;++i)
19.        if (a[0][i] == 0)
20.            b[0][i] = b[0][i - 1];     //递推边界
21.    for (int i = 1; i <= n;++i)
22.        for (int j = 1; j <= m; ++j)
23.            if (a[i][j] == 0)
24.                b[i][j] = b[i - 1][j] + b[i][j - 1];
25.    cout << b[n][m] << endl;
26.    return 0;
27. }
```

【例 3.1.2】　**约瑟夫环(joseph,1 S,128 MB,蓝桥杯 2018)**

【问题描述】

n 个人的编号是 1 ~ n,如果他们依编号按顺时针排成一个圆圈,从编号是 1 的人开始顺时针报数。(报数是从 1 报起)当报到 k 的时候,这个人就退出游戏圈。下一个人重新从 1 开始报数。求最后剩下的人的编号。这就是著名的约瑟夫环问题。

本题目就是已知 n,k 的情况下,求最后剩下的人的编号。

【输入数据】

题目的输入是一行,2 个空格分开的整数 n, k。

【输出数据】

要求输出一个整数,表示最后剩下的人的编号。

输入样例	输出样例
10 3	4

【数据规模】

$0 < n, k < 10^6$。

【问题分析】

思路 1：模拟法

这道题可以用模拟法解决。如图 3-1-5 所示,从 1 号位开始报数,报到 3 的人出圈。然后下一个人重新报 1。于是,第一个出圈的是 3 号。下一个出圈的是 6 号,接下来是 9 号出圈,然后 2 号、7 号、1 号、8 号、5 号、10 号依次出圈,最后剩下 4 号。

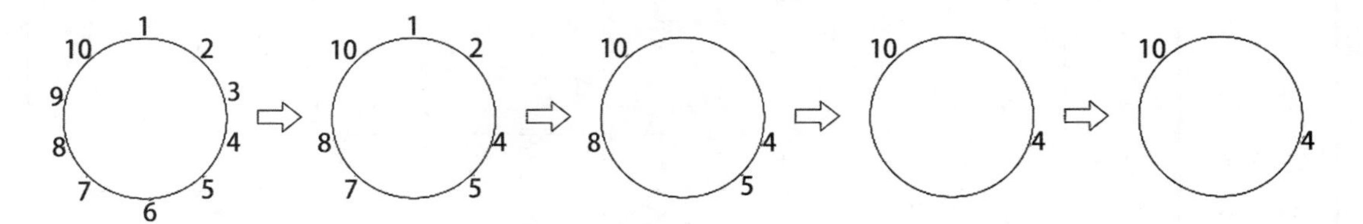

图 3-1-5　约瑟夫环

【参考程序】

```
1. #include<bits/stdc++.h>
2. using namespace std;
3. int a[1000005];
4. int main() {
5.    int n, k, t, cnt;
6.    cin >> n >> k;
7.    for (int i = 1; i <= n;++i)
8.       a[i] = 1;
9.    t = n;
10.   for (int i = 1; i <= n;++i) {
```

```
11.     cnt = 0;
12.     while (cnt < k) {
13.       if (t == n)
14.         t = 1;
15.       else
16.         t++;
17.       if (a[t] == 1)
18.         cnt++;
19.     }
20.     a[t] = 0;
21.   }
22.   cout << t << endl;
23.   return 0;
24. }
```

本题模拟算法的时间复杂度是 $O(nk)$。当 $0 < n,\ k < 3\,000$ 时,能在规定时间内得到正确答案,而题目给的数据范围是 $0 < n,\ k < 10^6$,显然我们需要更加高效的算法。

思路 2:递推法

在模拟法中每个人的编号是不动的,现在我们考虑让编号动起来,每一轮第一个报数的就是 1 号位。于是有了下面这张表格:

表 3-1-3 约瑟夫问题出圈过程模拟

	1	2	3	4	5	6	7	8	9	10
第 1 轮	1	2	3	4	5	6	7	8	9	10
第 2 轮	4	5	6	7	8	9	10	1	2	
第 3 轮	7	8	9	10	1	2	4	5		
第 4 轮	10	1	2	4	5	7	8			
第 5 轮	4	5	7	8	10	1				
第 6 轮	8	10	1	4	5					
第 7 轮	4	5	8	10						
第 8 轮	10	4	5							
第 9 轮	10	4	10							
第 10 轮	4									

令 $f[n]$ 表示剩下 n 个人时,最终幸存者当前的编号。我们来观察最终幸存者(4 号)每一轮的编号:

$f[1]=1$　　$f[2]=2$　　$f[3]=2$　　$f[4]=1$

$f[5]=4$　　$f[6]=1$　　$f[7]=4$　　$f[8]=7$

$f[9]=1$　　$f[10]=4$

如果不考虑环的影响,显然有$f[7]=f[6]+3$,$f[8]=f[7]+3$,$f[10]=f[9]+3$。考虑环对编号的影响,递推关系需要修改为$f[n]=(f[n-1]-1+k)\%n+1$,边界条件$f[1]=1$。

递推关系中先-1 再+1 的操作对应数组下标 1 ~ n,如果数组下标是0 ~ $n-1$,相应地递推关系可以改为$f[n]=(f[n-1]+k)\%n$,边界条件$f[1]=0$,输出结果$f[n]+1$。

【参考程序】

```
1. #include<bits/stdc++.h>
2. using namespace std;
3. int f[1000005];
4. int main() {
5.   int n, k;
6.   cin >> n >> k;
7.   f[1] = 0;
8.   for (int i = 2; i <= n; ++i) {
9.     f[i] = (f[i - 1] + k) % i;
10.  }
11.  cout << f[n] + 1 << endl;
12.  return 0;
13. }
```

【例 3.1.3】 **挖地雷(bomp,1 S,128 MB,magicoj204004)**

【问题描述】

地雷阵类似于 Windows 操作系统自带的挖地雷游戏,但仅有一行地雷,如图 3-1-6 所示,图中第一行有“*”号的位置表示有一颗地雷,而第二行每格中的数字表示与其相邻的三格中地雷的总数。输入数据给定一行的格子数 $n(n \leqslant 10\,000)$ 和第二行的各个数字,求第一行的地雷分布。

*	*		*	*	*	*	
2	2	2	2	3	2	2	1

图 3-1-6　挖地雷示意图

【输入数据】

输入第一行为一个整数 n,第二行为 n 个数字,数字之间用单个空格隔开。

【输出数据】

输出一行,共 n 个数字,由 0、1 组成,数字之间用单个空格隔开,其中 1 表示有地雷,0 表示没有地雷。若无解,则输出“No answer”。

输入样例	输出样例
8 2 2 2 2 3 2 2 1	1 1 0 1 1 1 1 0

【问题分析】

首先,用 a 数组表示第一行格子中是否有地雷;用 b 数组表示第二行相邻三格中的地雷总数。则 $b[i]=a[i-1]+a[i]+a[i+1]$。特别地,对于 $b[1]$,有 $b[1]=a[1]+a[2]$;对于 $b[n]$,有 $b[n]=b[n-1]+b[n]$。

显然,如果已知 $a[1]$ 和 $b[1]$,可以推算出 $a[2]$,$a[2]=b[1]-a[1]$;已知 $a[1]$、$a[2]$ 和 $b[2]$,可以推算出 $a[3]$,$a[3]=b[2]-a[1]-a[2]$。以此类推,在 $a[1]$ 和 b 数组已知的情况下,$a[2]\sim a[n]$ 都是可以唯一推算出来的。

而 $a[1]$ 只有 0 和 1 两种可能,通过枚举 $a[1]$ 的值,依次递推得到 $a[k](1<k\leq n)$ 的值。如果 $a[k]<0$ 或者 $a[k]>1$,则 $a[k]$ 的值非法,当前 $a[1]$ 的值无解,需要换一个值试试。如果两次枚举都无解,则输出“No answer”,否则输出数组 a 的值。

下面来模拟样例。已知数组 b 的值是{2,2,2,2,3,2,2,1}。

1. 令 $a[1]=0$,则 $a[2]=b[1]-a[1]=2$。由于 a 数组中各元素的值不能大于 1,所以 $a[2]$ 值非法,$a[1]\neq 0$, 退出循环。

2. 令 $a[1]=1$,则 $a[2]=b[1]-a[1]=1$,$a[3]=b[2]-a[1]-a[2]=0,\cdots,a[7]=b[6]-a[5]-a[6]=0$,$a[8]=b[7]-a[6]-a[7]=1$。最后再验证一下,$a[7]+a[8]=1=b[8]$,确认无误,输出数组 a 的值,如表 3-1-4 所示。

表 3-1-4 挖地雷递推过程模拟

i	1	2	3	4	5	6	7	8
a	0	2(非法)						
b	2	2	2	2	3	2	2	1
i	1	2	3	4	5	6	7	8
a	1	1	0	1	1	1	0	1
b	2	2	2	2	3	2	2	1

常玩扫雷游戏的同学都知道,有时候一组数字对应的地雷排布不止一种,本题也有类似情况。比如,数组 b 的值是{1,2,2,1}。

当 $a_1=0$ 时,数组 a 的值可以是{0,1,1,0}。

当 $a_1=1$ 时,数组 a 的值可以是{1,1,0,1}。两种情况都是可行的,这时候一般输出字典序较小的情况,即 $a_1=0$ 时的解。

【参考程序】

```
1. #include<bits/stdc++.h>
2. using namespace std;
3. int n, a[10005], b[10005];
4. int test(int x) {
5.     memset(a, 0, sizeof(a));
6.     a[1] = x;
7.     a[2] = b[1] - a[1];
```

```
8.     if (a[2] <0 || a[2] >1)
9.         return 0;
10.    for (int i = 2; i <n;++i) {
11.        a[i+1] = b[i] - a[i - 1] - a[i];
12.        if (a[i+1] <0 || a[i+1] >1)
13.            return 0;
14.    }
15.    if (a[n - 1] +a[n] ! = b[n])
16.        return 0;
17.    return 1;
18. }
19. int main() {
20.     cin >> n;
21.     for (int i = 1; i <= n;++i)
22.         cin >> b[i];
23.     if (test(0))
24.         for (int i = 1; i <= n;++i)
25.             cout << a[i] << ' ';
26.     else if (test(1))
27.         for (int i = 1; i <= n;++i)
28.             cout << a[i] << ' ';
29.     else
30.         cout << "No answer";
31.     return 0;
32. }
```

【例 3.1.4】　欧几里得的游戏(game,1 S,128 MB,洛谷 P1290)

【问题描述】

欧几里得的两个后代 Stan 和 Ollie 正在玩一种数字游戏,这个游戏是他们的祖先欧几里得发明的。给定两个正整数 m 和 n,从 Stan 开始,从其中较大的一个数,减去较小的数的正整数倍,当然,得到的数 k 不能小于 0。然后是 Ollie,对刚才得到的数 k 以及 m 和 n 中较小的那个数,再进行同样的操作……直到一个人得到了 0,他就取得了胜利。

下面是他们用(25,7)两个数游戏的过程:

```
Start: 25 7
Stan: 11 7
Ollie: 4 7
Stan: 4 3
Ollie: 1 3
Stan: 1 0
Stan 赢得了游戏的胜利。
```

现在,假设他们完美地操作,谁会取得胜利呢?

【输入数据】

第一行为测试数据的组数 C。下面有 C 行,每行为一组数据,包含两个正整数 m, n。

【输出数据】

对每组输入数据输出一行,如果 Stan 胜利,则输出“Stan wins”;否则输出“Ollie wins”。

输入样例	输出样例
2 25 7 24 15	Stan wins Ollie wins

【数据规模】

对于 100%的数据, $1 \leqslant m, n \leqslant 2^{31}$, $1 \leqslant C \leqslant 6$。

【问题分析】

这道题乍一看很复杂,仔细分析后发现其实还是比较简单的。

像这类博弈类的问题,我们会想到拿棋子游戏:两人轮流拿棋子,一共有 n 颗棋子,每次最少拿 1 颗,最多拿 m 颗,拿到最后一颗者胜。显然,如果 $n/(m+1)=0$,后手必胜,否则先手必胜。先手必胜的策略是拿走 $n\%(m+1)$ 颗棋子,剩下 $(m+1)$ 的整数倍颗棋子。然后设后手取的棋子数为 x,先手只要取 $(m+1)-x$ 颗棋子就可以确保最后一颗棋子一定是自己拿的。基本策略是控制对手的操作,让对手“不得不”按照自己的想法去做。

本题中,设当前的两个数分别是 a,b,且 $a>b$。

(1) 如果 $a\%b=0$,显然拿到当前状态的人必胜,比如当前是(3, 1),下一步是(1, 0)。

(2) 如果 $a\%b \neq 0$,又可以分为两种情况: $a/b=1$ 和 $a/b>1$。

① 如果 $a/b=1$,那么拿到当前状态的人没有选择,下一步只能是 $(b, a-b)$。比如当前状态是(7, 4),下一步是(4, 3),或者当前状态是(4, 3),下一步是(3, 1)。

② 如果 $a/b>1$,那么拿到当前状态的人可以选择留下 $(b, a\%b)$ 或者 $(a\%b+b, b)$,两种状态中必有一种状态是可以导向胜利的。

比如当前状态是(25, 7),下一步可以是(7, 4)或者(11, 7),而拿到状态(11, 7)的人下一步只能留下状态(7, 4),这样就限制了对手的操作,把选择权留在自己手里。

综上,设初始值为 m、n,且 $m>n$,如果 $m\%n=0$ 或者 $m/n>2$,则先手必胜,否则需要把问题转变成 n 和 $m\%n$ 后再做判断。这样,数值较大的问题就变成了数值较小的问题,不断递推,直至问题得解。

【参考程序】

```
1. #include<bits/stdc++.h>
2. using namespace std;
3. int main() {
4.   int cnt, m, n;
5.   int flag;
6.   cin >> cnt;
```

```
7.   for (int i = 0; i < cnt; ++i) {
8.     cin >> m >> n;
9.     if (m < n) swap(m, n);
10.    flag = 1;
11.    while (m / n == 1 && m != n) {
12.       int tmp = m % n;
13.       m = n;
14.       n = tmp;
15.       flag = -flag;
16.    }
17.    if (flag == 1) cout << "Stan wins" << endl;
18.    else cout << "Ollie wins" << endl;
19.  }
20.  return 0;
21. }
```

【例 3.1.5】 三个数(number,1 S,128 MB,洛谷 P9435)

【问题描述】

有一个有 $(w-2)$ 个数的集合 $S=\{3, 4, 5, \cdots, w\}$。要求构造一个只包含非负整数的集合(无重复元素),使得 S 里面的任何一个数都能被这个集合里面大于等于 3 个不同的数相加得到,求这个集合中至少包含多少个元素。

【输入数据】

输入一行,一个整数 w。

【输出数据】

输出一行,一个整数 n,表示集合至少应该含有的元素个数。

输入样例	输出样例
4	4

【样例说明】

集合元素可以为 0, 1, 2, 3。

【数据规模】

对于所有数据,保证 $3 \leqslant w \leqslant 10^8$。

【问题分析】

按照惯例,从小规模数据开始找规律。

设需要构造的集合为 T,则当 S={3}时,T={0, 1, 2},由于数字 3 必然在集合 S 中,所以 T 集合中必须包含数字 0、1、2。根据题意,0、1、2 三个数字相加得到 3。

当 S={3, 4}时,T={0, 1, 2, 3},此时 T 集合中大于等于 3 个不同的数可以构成的数字范围是 3~6。其中,3=0+1+2,6=0+1+2+3。

T 集合中下一个元素的值是多少?设当前 T 集合中所有元素的和为 sum T,下一个数字

是 x,则选上 x 后,T集合中大于等于3个不同的数可以构成的数字范围是 $x+1 \sim x+\text{sum T}$。考虑到T集合中元素的个数要尽量少,$x+1$ 就要尽量大,并且集合 S 中的数具有连贯性,所以 $x+1$ 的最大值是 sum T + 1,即 x 最大等于 sum T。此时T集合中大于等于3个不同的数可以构成的数字范围是 $3 \sim \text{sum T} * 2$。

综上,得到T集合中元素值的递推关系:

$$T[n]=\begin{cases}0 & (n=1)\\ 1 & (n=2)\\ 2 & (n=3)\\ \sum_{i=1}^{n-1} T[i] & (n>3)\end{cases}$$

当T集合中所有元素的和 sum T 大于等于 w 时,此时T集合中的元素个数即为题目的解。

【参考程序】

```
1. #include<bits/stdc++.h>
2. using namespace std;
3. int main() {
4.   long long w;
5.   cin >> w;
6.   long long sumT = 0 + 1 + 2;
7.   int n = 3;
8.   while (sumT < w) {
9.     sumT = sumT * 2;
10.    n++;
11. }
12. cout << n << endl;
13. return 0;
14. }
```

五、拓展提升

1. 本节要点

(1) 理解递推算法的基本概念

递推算法是一种通过已知条件逐步推导未知结果的算法,其特点在于利用已知数据或条件,通过某种特定的关系或规则,逐步推导出后续的解。

(2) 掌握递推问题的解题过程

一是建立正确的递推关系式;

二是分析递推关系式的性质;

三是编程来实现递推关系式。

（3）明晰递推实现的注意事项

明确递推关系、注意边界条件、关注特殊值的处理、注意数据类型。

2. 拓展知识

在信息竞赛中有一些典型的递推关系，这里总结如下，希望大家能熟练掌握。

（1）等差数列

等差数列是指从第二项起，每一项与它的前一项的差等于同一个常数的一种数列。这个常数叫作等差数列的公差，公差常用字母 d 表示。

比如：1,3,5,7,…是等差数列，数列的公差是 2。

当 $d=0$ 时，等差数列为常数列，比如：1,1,1,1,…。

若等差数列的初始项是 $a[1]$，则递推关系为 $a[n]=a[n-1]+d(n>1)$。

（2）等比数列

等比数列是指从第二项起，每一项与它的前一项的比值等于同一个常数的一种数列。这个常数叫作等比数列的公比，公比通常用字母 q 表示（$q\neq 0$）。

比如：1,2,4,8,…是等比数列，数列的公比是 2。

注意，等比数列中每一项均不为 0。当 $q=1$ 时，等比数列为常数列。

若等比数列的初始项是 $a[1]$，则递推关系为 $a[n]=a[n-1]*q(n>1)$。

（3）斐波那契（Fibonacci）数列

斐波那契（Fibonacci）数列又称"兔子数列"，源于中世纪意大利数学家斐波那契在《计算之书》中提出的一个有趣的兔子问题：假如兔子在出生两个月后，就有繁殖能力，一对兔子每个月能生出一对小兔子。现在从一对小兔子开始计算，如果所有的兔子都不死，那么一年以后一共有多少对兔子？

斐波那契数列的数值为：1,1,2,3,5,8,13,21,34,…，数列从第 3 项开始，每一项都等于前两项之和。显然，走楼梯问题是斐波那契数列的一个应用。

斐波那契数列的递推边界是 $F(1)=1$、$F(2)=1$，递推关系式是 $F(n)=F(n-1)+F(n-2)(n>2)$。

（4）分平面的最大区域数

在平面几何的领域中，一个经典的问题是研究平面被某图形分割后形成的最大区域数。

① 平面内有 n 条直线，且任意两条直线不相交于同一点，求这 n 条直线最多能将平面分割后的区域数。

如图 3-1-7 所示，$F(n)$ 表示 n 条直线分割平面后形成的最大区域数。

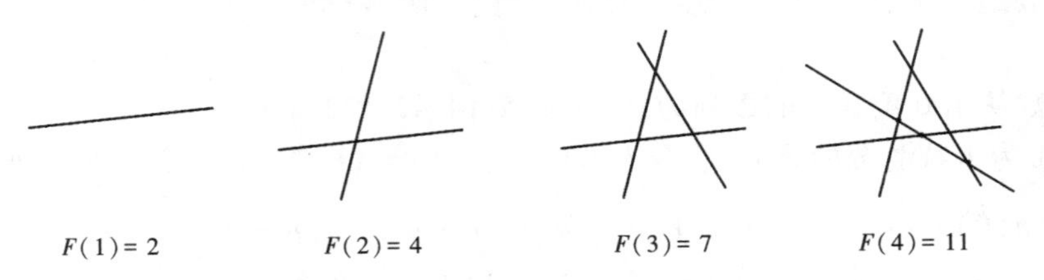

图 3-1-7　直线平面分隔区域示意图

一般情况下，第 n 条直线最多与前 $n-1$ 条直线均相交，所产生的 $n-1$ 个交点将第 n 条

直线分成 n 段，会将其所经过的区域增加 n 个部分。

递推关系式为：$F(n) = F(n-1) + n(n > 1)$

② 将 n 条折成角的直线（折线，角度任意）放在平面上，求分割后形成的最大区域数。

如图 3-1-8 所示，$F(n)$ 表示 n 条折线分割平面后形成的最大区域数。

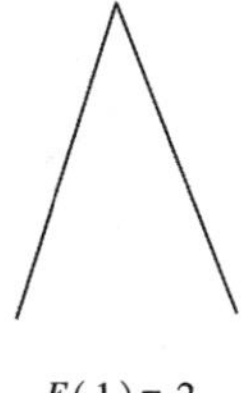

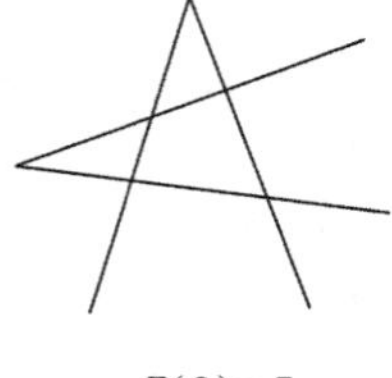

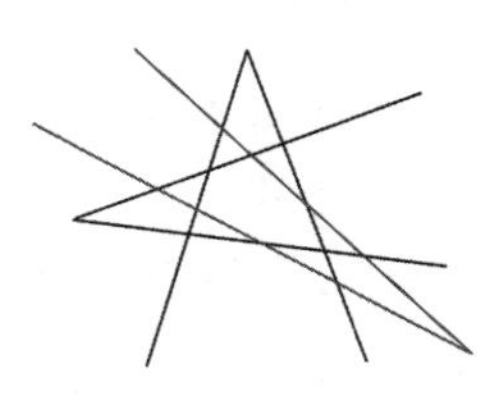

$F(1)=2$　　$F(2)=7$　　$F(3)=16$

图 3-1-8　折线平面分隔区域示意图

和直线分割类似，一条折线与另一条折线最多有 4 个交点，所以添加第 n 条折线时，与之前的折线最多有 $4*(n-1)$ 个交点，新增的区域数是 $4*(n-1)+1$。

递推关系式为：$F(n) = F(n-1) + 4*(n-1) + 1 = F(n-1) + 4n - 3(n > 1)$

③ 将 n 个圆放在平面上，求分割后形成的最大区域数。

如下图所示，$F(n)$ 表示 n 个圆分割平面后形成的最大区域数。

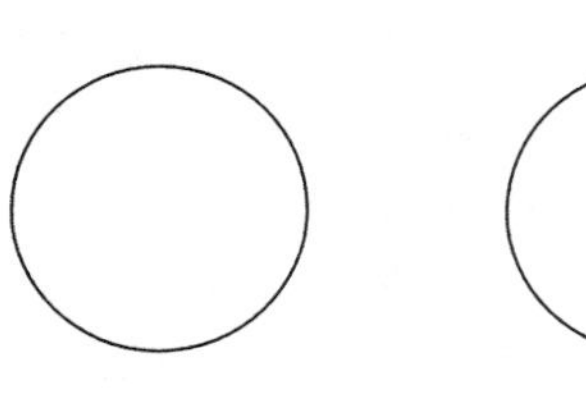

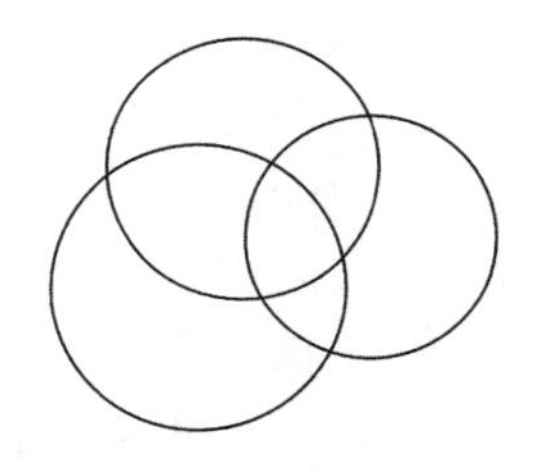

$F(1)=2$　　$F(2)=4$　　$F(3)=8$

图 3-1-9　圆平面分隔区域示意图

和直线分割类似，一个圆与另一个圆最多有 2 个交点，所以添加第 n 个圆时，与之前的圆最多有 $2*(n-1)$ 个交点，新增的区域数是 $2*(n-1)$。

递推关系式为：$F(n) = F(n-1) + 2*(n-1) = F(n-1) + 2n - 2(n > 1)$

（5）卡特兰（Catalan）数列

卡特兰数是组合数学中一个常用数列，以比利时数学家欧仁・查理・卡特兰的名字命名。

卡特兰数从第 0 项开始的数列为：1，1，2，5，14，42，132，429，…

设 $h(n)$ 为卡特兰数的第 n 项，令 $h(0) = 1$、$h(1) = 1$，则卡特兰数满足递推关系式：

$$h(n) = h(0) * h(n-1) + h(1) * h(n-2) + \cdots + h(n-1) * h(0) \quad (n > 1)$$

例如，求 n 个结点可以构造二叉树的形态的个数，我们就可以用卡特兰数列来解决。

取一个点作为二叉树的根结点，则左子树的结点数是 $0 \sim n-1$ 个，相应地，右子树的结点数是 $n-1 \sim 0$ 个。设左子树的结点数为 k，则右子树的结点数为 $(n-1-k)$。k 个结点的

二叉树有 $h(k)$ 种形态，$(n-1-k)$ 个结点的二叉树有 $h(n-1-k)$ 种形态。根据组合数学的乘法原理，左子树的结点数为 k 的二叉树共有 $h(k)*h(n-1-k)$ 种形态。从 0 到 $n-1$ 枚举 k 的值，根据组合数学的加法原理，$h(n)=h(0)*h(n-1)+h(1)*h(n-2)+\cdots+h(n-1)*h(0)$。

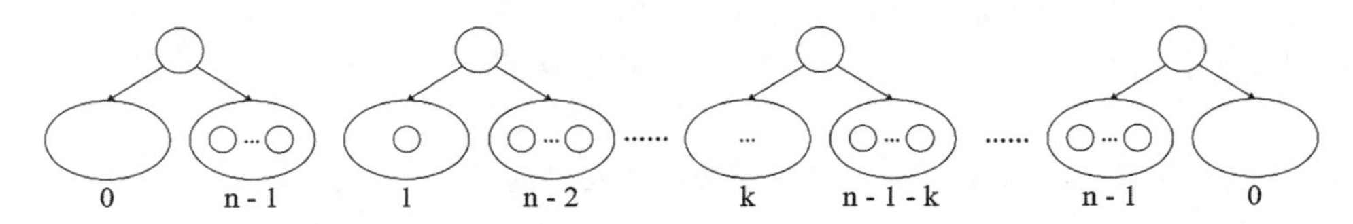

图 3-1-10　n 个结点构造二叉树的形态示意图

除二叉树计数问题外，卡特兰数的典型应用还包括：

① 出栈次序问题

一个无穷大的栈的进栈序列为 1,2,3,⋯,n，有多少个不同的出栈序列？

② 括号序列问题

n 对括号有多少种不同的匹配方式？

③ 找零问题

$2n$ 个人要买票价为五元的电影票，其中，n 个人持有五元，另外 n 个人持有十元。每人只买一张，售票员没有钱找零。问在不发生找零困难的情况下，有多少种排队方法？

④ 圆上线段问题

在圆上选择 $2n$ 个点，将这些点成对连接起来使得所得到的 n 条线段不相交的方法数。

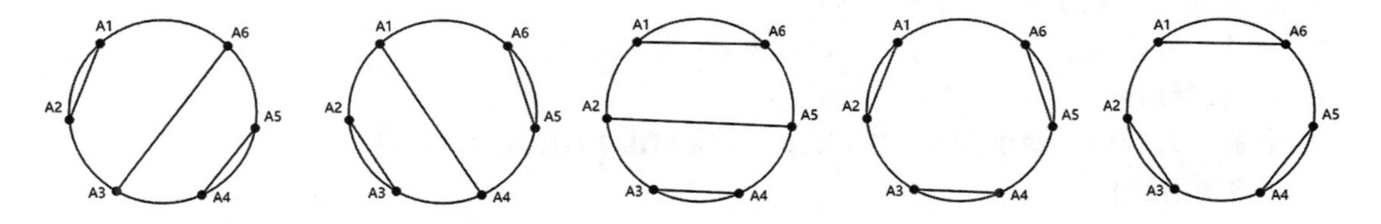

图 3-1-11　圆上线段示意图

⑤ 凸多边形划分问题

在一个 n 边形中，通过不相交于 n 边形内部的对角线，把 n 边形拆分为若干个三角形，问有多少种拆分方案？比如，当 $n=5$ 时，有一下 5 种不同的方案。

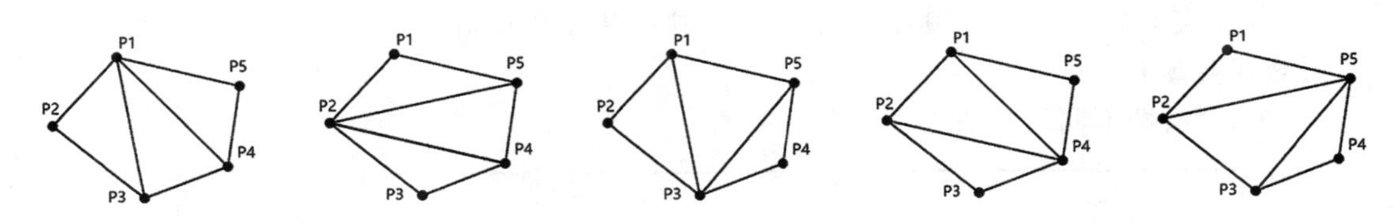

图 3-1-12　凸多边形划分示意图

(6) 集合的分拆

集合的分拆也称集合的划分。所谓集合 A 的 k 部分拆就是把集合 A 分拆成 k 个子集，同

时这 k 个子集满足以下性质：

① 每个子集 A_i 非空，即 $A_i \neq \emptyset$

② 两个不同的子集之间交集为空，即若 $i \neq j$，则 $A_i \cap A_j = \emptyset$

③ 所有子集的并集是集合 A，即 $A = A_1 \cup A_2 \cup \cdots \cup A_k$

注意，在集合中元素的前后次序是没有意义的，为方便讨论，一般按照从小到大排列。

如果一个集合中有 n 个元素，可以把这个集合分拆成 k 个子集的方法数用 $S(n, k)$ 表示。

比如，把集合$\{1, 2, 3, 4\}$分拆成2个子集的方法共有以下7种：$\{1|2, 3, 4\}$、$\{2|1, 3, 4\}$、$\{3|1, 2, 4\}$、$\{4|1, 2, 3\}$、$\{1, 2|3, 4\}$、$\{1, 3|2, 4\}$、$\{1, 4|2, 3\}$，所以 S(4, 2)= 7。

如何计算 $S(n, k)$ 的值？

显然，$S(n, 1) = S(n, n) = 1$，并且当 $1 \leqslant n < k$ 时，$S(n, k) = 0$。

为方便计算，我们再规定，当 $n > 0$ 时，$S(n, 0) = S(0, n) = 0$，并且 $S(0, 0) = 1$。

则 $S(n, k) = S(n-1, k-1) + k * S(n-1, k)$（其中 n 和 k 是大于0的自然数）

简单证明一下这个递推关系：

设 $1 \leqslant k < n$，记 n 个元素的 A 集合为$\{a_1, a_2, \cdots, a_n\}$，则：

① 当 $n = k$ 时，上式两边都等于1。

② 如果从集合中单独分拆一个元素$\{a_1\}$作为子集，则这类分拆的个数是 $S(n-1, k-1)$，即把剩下的 $n-1$ 个元素分拆成 $k-1$ 个子集的个数。

③ 如果元素 a_1 不是一个单独的子集，则 a_1 必须与 A 中其他的元素共同组成一个子集，拿走 a_1，把剩下的 $n-1$ 个元素分拆成 k 个子集，则 a_1 可以放到这 k 个子集中的任一个。所以这类分拆的个数是 $k * S(n-1, k)$。

综上，$S(n, k) = S(n-1, k-1) + k * S(n-1, k)$。

3. 拓展应用

【练习3.1.1】 数的划分(divide，1 S，128 MB，NOIP2001 提高组)

【问题描述】

将整数 n 分成 k 份，且每份不能为空，任意两份不能相同(不考虑顺序)。

例如：$n = 7, k = 3$，下面三种分法被认为是相同的。

1,1,5; 1,5,1; 5,1,1;

问有多少种不同的分法。输出一个整数，即不同的分法。

【输入数据】

两个整数 n, k($6 < n \leqslant 200, 2 \leqslant k \leqslant 6$)，中间用单个空格隔开。

【输出数据】

一个整数，即不同的分法。

输入样例	输出样例
7 3	4

【样例说明】

4种分法分别为：1,1,5;1,2,4;1,3,3;2,2,3。

【练习 3.1.2】　传球游戏(ball,1 S,128 MB,NOIP2008 普及组)

【问题描述】

上体育课的时候,小蛮的老师经常带着同学们一起做游戏。这次,老师带着同学们一起做传球游戏。

游戏规则是这样的:n 个同学站成一个圆圈,其中的一个同学手里拿着一个球,当老师吹哨子时开始传球,每个同学可以把球传给自己左右的两个同学中的一个(左右任意),当老师再次吹哨子时,传球停止,此时,拿着球没有传出去的那个同学就是败者,要给大家表演一个节目。

聪明的小蛮提出一个有趣的问题:有多少种不同的传球方法可以使得从小蛮手里开始传的球,传了 m 次以后,又回到小蛮手里。两种传球方法被视作不同的方法,当且仅当这两种方法中,接到球的同学按接球顺序组成的序列是不同的。比如有三个同学 1 号、2 号、3 号,并假设小蛮为 1 号,球传了 3 次回到小蛮手里的方式有 1→ 2→ 3→ 1 和 1→ 3→ 2→ 1,共 2 种。

【输入数据】

输入共一行,有两个用空格隔开的整数 $n,m(3 \leqslant n \leqslant 30, 1 \leqslant m \leqslant 30)$。

【输出数据】

输出共一行,有一个整数,表示符合题意的方法数。

输入样例	输出样例
3 3	2

【数据规模】

40% 的数据满足:$3 \leqslant n \leqslant 30, 1 \leqslant m \leqslant 20$

100% 的数据满足:$3 \leqslant n \leqslant 30, 1 \leqslant m \leqslant 30$

【练习 3.1.3】　极值问题(acme,1 S,128 MB,NOI1995)

【问题描述】

已知 m,n 为整数,且满足下列两个条件:

(1) m 和 $n \in \{1, 2, \cdots, k\}$,即 $1 \leqslant m,n \leqslant k$;

(2) $(n^2 - mn - m^2)^2 = 1$。

你的任务是:根据输入的正整数 $k(1 \leqslant k \leqslant 10^9)$,求一组满足上述两个条件的 m、n,并且使 $m^2 + n^2$ 的值最大。

例如从键盘输入 $k = 1\,995$,则输出 $m = 987, n = 1\,597$。

【输入数据】

一个整数 k。

【输出数据】

输出 m 和 n 的值。

输入样例	输出样例
1995	987 1597

【练习 3.1.4】 货币系统问题(money,1 S,128 MB,magicoj204007)

【问题描述】

货币是在国家或经济体内的物资与服务交换中充当等价物,或是偿还债务的特殊商品,是用作交易媒介、储藏价值和记账单位的一种工具。魔法世界的货币的历史,可以追溯至史前以物易物的阶段,后来经过金属货币、金银、纸币以及金银本位制度,演化至现代的货币体系,现已知魔法世界的货币系统有 V 种面值,求组成面值为 N 的货币有多少种方案。

【输入数据】

第一行为两个整数 V 和 N,V 是货币种类数目,$1 \leqslant V \leqslant 25$,$N$ 是要构造的面值,$1 \leqslant N \leqslant 1\,000$。

第二行为 V 种货币的面值。

【输出数据】

输出方案数。

输入样例	输出样例
3 10 1 2 5	10

【练习 3.1.5】 信封问题(derangement,1 S,128 MB,洛谷 P1595)

【问题描述】

某人写了 n 封信和 n 个信封,如果所有的信都装错了信封。求所有信都装错信封共有多少种不同情况。

【输入数据】

一个信封数 n,保证 $n \leqslant 20$。

【输出数据】

一个整数,代表有多少种情况。

输入样例	输出样例
3	2

第二节 逆序对问题——用分治算法解决问题

一、问题引入

【问题描述】

对于一个包含 N 个非负整数的数组 $A[1 \cdots N]$,如果有 $i < j$,且 $A[i] > A[j]$,则称 $(A[i], A[j])$ 为数组 A 中的一个逆序对。

例如,数组(3,1,4,5,2)的逆序对有(3,1)(3,2)(4,2)(5,2)共 4 个。

现在给你一个数组，请你求出求该数组中包含多少个逆序对。

【输入数据】

第一行，一个数 N，表示序列中有 N 个数。

第二行，N 个数，表示给定的序列。序列中每个数字不超过 10^9。

【输出数据】

输出序列中逆序对的数目。

输入样例	输出样例
5 3 1 4 5 2	4

【数据规模】

对于 40%的数据满足：$N \leqslant 2\,500$。

对于 100%的数据满足：$N \leqslant 100\,000$。

二、问题探究

在计算机科学和离散数学中，逆序对是指序列中的两个元素，它们的大小顺序与它们在原始序列中的顺序相反。和逆序对有关的问题在信息学竞赛系列比赛中经常出现，主要考察考生对算法设计和优化能力的掌握程度。

逆序对反映了一个数组的有序程度，有两个特殊情况。

1. 顺序数组

比如数组(1,2,3,4,5)，它的逆序对个数就是 0。即顺序数组的逆序对个数是 0。

2. 逆序数组

比如数组(5,4,3,2,1)，它的逆序对个数就是 10。一般情况下，如果数组中有 n 个元素，那么逆序数组的逆序对个数就是 $n*(n-1)/2$ 个。

逆序对的计算方法很多，这里列出四种方法。

1. 暴力枚举法

暴力枚举法是最直观的计算逆序对的方法。它遍历序列中的每一对元素，检查它们是否构成逆序对。这种方法的时间复杂度为 $O(n^2)$，其中 n 是序列的长度。1 秒钟的时限内，这种方法可以解决 $n < 3\,000$ 的数据规模，具体到本题。

【参考程序】

```
1. #include<bits/stdc++.h>
2. using namespace std;
3. int a[3005];
4. int deseq01(int d[], int len) {
5.     int cnt = 0;
6.     for (int i = 1; i <= len - 1;++i)
7.         for (int j = i+1; j <= len; ++j)
8.             if (d[i] >d[j])
```

```
9.                cnt ++;
10.    return cnt;
11. }
12. int main() {
13.    int n;
14.    cin >> n;
15.    for (int i = 1; i <= n;++i)
16.        cin >> a[i];
17.    int k = deseq01(a, n);
18.    cout << k << endl;
19.    return 0;
20. }
```

在排序算法的分析中，逆序对的数量可以反映排序前数据的有序程度，进而影响排序算法的效率。逆序对和排序的关系非常紧密，稍加修改各种排序法，可以用来计算逆序对数。

2. 冒泡排序法

冒泡排序是一种简单的排序算法，其基本思想是通过相邻元素之间的比较和交换，将较大的元素逐步下移到数组的末尾，同时将较小的元素逐步上移，从而达到排序的目的。在冒泡排序中，每一次交换会消除一个相邻的逆序对，而交换一个相邻的逆序对，不会影响到其他的逆序对，所以可以计算冒泡排序在排序过程一共进行了多少次交换，由此得出数组的逆序对数。冒泡排序法的时间复杂度和暴力枚举法一致，都是 $O(n^2)$。

【参考程序】

```
1. #include<bits/stdc++.h>
2. using namespace std;
3. int a[3005];
4. int deseq02(int d[], int len) {
5.    int cnt = 0;
6.    for (int i = 1; i <= len - 1;++i) {
7.        bool flag = false;
8.        for (int j = 1; j <= len - i; ++j) {
9.            if (d[j] > d[j+1]) {
10.               flag = true;
11.               cnt ++;
12.               swap(d[j], d[j+1]);
13.           }
14.       }
15.       if (flag == false) break;
16.   }
17.   return cnt;
```

```
18. }
19. int main() {
20.     int n;
21.     cin >> n;
22.     for (int i = 1; i <= n;++i)
23.         cin >> a[i];
24.     int k = deseq02(a, n);
25.     cout << k << endl;
26.     return 0;
27. }
```

3. 插入排序法

如果把插入排序的每一次元素移动看作是相邻元素的交换,那么移动一次就消除一个逆序。所以和冒泡排序法类似,用插入排序法也可以计算逆序对数。插入排序法计算逆序对数的时间复杂度也是 $O(n^2)$。

【参考程序】

```
1. #include<bits/stdc++.h>
2. using namespace std;
3. int a[3005];
4. int deseq03(int d[], int len) {
5.     int cnt = 0;
6.     for (int i = 1; i <= len;++i) {
7.         int key = d[i];
8.         int j;
9.         for (j = i - 1; (j >0) && (d[j]) >key; j--) {
10.            d[j+1] = d[j];
11.            cnt ++;
12.        }
13.        d[j+1] = key;
14.    }
15.    return cnt;
16. }
17. int main() {
18.     int n;
19.     cin >> n;
20.     for (int i = 1; i <= n;++i)
21.         cin >> a[i];
22.     int k = deseq03(a, n);
23.     cout << k << endl;
24.     return 0;
25. }
```

通过对比可以发现，因为不需要无谓的比较，用插入排序法比用冒泡排序法计算逆序对所花的时间相对要少一些，但少得也有限，时间复杂度同为 $O(n^2)$，1 秒的时限内是无法计算规模为 100 000 的数据，我们需要更加有效的算法。这里引入归并排序法。

4. 归并排序法

归并排序是一种典型的采用分治思想的排序。所谓分治思想，是把原问题分解成规模较小的子问题，分别解决子问题，然后将子问题的解组合起来形成原问题的解。

比如，如图 3-2-1 所示，有一个长度为 8 的数组{8,2,6,3,5,7,4,1}。对这个数组排序，我们可以把它分解成两个长度为 4 的子数组。如果这两个子数组有序，我们只需要把这两个子数组合并成一个有序的大数组，这样就完成了对原始数组的排序。

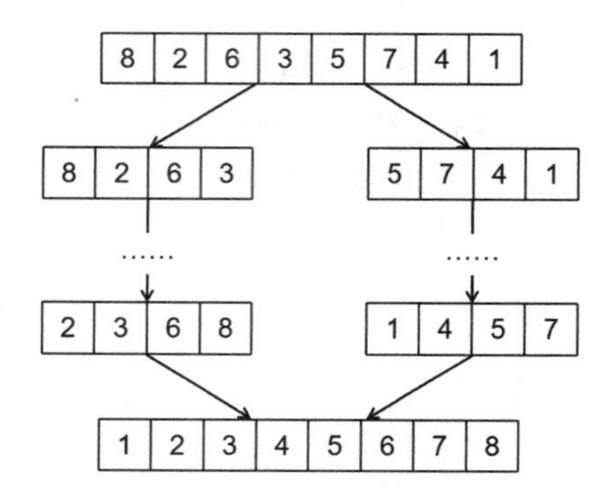

图 3-2-1　归并排序示意图 1

如何让子数组有序呢？显然，比较给长度为 4 的数组排序和给长度为 8 的数组排序，它们的结构是相同的，但问题的规模变小了。因此，可以用同样的方法，将长度为 4 的数组拆分成长度为 2 的数组，再把长度为 2 的数组拆分成长度为 1 的数组，如图 3-3-2 所示。

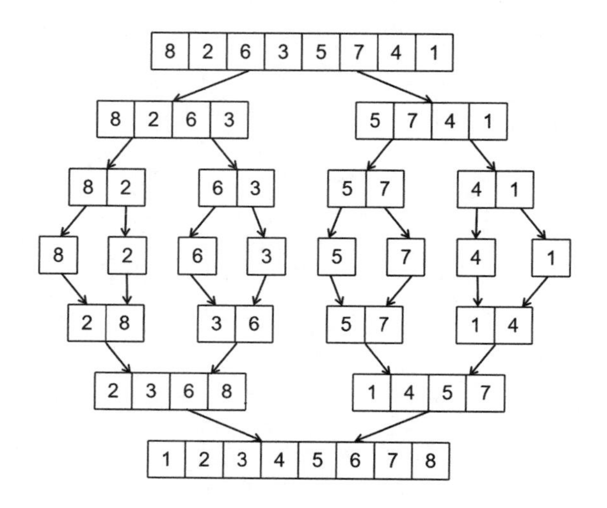

图 3-2-2　归并排序示意图 2

而长度为 1 的数组自然有序。然后，把长度为 1 的有序数组组合成长度为 2 的有序数组，再组合成长度为 4 的有序数组，最后，组合成长度为 8 的有序数组，这样原数组就有序了。

下面讨论归并排序的实现。

1. 如何拆分数组？

可以使用递归的形式，每次折半拆分，直至数组长度为 1。

2. 如何把两个有序数组合并成一个有序数组？

定义数组 a，设置两个指针 i 和 j，分别指向两个子数组的前端。比较 $a[i]$ 和 $a[j]$ 两个元素的大小，将较小的元素放到数组 temp 中，同时较小元素对应的指针向后移动一格，继续比较 $a[i]$ 和 $a[j]$ 两个元素的大小，直至某一个子数组中的元素被全部放入数组 temp 中。这时把另一个子数组中的剩余元素逐一复制到数组 temp 中，这样两个有序的子数组就被合并成一个有序的数组。最后，将数组 temp 中的有序元素复制到原数组中，数组 temp 清零。

比如要把(2,5,7,8)和(1,3,4,6)两个子数组合并成一个数组，如图 3-2-3 所示。

(1) $a[i]=2$, $a[j]=1$, $a[i]>a[j]$，将 1 放入数组 temp 中，j 向右移动 1 位。

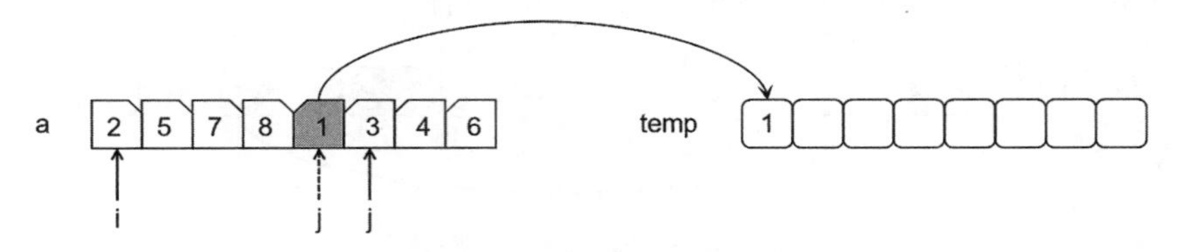

(2) $a[i]=2$, $a[j]=3$, $a[i]<a[j]$，将 2 放入数组 temp 中，i 向右移动 1 位。

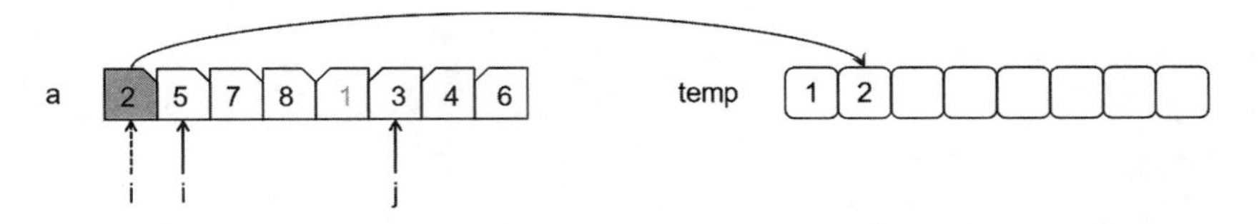

(3) $a[i]=5$, $a[j]=3$, $a[i]>a[j]$，将 3 放入数组 temp 中，j 向右移动 1 位。

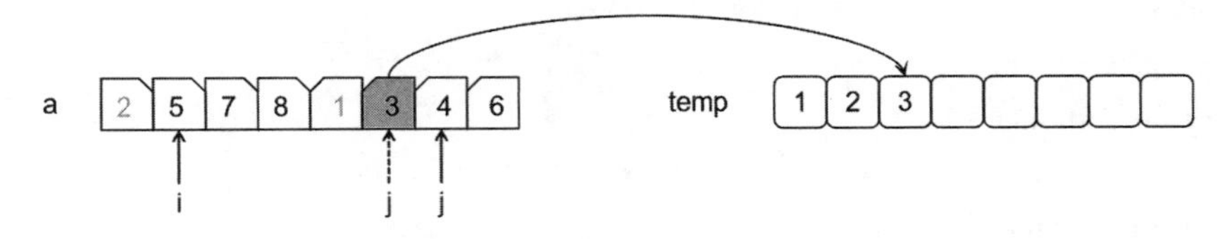

(4) $a[i]=5$, $a[j]=4$, $a[i]>a[j]$，将 4 放入数组 temp 中，j 向右移动 1 位。

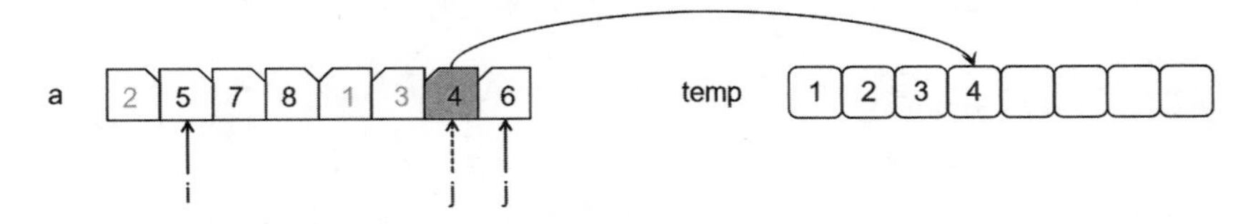

(5) $a[i]=5$, $a[j]=6$, $a[i]<a[j]$，将 5 放入数组 temp 中，i 向右移动 1 位。

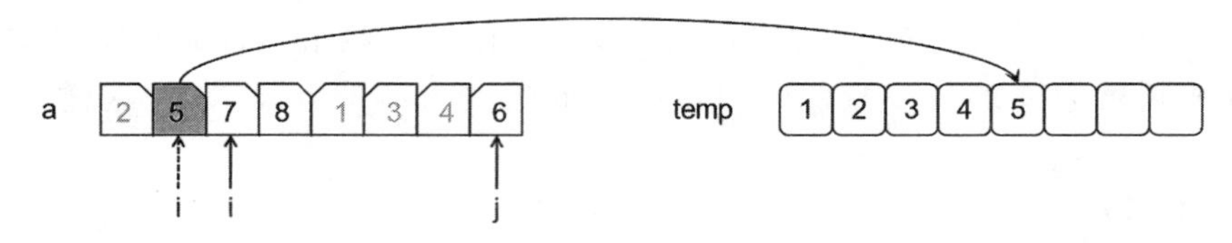

(6) $a[i] = 7$, $a[j] = 6$, $a[i] > a[j]$,将 6 放入数组 temp 中, j 向右移动 1 位。此时 j 已超出后面子数组的范围,后面子数组中元素已全部填入数组 temp 中。

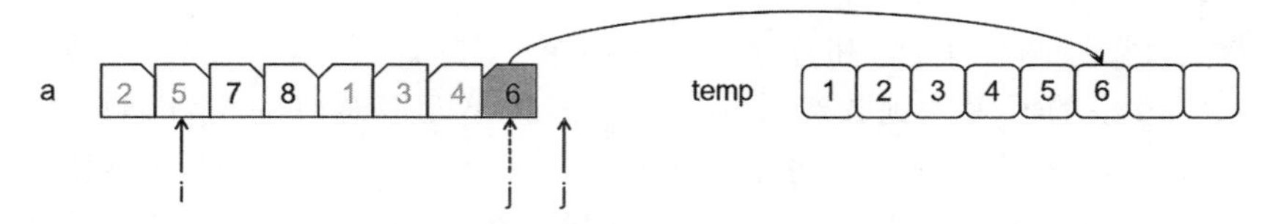

(7) 把前面子数组中剩余的元素依次填入到数组 temp 中。

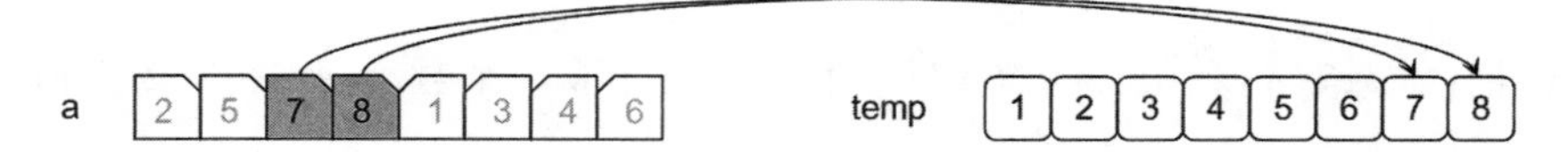

(8) 把数组 temp 中的内容全部复制到数组 a 中,完成归并排序。

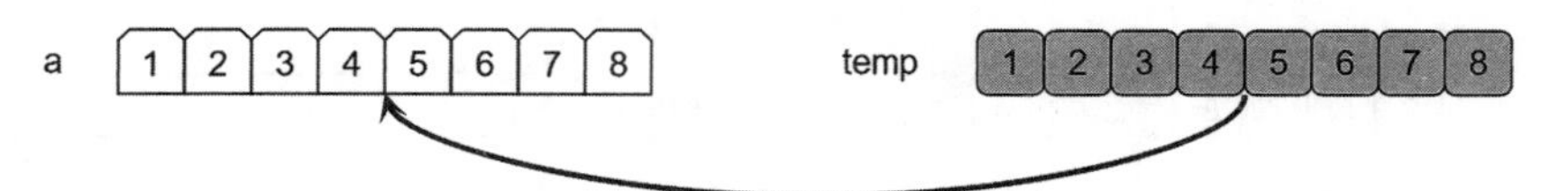

图 3-2-3 归并排序示意图 3

【参考程序】

```
1. #include<bits/stdc++.h>
2. using namespace std;
3. int a[100005], b[100005];
4. void merge_sort(int l, int r) {
5.     if (l == r) return;//如果子数组中只有一个元素,则返回
6.     int mid = (l+r) / 2;//将原数组拆成两个子数组
7.     merge_sort(l, mid);
8.     merge_sort(mid + 1, r);
9.     int i = l, j = mid + 1, k = l;      //合并两个有序数组
10.    while (i <= mid && j <= r) {
11.        if (a[i] <= a[j])
12.            b[k++] = a[i++];            //b 数组是临时数组
13.        else
14.            b[k++] = a[j++];
15.    }
16.    while (i <= mid)                    //将子数组中剩余元素复制给 b
17.        b[k++] = a[i++];
```

```
18.    while (j <= r)
19.        b[k++] = a[j++];
20.    for (int p = l; p <= r; p++)         //把 b 数组的值赋给 a 数组
21.        a[p] = b[p], b[p] = 0;
22. }
23. int main() {
24.     int n;
25.     cin >> n;
26.     for (int i = 1; i <= n; ++i)
27.         cin >> a[i];
28.     merge_sort(1, n);
29.     for (int i = 1; i <= n; ++i)
30.         cout << a[i] << ' ';
31.     return 0;
32. }
```

相比冒泡排序和插入排序,归并排序的时间复杂度是 $O(n\log n)$,是更为优秀的排序算法。

下一个问题,如何使用归并排序法求逆序对的数量?

观察(2,5,7,8)和(1,3,4,6)两个子数组的合并过程。

(1) 1 前面有 4 个数比 1 大,和 1 都构成逆序对,把 1 放入数组 temp 中,消除了 4 个逆序对。

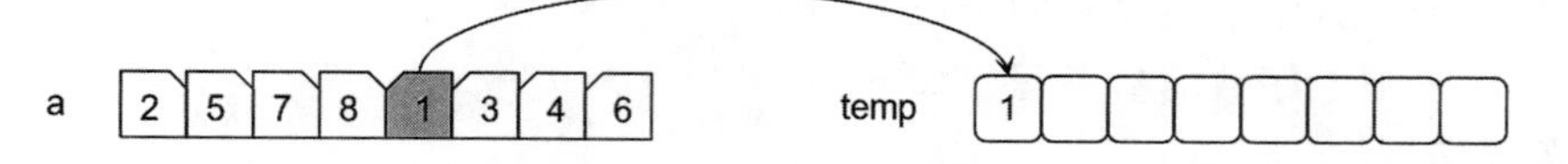

(2) 2 前面没有数和 2 构成逆序对,,把 2 放入数组 temp 中,不消除逆序对。

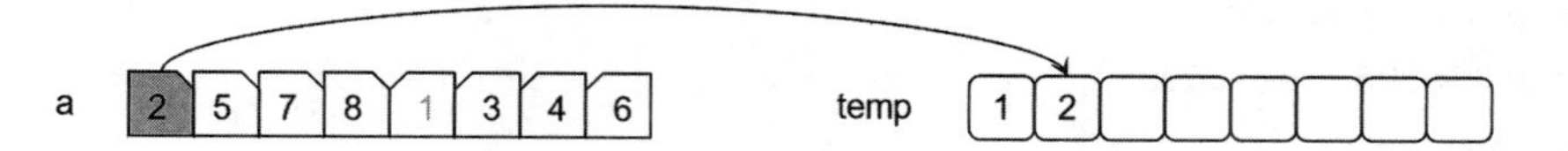

(3) 去掉 1 和 2 后,3 前面有 3 个数,这 3 个数都比 3 大,和 3 都构成逆序对,把 3 放入数组 temp 中,消除了 3 个逆序对。

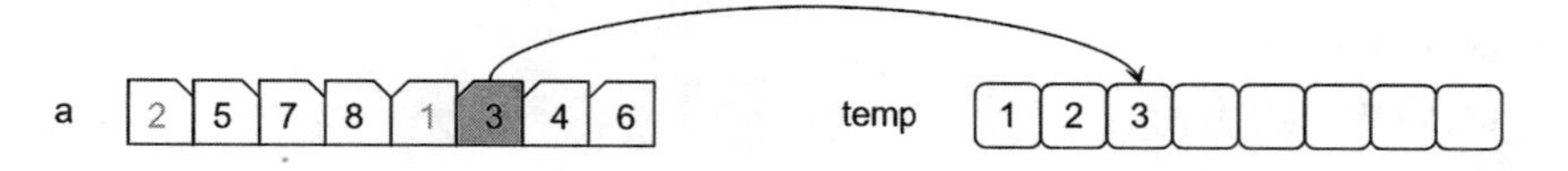

(4) 去掉 1、2、3 后,4 前面有 3 个数,这 3 个数都比 4 大,和 4 都构成逆序对,把 4 放入数组 temp 中,消除了 3 个逆序对。

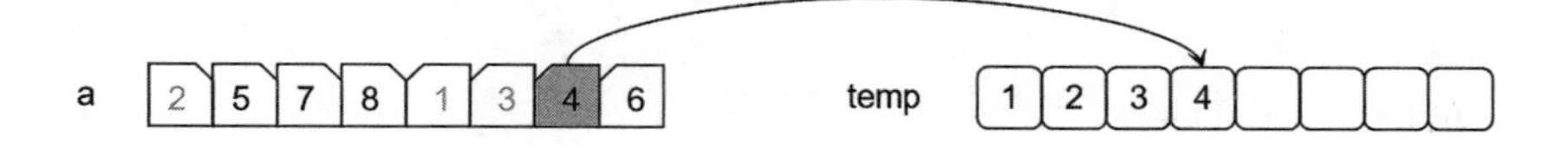

(5) 5 前面没有数和 5 构成逆序对，把 5 放入数组 temp 中，不消除逆序对。

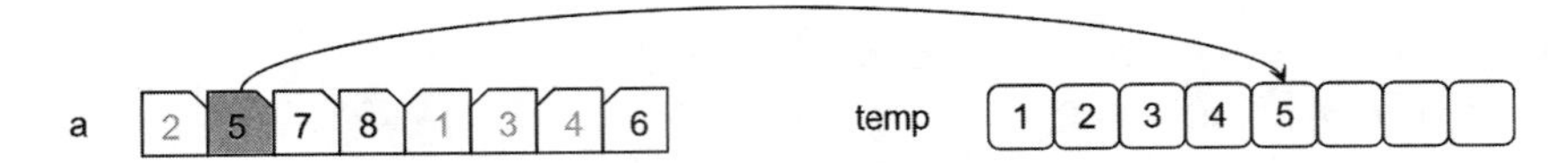

(6) 去掉 1、2、3、4、5 后，6 前面有 2 个数，这 2 个数都比 6 大，和 6 都构成逆序对，把 6 放入数组 temp 中，消除了 2 个逆序对。

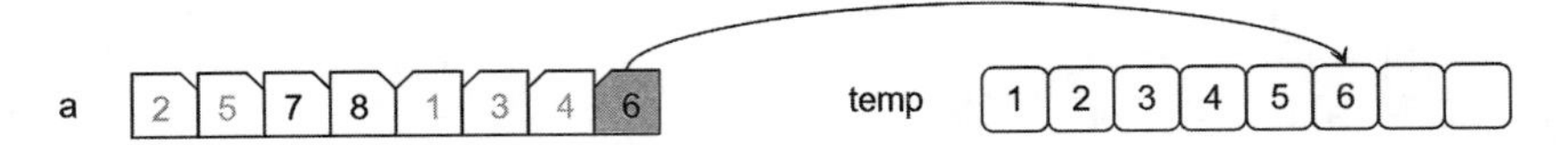

(7) 如果一个子数组中的所有元素都已填入数组 temp 中，那么剩下的元素必然是从小到大排列的，不会有逆序对。

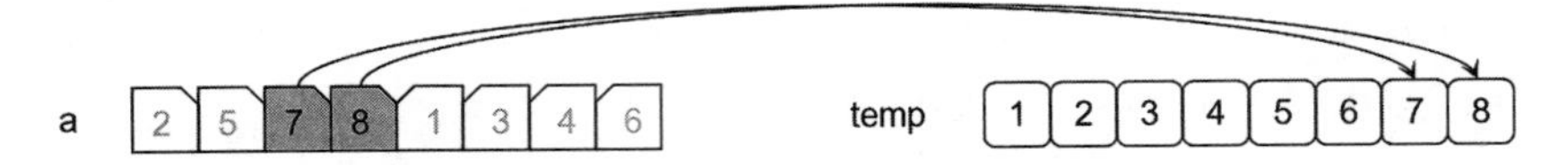

图 3-2-4　归并排序消除逆序对过程示意图

排序的过程本质上是消除逆序对的过程。在原数组中，子数组(2,5,7,8)位序在前，子数组(1,3,4,6)位序在后，把后面子数组中的元素放到数组 temp 中，如果前面子数组中还有元素，就会消除逆序对，前面子数组中有多少个元素就会消除多少对逆序对。所以只需要在把后面子数组中的元素放到数组 temp 的时候，数一下前面子数组中元素的个数，逐次求和，最后就得到了初始数组中逆序对的个数。

归并排序法求逆序数的参考程序如下：

【参考程序】

```
1. #include<bits/stdc++.h>
2. using namespace std;
3. int a[100005], b[100005];
4. long long cnt;
5. void merge_sort(int l, int r) {
6.    if (l == r) return;
7.    int mid = (l+r) / 2;
8.    merge_sort(l, mid);
9.    merge_sort(mid+1, r);
10.   int i = l, j = mid+1, k = l;
11.    while (i <= mid && j <= r) {
12.       if (a[i] <= a[j])
13.         b[k++] = a[i++];
14.       else {
15.         b[k++] = a[j++];
16.         cnt += mid - i+1; //用于计算逆序对的数量
```

```
17.         }
18.     }
19.     while (i <= mid)
20.         b[k++] = a[i++];
21.     while (j <= r)
22.         b[k++] = a[j++];
23.     for (int p = l; p <= r; p++)
24.         a[p] = b[p], b[p] = 0;
25. }
26. int main() {
27.     int n;
28.     cin >> n;
29.     for (int i = 1; i <= n; ++i)
30.         cin >> a[i];
31.     merge_sort(1, n);
32.     cout << cnt << endl;
33.     return 0;
34. }
```

和归并排序算法相比,用归并排序法求逆序对仅在原程序段的基础上再增加一行代码,时间复杂度也和归并排序算法一样,都是 $O(n\log n)$,1 秒时限内可以计算规模为 100 000 的数据,符合题目要求。除排序算法以外,线段树和树状数组也可以求逆序对的数量,这里不再赘述,有兴趣的同学可以自行研究。

以上,我们使用了冒泡排序、插入排序、归并排序三种方法来计算逆序对的数量。这三种排序算法有什么共同点吗?对,它们都是稳定排序算法。所谓稳定排序,简单地说就是排序前 2 个相等的数在序列的前后位置次序和排序后它们两个的前后位置次序相同。而非稳定排序算法则无法用来计算逆序对的数量。在这三种算法中,归并排序算法求逆序对的时间复杂度最优,主要是因为采用了分治算法的思想。

三、知识建构

在计算机科学中,分治算法是一种非常重要的解题策略,其核心思想是将一个复杂的大问题分解成若干个相互独立、性质相同的小问题来求解。这些小问题的求解相对容易,当所有小问题都得到解决后,再将它们的解合并起来,从而得到原问题的解。

1. 分治算法的思想

分治算法的基本思想是将一个难以直接解决的大问题,分割成一些规模较小的相同问题,以便各个击破,分而治之。分治算法适用于解决具有最优子结构性质和相互独立子问题的题目。具体来说,分治算法需要满足以下几个条件:

(1)问题的规模缩小到一定的程度就可以容易解决;

(2)问题可以分解为若干个规模较小的相同子问题;

(3)子问题之间不包含公共的子问题,即相互独立;

(4) 子问题的解可以合并为原问题的解。

2. 分治算法的解题策略

分治算法的解题策略主要包括以下三个步骤:

(1) 分解:将原问题分解为若干规模较小、相互独立、与原问题相同的子问题。这个步骤需要确保子问题的规模和复杂性比原问题要小,以便更容易求解。

(2) 解决:对于分解得到的子问题,如果它们仍然较大且难以解决,可以继续采用分治策略将它们进一步分解。当子问题的规模足够小时,可以采用简单的方法直接求解。

(3) 合并:将已求解的各个子问题的解,逐步合并为原问题的解。这个过程需要根据原问题的要求,采用适当的方法将子问题的解进行合并。

3. 分治算法的典型应用

(1) 归并排序

归并排序是一种基于分治策略的排序算法。按照分治算法的解题策略,归并排序的具体步骤如下:

① 分解:将待排序的数组划分为若干个子数组,直到每个子数组只包含一个元素。此时,每个子数组都是有序的。

② 解决:对于相邻的两个有序子数组,采用归并操作将它们合并成一个有序序列。归并操作的具体步骤是:比较两个子数组的首元素,将较小的元素放入新的有序序列中,并将指针向后移动一位;然后重复这个过程,直到其中一个子数组为空。将非空子数组的剩余元素依次放入新的有序序列中。

③ 合并:将所有有序子数组按照顺序合并成一个完整的有序序列。这个过程可以递归地进行,直到所有子数组都被合并为一个有序序列。

(2) 二分查找

【问题描述】

在一个严格递增的有序数组中,快速地找到某个数所在的位置。

【输入数据】

第一行,一个整数 N,表示数组中有 N 个数,$1 \leq N \leq 10\,000$。

第二行,N 个严格递增的整数,相邻两个整数之间用空格隔开。整数的绝对值不超过 10^9。

第三行,一个整数 x,为需要查找的整数。x 的绝对值不超过 10^9。

【输出数据】

若数组中存在 x,则输出 x 所在的位置(下标);否则输出-1。

输入样例	输出样例
10 1 3 5 7 9 11 13 15 17 19 3	2

【问题分析】

如果数组不是有序的,最直接的办法是从前到后查找数组中的所有元素。如果当前元

素的值恰好为 x，则表明查找成功，如果查找完整个数组都没有发现给定的数 x，则说明序列中不存在 x。

由于本题中数组是有序的，我们可以使用二分查找来提高查找效率。设 a 为待查找的数组。首先设[left, right]为整个查找区间的下标，然后每次测试当前[left, right]的中间位置 mid=(left+right)/2，判断 a[mid] 与待查找数据 x 的大小关系。

① 如果 a[mid] == x，说明查找成功，返回 mid 的值，退出查找。

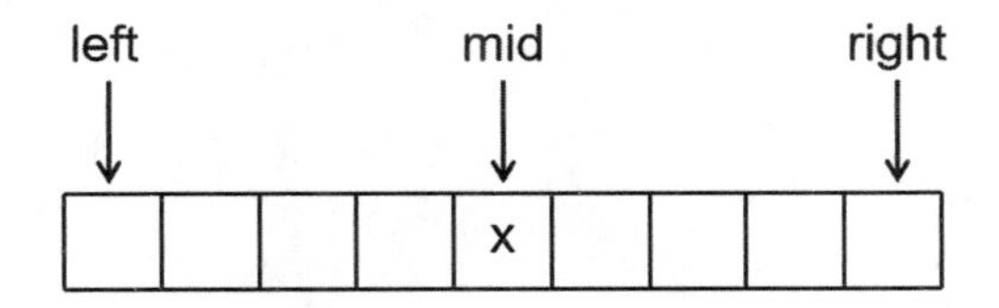

② 如果 a[mid] > x，说明 x 的位置在 mid 左边，则查找范围修改为[left, mid-1]。

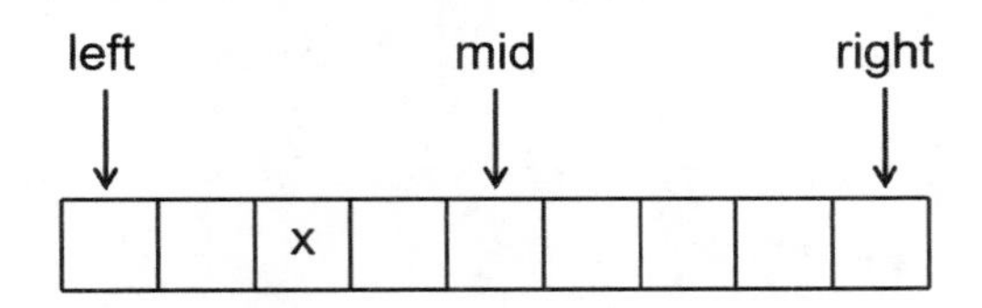

③ 如果 a[mid] < x，说明 x 的位置在 mid 右边，则查找范围修改为[mid+1, right]。

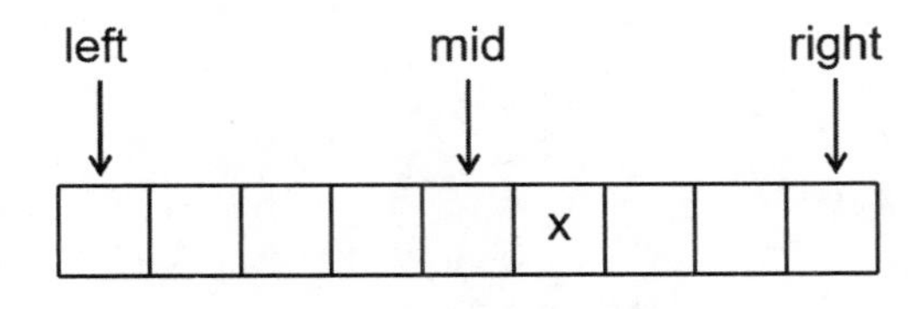

图 3-2-5　二分查找示意图

二分查找的高效之处在于每一次查找都可以排除掉当前区间一半的元素，因此时间复杂度是 $O(\log n)$。

二分查找是典型的分治算法问题，按照分治算法的一般步骤，具体步骤如下：

① 分解：将有序数组划分为左右两个子数组，直到子数组的长度为 1 或 0。

② 解决：对于每个子数组，判断其中间元素与目标值的大小关系。如果中间元素等于目标值，则查找成功；如果中间元素小于目标值，则在右子数组中继续查找；如果中间元素大于目标值，则在左子数组中继续查找。

③ 合并：由于二分查找算法在每一步都会将搜索范围缩小一半，因此不需要显式地合并子问题的解。当搜索范围为空(left>right)时，表示目标值不存在于数组中。

【参考程序】

```
1. #include<bits/stdc++.h>
2. using namespace std;
3. int a[100005];
4. int binarySearch(int a[], int left, int right, int x) {
```

```
5.      while (left <= right) {
6.          int mid = (left + right) / 2;
7.          if (a[mid] == x)
8.              return mid;
9.          else if (a[mid] > x)
10.             right = mid - 1;
11.         else
12.             left = mid + 1;
13.     }
14.     return -1;
15. }
16.
17. int main() {
18.     int n, x;
19.     cin >> n;
20.     for (int i = 1; i <= n; ++i)
21.         cin >> a[i];
22.     cin >> x;
23.     int p = binarySearch(a, 1, n, x);
24.     cout << p << endl;
25.     return 0;
26. }
```

四、迁移应用

【例 3.2.1】 快速排序(quicksort,1 S,128 MB,内部训练)

【问题描述】

将读入的 N 个数从小到大排序后输出。

【输入数据】

第一行为一个正整数 N。

第二行包含 N 个正整数,正整数之间用空格隔开,为需要进行排序的数。

【输出数据】

将给定的 N 个数从小到大输出,数与数之间用空格隔开,行末换行且无空格。

输入样例	输出样例
5 4 2 4 5 1	1 2 4 4 5

【数据规模】

20%的数据满足:$1 \leqslant n \leqslant 10^3$

100%的数据满足:$1 \leqslant n \leqslant 10^5, 1 \leqslant a_i \leqslant 10^9$

【问题分析】

快速排序也是采用分治思想来处理数据的。利用分治思想的解题策略来分析快速排序。

① 分解。先从数列中取出一个元素作为基准元素。基准元素可以是第一个数,也可以是最后一个数,还可以是中间值,当然也可以是数列里的随机元素。以基准元素为标准,将问题分解为两个子序列,使小于或者等于基准元素的子序列在左侧,使大于或者等于基准元素的子序列在右侧。

② 解决。对两个子序列进行快速排序(递归快速排序)。

③ 合并。将排好的两个子序列合并在一起,得到原问题的解。

快速排序方法 1:如图 3-2-6 所示,这里取首元素作为基准元素。

	1	2	3	4	5	6	7	8	9
	65	55	45	80	70	85	60	50	75
步骤一	key	i →							← j
	65	55	45	80	70	85	60	50	75
步骤二				i →				← j	
	65	55	45	50	70	85	60	80	75
步骤三				i →				← j	
	65	55	45	50	70	85	60	80	75
步骤四					i →		← j		
	65	55	45	50	60	85	70	80	75
					i →		← j		
	65	55	45	50	60	85	70	80	75
					← j	i →			
	60	55	45	50	65	85	70	80	75
步骤五	key				j	i			
	60	55	45	50	65	85	70	80	75
步骤六	key	i →		← j		key	i →		← j

图 3-2-6 一轮快速排序过程模拟 1

假设当前的待排序的序列为 a[left, right],其中 left<right。

步骤一:取第一个元素作为基准元素即 key=left。令 i = left + 1,j = right。

步骤二:i 从左到右扫描,找到第一个大于 key 的元素,j 从右到左扫描,找到第一个小于 key 的元素。

步骤三:如果 $i < j$,则交换 $a[i]$ 和 $a[j]$ 的值。

步骤四:重复步骤二和步骤三,直至 $i > j$。

步骤五:交换 a[key] 和 $a[j]$ 的值。至此完成一趟排序,此时以 $a[j]$ 为分界线,将数据分割为两个子序列,左侧子序列都小于等于 key,右侧子序列都大于等于 key。

步骤六:分别对这两个子序列进行快速排序。

【参考程序】

```
1. #include <bits/stdc++.h>
2. using namespace std;
```

```
3. int n, a[100005];
4. void quicksort1(int left, int right) {
5.   if (left >= right)
6.     return ;
7.   int key = left;
8.   int i = left + 1, j = right;
9.   while (i < j) {
10.     while (i <= right && a[i] < a[key])
11.       ++i;
12.     while (j >= left + 1 && a[j] > a[key])
13.       j--;
14.     if (i < j) {
15.      swap(a[i], a[j]);
16.     }
17.   }
18.   if (i > j)
19.    swap(a[key], a[j]);
20. // for (int i = 1; i <= n; ++i)
21. //    cout << a[i] << " ";
22. // cout << endl;
23.   quicksort1(left, j - 1);
24.   quicksort1(j + 1, right);
25. }
26. int main() {
27.   cin >> n;
28.   for (int i = 1; i <= n; ++i)
29.     cin >> a[i];
30.   quicksort1(1, n);
31.   for (int i = 1; i <= n; ++i)
32.     cout << a[i] << " ";
33.   return 0;
34. }
```

快速排序方法 2：如图 3.2.7 所示。这里取中间值作为基准元素。

假设当前的待排序的序列为 a [left, right]，其中 left $\leqslant$ right。

步骤一：取中间值，即 key $= a[(\text{left} + \text{right})/2]$ 为基准元素。i = left，j = right。

步骤二：i 从左到右扫描，找到第一个大于等于 key 的元素，j 从右到左扫描，找到第一个小于等于 key 的元素。

步骤三：如果 $i < j$，则交互 $a[i]$ 和 $a[j]$ 的值，$++i$，$j--$。

步骤四：重复步骤二和步骤三，直至 $i > j$。

至此完成一趟排序，此时以 $a[j]$ 和 $a[i]$ 为界线，将数据分割为两个子序列，左侧子序列

	1	2	3	4	5	6	7	8	9
	65	55	45	80	70	85	60	50	75
步骤一	i →				key				← j
	65	55	45	**80**	70	85	60	**50**	75
步骤二				i →				← j	
	65	55	45	**50**	70	85	60	**80**	75
步骤三					i →		← j		
	65	55	45	50	**70**	85	**60**	80	75
步骤四					i		j		
	65	55	45	50	**60**	85	**70**	80	75
						i →← j			
	65	55	45	50	60	85	**70**	80	75
步骤五					← j	i →			
	65	55	45	50	60	85	70	80	75
步骤六	left				right	left			right

图 3-2-7　一轮快速排序过程模拟 2

都小于等于 key，右侧子序列都大于等于 key，然后再分别对这两个子序列进行快速排序。

【参考程序】

```
1. #include <bits/stdc++.h>
2. using namespace std;
3. int n, a[100005];
4. void quicksort2(int left, int right) {
5.     if (left < right) {
6.         int key = (left + right) / 2;
7.         int i = left, j = right;
8.         while (i <= j) {
9.             while (i <= right && a[i] < a[key]) ++i;
10.            while (j >= left && a[j] > a[key]) j--;
11.            if (i <= j) {
12.                swap(a[i], a[j]);
13.                ++i; j--;
14.            }
15.        }
16.        quicksort2(left, j);
17.        quicksort2(i, right);
18.    }
19. }
20. int main() {
21.     cin >> n;
22.     for (int i = 1; i <= n; ++i) cin >> a[i];
```

```
23.     quicksort2(1, n);
24.     for (int i = 1; i <= n;++i) cout << a[i] << " ";
25.     return 0;
26. }
```

请仔细对比这两种写法的异同，重点关注 left 和 right 的取值变化以及 while 语句中终止条件的区别。

【例 3.2.2】 南蛮图腾(quickpower，1 S，128 MB，洛谷 P1498)

【问题描述】

自从到了南蛮之地，孔明不仅把孟获收拾得服服帖帖，而且还发现了不少少数民族的智慧，他发现少数民族的图腾往往有着一种分形的效果，在得到了酋长的传授后，孔明掌握了不少绘图技术，但唯独不会画他们的图腾，于是他找上了你的爷爷的爷爷的爷爷的爷爷……帮忙，作为一个好孙子的孙子的孙子的孙子……你能做到吗？

【输入数据】

每个数据输入一个正整数 n，表示图腾的规模。

【输出数据】

这个规模的图腾。

<table>
<tr><th>输入样例</th><th>输出样例</th></tr>
<tr><td>2</td><td><pre>
   /\
  /__\
 /\ /\
/__\/__\
</pre></td></tr>
<tr><td>3</td><td><pre>
       /\
      /__\
     /\ /\
    /__\/__\
   /\   /\
  /__\   /__\
 /\ /\ /\ /\
/__\/__\/__\/__\
</pre></td></tr>
</table>

【数据规模】

数据保证，$1 \leqslant n \leqslant 10$。

【问题分析】

本题考察的分形图形的生成。分形图形通常被定义为“一个几何形状，可以分成数个部分，且每一部分都是整体缩小后的形状”，即分形图形具有自相似的性质。

常见的分形图形如科赫曲线、谢尔宾斯基三角等，如下图所示：

显然，在分形图形中，规模较大的图形一定包含规模较小的图形，这就是分形图形的自相似性。

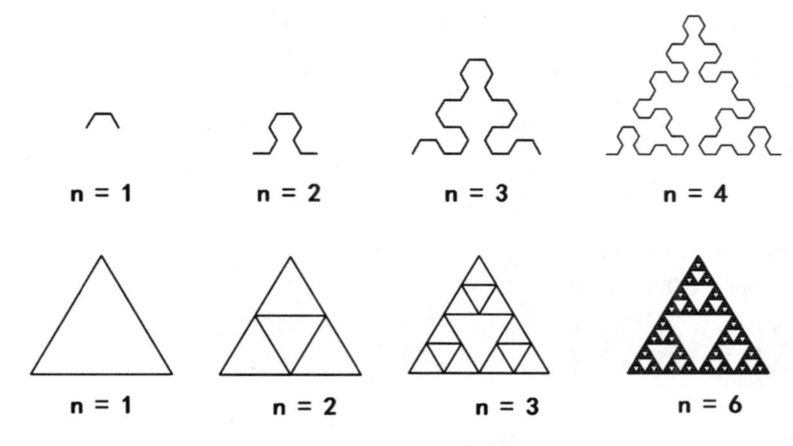

图 3-2-8　常见的分形图形

在本题中，观察可以发现，图腾的基本图形是 6 条短线组成的三角形，这也是 $n = 1$ 时的图形。当 $n = 2$ 时，需要做的操作是把 $n = 1$ 时的图形向右复制一份，再向上复制一份。

表 3-2-1　图腾变化的过程

<table>
<tr><td>/\
/__\</td><td>/\ /\
/__\/__\</td><td>/\
/__\
/\ /\
/__\/__\</td></tr>
<tr><td rowspan="2">$n=1$</td><td>向右复制一份</td><td>向上复制一份</td></tr>
<tr><td colspan="2">$n=2$</td></tr>
</table>

同样地，当 $n = 3$ 时，需要做的操作是把 $n = 2$ 时的图形先向右复制一份，再向上复制一份。

搞清楚规律以后，就可以用分治思想来解决本题，方法如下：

① 分解：将大规模的问题逐步分解，直至初始状态；

② 解决：绘制出初始状态的基本图形；

③ 合并：从基本图形开始，逐步拼合成更大的图形，直至完成题目给定的规模。

具体实现的时候，可以直接从小图形开始，递推拼合成大图像。为了便于复制，我们将图形先倒置处理，最后再倒序输出。

【参考程序】

```
1. #include<iostream>
2. using namespace std;
3. char a[1024][2048];
4. int main() {
5.   int n, l = 4, k = 1;                    // 初始宽度 l=4，初始规模 k=1
6.   cin >> n;
7.   for (int i = 0; i < 1024;++i)          // 图腾最高 2^10 =1024
```

```
8.      for (int j = 0; j <2048; ++j)          // 图腾最宽 2^10* 2=2048
9.        a[i][j] = ' ';                        // 初始化,将矩阵置为空值
10.   a[0][0] = a[1][1] = '/';
11.   a[0][1] = a[0][2] = '_';
12.   a[0][3] = a[1][2] = '\\';
13.   while (k <n) {
14.     for (int i = 0; i <l / 2;++i)
15.       for (int j = 0; j <l; ++j)
16.         a[i+(l / 2)][j+(l / 2)] = a[i][j+l] = a[i][j];
17.     l * = 2, k++;
18.   }
19.   for (int i = (l / 2) - 1; i >= 0; i-- ) {
20.     for (int j = 0; j <l; ++j)
21.       cout << a[i][j];
22.     cout << endl;
23.   }
24.   return 0;
25. }
```

【例 3.2.3】 地毯填补问题(carpet,1 S,128 MB,洛谷 P1228,有修改)

【问题描述】

相传在一个古老的阿拉伯国家里,有一座宫殿。宫殿里有个四四方方的格子迷宫,国王选择驸马的方法非常特殊,也非常简单:公主就站在其中一个方格子上,只要谁能用地毯将除公主站立的地方外的所有地方盖上,美丽漂亮聪慧的公主就是他的人了。公主这一个方格不能用地毯盖住,毯子的形状有所规定,只能有四种选择(如图 3-2-8):

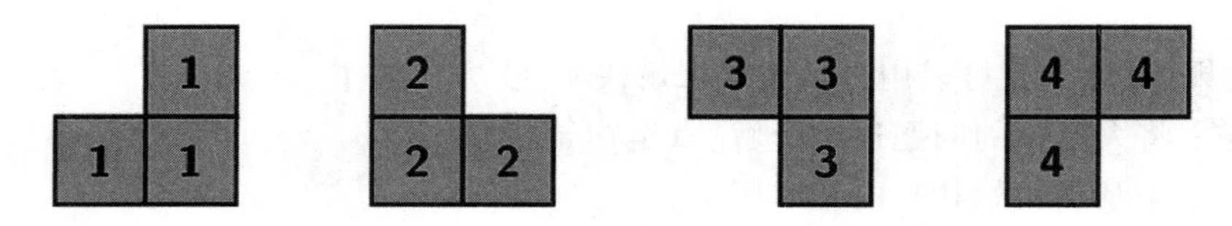

图 3-2-9 毯子形状的规定

并且每一方格只能用一层地毯,迷宫的大小为 $2^k \times 2^k$ 的方形。当然,也不能让公主无限制的在那儿等,对吧?由于你使用的是计算机,所以实现时间为 1 秒。

【输入数据】

输入共 2 行。

第一行一个整数 k,即给定被填补迷宫的大小为 $2^k \times 2^k(0 < k \leqslant 10)$;

第二行两个整数 x, y,即给出公主所在方格的坐标(x 为行坐标,y 为列坐标),x 和 y 之间有一个空格隔开。

【输出数据】

覆盖的矩阵图,公主所在的位置用 0 表示。

输入样例	输出样例
2 3 1	4 4 3 3 4 3 3 3 0 1 3 1 1 1 1 1

【问题分析】

考虑用分治法解决。

在二维棋盘上，我们设左上角的坐标为(1, 1)，公主所站的位置为 (x, y)，当前迷宫的左上角坐标是(x_1, y_1)，右下角坐标是(x_2, y_2)。我们将当前迷宫四等分，$2^k \times 2^k$ 个方格的迷宫被平分成 4 个 $2^{k-1} \times 2^{k-1}$ 的子迷宫。

首先找到公主所站的子迷宫，然后对剩下三个子迷宫靠近中心位置分别填入一个标记块，也就是填补上一块地毯，其效果类似于站了一个公主，再分别递归处理四个子迷宫。

如果当前子迷宫的大小为 2×2，表示已到达递归边界，根据标记块所在位置分情况讨论，选择一块合适的地毯填补上即可。

以样例为例，首先找到公主位置在左下方，其余三块没有公主的子迷宫在中心位置填补上一块地毯，形状为 3 号，这样四个子迷宫就分别都有一个方格是被标记。然后分别对每个子迷宫递归处理。由于每个子迷宫的大小都是 2×2，且每个子迷宫都有一个方格被标记，根据被标记方格的位置，选择合适的地毯填补即完成当前子迷宫的填补工作。当所有子迷宫的填补都完成以后，整个迷宫也就完成填补了。

4	4	3	3
4	3	3	3
0	1	3	1
1	1	1	1

图 3-2-10　迷宫填补示意图

【参考程序】

```
1. #include <bits/stdc++.h>
2. using namespace std;
3. int k = 1, c[1024][1024];
4. void lt( int x1, int y1, int x2, int y2 ) { //缺角在左上
5.    c[x1 + (x2 - x1) / 2 + 1][y1 + (y2 - y1) / 2] = 1;
6.    c[x1 + (x2 - x1) / 2 + 1][y1 + (y2 - y1) / 2 + 1] = 1;
7.    c[x1 + (x2 - x1) / 2][y1 + (y2 - y1) / 2 + 1] = 1;
8. }
9. void lb( int x1, int y1, int x2, int y2 ) { // 缺角在右上
10.  c[x1 + (x2 - x1) / 2][y1 + (y2 - y1) / 2] = 2;
11.  c[x1 + (x2 - x1) / 2 + 1][y1 + (y2 - y1) / 2] = 2;
12.  c[x1 + (x2 - x1) / 2 + 1][y1 + (y2 - y1) / 2 + 1] = 2;
13. }
14. void rt( int x1, int y1, int x2, int y2 ) { //缺角在左下
15.    c[x1 + (x2 - x1) / 2][y1 + (y2 - y1) / 2] = 3;
16.    c[x1 + (x2 - x1) / 2][y1 + (y2 - y1) / 2 + 1] = 3;
17.    c[x1 + (x2 - x1) / 2 + 1][y1 + (y2 - y1) / 2 + 1] = 3;
```

```
18. }
19. void rb(int x1, int y1, int x2, int y2 ) { //缺角在右下
20.   c[x1 + (x2 - x1) / 2 + 1][y1 + (y2 - y1) / 2] = 4;
21.   c[x1 + (x2 - x1) / 2][y1 + (y2 - y1) / 2] = 4;
22.   c[x1 + (x2 - x1) / 2][y1 + (y2 - y1) / 2 + 1] = 4;
23. }
24. void work(int x1, int y1, int x2, int y2) {
25.   int i, j, p, q;
26.   if (x2 - x1  == 1) {
27.    //当方格为2*2时,填充图形并结束递归
28.    for (i = x1; i <= x2;++i)
29.      //查找公主位置或已覆盖点在何处
30.      for (j = y1; j <= y2; ++j)
31.        if (c[i][j] ! = 0)
32.         p = i, q = j;
33.    if (p == x1 && q == y1) //在左上角
34.     lt(x1, y1, x2, y2);
35.    if (p == x1 && q == y2) //在左下角
36.     lb(x1, y1, x2, y2);
37.    if (p == x2 && q == y1) //在右上角
38.     rt(x1, y1, x2, y2);
39.    if (p == x2 && q == y2) //在右下角
40.     rb(x1, y1, x2, y2);
41.   } else {
42.    for (i = x1; i <= x2;++i)
43.      for (j = y1; j <= y2; ++j)
44.        if (c[i][j] ! = 0)
45.         p = i, q = j;
46.    if (p <= (x1 + (x2 - x1) / 2))
47.      if ( q <= (y1 + (y2 - y1) / 2))
48.       lt(x1, y1, x2, y2);
49.      else
50.       lb(x1, y1, x2, y2);
51.    if (p > (x1 + (x2 - x1) / 2))
52.      if (q <= (y1 + (y2 - y1) / 2))
53.       rt(x1, y1, x2, y2);
54.      else
55.       rb(x1, y1, x2, y2);
56.    //将当前图形平分为四块后递归
57.    work(x1, y1, (x1 + (x2 - x1) / 2), (y1 + (y2 - y1) / 2));
58.    work((x1 + (x2 - x1) / 2 + 1), y1, x2, (y1 + (y2 - y1) / 2));
59.    work(x1, (y1 + (y2 - y1) / 2 + 1), (x1 + (x2 - x1) / 2), y2);
```

```
60.       work((x1 + (x2 - x1) / 2 + 1), (y1 + (y2 - y1) / 2 + 1), x2, y2);
61.     }
62. }
63. int main() {
64.   int n, x, y;
65.   cin >> n >> x >> y;
66.   for (int i = 1; i <= n;++i)
67.     k = k * 2;
68.   c[x][y] = 5; // 公主所在位置
69.   work(1, 1, k, k);
70.   c[x][y] = 0;
71.   for (int i = 1; i <= k;++i) {
72.     for (int j = 1; j <= k; ++j)
73.       cout << c[i][j] << ' ';
74.     cout << endl;
75.   }
76.   return 0;
77. }
```

【例 3.2.4】　网线主管(line,1 S,128 MB,Northeastern Europe 2001)

【问题描述】

仙境的居民们决定举办一场程序设计区域赛。裁判委员会完全由自愿组成,他们承诺要组织一次史上最公正的比赛。他们决定将选手的电脑用星形拓扑结构连接在一起,即将它们全部连到一个单一的中心服务器。为了组织这个完全公正的比赛,裁判委员会主席提出要将所有选手的电脑等距离地围绕在服务器周围放置。

为购买网线,裁判委员会联系了当地的一个网络解决方案提供商,要求能够提供一定数量的等长网线。裁判委员会希望网线越长越好,这样选手们之间的距离可以尽可能远一些。

该公司的网线主管承接了这个任务。他知道库存中每条网线的长度(精确到厘米),并且只要告诉他所需的网线长度(精确到厘米),他都能够完成对网线的切割工作。但是,这次,所需的网线长度并不知道,这让网线主管不知所措。

你需要编写一个程序,帮助网线主管确定一个最长的网线长度,并且按此长度对库存中的网线进行切割,能够得到指定数量的网线。

【输入数据】

第一行包含两个整数 N 和 K,以单个空格隔开。$N(1 \leqslant N \leqslant 10\,000)$ 是库存中的网线数,$K(1 \leqslant K \leqslant 10\,000)$ 是需要的网线数量。接下来 N 行,每行一个数,为库存中每条网线的长度(单位:米)。所有网线的长度至少 1 米,至多 100 千米。输入中的所有长度都精确到厘米,即保留到小数点后两位。

【输出数据】

网线主管能够从库存的网线中切出指定数量的网线的最长长度(单位:米)。必须精确到厘米,即保留到小数点后两位。若无法得到长度至少为 1 厘米的指定数量的网线,则必须输出“0.00”(不包含引号)。

输入样例	输出样例
4 11 8.02 7.43 4.57 5.39	2.00

【问题描述】

根据题意,我们可以枚举本题的答案范围,再逐个判断枚举值是否为所求解。为了方便枚举操作,将0米到100千米的单位统一更改为厘米,答案范围即在0厘米到10 000 000厘米之间。假设X厘米是一个可能的解,那么,比X小的长度显然也是可能的解,而比X大的长度却不一定。我们发现答案数据具备单调性且可以枚举,可以尝试用分治算法高效枚举解决。这种利用二分法枚举答案的算法也称为二分答案算法,详细内容可阅读拓展知识。

本题具体做法是,首先,我们要找到符合题目要求的minLEFT和maxRIGHT,即一定能被裁剪的长度和一定不能被裁剪的长度。考虑极端情况,长度为0的网线一定能被裁剪出来,而长度为1的就不一定了,所以minLEFT的值设置为0。同理,maxRIGHT的值设置为10000001。

如何判断当前值是否符合题目要求呢?我们只需要在每根网线上尽可能多地切割出当前数值长度的网线,把所有切割出的网线数量加在一起,判断是否大于等于需要的网线数量K:如果判断成立,则当前值符合题目要求,令left=mid;如果判断不成立,则当前值不符合题目要求,令right=mid。

【参考程序】

```
1. #include <bits/stdc++.h>
2. using namespace std;
3. int a[10001];
4. int main() {
5.   int n, k;
6.   cin >> n >> k;
7.   for (int i = 1; i <= n;++i) {
8.     double x;
9.     cin >> x;
10.    a[i] = int(x * 100) ; // 把网线的长度单位从米改成厘米
11.  }
12.  int left = 0, right = 10000001;
13.  while (left + 1 < right) {
14.    int mid = (left + right) / 2;
15.    int tot = 0;
16.    for (int i = 1; i <= n;++i)
17.      tot += a[i] / mid;// 由于 right > left + 1,mid 的值一定大于 0
```

```
18.     if (tot >= k)
19.       left = mid; // 当前答案符合题目要求,更改 left 的值
20.     else
21.       right = mid; // 当前答案不符合题目要求,更改 right 的值
22.   }
23.   cout << setprecision(2) << fixed;
24.   cout << (double)left / 100;
25.   return 0;
26. }
```

五、拓展提升

1. 本节要点

(1) 理解分治算法的基本思想

(2) 掌握分治算法的解题策略

2. 拓展知识

(1) 二分查找的拓展问题

二分查找的拓展问题很多,这里取最常见的四种情况来讨论。

- 查找有序数组中第一个值等于给定值的元素的位置
- 查找有序数组中最后一个值等于给定值的元素的位置
- 查找有序数组中第一个大于等于给定值的元素的位置
- 查找有序数组中最后一个小于等于给定值的元素的位置

① 查找有序数组中第一个值等于给定值的元素的位置

比如在数组 nums={1,2,2,3,3,3,4,4,5}中,查找第一个 4,返回值是 6。

问题的关键在于数组中可能有重复元素,所以在常规二分查找的基础上,如果找到和给定值相等的元素,我们还需要判断这个元素是不是第一个和给定值相等的元素。

【算法分析】

● 如果当前元素是第 0 个元素(数组下标从 0 开始)或者当前元素的值和前一个位置上元素的值不相等,则当前元素就是要查找的元素,输出当前元素的位置;

● 如果当前元素的前一个元素的值也等于给定值,则查找范围需要向左缩小,即 right=mid-1。

需要注意的是,这里 left 是查找范围的左端,right 是查找范围的右端,两端都在查找范围内,当 left>right 时,查找结束。

【参考程序】

```
1. int bsearch_left(int nums[ ], int n, int target) {
2.   int left = 0, right = n - 1;
3.   while (left <= right) {
4.     int mid = left + ((right - left) / 2);
5.     if (nums[mid] < target)
```

```
6.         left = mid + 1;
7.       else if (nums[mid] > target)
8.         right = mid - 1;
9.       else if (mid == 0 || nums[mid - 1] != target)
10.        return mid;
11.      else
12.        right = mid - 1;
13.   }
14.   return -1;
15. } // nums = {1,2,2,3,3,3,4,4,5}, target = 4, return 6
```

② 查找有序数组中最后一个值等于给定值的元素的位置

比如在数组 nums = {1,2,2,3,3,3,4,4,5}中,查找最后一个4,返回值是7。

问题的关键在于数组中可能有重复元素,所以在常规二分查找的基础上,如果找到和给定值相等的元素,我们还需要判断这个元素是不是最后一个和给定值相等的元素。

【算法分析】

● 如果当前元素是第 $n-1$ 个元素(数组下标从0开始)或者当前元素的值和后一个位置上元素的值不相等,则当前元素就是要查找的元素,输出当前元素的位置;

● 当前元素的后一个元素的值也等于给定值,则查找范围需要向右缩小,即 left=mid+1。

和上一个拓展问题类似,这里当 left>right 时,查找结束。

【参考程序】

```
1. int bsearch_right(int nums[], int n, int target) {
2.   int left = 0, right = n - 1;
3.   while (left <= right) {
4.       int mid = left + ((right - left) / 2);
5.       if (nums[mid] < target)
6.         left = mid + 1;
7.       else if (nums[mid] > target)
8.         right = mid - 1;
9.       else if (mid == n - 1 || nums[mid + 1] != target)
10.        return mid;
11.      else
12.        left = mid + 1;
13.   }
14.   return -1;
15. } // nums = {1,2,2,3,3,3,4,4,5}, target = 4, return 7
```

③ 查找有序数组中第一个大于等于给定值的元素的位置

比如在数组 nums = {3,4,6,7,19}中,查找5,返回值是2。

和①相比,问题的关键在数组中可能有重复元素的基础上增加了如果没有和给定值相

等的元素，要输出第一个大于给定值的元素的位置这个条件。

【算法分析】

● 如果当前元素的值小于给定值，说明查找范围要向右缩小，即 left=mid+1；

● 如果当前元素的值大于等于给定值，那么当前元素有可能是要查找的元素，需要进一步判断。

1）如果当前元素是第 0 个元素（数组下标从 0 开始）或者当前元素的前一个元素的值小于给定值，说明当前元素就是要找的元素，输出当前元素的位置。

2）如果当前元素的前一个元素的值也大于等于给定值，那么查找范围要向左缩小，即 right=mid−1。

【参考程序】

```
1. int bsearch_not_less(int nums[ ], int n, int target) {
2.   int left = 0, right = n - 1;
3.   while (left <= right) {
4.     int mid = left + ((right - left) / 2);
5.     if (nums[mid] >= target)
6.       if (mid == 0 || nums[mid - 1] < target)
7.         return mid;
8.       else
9.         right = mid - 1;
10.    else
11.      left = mid + 1;
12.  }
13.  return -1;
14. } // nums = {3,4,6,7,19}, target = 5, return 2
```

④查找有序数组中最后一个小于等于给定值的元素的位置

比如在数组 nums = {3,4,6,7,19} 中，查找 5，返回值是 1。

和②相比，问题的关键在数组中可能有重复元素的基础上增加了如果没有和给定值相等的元素，要输出最后一个小于给定值的元素的位置这个条件。

【算法分析】

● 如果当前元素的值大于给定值，说明查找范围要向左缩小，即 right=mid−1；

● 如果当前元素的值小于等于给定值，那么当前元素有可能是要查找的元素，需要进一步判断。

1）如果当前元素是第 $n-1$ 个元素（数组下标从 0 开始）或者当前元素的后一个元素的值大于给定值，说明当前元素就是要找的元素，输出当前元素的位置。

2）如果当前元素的后一个元素的值也大于等于给定值，那么查找范围要向右缩小，即 left=mid+1。

【参考程序】

```
1. int bsearch_not_greater(int nums[ ], int n, int target) {
```

```
2.  int left = 0, right = n - 1;
3.  while (left <= right) {
4.      int mid = left + ((right - left) / 2);
5.      if (nums[mid] <= target)
6.        if (mid == n - 1 || nums[mid + 1] > target)
7.          return mid;
8.        else
9.          left = mid + 1;
10.     else
11.       right = mid - 1;
12. }
13. return -1;
14. } // nums = {3,4,6,7,19}, target = 5, return 1
```

(2) STL中的二分查找

STL是C++的标准模板库,这个库可以为编程者提供高效的数据结构和算法。在STL中,和二分查找有关的函数主要三个: lower_bound()、upper_bound()、binary_search()

① binary_search(left, right, x) : 函数用于判断一个元素是否存在于已排序的范围内。

② lower_bound(left, right, x) : 函数返回大于等于 x 的最小的位置。

③ upper_bound(left, right, x) : 函数返回大于 x 的最小的位置。

例如: 对于数组 a[8]={1,2,3,5,5,5,8,9}:

问题	代码	返回值
判断数组中有没有元素"5"	binary_search(a, a+8, 5)	1(true)
找到第一个"≥5"的元素	lower_bound(a, a+8, 5) - a	3
找到最后一个"<5"的元素	lower_bound(a, a+8, 5) - a - 1	2
找到第一个">5"的元素	upper_bound(a, a+8, 5) - a	6
找到最后一个"≤5"的元素	upper_bound(a, a+8, 5) - a - 1	5

(3) 二分答案

一般来说,二分答案类型题目的解在一个具有单调性的数据区间内。在解可能的区间范围内,利用二分的方式枚举数值,判断当前的值是否符合题目的要求。通过不断逼近,我们可以在所有满足要求的解中找到题目的最优解。也就是说,使用二分答案,可以将最优性问题转化为可行性问题。

适合使用二分答案的题目要求满足以下特征:

① 答案的范围已知且具有单调性,"最小值最大化"或"最大值最小化"是二分答案题目的明显标志;

② 答案是可以枚举的整数(或有限精度的小数);

③ 通过检验,可以方便地判断出答案是否符合题目的要求,这是二分答案算法的关键。

以“最小值最大化”为例，如图 3-2-11 所示，所有深灰色区域都小于 x，都是符合题目要求的解。在所有的解中，$x-1$ 是符合题目要求的解的最大值，也就是我们要求的最优解。

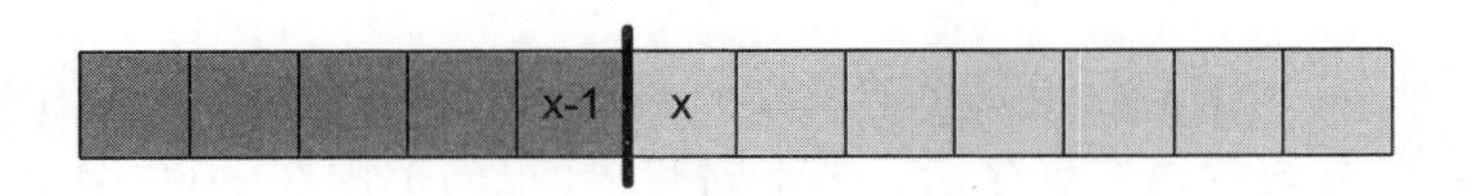

图 3-2-11　最小值最大化示意图

二分答案的实现过程参考图 3-2-12，如下所示：

初始的时候，令 left 表示符合要求的最小值，right 表示不符合要求的最大值，中间是白区域，表示未知状态。注意：这里 left 是一定符合要求，而 right 是一定不符合要求。

令 mid=(left+right)/2：如果 mid 的值符合题目要求，则从 left 到 mid 的值均符合题目要求(数据的单调性)，令 left=mid；如果 mid 的值不符合题目要求，则从 right 到 mid 的值均不符合题目要求(数据的单调性)，令 right=mid。

重复上述操作，直至 left+1=right，此时 left 的值就是符合题目要求的最大值，最后输出 left 的值。

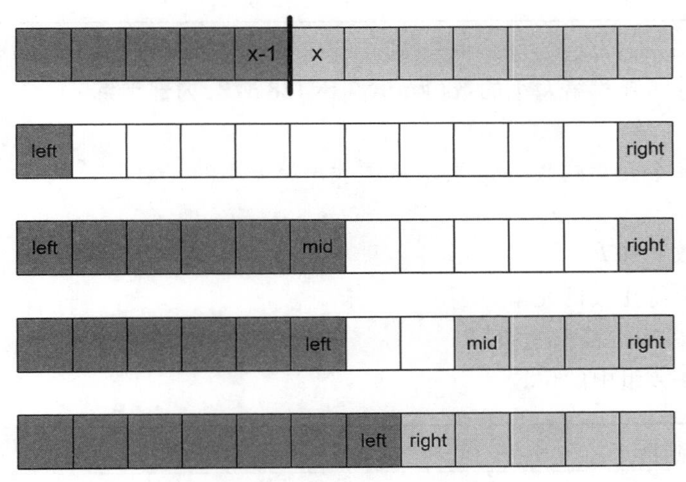

图 3-2-12　二分答案示意图

二分答案算法的基本框架：

```
1. left = minLEFT, right = maxRIGHT;
2. while (left + 1 < right) {
3.    mid = (left + right) / 2;
4.    if IsLEFT(mid) // 符合条件,在深灰色区域
5.      left = mid;
6.    else
7.      right = mid; // 不符合条件,在浅灰色区域
8. }
9. cout << left;
```

3. 拓展应用

【练习 3.2.1】 一元三次方程求解(equation,1 S,128 MB,NOIP2001 提高组)

【问题描述】

有形如:$ax^3+bx^2+cx+d=0$这样的一个一元三次方程。给出该方程中各项的系数(a, b, c, d 均为实数),并约定该方程存在三个不同实根(根的范围在-100 至 100 之间,且根与根之差的绝对值≥1)。

要求由小到大依次在同一行输出这三个实根(根与根之间留有空格),并精确到小数点后 2 位。

【输入数据】

一行,输入 a, b, c, d。

【输出数据】

三个实根(根与根之间留有空格),精确到小数点后 2 位。

输入样例	输出样例
1 -5 -4 20	-2.00 2.00 5.00

【练习 3.2.2】 查找第 k 小的数(kmin,1 S,128 MB,内部训练)

【问题描述】

对于给定的 n 个元素的数组 a,要求从中找出第 k 小的元素。

【输入数据】

第一行是总数 n 和 k;

第二行是 n 个待比较的元素。

【输出数据】

第 k 小的数在数组中的位置。

输入样例	输出样例
5 3 23 8 91 56 4	1

【数据规模】

$n \leqslant 10\,000$, $k \leqslant 1\,000$,所有整数的绝对值 $\leqslant 10^8$。

【练习 3.2.3】 循环比赛(match,1 S,128 MB,内部训练)

【问题描述】

某个项目有 n 个选手进行循环比赛。其中 $n=2^m$,要求每名选手要与其他 $n-1$ 名选手都比赛一次。每名选手每天比赛一次,循环赛共进行 $n-1$ 天,要求每天没有选手轮空。

【输入数据】

输入一个整数 m($m \leqslant 5$)

【输出数据】

输出 n 行 n 列的整数矩阵，即比赛时间表。

矩阵中的每个元素占用空间位为 3 个字符。

输入样例	输出样例
2	1 2 3 4 2 1 4 3 3 4 1 2 4 3 2 1

【练习 3.2.4】　跳石头（stone，1 S，128 MB，NOIP2015 提高组）

【问题描述】

一年一度的“跳石头”比赛又要开始了！这项比赛将在一条笔直的河道中进行，河道中分布着一些巨大岩石。组委会已经选择好了两块岩石作为比赛起点和终点。在起点和终点之间，有 N 块岩石（不含起点和终点的岩石）。在比赛过程中，选手们将从起点出发，每一步跳向相邻的岩石，直至到达终点。为了提高比赛难度，组委会计划移走一些岩石，使得选手们在比赛过程中的最短跳跃距离尽可能长。由于预算限制，组委会至多从起点和终点之间移走 M 块岩石（不能移走起点和终点的岩石）。

【输入数据】

输入第一行包含三个整数 L、N、M，分别表示起点到终点的距离、起点和终点之间的岩石数，以及组委会至多移走的岩石数。

接下来 N 行，每行一个整数，第 i 行的整数 $D_i(0 < D_i < L)$ 表示第 i 块岩石与起点的距离。这些岩石按与起点距离从小到大的顺序给出，且不会有两个岩石出现在同一个位置。

【输出数据】

输出只包含一个整数，即最短跳跃距离的最大值。

输入样例	输出样例
25 5 2 2 11 14 17 21	4

【样例说明】

将与起点距离为 2 和 14 的两个岩石移走后，最短的跳跃距离为 4（从与起点距离 17 的岩石跳到距离 21 的岩石，或者从距离 21 的岩石跳到终点）。

【数据规模】

对于 20% 的数据，$0 \leq M \leq N \leq 10$。

对于 50% 的数据，$0 \leq M \leq N \leq 100$。

对于 100% 的数据，$0 \leq M \leq N \leq 50\,000$，$1 \leq L \leq 1\,000\,000\,000$。

【练习 3.2.5】 收入计划(income,1 S,128 MB,TYVJ1359)

【问题描述】

高考结束后,同学们大都找到了一份临时工作,渴望挣得一些零用钱。从今天起,Matrix67 将连续工作 N 天($1 \leqslant N \leqslant 10\,000$)。每一天末他可以领取当天及前面若干天里没有领取的工资,但他总共只有 $M(1 \leqslant M \leqslant N)$ 次领取工资的机会。Matrix67 已经知道了在接下来的这 N 天里每一天他可以赚多少钱。为了避免自己滥用零花钱,他希望知道如何安排领取工资的时间才能使得领到工资最多的那一次工资数额最小。

注意:Matrix67 必须恰好领工资 M 次,且需要将所有的工资全部领走(即最后一天末需要领一次工资)。

【输入数据】

第一行输入两个用空格隔开的正整数 N 和 M。

以下 N 行每行一个不超过 10 000 的正整数,依次表示每一天的薪水。

【输出数据】

输出领取到的工资的最大值最小是多少。

输入样例	输出样例
75 100 400 300 100 500 101 400	500

【样例说明】

采取下面的方案可以使每次领到的工资不会多于 500。这个答案不能再少了。

第一天	第二天	第三天	第四天	第五天	第六天	第七天
100	400	300	100	500	101	400
	第一次领取		第二次领取	第三次领取	第四次领取	第五次领取
	500		400	500	101	400

第三节 捡金币问题——用动态规划算法解决问题

一、问题引入

【问题描述】

小孩走楼梯,每步可以走 1 级、2 级或 3 级台阶。每走一步他可以获得或者失去一些金

币。当这个人走到第 n 级台阶时，最多能获得多少金币？

例如现有 10 级台阶，其中对应的数字为正数表示获得金币，为负数表示失去金币。则小孩从第 0 级台阶开始，走到第 10 级台阶，最多能获得多少金币？

1	2	3	4	5	6	7	8	9	10
15	-8	5	-4	-6	-20	7	5	3	10

【输入数据】

两行，第一行一个整数 n，表示台阶的级数。

第二行包含 n 个整数，用单个空格隔开，分别表示第 i 个整数 $s[i]$ 表示走到第 i 个台阶所获得或失去的金币数。

【输出数据】

一行一个整数，表示最多能获得的金币数。

输入样例	输出样例
10 15 -8 5 -4 -6 -20 7 5 3 10	41

二、问题探究

在本章的第一节我们研究了走楼梯问题，本题是在“走楼梯”问题的基础上增加了“金币数”的统计，即：在所有走法中选一种获得金币数最多的走法。

设 $f(n)$ 表示走到第 n 级台阶时能得到的最多金币数，如何求 $f[n]$？

同样，我们仍然先从小数据入手，尝试列出 $f[n]$ 对应的所有可能情况：

当 $n=1$ 时，有 1 种走法，即 $f[1]=15$。

当 $n=2$ 时，有 2 种走法，即 $f[2]=\max\{15-8,-8\}=7$。

当 $n=3$ 时，有 4 种走法，即 $f[3]=\max\{15-8+5,15+5,-8+5,5\}=20$。

其中，max 函数求出的是当前状态的最优解，而由当前状态的最优解我们能够推算出最终状态的最优解。由此，可以写出递推关系式：

$$f[n]=\max\{f[n-1]+s[n],f[n-2]+s[n],f[n-3]+s[n]\}\ (n>3)$$

将 $s[n]$ 提取出来得到：

$$f[n]=\max\{f[n-1],f[n-2],f[n-3]\}+s[n](n>3)$$

上述递推关系同样可以采用“递归思考”加以理解，即要想在走到第 n 个台阶时获得最多金币，它的前一步（走到第 $n-1$、$n-2$ 或 $n-3$ 个台阶）也必须获得最多金币。

本题的边界条件是：

$f[1]=s[1]$

$f[2]=\max\{s[1]+s[2],s[2]\}$

$f[3]=\max\{s[1]+s[2]+s[3],s[1]+s[3],s[2]+s[3],s[3]\}$

根据边界条件和递推关系，就可以按照从前到后的顺序，依次得到走到第 n 级台阶所获得的最大金币数 $f(n)$（表 3-3-1）。上述这种求“多阶段决策过程的最优化问题”的实现方法，其实就是我们常说的动态规划，简称动规。

表 3-3-1　捡金币问题的递推实现

n	1	2	3	4	5	6	7	8	9	10
$s(n)$	15	−8	5	−4	−6	−20	7	5	3	10
$f(n)$	15	7	20	16	14	0	23	28	31	41

对于利用动态规划求解最优化问题，我们建议从集合的角度进行分析（图 3-3-1），“大化小”的思想显得更为直观，同时也更加容易理解。

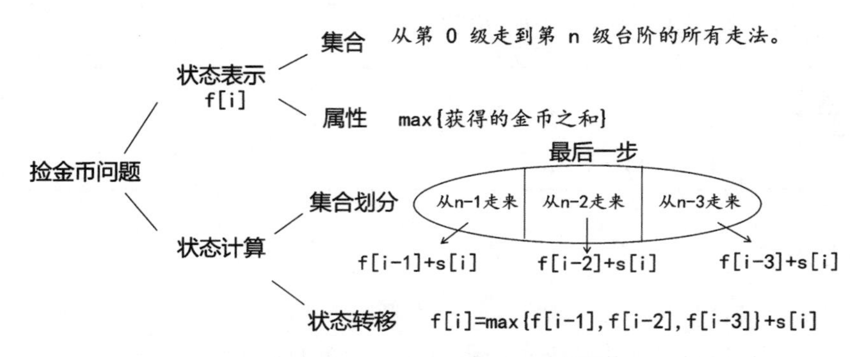

图 3-3-1　从集合角度分析捡金币问题的动规实现

【参考程序】

```
1. #include<bits/stdc++.h>
2. using namespace std;
3. int s[100005], f[100005], n;
4. int main() {
5.   cin >> n;
6.   for (int i = 1; i <= n;++i)
7.     cin >> s[i];
8.   f[1] = s[1];
9.   f[2] = max(s[1] +s[2], s[2]);
10.  f[3] = max(s[1] +s[2] +s[3], max(s[1] +s[3], max(s[2] +s[3],s[3])));
11.  for (int i = 4; i <= n;++i)
12.    f[i] = max(f[i - 1], max(f[i - 2], f[i - 3])) +s[i];
13.  cout << f[n] << endl;
14.  return 0;
15. }
```

三、知识建构

1. 动态规划的基本思路

动态规划(Dynamic Programming,DP)是运筹学的一个分支,适合解决“多阶段决策最优化问题”,也是信息竞赛频繁考查的热点与难点。其基本思想是将待求解问题分解成若干规模更小的相似子问题,先求解子问题,然后从这些子问题的解通过决策得到原问题的解。用动态规划求解的问题,经分解得到的子问题往往不是互相独立的,有些子问题会被重复计算很多次,我们称之为“重叠子问题”现象。而如果我们能够用一个称为“备忘录”的表保存已解决的子问题的解,在后续再次需要时直接查找这些解,这样就可以避免大量的重复计算,节省时间,这就是动态规划的基本思路。

2. 动态规划的常用术语

(1) 三大要素:阶段、状态和决策

① 阶段:一个“阶段”是指问题求解过程中的一个时期或步骤。这些阶段通常按照一定的顺序排列,前一阶段的决策和状态会影响到后续阶段的决策和状态。阶段的划分是动态规划设计中的重要步骤,它帮助我们将问题拆解成易于管理的部分。

② 状态:“状态”描述了在某一阶段开始时系统所处的状况。它是对系统在过去各阶段中决策结果的总结,也是决定后续决策的关键。状态可以是数字、数组、矩阵等形式,用来唯一标识系统在某一阶段的信息。动态规划要求对于每一个阶段,都需要有一种方法来确定其状态。

③ 决策:“决策”是在某个阶段,从可能的行为集合中选择一个最优的动作或方案的过程。每个决策都会导致系统从一个状态转移到另一个状态,并可能影响目标函数的值(如成本、利润、时间等)。动态规划的关键在于通过决策的优化来达到整个问题的最优解。

(2) 三大特征:最优子结构、重叠子问题和无后效性

① 最优子结构:原问题的最优解包含子问题的最优解。换句话说,如果一个问题的最优解可以通过其子问题的最优解来构造,那么这个问题就具有最优子结构。这是动态规划能够求解问题的关键前提,因为它允许我们将大问题分解成小问题,并递归地求解这些小问题,最终通过组合这些子问题的最优解来得到原问题的最优解。

② 重叠子问题:动态规划经分解得到的子问题往往不是互相独立的,有些子问题会被重复计算多次,这完全是没有必要的。我们可以缓存已经计算过的子问题,在后续再次需要时直接查找这些解,避免重复计算,从而提高算法的效率。

③ 无后效性:无后效性包括两层含义,其一,在推导后面阶段的状态的时候,我们只关心前面阶段的状态值,而不关心这个状态到底是如何推导出来的;其二,某阶段的状态一旦确定,就不再受之后阶段的决策影响。

注意:对于不能划分阶段的问题,不能用动态规划来解决;对于能划分阶段,但不符合最优子结构特征的问题,也不能用动态规划来解决;对于既能划分阶段,又符合最优子结构特征,但不具备无后效性特征的问题,还是不能用动态规划来解决。

3. 动态规划的基本类型

动态规划按照难度的不同可以分为基础型动规和进阶型动规两大类。其中,基础型动

规包括线性动规、背包问题、区间动规等类型;进阶型动规包括树形动规、数位动规、状态压缩动规、概率期望动规等类型。本节主要探讨基础型动规的相关内容。

4. 动态规划的解题步骤

动态规划的解题步骤可以概括为如下四个步骤:

第一步　划分阶段,确定状态。将原问题划分为一系列相互关联的“阶段”。每个阶段代表原问题的一个“子问题”。根据问题的性质,确定状态变量及其取值范围。状态变量通常用于描述子问题的当前情况或“进度”。

第二步　确定状态转移方程。根据问题的描述和最优性原理(即最优解包含其子问题的最优解),定义如何从已知状态(或子问题的解)推导出新的状态(或更大子问题的解)的公式或规则。

第三步　初始化边界条件。根据问题的初始条件,直接给出这些状态的值。这些值通常是问题的直接输入或可以很容易地计算出来。

第四步　计算最优解。按照某种顺序(通常是自底向上或自顶向下带备忘录)从边界条件出发,应用状态转移方程,逐步填充动态规划表,直至计算出最终状态的值,即原问题的最优解。

在实际应用中,动态规划算法的求解步骤可能会根据具体问题的不同而有所调整,如处理特殊情况、优化空间复杂度(使用滚动数组等)、调整计算顺序等,但基本思想与步骤是一致的。

5. 动态规划的实现方式

动态规划的实现方式主要有两种:递推和记忆化搜索。

① 递推是一种自底向上的方法,它从最小的子问题开始,逐步构建出更大的子问题的解,直到解决整个问题。它通常采用循环的方式来实现,避免了递归可能带来的栈溢出问题。递推方法计算顺序明确,易于理解和实现。主要适用无用状态不多,且状态之间的依赖关系较为明显的场景,此时使用递推方法更为高效。

② 记忆化搜索是一种自顶向下的方法,它采用递归的方式解决问题,但在递归过程中会保存已经计算过的子问题的解,以避免重复计算。记忆化搜索通过缓存(如数组或哈希表)来存储子问题的解。记忆化搜索的代码通常更加直观,易于理解,特别是对于复杂的状态转移方程。主要适用无用状态较多,或者状态之间的依赖关系不太明显时,记忆化搜索更为合适。

当然,动态规划的理论性和实践性都比较强。对于新手而言,一开始不必过多纠缠于“阶段、状态、决策”、“重叠子问题、最优子结构、无后效性”等名词概念,而是可以认真揣摩那些经典模型,摸索一些可行路径。

四、迁移应用

【例 3.3.1】　楼兰宝藏(treasure,1 S,128 MB,ZJU2283,有修改)

【问题描述】

在魔法世界的历史上,楼兰是个充满了神秘色彩的名字。那座昔日绿草遍地人往如织的繁荣古城——楼兰,在公元 4 世纪以后,却突然神秘地消失了,留下的只是“城郭巍然,人

物断绝”的不毛之地和难解之谜。

不过著名冒险家席慕蓉在一次探险中发现，原来被沙丘掩埋的楼兰古国地下，埋藏着不计其数的宝藏。

简单说来，就是在一张 $N \times M$ 的地图上有 P 个宝藏。当探险者坐标为(x,y)时，他可以向$(x+1,y)$或$(x,y+1)$移动一格，问：从起点左上角(1, 1)出发，最少要走多少趟才能拣起所有的宝藏。假设每次走完最后一步后，会自动回到左上角位置。

【输入数据】

第一行包含三个整数 N,M,P。

接下来的 P 行，每行包含两个整数，分别为每个宝藏的行坐标 x 和列坐标 y。

【输出数据】

一个整数，表示次数。

输入样例	输出样例
7 7 7 1 2 1 4 2 4 2 6 4 4 4 7 6 6	2

【数据范围】

$1 \leqslant N,M \leqslant 10^8, P \leqslant 3\,000$

【问题分析】

从最简单的情况考虑，什么情况是一次拿不完的？

如下图(图 3-3-2)所示，假如探险者当前在 A 点，下一步哪些点肯定走不到？

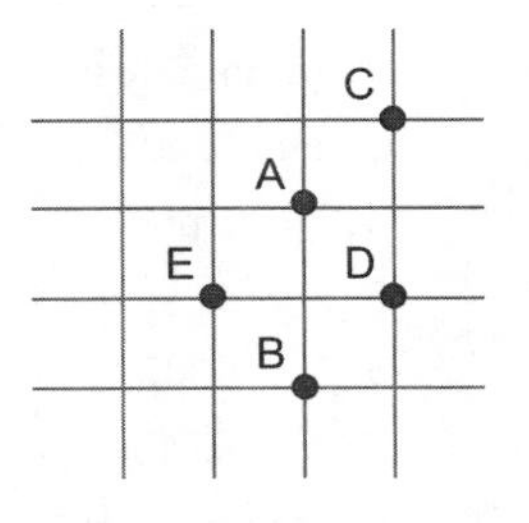

图 3-3-2　宝藏问题示意图

按照题目规则，探险者只能向下或者向右走，从 A 点出发，下一步 B 点和 D 点是可以走到的，而 C 点和 E 点是无法走到的。由此可以判断，如果有 k 个点从右上到左下排列，比如图 3-3-2 中的 C、A、E，那么取完这 k 个点至少要从左上角(1, 1)出发走 k 次。至此，本问题即转换成求最长不下降子序列的问题，具体实现时是先把点按照 x 坐标从小到大排序，x 坐标相同时按照 y 坐标从小到大排列。然后再以 y 坐标为关键字求最长下降子序列。

所谓最长不下降子序列(LIS)，是指在一个序列中，找到一个最长的子序列(可以不连续)，使得这个子序列的元素(数字或者字母)大小是不下降(非递减)的。

例如：在序列 $a=\{1,2,3,-1,-2,7,9\}$ 中，$\{1,2,3,-2\}$、$\{2,-1,7,9\}$ 都是原序列的子序列，在所有子序列中，$\{1,2,3\}$、$\{-2,7,9\}$ 都是不下降子序列，在所有不下降子序列中，$\{1,2,3,7,9\}$ 的长度最长(元素的个数最多)，称为最长不下降子序列。

如何求最长不下降子序列呢?

我们设置一个数组f,令$f[i]$表示以数组元素$a[i]$结尾的最长不下降子序列的长度。则求最长不下降子序列就变成了求数组f中的最大值。

如果$a[i]$之前没有小于等于$a[i]$的元素,那么$f[i]$的值就等于1,这也是数组f的初始值,表示$a[i]$自己作为一个序列,序列的长度为1。

如果$a[i]$之前有小于等于$a[i]$的元素,此时只需要把$a[i]$添加到比自己小的元素的后面,就能形成一个新的不下降子序列,把所有比$a[i]$小的元素的f值比较一下,选出一个最大的,再加上1,就得到以元素$a[i]$结尾的最长不下降子序列的长度$f[i]$。

表 3-3-2　最长不下降子序列问题

n	1	2	3	4	5	6	7	8	9
a	2	1	3	4	7	6	10	5	3
f	1	1	2	3	4	4	5	4	3

状态转移方程:$f[i] = \max\{f[j]\} + 1\ (0 < j < i$ 并且 $a[j] \leqslant a[i])$

边界条件:$f[i] = 1\ (0 < 1 \leqslant n)$

最后,找出数组f中的最大值,就得到了整个数组a的最长不下降子序列的长度。

使用这种方法求最长不下降子序列(LIS)的时间复杂度是$O(n^2)$。

回到本题,题目中要求的是关于y的最长下降子序列,在原有状态转移方程的基础上修改比较运算符就可以实现。

状态转移方程:$f[i] = \max\{f[j]\} + 1\ (0 < j < i$ 并且 $a[j] > a[i])$

边界条件:$f[i] = 1\ (0 < 1 \leqslant n)$

【参考程序】

```
1. #include <bits/stdc++.h>
2. using namespace std;
3. int f[3005], n, m, p;
4. struct node {
5.   int x, y;
6. } s[3005];
7. int cmp(node a, node b) {
8.   if (a.x == b.x)
9.     return (a.y < b.y);
10. else
11.     return (a.x < b.x);
12. }
13. int main() {
14.   cin >> n >> m >> p;
15.   for (int i = 1; i <= p; ++i)
16.     cin >> s[i].x >> s[i].y;
```

```
17.  sort(s + 1, s + 1 + p, cmp);
18.  for (int i = 1; i <= p;++i) f[i] = 1;
19.  int ans = 0;
20.  for (int i = 2; i <= p;++i) {
21.    for (int j = 1; j < i; ++j)
22.      if (s[j].y > s[i].y)
23.        f[i] = max(f[i], f[j] + 1);
24.    ans = max(ans, f[i]);
25.  }
26.  cout << ans << endl;
27.  return 0;
28. }
```

【例 3.3.2】01 背包问题(knapsack01,1 S,128 MB,内部训练)

【问题描述】

有一个最多能承重 m 公斤的背包,有 n 件不同的物品,它们的质量分别为 W_1, W_2, …, W_n,它们的价值分别为 V_1, V_2, …, V_n。若每件物品只有一件,问能装入的最大价值。

【输入数据】

输入的第一行为两个整数 m 和 $n(1 \leqslant m,n \leqslant 1\ 000)$,接下来的 n 行中,每行两个整数 W_i, V_i,分别代表第 i 件物品的质量和价值。

【输出数据】

输出一个整数,即最大价值。

输入样例	输出样例
8 3 2 3 5 4 5 5	8

【问题分析】

因为物品或者被装入背包,或者不被装入背包,只有两种选择,所以此类问题被称为 01 背包问题。面对这个问题,我们可以使用穷举、贪心等算法,但是,用穷举算法会超时,用贪心算法有反例,所以考虑使用动态规划算法。

设 $f[i][j]$ 表示前 i 件物品,背包容量为 j 时的最大价值,则状态转移方程为:

$$f[i][j]=\begin{cases} f[i-1][j] & (j<w[i]) \\ \max\{f[i-1][j],\ f[i-1][j-w[i]]+v[i]\} & (j \geqslant w[i]) \end{cases}$$

边界条件:$f[0][j]=0$(对于所有 j),表示没有任何物品可取。

目标答案:$f[n][m]$。

下面来模拟动态规划的计算过程。

1. 边界条件 $f[0][j]=0$。

物品	0	1	2	3	4	5	6	7	8
0	0	0	0	0	0	0	0	0	0

2. 尝试第一件物品（$W=2, V=3$），各个质量段的背包能取得的最大价值如下表，显然只要背包的容量大于等于 2，最大价值均为 3。

物品	0	1	2	3	4	5	6	7	8
0	0	0	0	0	0	0	0	0	0
1	0	0	3	3	3	3	3	3	3

3. 尝试第二件物品（$W=5, V=4$），各个质量段的背包能取得的最大价值如下表所示。

物品	0	1	2	3	4	5	6	7	8
0	0	0	0	0	0	0	0	0	0
1	0	0	3	3	3	3	3	3	3
2	0	0	3	3	3	4	4	7	7

因为第二件物品的质量是 5，所以当背包承重 k 为 1 ~ 4 时，第二个物品放不进去，最大价值 $f[2][k]=f[1][k], 1 \leqslant k \leqslant 4$。

当背包承重 k 大于或等于 5 时，我们有两种方案：

（1）不装入第二件物品，则直接把上一行的值复制下来，$f[2][k]=f[1][k]$

（2）装入第二件物品，则需要空出 5 的质量空间给第二件物品，空出后，剩下的质量空间是 $k-5$，可以放第一件物品，这部分的最大价值是 $f[1][k-5]$，所以选择装入第二件物品的最大价值是 $f[1][k-5]+4$。

比较两种方案的结果，得到当前背包承重的最大价值。

$f[2][5]=\max\{f[1][5], f[1][0]+4\}=\max\{3, 0+4\}=4$

$f[2][6]=\max\{f[1][6], f[1][1]+4\}=\max\{3, 0+4\}=4$

$f[2][7]=\max\{f[1][7], f[1][2]+4\}=\max\{3, 3+4\}=7$

$f[2][8]=\max\{f[1][8], f[1][3]+4\}=\max\{3, 3+4\}=7$

4. 尝试第三件物品（$W=5, V=5$）

物品	0	1	2	3	4	5	6	7	8
0	0	0	0	0	0	0	0	0	0
1	0	0	3	3	3	3	3	3	3
2	0	0	3	3	3	4	4	7	7
3	0	0	3	3	3	5	5	8	8

因为第三件物品的质量是 5,所以当背包承重 k 为 1 ~ 4 时,第三个物品放不进去,最大价值 $f[3][k] = f[2][k]$, $1 \leqslant k \leqslant 4$。

当背包承重 k 大于或等于 5 时,我们有两种方案:

(1) 不装入第三件物品,则直接把上一行的值复制下来,$f[3][k] = f[2][k]$

(2) 装入第三件物品,则需要空出 5 的质量空间给第三件物品,空出后,剩下的质量空间是 $k-5$,这部分的最大价值是 $f[2][k-5]$,所以选择装入第三件物品的最大价值是 $f[2][k-5]+5$。

比较两种方案的结果,得到当前背包承重的最大价值。

$f[3][5] = \max\{f[2][5], f[2][0]+5\} = \max\{3, 0+5\} = 5$

$f[3][6] = \max\{f[2][6], f[2][1]+5\} = \max\{3, 0+5\} = 5$

$f[3][7] = \max\{f[2][7], f[2][2]+5\} = \max\{3, 3+5\} = 8$

$f[3][8] = \max\{f[2][8], f[2][3]+5\} = \max\{3, 3+5\} = 8$

最后,$f[3][8] = 8$,输出 $f[3][8]$ 的值,作为结果。

【参考程序】

```
1. #include<bits/stdc++.h>
2. using namespace std;
3. int w[1005], v[1005], f[1005][1005];
4. int main() {
5.   int m, n;
6.   cin >> m >> n;
7.   for (int i = 1; i <= n; ++i)
8.     cin >> w[i] >> v[i];
9.   for (int i = 1; i <= n; ++i)
10.    for (int j = 1; j <= m; ++j)
11.      if (j >= w[i])
12.        f[i][j] = max( f[i - 1][j], f[i - 1][j - w[i]] + v[i]);
13.      else
14.        f[i][j] = f[i - 1][j];
15.  cout << f[n][m];
16.  return 0;
17. }
```

【例 3.3.3】　平分子集(subset,1 S,128 MB,力扣 Leetcode416)

【问题描述】

给你一个只包含正整数的非空数组 a。请你判断是否可以将这个数组分成两个子集,使得两个子集的元素之和相等。

【输入数据】

第一行包含一个正整数 $N(1 \leqslant N \leqslant 200)$。

第二行包含 N 个用单个空格隔开的正整数($1 \leqslant a[i] \leqslant 100$)。

【输出数据】

如果可以,输出 Yes,否则输出 No。

输入样例	输出样例
4 1 5 11 5	Yes

【样例解释】

样例 1 中数组可以分割成[1,5,5]和[11]。

【问题分析】

设数组元素之和为 sum。两个子集元素之和相等,意味着 sum 必须为偶数,且每个子集元素之和等于 sum/2。

具体而言,如果 sum 为偶数,则问题转化为:能否从原数组中选出一个子序列,其元素之和恰好等于 sum/2。其中把 sum/2 当作背包容量,数组中的元素当作物品,元素的数值既为重量,也为价值,每个元素只能选一次。如果存在一种选取方案恰好装满背包,则说明可以平分子集。这正是"恰好装满型"01 背包解决的可行性问题。

设置一个二维布尔数组,其中 $dp[i][j]$ 表示能否从前 i 个数中选出一个子序列,使得元素之和恰好为 j。

下面考虑第 i 个数 $a[i]$ 能不能选?

① 选 $a[i]$:问题则"缩小"为能否从前 $i-1$ 个数中选出一个子序列,使得元素之和恰好等于 $j-a[i]$,即 $dp[i-1][j-a[i]]$,直接继承上一个阶段的状态值。

② 不选:问题则"缩小"为能否从前 $i-1$ 个数中选出一个子序列,使得元素之和恰好等于 j,即 $dp[i-1][j]$,其中 $j>=a[i]$。

以上两种情况只要有一个成立,$dp[i][j]$ 即为 true。

边界条件:如果一个元素也不选,则子序列元素之和肯定为 0,即对于所有 $0 \leqslant i \leqslant n$,都有 $dp[i][0]=$ true。

目标答案:$dp[n][\text{sum}/2]$。

【参考程序】

```
1. #include <bits/stdc++.h>
2. using namespace std;
3. int n;
4. int a[210];
5. int sum;
6. bool dp[210][10010];
7. int main() {
8.     cin >> n;
9.     for (int i = 1; i <= n;++i) {
10.        cin >> a[i];
11.        sum += a[i];
12.    }
```

```
13.    if (sum & 1) {    //特判 sum 为奇数
14.        cout << "No" << endl;
15.        return 0;
16.    }
17.    for (int i = 0; i <= n; ++i) dp[i][0] = true;   //边界条件
18.    for (int i = 1; i <= n; ++i)
19.        for (int j = 1; j <= sum / 2; ++j) {
20.            if (j < a[i])            //不能选
21.                dp[i][j] = dp[i - 1][j];
22.            else                     //能选
23.                dp[i][j] = dp[i - 1][j] | dp[i - 1][j - a[i]];
24.        }
25.    if (dp[n][sum / 2]) cout << "Yes" << endl;
26.    else cout << "No" << endl;
27.    return 0;
28. }
```

【例 3.3.4】　完全背包问题(fullknapsack,1 S,128 MB,内部训练)

【问题描述】

有 N 件物品和一个承重为 M 的背包。第 i 件物品的重量是 $w[i]$,价值是 $v[i]$。每种物品都有无限多个可用。求解将哪些物品装入背包可使这些物品的重量总和不超过背包容量,且价值总和最大。

【输入数据】

第一行两个整数,N, $M(1 \leqslant m, n \leqslant 1\,000)$ 空格隔开,分别表示物品数量和背包容量。接下来有 N 行,每行两个整数 w_i, v_i,空格隔开,分别表示第 i 件物品的重量和价值。

【输出数据】

输出一个整数,表示最大价值。

输入样例	输出样例
5 15 6 4 3 1 9 8 4 2 8 3	12

【问题分析】

和 01 背包问题类似,对于第 i 个物品,首先需要判断背包是否能够容纳:如果背包容量大于等于第 i 个物品的重量,那我们就有两种选择:

① 将第 i 个物品放入背包当中,但是在这里需要注意的一点是完全背包的物品有无数件,因此当我们选择之后我们的转移方程为 $f[i][j-v[i]]+w[i]$。注意:这里不是 $i-1$ 而是 i,因为第 i 件物品有无数件,我们可以多次放入第 i 件物品。

② 不将第 i 个物品放入背包当中，那么我们就能够使用容量为 j 的背包去选择前 $i-1$ 个物品，这种情况下我们的最大收益为 $f[i-1][j]$。如果背包容量小于第 i 件物品的重量，我们就不能够选择第 i 件物品了，这种情况下我们的最大收益为 $f[i-1][j]$。基于上面的分析我们可以知道完全背包问题的状态转移方程为：

$$f[i][j]=\begin{cases}f[i-1][j] & (j<w[i])\\ \max\,(f[i-1][j],f[i][j-w[i]]+v[i],\ ) & (j\geqslant w[i])\end{cases}$$

边界条件：$f[0][j]=0$（对于所有 j），表示没有任何物品可取。

目标答案：$f[n][m]$。

【参考程序】

```
1. #include<bits/stdc++.h>
2. using namespace std;
3. int w[1005], v[1005], f[1005][1005];
4. int main() {
5.   int m, n;
6.   cin >>n >>m;
7.   for (int i = 1; i <= n;++i)
8.     cin >>w[i] >>v[i];
9.   for (int i = 1; i <= n;++i)
10.    for (int j = 1; j <= m; ++j)
11.      if (j >= w[i])
12.        f[i][j] = max(f[i][j - w[i]] +v[i], f[i - 1][j]);
13.      else
14.        f[i][j] = f[i - 1][j];
15.   cout <<f[n][m];
16.   return 0;
17. }
```

【例 3.3.5】 石子归并（merge，1 S，128 MB，NOIP2010）

【问题描述】

在一个操场上摆放着一排共 N 堆石子。现要将石子有次序地合并成一堆。规定每次只能选择相邻的 2 堆石子合并成新的一堆，并将新的一堆石子数记为该次合并的得分。

设计一个程序，计算出将 N 堆石子合并成一堆的最小得分。

【输入数据】

第一行为一个正整数 $N(2\leqslant N\leqslant 100)$。

接下来的 N 行，每行包含一个小于 10 000 的正整数，分别表示第 i 堆石子的个数（$1\leqslant i\leqslant N$）。

【输出数据】

一行一个正整数，表示最小得分。

输入样例	输出样例
6 3 4 6 5 4 2	61

【问题分析】

我们首先通过分析样例,观察不同的合并方法得到的结果有何区别?

设总的合并分数为 S。显然,合并次序的不同得到的合并分数相差很大(图 3-3-3)。

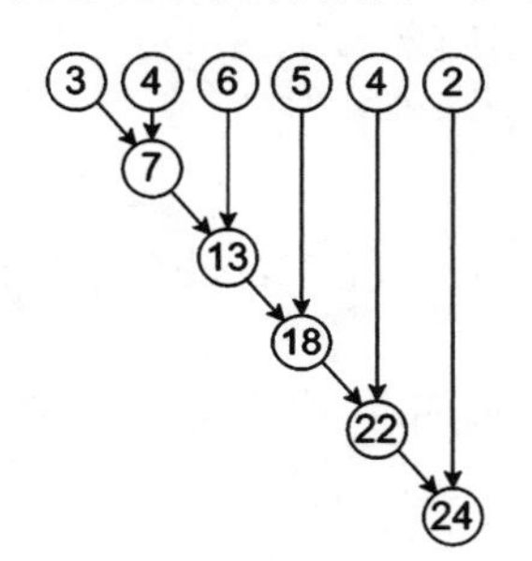

S=7+13+18+22+24=84

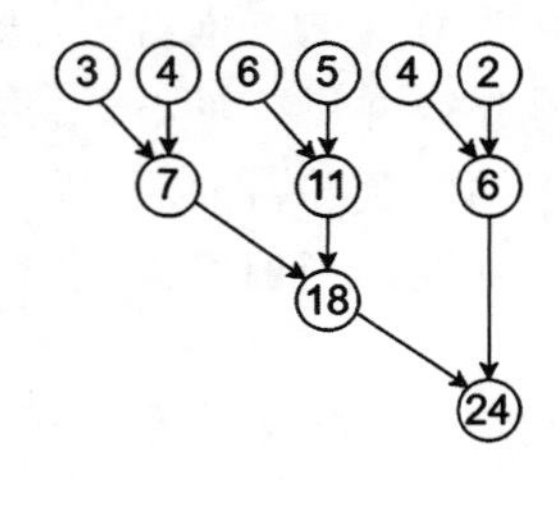

S=7+11+6+18+24=66

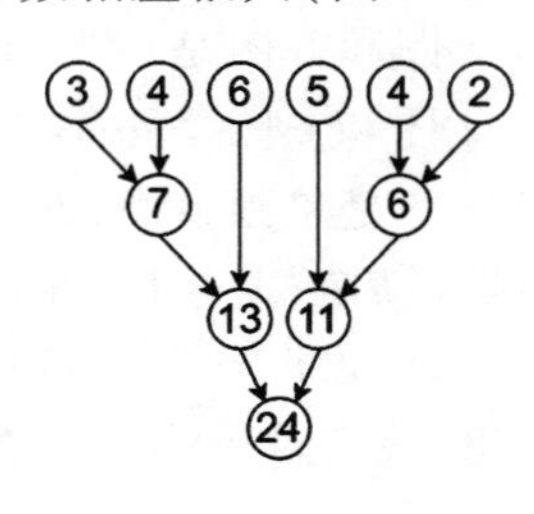

S=7+6+13+11+24=61

图 3-3-3　石子归并示意图

同样,为了解决这个问题,我们可以先取小一点的 n,看能否从中找出规律。

当 $n=2$ 时,即把两堆石头合并为一堆石头,只有一种方法(图 3-3-4)。其中 3 和 4 只能合并得到 7,6 和 5 只能合并得到 11,4 和 2 只能合并得到 6。

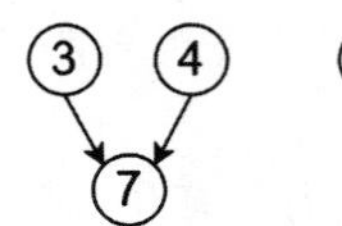

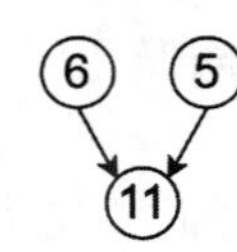

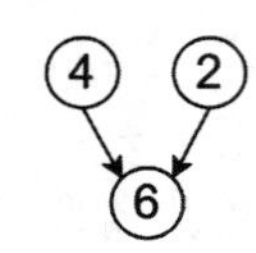

图 3-3-4　两堆石头的合并

当 $n=3$ 时,即把三堆石头合并为一堆石头,就有两种合并方法可以选择了。先合并前两堆,再合并第三堆,得到 $s=20$,先合并后两堆,再合并第一堆,得到 $s=23$(图 3-3-5)。

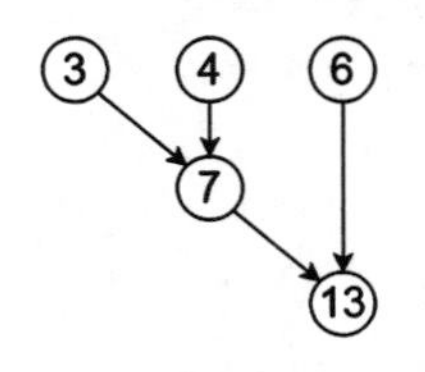

S=7+13=20

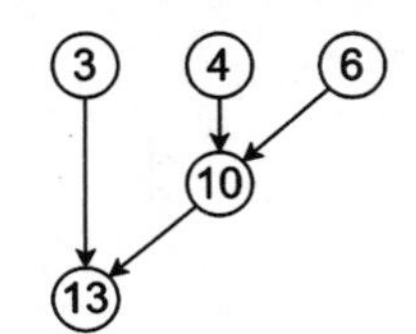

S=10+13=23

图 3-3-5　三堆石头的合并

当 $n=4$ 时,即把四堆石头合并为一堆石头,就有五种合并方法可以选择了(图 3-3-6)。所示。仔细分析以后可以发现,这五种方法可以分为三大类。

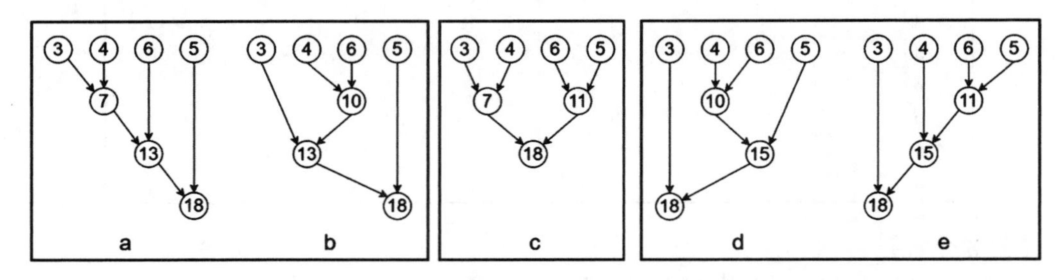

图 3-3-6 四堆石头的合并

1) a 图和 b 图是一类,它们都是先合并前三堆石子,再合并第四堆石子

2) d 图和 e 图是一类,它们都是先合并后三堆石子,再合并第一堆石子

3) c 图是单独一类,四堆石子先两两合并,再合并成一堆。

根据最后一次合并的断点位置,可以把当前区间划分成更小的区间。通过对小区间值的操作,就可以得到大区间的值。

这里,我们首先确定状态 $f[i][j]$ 表示将第 i 堆石子到第 j 堆石子合并为一堆的最小得分。

当 $i=j$ 时, $f[i][i]=0$,则: $f[1][1]=f[2][2]=f[3][3]=f[4][4]=0$

$f[1][2]=f[1][1]+f[2][2]+7$

$f[3][4]=f[3][3]+f[4][4]+11$

$f[1][3]=\min\{f[1][2]+f[3][3], f[1][1]+f[2][3]\}+13$

$f[2][4]=\min\{f[2][3]+f[4][4], f[2][2]+f[3][4]\}+15$

$f[1][4]=\min\{f[1][3]+f[4][4], f[1][2]+f[3][4], f[1][1]+f[2][4]\}+18$

从边界条件开始,通过状态转移,先得到较小区间的解,再逐步得到更大区间的解,最终就可以得到整个区间的解。这一类基于区间操作的动态规划问题被称为区间动态规划。

套用动态规划问题的解题步骤:

① 划分阶段:以区间长度为阶段,从区间长度为 1 开始。

② 状态描述:设 $f[i][j]$ 表示将第 i 堆石子到第 j 堆石子合并为一堆的最小得分。

③ 转移方程: $f[i][j]=\min\{f[i][k]+f[k+1][j]\}+\text{value}[i][j]\ (i\leqslant k<j)$

$\text{value}[i][j]=a[i]+a[i+1]+\cdots+a[j]=s[j]-s[i-1]$

这里, $value[i][j]$ 表示从第 i 堆石子到第 j 堆石子的总数量。

④ 边界条件: $f[i][i]=0$

⑤ 目标答案: $f[1][n]$

【参考程序】

```
1. #include <bits/stdc++.h>
2. using namespace std;
3. int f[101][101], a[101], s[101];
4. int n;
```

```
5. int main() {
6.   cin >> n;
7.   for (int i = 1; i <= n;++i) {
8.     cin >> a[i];
9.     s[i] = s[i - 1] + a[i];
10. }
11. for (int i = 1; i <= n;++i) f[i][i] = 0;
12. for (int l = 2; l <= n; l++)              // 阶段：区间长度
13.   for (int i = 1; i <= n - l + 1;++i) {
14.     int j = i + l - 1;
15.     f[i][j] = INT_MAx;
16.     for (int k = i; k <= j - 1; k++)  //枚举区间断点
17.       f[i][j] = min (f[i][j], f[i][k] + f[k + 1][j]);
18.     f[i][j] += s[j] - s[i - 1];
19.   }
20. cout << f[1][n] << endl;
21. return 0;
22. }
```

【例 3.3.6】 调度问题(machine,1 S,128 MB,内部训练)

【问题描述】

两台机器 A 和 B 处理 n 个作业。设第 i 个作业交给机器 A 处理时需要时间 a_i,交给机器 B 处理需要时间 b_i。由于各作业的特点和机器的性能关系,很可能对于某些 i,有 $a_i \geqslant b_i$,而对于某些 $j(j \neq i)$,有 $a_j < b_j$。我们规定既不能将一个作业分开由 2 台机器处理,也没有一台机器能同时处理 2 个作业。

请你找出一个最优调度方案,使 2 台机器处理完这 n 个作业的总时间最短。

【输入数据】

第一行包含一个正整数 n,表示要处理的作业数量。

接下来的两行,每行包含 n 个正整数,分别表示机器 A 和 B 处理第 i 个作业需要的处理时间。

【输出数据】

输出最短处理时间。

输入样例	输出样例
6 2 5 7 10 5 2 3 8 4 11 3 4	15

【问题分析】

比较容易理解的状态转移方程是设置一个三维布尔数组 $p[i][j][k]$,表示前 k 个作业可在机器 A 用时不超过 i 且机器 B 用时不超过 j 时完成。

状态转移方程为：

$$p[i][j][k]=p[i-a_k][j][k-1]\,||\,p[i][j-a_k][k-1]$$

当 $p[i][j][n]$ 为真时，计算 $\max(i, j)$。最优解就是所有 $p[i][j][n]$ 为真时的 $\min(\max(i, j))$。这样做的时间复杂度是 $O(n^3)$，当 n 值较大时会超时。

优化的思路是通过降维，把三维降至二维。例如可以用 $p[i][k]$ 表示前 k 个作业可由机器 A 在 i 时间内且机器 B 在 $p[i][k]$ 的时间内完成。

状态转移方程为：

$$p[i][k] = \min\{p[i-a_k][k-1],\ p[i][k-1]+b_k\}$$

表示若将第 k 个任务分给机器 A 处理，机器 B 最少用时为 $p[i-a_k][k-1]$；若将第 k 个任务给机器 B 处理，机器 B 最少用时为 $p[i][k-1]+b_k$，取二者较小值。

最终最短处理时间为 $\min\{\max(i, p[i][n])\}$。

更进一步，由于第 k 层的数据只和第 $k-1$ 层发生联系，可以用迭代思想，将二维的状态转移方程转为一维的状态转移方程，方程如下所示：

$$p[i]=\begin{cases}\min(p[i-a_k],\ p[i]+b_k) & i>=a_k\\ p[i]+b_k & i<a_k\end{cases}$$

最终最短处理时间为 $\min\{\max(i, p[i])\}$。

【参考程序】

```
1. #include<bits/stdc++.h>
2. using namespace std;
3. int p[2000];
4. int main() {
5.   int n;
6.   int i, j, k, sa = 0, sb = 0, minx = 100000000;
7.   int A[201], B[201], x = 0;
8.   cin >> n;
9.   for (i = 1; i <= n;++i) {
10.     cin >> A[i];
11.     sa += A[i];
12.  }
13.  for (i = 1; i <= n;++i) {
14.     cin >> B[i];
15.     sb += B[i];
16.  }
17.  for (k = 1; k <= n; k++)
18.    for (i = sa; i >= 0; i--)
19.      if (i >= A[k])
20.        p[i] = min(p[i - A[k]], p[i] +B[k]);
```

```
21.       else
22.         p[i] = p[i] + B[k];
23.
24. for (i = 0; i <= sa;++i) {
25.    k = max(i, p[i]);
26.    if (k < minx)
27.      minx = k;
28. }
29. cout << minx << endl;
30. return 0;
31.}
```

五、拓展提升

1. 本节要点

（1）动态规划的基本思路

（2）动态规划的适用范围

（3）动态规划的解题步骤

2. 拓展知识

（1）从搜索算法过渡到动态规划

动态规划的状态设计与转移方程绝不是“天上掉下来的”，对于初学者而言，从搜索到剪枝优化再到动态规划乃至动规优化是一个逐步提升淬炼的过程。为顺利完成这一跨越，我们必须深刻理解搜索算法的本质，熟练驾驭搜索剪枝的技巧，准确把握动态规划的核心思想，选择一系列典型问题实践动态规划算法，在实践过程中充分领悟动态规划算法如何通过避免重复计算来提高效率。

下面，我们以经典的“密码锁”问题为例，描述从朴素搜索逐步优化至动规的全过程。

问题描述：凯凯获得一个宝箱，宝箱上有一把密码锁。密码锁由 $N(N \leqslant 100)$ 个拨盘组成，每个拨盘初始时有一个 0 到 99 之间的整数。向上拨使数字 x 变为 $(x+1)\%100$，向下拨使数字 x 变为 $(x+99)\%100$。因为密码锁年久失修，拨盘拨动的次数越多越费力。如果一个拨盘被拨动 K 次，则需要花费 K^2 单位时间。密码锁只有在所有拨盘上的数字形成一个从左到右严格递增的序列时才会解开。

现给定一个初始状态序列 x，问解开该密码锁最少需要多少时间。

输入样例	输出样例
10 4 59 30 17 99 74 6 1 31 27	3338

思路 1：朴素搜索。

$t[i][j]$ 预处理为将第 i 个拨盘由初始数字 $x[i]$ 拨到数字 j 需要的最少时间。

【核心代码】

```
1. void dfs(int dep, int cnt) {
2.     if (dep > n) {
3.         // 判断是否严格单调递增
4.         bool ok = true;
5.         for (int i = 1; i < n; ++i)
6.             if (x[i+1] <= x[i]) {
7.                 ok = false;
8.                 break;
9.             }
10.        if (ok) ans = min(ans, cnt);
11.        return;
12.    }
13.    for (int i = 0; i < 100; ++i) {
14.        x[dep] = i;
15.        dfs(dep + 1, cnt + t[dep][i]);
16.    }
17. }
18. dfs(1, 0); // 递归入口
```

优化 1：可行性剪枝。

【核心代码】

```
1. void dfs(int dep, int cnt) {
2.     if (dep > n) {
3.         ans = min(ans, cnt);
4.         return;
5.     }
6.     for (int i = x[dep - 1] + 1; i < 100; ++i) { //严格单调递增
7.         x[dep] = i;
8.         dfs(dep + 1, cnt + t[dep][i]);
9.     }
10. }
11. x[0] = -1; //边界设为 -1,因为可以拨到数字 0
12. dfs(1, 0);
```

优化 2：最优性剪枝

【核心代码】

```
1. // 状态表示：第 dep 个拨盘拨到数字 num,已花费 cnt 时间
2. void dfs(int dep, int num, int cnt) {
3.     // f[i][j]维护拨完前 i 个拨盘,且第 i 个拨盘拨到数字 j 的最少时间
```

```
4.     if (cnt >= f[dep][num]) return;
5.     f[dep][num] = cnt;
6.     if (dep == n + 1) {
7.         ans = min(ans, cnt);
8.         return;
9.     }
10.    for (int i = x[dep - 1] + 1; i < 100;++i) {
11.        x[dep] = i;
12.        dfs(dep + 1, i, cnt + t[dep][i]);
13.    }
14. }
15. x[0] = -1;
16. dfs(1, -1, 0);
```

思路 2：动态规划

状态表示：设 $f[i][j]$ 表示拨完前 i 个拨盘，且将第 i 个拨盘拨到数字 j 需要的最小时间。

状态转移：$f[i][j] = \min\{f[i-1][k] + t[i][j]\}\ (i-2 \leqslant k < j)$

其中，$t[i][j]$ 表示将第 i 个拨盘拨到数字 j 需要的最少时间。

边界条件：$f[i][j] = t[i][j]\ (0 \leqslant j < 100)$

目标答案：$\min\{f[n][j]\}\ (n-1 \leqslant j < 100)$

【核心代码】

```
1. int f[N][N]; // 拨完前 i 个拨盘,且将第 i 个拨盘拨到数字 j 需要的最小时间。
2. memset(f, INF, sizeof(f));
3. for (int j = 0; j < 100; ++j)   f[1][j] = t[1][j]; //边界
4. for (int i = 2; i <= n;++i)
5.     for (int j = i - 1; j < 100; ++j)
6.         for (int k = i - 2; k < j; k++)
7.             f[i][j] = min(f[i][j], f[i - 1][k] + t[i][j]);
8. int ans = INF;
9. for (int j = n - 1; j < 100; ++j)
10.    ans = min(ans, f[n][j]);
11. cout << ans << endl;
```

思考：如何用记忆化搜索实现石子归并问题？

【参考程序】

```
1. #include <bits/stdc++.h>
2. using namespace std;
3. int f[101][101], a[101], s[101];
4. int n;
5. int dfs(int l, int r) {
```

```
6.  if (f[l][r] >0) return f[l][r];
7.  if (l == r) return 0;
8.  f[l][r] = INT_MAx;
9.  for (int k = l; k <= r - 1; k++)
10.    f[l][r] = min(f[l][r], dfs(l, k) + dfs(k + 1, r));
11.  f[l][r] += s[r] - s[l - 1];
12.  return f[l][r];
13.}
14.int main() {
15.  cin >> n;
16.  for (int i = 1; i <= n;++i) {
17.    cin >> a[i];
18.    s[i] = s[i - 1] + a[i];
19.  }
20.  for (int i = 1; i <= n;++i) f[i][i] = 0;
21.  cout << dfs(1, n) << endl;
22.  return 0;
23.}
```

（2）从 01 背包衍生出其他背包

① 01 背包问题

背包问题是一类可用动态规划算法解决的问题，它既可以看作一种独立的题型，也可以看作一种线性动态规划应用模型。学好背包，对于深层次理解动态规划问题有着极大的好处。通常，背包问题的经典模型主要包括 01 背包、完全背包、多重背包、分组背包等，其中 01 背包又是衍生出其他背包模型的基础。例 3.3.2 是一道典型的 01 背包问题。

01 背包问题的特点是：每种物品仅有一件，可以选择放或不放，放就是 1 件，不放就是 0 件，这也是 01 背包问题名称的由来。

一般我们用 $f[i][v]$ 来描述 01 背包问题的状态，即前 i 件物品放入一个容量为 v 的背包可以获得的最大价值，注意，这里 i 件物品不是全部放入，而是有选择地放入背包；背包的容量也不是全部用完，物品的总容量可以小于等于于背包的容量。

对应的状态转移方程是：

$$f[i][v]=\begin{cases}f[i-1][v] & (v<c[i])\\ \max\{f[i-1][v],\ f[i-1][v-c[i]]+w[i]\} & (v\geqslant c[i])\end{cases}$$

其中，$c[i]$ 表示当前物品的体积，$w[i]$ 表示当前物品的价值。如果当前物品没有放进背包，则问题转化为“前 $i-1$ 件物品放入容量为 v 的背包中”，价值为 $f[i-1][v]$；如果当前物品放入背包中，则问题转化为“放入当前物品后，前 $i-1$ 件物品放入容量为 $v-c[i]$ 的背包中”，此时能获得的最大价值就是 $f[i-1][v-c[i]]$ 再加上通过放入第 i 件物品获得的价值 $w[i]$。状态转移就是在两者中取较大值。显然，如果背包的容积小于当前物品的体积，物品是肯定放不进背包的，只有物品能放进背包，讨论物品是否放入才有意义。

初始时，背包是空的，没有物品放入，此时不管背包的容积是多少，可以获得的最大价值都是0。边界条件是：

$$f[0][v] = 0\ (0 \leqslant v \leqslant m)$$

最终，当所有物品都被枚举过以后，就得到了 n 件物品放入容量为 m 的背包可以获得的最大价值 $f[n][m]$。

【核心代码】

```
1. for (int v = 0; v <= m; ++v)
2.   f[0][v] = 0;
3. for (int i = 1; i <= n;++i) {
4.   for (int v = 0; v <= m; ++v) {
5.     if (v < c[i])
6.       f[i][v] = f[i - 1][v];
7.     else
8.       f[i][v] = max(f[i - 1][v], f[i - 1][v - c[i]] + w[i]);
9.   }
10. }
11. cout << f[n][m] << endl;
```

上述代码使用的是二维数组，空间复杂度为 $O(nm)$。如果数据范围较大，占用的空间也会较大，有超过限定空间的可能，这时候就需要优化空间。观察到阶段 i 的状态仅和阶段 $i-1$ 的状态相关联，可以把二维数组 $f[i][v]$ 压缩为一维数组 $f[v]$。如果当前物品不能放进背包里，则 $f[v]$ 的值不发生变化，如果当前物品可以放进背包里，则在 $f[v]$ 和 $f[v-c[i]]+w[i]$ 之间取较大值，对应的状态转移方程是：

$$f[v] = \begin{cases} f[v] & (v < c[i]) \\ \max\{f[v], f[v-c[i]]+w[i]\} & (v \geqslant c[i]) \end{cases}$$

相应地，边界条件是：

$$f[v] = 0\ (0 \leqslant v \leqslant m)$$

为防止当前行先填入的数据对后填入的数据造成影响，在枚举容积时，我们需要从 m 开始，从后向前枚举容积的大小，直至 $c[i]$。

【核心代码】

```
1. for (int v = 0; v <= m; ++v)
2.   f[v] = 0;
3. for (int i = 1; i <= n;++i) {
4.   for (int v = m; v >= c[i]; --v) {  // 从后向前枚举背包容积
5.       f[v] = max(f[v], f[v - c[i]] + w[i]);
6.   }
7. }
```

```
8. cout << f[m] << endl;
```

② 完全背包问题

例 3.3.4 是完全背包问题。完全背包问题的描述和 01 背包问题非常类似,唯一的区别在于物品的数量选择限制上。在 01 背包问题中,每种物品只有一个,即每个物品只能选择放入背包或不放入背包,而在完全背包问题中,每种物品都有无限个,即每种物品可以选择放入背包任意多次(在背包容量允许的情况下)。

比较例 3.3.2 和例 3.3.4,我们发现,

01 背包问题的状态转移方程是:

$$f[i][v]=\begin{cases}f[i-1][v] & (v<c[i])\\ \max\{f[i-1][v],f[i-1][v-c[i]]+w[i]\} & (v\geqslant c[i])\end{cases}$$

完全背包问题的状态转移方程是:

$$f[i][v]=\begin{cases}f[i-1][v] & (v<c[i])\\ \max\{f[i-1][v],f[i][v-c[i]]+w[i]\} & (v\geqslant c[i])\end{cases}$$

两者的区别只是从 $f[i-1][v-c[i]]$ 改成了 $f[i][v-c[i]]$,为什么呢?

我们尝试用 01 背包的思想去推导完全背包的状态转移方程。

如果当前物品没有放入背包中,那么完全背包和 01 背包没有区别,都是 $f[i-1][v]$,

如果当前物品放入背包中,由于当前物品可以放 $1-k$ 件,其中 $k=v/c[i]$(向下取整数),则状态转移方程可以写成:

$$f[i][v]=\max\begin{cases}f[i-1][v]\\ f[i-1][v-c[i]]+w[i]\\ f[i-1][v-c[i]*2]+w[i]*2\\ \cdots\cdots\\ f[i-1][v-c[i]*k]+w[i]*k\end{cases}$$

把当前的容积从 v 改成 $v-c[i]$,则上述方程变形为:

$$f[i][v-c[i]]=\max\begin{cases}f[i-1][v-c[i]]\\ f[i-1][v-c[i]-c[i]]+w[i]\\ f[i-1][v-c[i]-c[i]*2]+w[i]*2\\ \cdots\cdots\\ f[i-1][v-c[i]-c[i]*(k-1)]+w[i]*(k-1)\end{cases}$$

两边同时加上 $w[i]$ 后,方程变形为:

$$f[i][v-c[i]]+w[i]=\max\begin{cases}f[i-1][v-c[i]]+w[i]\\ f[i-1][v-c[i]*2]+w[i]*2\\ f[i-1][v-c[i]*3]+w[i]*3\\ \cdots\cdots\\ f[i-1][v-c[i]*k]+w[i]*k\end{cases}$$

把 $f[i][v-c[i]]+w[i]$ 带入完全背包问题的状态转移方程中，得到：

$$f[i][v]=\max\begin{cases}f[i-1][v]\\f[i][v-c[i]]+w[i]\end{cases}$$

换个角度理解，由于背包容积为 $v-c[i]$ 时，背包中可能已经有了第 i 件物品，所以背包容量为 v 时，背包中可以再放入一个第 i 件物品，可以用 $f[i][v-c[i]]+w[i]$ 来表示在原来的基础上再放入一个第 i 件物品时的状态。

综上，完全背包问题完整的状态转移方程就是：

$$f[i][v]=\begin{cases}f[i-1][v] & (v<c[i])\\\max\{f[i-1][v],f[i][v-c[i]]+w[i]\} & (v\geqslant c[i])\end{cases}$$

完全背包问题的边界条件和 01 背包问题一样：

$$f[0][v]=0\ (0\leqslant v\leqslant m)$$

【核心代码】

```
12. for (int v = 0; v <= m; ++v)
13.   f[0][v] = 0;
14. for (int i = 1; i <= n;++i) {
15.   for (int v = 0; v <= m; ++v) {
16.     if (v <c[i])
17.       f[i][v] = f[i - 1][v];
18.     else
19.       f[i][v] = max(f[i - 1][v], f[i][v - c[i]] +w[i]);
20.   }
21. }
22. cout << f[n][m] << endl;
```

和 01 背包问题类似，由于阶段 i 的状态仅和阶段 $i-1$ 的状态相关联，我们一样可以把完全背包问题状态由二维数组表示给优化成一维数组表示。优化后，完全背包问题的状态转移方程变化如下：

$$f[v]=\begin{cases}f[v] & (v<c[i])\\\max\{f[v],f[v-c[i]]+w[i]\} & (v\geqslant c[i])\end{cases}$$

边界条件：

$$f[v]=0\ (0\leqslant v\leqslant m)$$

形式上，完全背包问题的一维数组表示状态转移方程和 01 背包问题完全一样。不同的是，01 背包问题为了防止物品重复计算，需要从后向前枚举背包容量，而完全背包问题是允许物品重复计算的，必须从前向后枚举背包容量。

【核心代码】

```
1. for (int v = 0; v <= m; ++v)
2.    f[v] = 0;
3. for (int i = 1; i <= n; ++i) {
4.    for (int v = c[i]; v <= m; --v) {  // 从前向后枚举背包容积
5.        f[v] = max(f[v], f[v - c[i]] + w[i]);
6.    }
7. }
8. cout << f[m] << endl;
```

3. 拓展应用

【练习 3.3.1】 合唱队形(chorus,1 S,128 MB,NOIP2004 提高组)

【问题描述】

N 位同学站成一排,音乐老师要请其中的($N - K$) 位同学出列,使得剩下的 K 位同学排成合唱队形。

合唱队形是指这样的一种队形:设 K 位同学从左到右依次编号为 1, 2, …, K,他们的身高分别为 T_1, T_2, …, T_K,则他们的身高满足 $T_1 < T_2 < \cdots < T_i$, $T_i > T_i + 1 > \cdots > T_K$ ($1 \leqslant i \leqslant K$)。

你的任务是,已知所有 N 位同学的身高,计算最少需要几位同学出列,可以使得剩下的同学排成合唱队形。

【输入数据】

输入的第一行是一个整数 N($2 \leqslant N \leqslant 100$),表示同学的总数。第一行有 n 个整数,用空格分隔,第 i 个整数 T_i($130 \leqslant T_i \leqslant 230$) 是第 i 位同学的身高(厘米)。

【输出数据】

输出包括一行,这一行只包含一个整数,就是最少需要几位同学出列。

输入样例	输出样例
8 186 186 150 200 160 130 197 220	4

【数据规模】

对于 50%的数据,保证有 $n \leqslant 20$;

对于 80%的数据,保证有 $n \leqslant 100$;

对于 100%的数据,保证有 $n \leqslant 1\,000$。

【练习 3.3.2】 滑雪(ski,1 S,128 MB,SHOI2002)

【问题描述】

Michael 喜欢滑雪。这并不奇怪,因为滑雪的确很刺激。可是为了获得速度,滑的区域必需向下倾斜,而且当你滑到坡底,你不得不再次走上坡或者等待升降机来载你。Michael 想知

道在一个区域中最长的滑坡。区域由一个二维数组给出。数组的每个数字代表点的高度。

下面是一个例子。

1	2	3	4	5
16	17	18	19	6
15	24	25	20	7
14	23	22	21	8
13	12	11	10	9

一个人可以从某个点滑向上下左右相邻四个点之一,当且仅当高度减小。在上面的例子中,一条可行的滑坡为24-17-16-1(从24开始,在1结束)。当然25-24-23-…-3-2-1更长。事实上,这是最长的一条。

【输入数据】

第1行为表示区域的二维数组的行数 R 和列数 $C(1 \leqslant R, C \geqslant 100)$。下面是 R 行,每行有 C 个

【输出数据】

区域中最长滑坡的长度

输入样例	输出样例
5 5 1 2 3 4 5 16 17 18 19 6 15 24 25 20 7 14 23 22 21 8 13 12 11 10 9	25

【数据规模】

对于100%的数据,$1 \leqslant R, C \leqslant 100$。

【练习3.3.3】 乌龟棋(tortoise,1 S,128 MB,NOIP2010 提高组)

【问题描述】

小明过生日的时候,爸爸送给他一副乌龟棋当作礼物。

乌龟棋的棋盘是一行 N 个格子,每个格子上一个分数(非负整数)。棋盘第1格是唯一的起点,第 N 格是终点,游戏要求玩家控制一个乌龟棋子从起点出发走到终点。

乌龟棋中 M 张爬行卡片,分成4种不同的类型(M 张卡片中不一定包含所有4种类型的卡片,见样例),每种类型的卡片上分别标有1,2,3,4四个数字之一,表示使用这种卡片后,乌龟棋子将向前爬行相应的格子数。游戏中,玩家每次需要从所有的爬行卡片中选择一张之前没有使用过的爬行卡片,控制乌龟棋子前进相应的格子数,每张卡片只能使用一次。

游戏中,乌龟棋子自动获得起点格子的分数,并且在后续的爬行中每到达一个格子,就得到该格子相应的分数。玩家最终游戏得分就是乌龟棋子从起点到终点过程中到过的所有格子的分数总和。

很明显，用不同的爬行卡片使用顺序会使得最终游戏的得分不同，小明想要找到一种卡片使用顺序使得最终游戏得分最多。

现在，告诉你棋盘上每个格子的分数和所有的爬行卡片，你能告诉小明，他最多能得到多少分吗？

【输入数据】

每行中两个数之间用一个空格隔开。

第 1 行 2 个正整数 N,M，分别表示棋盘格子数和爬行卡片数。

第 2 行 N 个非负整数，$a_1,a_2,\cdots,a_N$，其中 a_i 表示棋盘第 i 个格子上的分数。

第 3 行 M 个整数，$b_1,b_2,\cdots,b_M$，表示 M 张爬行卡片上的数字。

输入数据保证到达终点时刚好用光 M 张爬行卡片。

【输出数据】

一个整数，表示小明最多能得到的分数。

输入样例	输出样例
9 5 6 10 14 2 8 8 18 5 17 1 3 1 2 1	73

【数据规模】

对于 30%的数据有 $1 \leqslant N \leqslant 30, 1 \leqslant M \leqslant 12$。

对于 50%的数据有 $1 \leqslant N \leqslant 120, 1 \leqslant M \leqslant 50$，且 4 种爬行卡片，每种卡片的张数不会超过 20。

对于 100%的数据有 $1 \leqslant N \leqslant 350, 1 \leqslant M \leqslant 120$，且 4 种爬行卡片，每种卡片的张数不会超过 40；$0 \leqslant a_i \leqslant 100, 1 \leqslant i \leqslant N; 1 \leqslant b_i \leqslant 4, 1 \leqslant i \leqslant M$。

【练习 3.3.4】 质数和分解（prime，1 S，128 MB，AHOI2001）

【问题描述】

任何大于 1 的自然数 n 都可以写成若干个大于等于 2 且小于等于 n 的质数之和表达式（包括只有一个数构成的和表达式的情况），并且可能有不止一种质数和的形式。例如，

9 的质数和表达式就有四种本质不同的形式：

$9=2+5+2=2+3+2+2=3+3+3=2+7$。

这里所谓两个本质相同的表达式是指可以通过交换其中一个表达式中参加和运算的各个数的位置而直接得到另一个表达式。

试编程求解自然数 n 可以写成多少种本质不同的质数和表达式。

【输入数据】

每一行存放一个自然数 $n(2 \leqslant n \leqslant 200)$。

【输出数据】

依次输出每一个自然数 n 的本质不同的质数和表达式的数目。

输入样例	输出样例
2 200	1 9845164

【练习 3.3.5】　乘积最大(cjzd,1 S,128 MB,NOIP2000 提高组)

【问题描述】

设有一个长度为 N 的数字串,要求选手使用 K 个乘号将它分成 $K+1$ 个部分,找出一种分法,使得这 $K+1$ 个部分的乘积能够为最大。

同时,为了帮助选手能够正确理解题意,主持人还举了如下的一个例子:

有一个数字串:312,当 $N=3,K=1$ 时会有以下两种分法:

1. 3×12=36
2. 31×2=62

这时,符合题目要求的结果是:31×2=62。

现在,请你设计一个程序,求得正确的答案。

【输入数据】

程序的输入共有两行:

第一行共有 2 个自然数 N,K。

第二行是一个长度为 N 的数字串。

【输出数据】

结果显示在屏幕上,相对于输入,应输出所求得的最大乘积(一个自然数)。

输入样例	输出样例
4 2 1231	62

【数据规模】

对于 60%的数据,$6 \leqslant M \leqslant 20$。

对于 100%的数据,$6 \leqslant N \leqslant 40\,000, 1 \leqslant K \leqslant 6$。

第四章 “精益求精”地解决问题

好算法的标准是什么？光有正确性还远远不够，我们还要追求风格好、容错强、效率高，其中效率是算法的核心与灵魂所在。在许多领域，通过算法优化“精益求精”地解决问题而导致的性能提升远远超过由于处理器速度提高而带来的性能提升。

在追求算法优化的过程中，我们将通过解决一系列经典问题，充分感受算法优化的魅力，总结算法优化的一般规律，即：深入挖掘问题的本质，找到问题解决的突破口；正确评估算法的时空复杂度，找准算法的性能瓶颈，从而有针对性地进行优化；综合考虑问题的需求与数据的特点，选择更适合的数据结构。

在追求算法优化的过程中，我们还要充分认识到每种算法都有其独特优势。以排序为例，千万不要以为有了快速排序就可以一劳永逸，看似又慢又笨的冒泡排序在某些特定场合却有着意想不到的效果。因此，在汲取新知阶段，对每一个流传至今的经典算法，都要搞清其来龙去脉，这不仅有助于我们建立坚实的理论基础，还能提升解决实际问题的能力，并激发创新思维。

在追求算法优化的过程中，我们更应注重追求“精益求精”的品质。这意味着对待每一个问题、每一个细节都应保持高度的专注和追求卓越的态度，不放过任何可能的改进空间，持续不断地进行迭代优化。

在上述过程中，我们肯定会遇到各种困难与挫折，不要轻言放弃，因为正是这些挑战，让我们练就足够的耐心与毅力，促使我们不断进步与成长。

第一节 抽大奖问题——算法评价的基本方法

一、问题引入

【问题描述】

乐乐刚拿到压岁钱，就被街头的一个“抓小球中大奖”的游戏迷住了。游戏规则如下：在一个纸箱中放入 n 个写有数字的小球，你每次可以从中抓取一个小球并记下上面的数字，然后再将其放回纸箱中。你一共可以抓四次，如果四次数字之和恰好是 m，你就赢了。

乐乐花光了所有压岁钱，竟然一次也没赢过，于是哭着大喊“老板骗人”。无奈的老板只得倒出所有小球，请在旁边吃瓜的你帮他证明：乐乐是否有赢的可能。

【输入数据】

第一行包含两个正整数 n 和 m。

第二行包含 n 个用单个空格隔开的整数序列 num，其中 $num[i]$ 表示第 i 个小球上的数字。

【输出数据】

如果乐乐有赢的可能，输出“Yes”，否则输出“No”（引号无需输出）。

输入样例	输出样例
6 0 1 0 -1 0 -2 2	Yes

【样例说明】

其中一个四元组方案（-2，-1，1，2）即符合要求。

【数据规模】

对于 30%的数据，满足 $1 \leqslant n \leqslant 50$。

对于 60%的数据，满足 $1 \leqslant n \leqslant 100$。

对于 100%的数据，满足 $1 \leqslant n \leqslant 1\,000$，$1 \leqslant m \leqslant 10^8$，$1 \leqslant num[i] \leqslant 10^8$。

二、问题探究

上述抽奖问题，其本质可以形式化地表示为：给定一个包含 n 个整数的数组 num 和一个目标值 m，判断是否存在一个四元组（num $[a]$，num $[b]$，num $[c]$，num $[d]$）同时满足以下条件：

条件 1：$1 \leqslant a,\ b,\ c,\ d \leqslant n$

条件 2：a、b、c 和 d 可以重复

条件 3：num $[a]$ + num $[b]$ + num $[c]$ + num $[d]$ = m

要想解决该问题，最容易想到的是直接使用四重循环枚举所有方案。

【参考程序】

```
1. #include <bits/stdc++.h>
2. using namespace std;
3. const int N = 50 + 10;
4. int n, m;
5. int num[N];
6. int main() {
7.     scanf("%d%d", &n, &m);
8.     for (int i = 1; i <= n; i++)
9.         scanf("%d", &num[i]);
10.    bool flag = false;
11.    for (int a = 1; a <= n; a++)
12.        for (int b = 1; b <= n; b++)
13.            for (int c = 1; c <= n; c++)
14.                for (int d = 1; d <= n; d++)
15.                    if (num[a] + num[b] + num[c] + num[d] == m) {
```

```
16.                 flag = true;
17.             }
18.     if (flag) printf("Yes\n");
19.     else printf("No\n");
20.     return 0;
21. }
```

上述算法虽然很好实现,正确性也能得到保证,在应对小规模数据时还算游刃有余,但当数据规模不断增大时,就捉襟见肘甚至无能为力了。此时,如果不做任何分析就另觅他途并非明智之举,可取的思路应该是先找准算法的瓶颈,再凭借自身掌握的知识、技能与经验衡量是否有进一步优化的空间。经反复尝试,优化效果仍不明显时,再别寻他法也未尝不可。

通过如此追求“好算法”的反复历练,我们的能力与经验值也将在潜移默化中得到稳步提升。当达到一定程度后,在实战中面对有困难的问题时,我们就不必“不分好歹”,花费大把时间把每种可能的算法都“遍历”一番,而是可以按照一系列评价标准“事前评估”出不同算法的时空优劣,择其善者而从之,把时间都花在刀刃上。

三、知识建构

1. 算法评价的重要标准

通常,评价一个算法的好坏需要综合考虑很多因素,以下列举一些对于选手而言颇为重要的标准。

正确性：算法应能根据输入产生正确的输出,包括特殊情况与极端情况数据的处理。目前,信息学竞赛主要通过测试数据来验证算法的“相对”正确性,毕竟有限的测试数据无法覆盖所有可能的情况。

健壮性：算法应能对各种意外情况做出合理反馈,而不总是产生莫名其妙的输出甚至崩溃。

高效性：算法应尽可能快地输出结果,尽可能省地占用内存,同时保持二者的相对均衡。

可读性：算法应具备清晰的思路与良好的风格,让自己与他人随时随地都能读懂,同时写出的代码像诗一样优雅,给人以赏心悦目之感。

2. 时间复杂度

(1) 时间复杂度与评估方法

很多新手常有这样的不解：为何高手们在分析任何一道题目时都首先下意识地关注“数据范围”,待大致估算出不同算法的时间复杂度后才会下场编程? 为什么不能把代码先完完整整实现出来,再用系统自带的计时函数“掐时”一算呢?

如果你连“掐时”也没用过,不妨以求第 N 项斐波拉契数为例,大致了解一下：

```
1. #include <bits/stdc++.h>
2. using namespace std;
3. typedef long long LL;
4. clock_t   Begin, End;
```

```
5. //迭代求第 n 项斐波拉契数
6. LL fib1(int n) {
7.     LL a = 1, b = 1;
8.     for (int i = 3; i <= n; i++) {
9.         int t = a + b;
10.        a = b;
11.        b = t;
12.    }
13.    return b;
14. }
15. //递归求第 n 项斐波拉契数
16. LL fib2(int n) {
17.     if (n == 1 || n == 2)
18.         return 1;
19.     return fib2(n - 1) + fib2(n - 2);
20. }
21. int main() {
22.     Begin = clock(); //计时开始
23.     //====================这里写要测试的代码====================
24.     fib2(40);
25.     //==========================================================
26.     End = clock(); //计时结束
27.     cout << End - Begin << " ms" << endl; //输出时间差
28.     return 0;
29. }
```

以上这种通过“掐时”评估算法运行效率的方法叫“事后统计法”，虽然可以直观反映出算法的实际运行性能，但是却有很大的局限性，因为它的测试结果容易受评测环境的软硬件配置、测试数据的规模大小等多重因素的影响。因此，我们需要一个不用事先编出程序，通过“心算”即可大致估算出算法运行效率的方法——“事前统计法”。

（2）时间复杂度与语句频度

通常，一个算法的运行时间与算法中基本语句的执行次数（也称语句频度）成正比，常用函数 $T(n)$ 表示。其中 T 代表 Time，n 表示问题规模（或输入数据的大小）。

以 N 阶矩阵乘法为例，每一行语句的频度统计如下：

```
1. for (int i = 1; i <= n; i++)                 //执行 n 次
2.     for (int j = 1; j <= n; j++) {           //执行 n * n 次
3.         c[i][j] = 0;                         //执行 n * n 次
4.         for (int k = 1; k <= n; k++)         //执行 n * n * n 次
5.             c[i][j] += a[i][k] * b[k][j];    //执行 n * n * n 次
6.     }
```

所有语句的频度之和 $T(n)=2n^3+2n^2+n$。

此时，若有某个辅助函数 $f(n)$，使得当 n 趋于无穷大时，$T(n)/f(n)$ 的极限值为非零常数 c，则称 $f(n)$ 是 $T(n)$ 的同数量级函数，记作 $T(n)=O(f(n))$，其中 $O(f(n))$ 称为算法的渐进时间复杂度，简称时间复杂度。

$$\lim_{n\to\infty}\frac{T(n)}{f(n)}=c$$

（3）时间复杂度的计算步骤

算法的时间复杂度可以按照如下步骤进行计算：

第一步　找出基本语句。在时间复杂度分析中，算法的基本语句主要指那些对算法执行时间有决定性影响的语句，尤其是循环体内的语句。以选择排序为例，循环体内元素的比较和交换操作即为基本语句。

```
1. for (int i = 1; i < n; i++)
2.     for (int j = i + 1; j <= n; j++) {
3.         //以下比较和交换的操作即为基本语句
4.         if (a[i] > a[j]) {
5.             swap(a[i], a[j]);
6.         }
7.     }
```

第二步　估算运算量级。通常只保留最高阶项，忽略低阶项、常数项和系数。

以 $T(n)=2n^3+2n^2+n$ 为例，其渐近时间复杂度上限函数 $f(n)$ 是 n^3，因此称 $T(n)$ 的渐近时间复杂度为 $O(n^3)$，记作 $T(n)=O(n^3)$。

下表（表 4-1-1）所示即为常见时间复杂度的量级及典型应用。

表 4-1-1　常用算法时间复杂度

$T(n)$	$O(f(n))$	量级	典型应用
1314520	$O(1)$	常数阶	高斯求和
$2n+3$	$O(n)$	线性阶	线性查找
$3n^2+2n+1$	$O(n^2)$	平方阶	选择排序
$5\log_2 n+20$	$O(\log n)$	对数阶	二分查找
$2n+3n\log_2 n+19$	$O(n\log n)$	线性对数阶	快速排序
$6n^3+2n^2+3n+4$	$O(n^3)$	立方阶	Floyd 求最短路
2^n	$O(2^n)$	指数阶	枚举生成子集
$n!$	$O(n!)$	阶乘阶	暴力求解排列

注：在时间复杂度表示中，$\log_2 n$ 通常简写为 $\log n$。

常见的算法时间复杂度从低到高依次为：

$$O(1) < O(\log n) < O(n) < O(n\log n) < O(n^2) <$$
$$O(n^3) < O(n^k) < O(2^n) < O(n!)$$

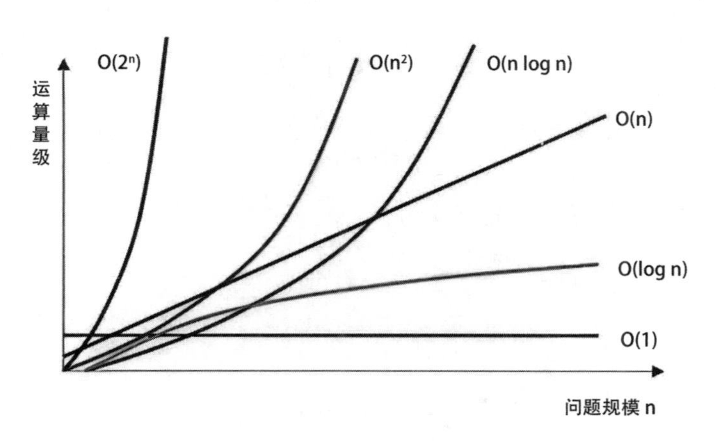

图 4-1-1 不同算法时间复杂度对应函数曲线的“增长趋势”

从图 4-1-1 可以直观地看出，随着问题规模 n 的增大，不同时间复杂度对应函数曲线的增长趋势存在明显差异。对于绝大多数问题而言，我们显然希望算法的时间复杂度尽可能低，尤其是当数据规模较大时，追求更低的时间复杂度是我们努力优化的目标。

（4）递归算法的时间复杂度

递归算法的时间复杂度取决于多个因素，包括递归的深度、子问题的规模以及递归调用的方式等多个因素。当一个算法包含对其自身的递归调用时，我们往往可以用递归方程来描述其运行时间。以归并排序为例，其递归方程可以写成如下形式：

$$T(n)=\begin{cases} c & (n=1) \\ 2T(n/2)+cn & (n>1) \end{cases}$$

该方程表明对一个大小为 n 的数组进行归并排序所需的时间等于对两个大小为 $n/2$ 的子数组进行归并排序所需的时间之和，再加上合并这两个有序子数组所需的时间。为简化分析，这里设 n 是 2 的整数次幂，常数 c 既表示求解规模为 1 的子问题所需的时间，也表示在分解与合并过程中处理每个数组元素所需的时间。

有了递归方程，我们就可以采用代入法、递归树法、主定理等方法帮助我们分析递归算法的时间复杂度。由于代入法、递归树法等相对容易理解与掌握，下面，我们以归并排序为例，分别介绍这两种方法的具体应用。

方法 1：利用“代入法”分析归并排序的时间复杂度

对递归方程中的递推式 $T(n)=2T\left(\frac{n}{2}\right)+cn$ 作如下推导：

$$T(n)=2T\left(\frac{n}{2}\right)+cn=2\left(2T\left(\frac{n}{4}\right)+\frac{cn}{2}\right)+cn=2^2T\left(\frac{n}{4}\right)+2cn$$

$$= 2^3T\left(\frac{n}{8}\right) + 3cn = \cdots = 2^kT\left(\frac{n}{2^k}\right) + kcn$$

设 $\frac{n}{2^k} = 1$,则 $k = \log_2 n$

$$\begin{aligned} & 2^kT\left(\frac{n}{2^k}\right) + kcn \\ & = cn + cn\log_2 n \\ & = O(n\log n) \end{aligned}$$

当然,我们还可以将原递推式先变换为:

$$\frac{T(n)}{n} = \frac{T(n/2)}{n/2} + c$$

再作如下推导:

$$\frac{T(n/2)}{n/2} = \frac{T(n/4)}{n/4} + c$$

$$\frac{T(n/4)}{n/4} = \frac{T(n/8)}{n/8} + c$$

$$\cdots\cdots$$

$$\frac{T(2)}{2} = \frac{T(1)}{1} + c$$

$n \to n/2 \to n/4 \to \cdots \to 1$,子问题规模不断折半,最终缩小为 1,即:$n/2^k = 1$,推出 $k = \log_2 n$,其中 k 表示上述式子的总项数。将上述所有式子相加,并相互抵消后得到:

$T(n) = cn\log_2 n + cn$,用大 O 表示法记作 $T(n) = O(n\log n)$。

方法 2: 利用"递归树法"分析归并排序的时间复杂度

根据递推式 $T(n) = 2T\left(\frac{n}{2}\right) + cn$ 可以构造出如下图(图 4-1-2)所示的一棵具有 $\log_2 n +$

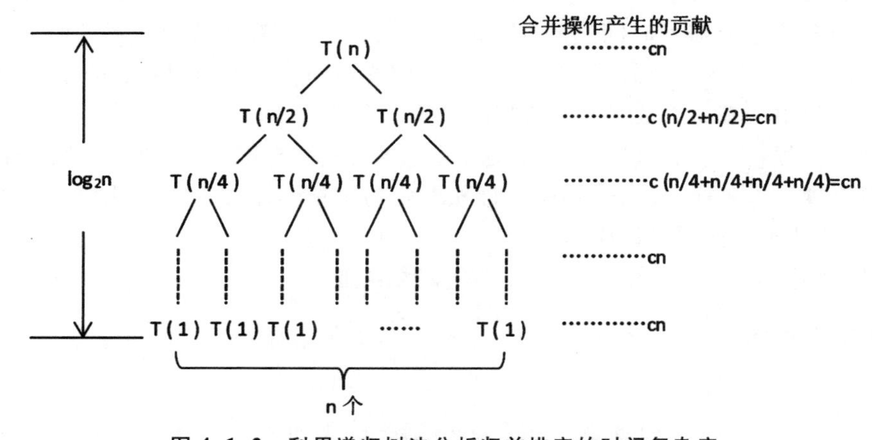

图 4-1-2 利用递归树法分析归并排序的时间复杂度

1层的递归树，每层对总代价的贡献均为 cn，故最终的总代价为 $cn\log_2 n + cn$，用大 O 表示法记作 $T(n) = O(n\log n)$。

3. 空间复杂度

(1) 空间复杂度与评估方法

在信息学竞赛中，我们通常重点关注算法在运行过程中临时占用存储空间的大小，这也提醒我们在追求时间复杂度“好上加好”的同时，也绝不能忽视内存的占用情况，避免因为内存超出限制（Memory Limit Exceed, MLE）而“爆零两行泪”。

以下演示如何使用 sizeof 估算单个大数组占用内存大小的情况：

```
1. #include <bits/stdc++.h>
2. using namespace std;
3. int a[10000000];
4. int main() {
5.     cout << sizeof(a) / 1024 / 1024 << "MB" << endl; //转换为 MB
6.     return 0;
7. }
```

当需要统计的静态数组数目较多时，还可以使用如下技巧一并计算：

```
1. #include <bits/stdc++.h>
2. using namespace std;
3. bool st;
4. //将需要统计的静态数组统统放在两个 bool 变量中间
5. int a[10][10], b[100][100], c[1000][1000];
6. bool ed;
7. int main() {
8.     printf("%.2lf\n", (&ed - &st) / 1024.0 / 1024);
9.     return 0;
10. }
```

虽然上述方法足可应对大多数情况，但严格来说，与时间复杂度分析一样，我们仍然需要考虑程序声明的内存大小随输入数据规模大小增长的趋势，简称空间复杂度，也使用大 O 表示法，记作 $S(n) = O(f(n))$。

(2) 空间复杂度与内存占用

空间估算主要评估算法在运行时所占用的额外内存空间的大小。空间消耗主要来自以下四个方面：

局部变量：算法在执行过程中会创建和使用局部变量来保存中间结果或临时数据。这些变量的类型和数量决定了它们所占用的内存空间大小。

数据结构：算法可能使用各种数据结构来存储和处理数据，如数组、链表等。这些数据结构的大小取决于它们可以容纳的元素数量以及每个元素的大小。

系统堆栈：对于递归函数，每次递归调用都会在系统栈中分配内存保存局部变量、返回地址等参数信息。递归调用的深度决定了系统栈所需空间的大小。大多数操作系统为程序分配的系统栈空间是有限制的，如果程序在递归调用或其他操作中超过了这个限制，就会导致栈溢出（Stack Overflow）错误。

辅助空间：算法可能还需要一些额外的辅助空间来支持其执行。例如归并排序在合并两个已排序的子数组时通常会使用一个额外的数组保存合并过程中的中间结果。

（3）空间复杂度的计算步骤

第一步　识别额外空间。梳理算法在运行过程中使用的所有额外空间。

第二步　计算空间需求。识别出那些随输入数据规模大小的变化而变化的额外空间。

第三步　表达空间需求。保留表达式中的最高阶项，忽略低阶项、常数项和系数。

（4）递归算法的空间复杂度

下面，我们按照上述空间复杂度的计算步骤计算归并排序的空间复杂度：

第一步　识别额外空间。对于归并排序而言，主要的空间消耗来自两个方面：

① 数组空间（或辅助空间）：归并排序在合并两个已排序的子数组时，通常会使用一个与待合并子数组大小相等的临时数组来保存中间结果，这个临时数组在合并完成后会被复制回原数组。

② 递归栈空间：归并排序还涉及递归调用栈的空间消耗，这个通常与递归的深度有关。

第二步　计算空间需求。

① 数组空间计算：由于归并排序是逐层进行的，每一层递归都会消耗一个与当前处理数组大小相等的额外空间。在最坏的情况下（即数组本身就是完全未排序的），额外空间的大小会接近 n（当合并整个数组时）。

② 递归栈空间计算：对于平衡的二分归并排序来说，递归栈的空间消耗与递归的深度成正比，即 $\log n$。

第三步 表达空间需求。因为递归栈的空间消耗 $log\, n$ 相对 n 来说是低阶的，可以忽略不计，所以传统的归并排序的空间复杂度通常表述为 $O(n)$。

虽然也存在通过使用几个额外的变量，将空间复杂度从 $O(n)$ 降低到 $O(1)$ 的所谓“原地归并排序”算法，但相比较而言，传统的“非原地操作”使得算法更加直观和易于理解，同时，现代计算机的内存通常足够大，完全可以容纳归并排序所需的额外空间，并不会成为性能瓶颈，从而有助于我们将注意力集中至领悟分治算法的核心思想上。

4. 抽大奖问题的问题解决与算法设计

下面，我们将利用前面所学逐步优化“抽大奖问题”，请读者仔细阅读程序，感受算法设计尤其是算法优化的一般思考路径，掌握算法评价的常用方法，尤其是对于时、空复杂度的分析。

思路 1：四重循环枚举所有方案，时间复杂度为 $O(n^4)$。

思路 2：通过观察上述四重循环，发现最内侧循环所做的操作其实就是判断是否存在 d 满足：$\text{num}[d] = m - \text{num}[a] - \text{num}[b] - \text{num}[c]$，即查找 num 数组中的所有元素，判断是否存在 $m - \text{num}[a] - \text{num}[b] - \text{num}[c]$。

如何快速查找呢？二分查找！但前提是需要先将 num 数组排好序。因为二分查找的时间复杂度为 $O(\log n)$，故算法的整体时间复杂度也被优化为 $O(n^3\log n)$。

【参考程序】

```
1. #include <bits/stdc++.h>
2. using namespace std;
3. const int N = 100 + 10;
4. int n, m;
5. int num[N];
6. bool bsearch(int x) {  //自定义二分查找函数
7.     int L = 1, R = n;
8.     while (L <= R) {
9.         int mid = (L + R) / 2;
10.        if (num[mid] == x) return true;          //找到目标元素
11.        else if (num[mid] < x) L = mid + 1;      //在右半部分查找
12.        else R = mid - 1;                        //在左半部分查找
13.    }
14.    return false; // 未找到目标元素
15. }
16. int main() {
17.    scanf("% d% d", &n, &m);
18.    for (int i = 1; i <= n; i++)
19.        scanf("% d", &num[i]);
20.    sort (num + 1, num + n + 1); //默认升序
21.    bool flag = false;
22.    for (int a = 1; a <= n; a++)
23.        for (int b = 1; b <= n; b++)
24.            for (int c = 1; c <= n; c++)
25.                if (bsearch(m - num[a] - num[b] - num[c]))
26.                    flag = true;
27.    if (flag) printf("Yes\n");
28.    else printf("No\n");
29.    return 0;
30. }
```

当然，这里也可以直接使用 STL 中的 binary_search 函数实现“二分查找”：

```
bool binary_search(first, last, value);
```

其中，first 和 last 都为正向迭代器，[first, last)用于指定该函数的作用范围；value 用于指定要查找的目标值。该函数会返回一个 bool 类型值，如果 binary_search()函数在[first, last)区域内成功找到和 value 相等的元素，则返回 true；反之则返回 false。

思路 3：当 $n = 1\,000$ 时，$O(n^3 \log n)$ 的复杂度依然超时，需要进一步优化。这里，我们可以借鉴刚刚的优化思路，观察最内侧的两重循环，发现其所做的操作实则是判断是否存在 c 和 d 满足：

$$\text{num}[c] + \text{num}[d] = m - \text{num}[a] - \text{num}[b]$$

即查找 num 数组中任意两个数的和,判断其是否等于 $m - \text{num}[a] - \text{num}[b]$。前提是需要先将 num 数组中任意两个数之和存入一个临时数组 t 中,并排好序,接着便可以愉快地进行二分查找了,时间复杂度也进一步优化为 $O(n^2\log n)$。

【参考程序】

```
1. #include <bits/stdc++.h>
2. using namespace std;
3. const int N = 1000 + 10;
4. int n, m;
5. int num[N], t[N * N]; //注意临时数组 t 的大小
6. int main() {
7.    scanf("%d%d", &n, &m);
8.    for (int i = 1; i <= n; i++)
9.        scanf("%d", &num[i]);
10.   for (int c = 1; c <= n; c++)
11.       for (int d = 1; d <= n; d++)
12.           t[(c - 1)* n + d] = num[c] + num[d];
13.   sort (t + 1, t + n * n + 1); //升序
14.   bool flag = false;
15.   for (int a = 1; a <= n; a++)
16.       for (int b = 1; b <= n; b++)
17.           if (binary_search(t + 1, t + n * n + 1, m - num[a] - num[b]))
18.               flag = true;
19.   if (flag) printf("Yes\n");
20.   else printf("No\n");
21.   return 0;
22. }
```

四、迁移应用

【例 4.1.1】 寻宝问题(hammer,1 S,128 MB,Atcoder ABC270B)

【问题描述】

乐乐现在站在一维数轴的原点。他想到达坐标为 X 的目标处取得宝箱。在坐标 Y 处有一堵墙,他不能直接穿墙而过。然而,如果他能事先取到位于坐标 Z 处的锤子,就可以把墙砸开后通过。问:乐乐是否能够成功取得宝箱。如果能,最少需要走多少个单位距离。

【输入数据】

一行包含三个整数 X,Y 和 Z,之间以单个空格隔开。

【输出数据】

如果能够到达目地点,则输出最短行走距离;如果不能,则直接输出-1。

输入样例	输出样例
10 -10 1	10

【数据规模】

$-1\,000 \leqslant X, Y, Z \leqslant 1\,000$,$X, Y, Z$ 互不相同且均为不为 0 的随机整数。

【思路分析】

本题虽仅涉及乐乐、墙、锤子、宝箱等区区四个对象,但由于除了乐乐的初始位置固定外,其他三者的初始位置皆随机,进而导致四者之间的相对位置、依存关系较为错综复杂。如若不事先安排好讨论对象的次序、明确好分类讨论的标准,就匆忙编写代码,很难确保满足分类讨论三原则,即:

(1) 同一性:分类的标准要统一,每次分类的依据要相同。

(2) 互斥性:分类后各部分之间相互独立,不重复、不遗漏。

(3) 层次性:分类讨论应分层逐级进行,不越级讨论。

这里,我们通过构建如下图(图 4-1-3)所示的“解答树”理顺思维过程,依此写出来的代码将具有更强的缜密性与可读性。

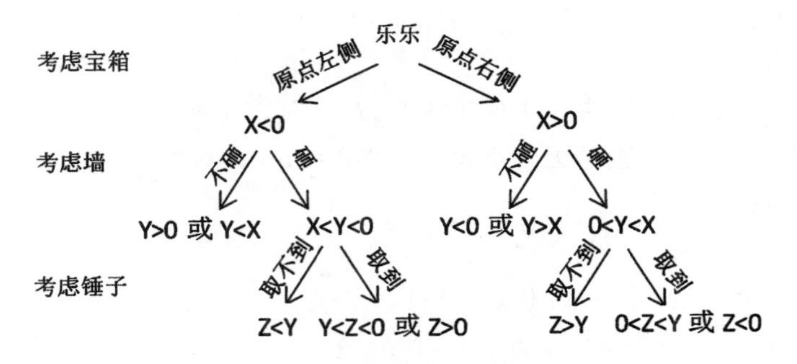

图 4-1-3 寻宝问题的“解答树”

【参考程序】

```
1. #include<bits/stdc++.h>
2. using namespace std;
3. int main() {
4.     int x, y, z;
5.     cin >>x >>y >>z;
6.     if (x >0) {
7.         if (y <0 || y >x) cout <<x <<endl;
8.         else {
```

```
9.             if (z >y) cout <<-1 <<endl;
10.            else {
11.                if (z >0) cout <<x <<endl;
12.                else cout <<-z * 2 +x <<endl;
13.            }
14.        }
15.    } else {
16.        if (y <x || y >0) cout <<-x <<endl;
17.        else {
18.            if (z <y) cout <<-1 <<endl;
19.            else {
20.                if (z >0) cout <<2 * z - x <<endl;
21.                else cout <<-x <<endl;
22.            }
23.        }
24.    }
25.    return 0;
26. }
```

【例 4.1.2】 RGB 子串(substring,1 S,128 MB,CF1196D2)

【问题描述】

给定一个长度为 n 的字符串 S,每个字符是 'R'、'G'、'B' 中的一种。

再给定一个整数 k。

你的任务是通过更改字符串 S 中的最少字符,使其在更改后,存在一个长度为 k 的字符串,该字符串既是 S 的子串,也是无限字符串“RGBRGBRGB…”的子串。

你一共需要回答 q 组询问。

【输入数据】

第一行包含一个整数 q, 表示询问的数目。

接下来是 q 组询问,每组询问的格式如下:

第一行包含两个整数 n 和 k, 分别表示字符串 S 的长度和子串的长度。

第二行包含一个长度为 n, 仅由字符 'R'、'G'、'B' 组成的字符串 S。

【输出数据】

对于每组询问,输出一个整数,表示字符串 S 需要更改的最少字符数。每行输出一个。

输入样例	输出样例
2 5 2 BGGGG 5 3 RBRGR	1 0

【样例说明】

在第一组询问中,你可以将第一个字符更改为“R”并获得子串“RG”,或将第二个字符更改为“R”并获得“BR”,或将第三、第四或第五个字符更改为“B”并获得“GB”。

在第二组询问中,子串是“BRG”,无需更改。

【数据规模】

对于 20%的数据,满足 $1 \leqslant q \leqslant 2\,000, 1 \leqslant k \leqslant n \leqslant 2\,000$,所有询问的 n 之和不超过 2 000。

对于 100%的数据,满足 $1 \leqslant q \leqslant 200\,000, 1 \leqslant k \leqslant n \leqslant 200\,000$,所有询问的 n 之和不超过 200 000。

【思路分析】

根据题意,字符串 S 中长度为 k 的子串亦为无限字符串 RGBRGBRGB……的子串,那么这个子串只有三种可能:R 开头(RGB……)、G 开头(GBR……)、B 开头(BRG……)。

思路 1:最朴素的做法是依次枚举字符串 S 中长度为 k 的子串,分别与上述三个等长的无限串进行匹配,如果出现不匹配的字符则改变次数+1,每次匹配完都更新答案为最小值。

例如:k=5

BBRBGRBBRRGGGBRBRBGBRRGGRGRRBBG

RGBRG 更改次数 3

GBRGB 更改次数 3

BRGBR 更改次数 4

更改的最少字符数 = min{3,3,4} = 3

【参考程序】

```
1. #include<bits/stdc++.h>
2. using namespace std;
3. string RGB = "RGB";
4. string GBR = "GBR";
5. string BRG = "BRG";
6. int q;
7. //统计两个等长的字符串不同字符的个数
8. int match(string s1, string s2) {
9.     int sum = 0;
10.    for (int i = 0; i < s1.size(); i++)
11.        if (s1[i] != s2[i]) sum++;
12.    return sum;
13. }
14. int main() {
15.     cin >> q;
16.     while (q--) {
17.         int n, k;
18.         cin >> n >> k;
```

```
19.         string s;
20.         cin >> s;
21.         int ans = k;
22.         for (int i = 0; i + k - 1 < n; i++) { //枚举子串起点
23.             string s1 = s.substr(i, k);
24.             string s2 = " ";
25.             for (int j = 0; j < k; j++) s2 += RGB[j % 3];
26.             ans = min(ans, match(s1, s2));
27.             s2 = " ";
28.             for (int j = 0; j < k; j++) s2 += GBR[j % 3];
29.             ans = min(ans, match(s1, s2));
30.             s2 = " ";
31.             for (int j = 0; j < k; j++) s2 += BRG[j % 3];
32.             ans = min(ans, match(s1, s2));
33.         }
34.         cout << ans << endl;
35.     }
36.     return 0;
37. }
```

上述代码可读性较好,但重复性功能代码较多,显得有些繁琐,我们完全可以根据主串S和匹配串的下标对应关系(图4-1-4),进一步简化代码。

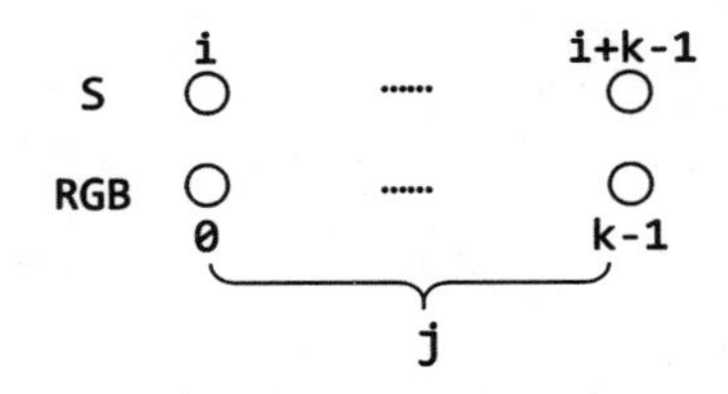

图 4-1-4　主串 S 和匹配串的下标对应关系

【参考程序】

```
1. #include<bits/stdc++.h>
2. using namespace std;
3. string RGB = "RGB";
4. int q;
5. int main() {
6.     cin >> q;
7.     while (q--) {
8.         int n, k;
9.         cin >> n >> k;
10.        string s;
11.        cin >> s;
```

```
12.         int ans = k;
13.         for (int i = 0; i + k - 1 < n; i++) {    //枚举子串起点
14.             int cnt1 = 0, cnt2 = 0, cnt3 = 0;    //R、G、B 开头更改次数初始化
15.             for (int j = 0; j < k; j++) {         //遍历子串
16.                 if (s[i + j] ! = RGB[j % 3]) cnt1 ++;         //R 开头
17.             if (s[i + j] ! = RGB[(j + 1) % 3]) cnt2 ++; //G 开头
18.             if (s[i + j] ! = RGB[(j + 2) % 3]) cnt3 ++; //B 开头
19.         }
20.         ans = min(ans, min(cnt1, min(cnt2, cnt3)));
21.     }
22.     cout << ans << endl;
23. }
24. return 0;
25. }
```

思路 2：前缀和优化。首先通过外层循环遍历三种无限串、内层循环遍历字符串 S，标记出 S 中的每一个字符是否需要更改，接着利用前缀和优化 $O(n)$ 的时间复杂度预处理出前 i 个字符需要修改的总次数，最后再利用 $O(1)$ 的时间复杂度查询出长度为 k 的子串需要修改的次数（图 4-1-5）。

	1	2	3	4	5	6	7				
R 开头	R	G	B	R	G	B	R				
S 串	B	B	**R**	**B**	**G**	**R**	**B**	B	R	R	…
标记数组	1	1	1	1	0	1	1				
前缀和数组	1	2	3	4	4	5	6				

图 4-1-5　以 R 开头匹配串为例进行前缀和优化

【参考程序】

```
1. #include<bits/stdc++.h>
2. using namespace std;
3. const int N = 2e5 + 10;
4. string RGB = "RGB";
5. char s[N];
6. int sum[N];
7. int main() {
8.     int q;
9.     cin >> q;
10.    while (q--) {
11.        int n, k;
12.        cin >> n >> k;
13.        cin >> s + 1;
```

```
14.        int ans = k;
15.        for (int i = 0; i < 3; i++) { //分别以 R、G、B 开头的循环串
16.            for (int j = 1; j <= n; j++) {
17.                if (s[j] != RGB[(j - 1 + i) % 3]) sum[j] = 1;
18.                else  sum[j] = 0;
19.            }
20.            for (int j = 1; j <= n; j++) sum[j] += sum[j - 1]; //前缀和
21.            for (int j = k; j <= n; j++) {
22.                ans = min(ans, sum[j] - sum[j - k]);
23.            }
24.        }
25.        cout << ans << endl;
26.    }
27.    return 0;
28. }
```

【例 4.1.3】 最大正方形(square,1 S,128 MB,洛谷 P1387)

【问题描述】

在一个 n 行 m 列只包含 0 或 1 的二维矩阵中找出一个全为 1 的最大正方形,输出其边长。

【输入数据】

第一行包含两个正整数 n,m。

接下来的 n 行,每行包含 m 个 0 或 1 的数字,用单个空格隔开。

【输出数据】

输出一个整数,表示最大正方形的边长。

输入样例	输出样例
4 4 1 1 1 0 1 1 1 1 1 1 1 1 1 0 1 1	3

【数据规模】

对于 30%的数据,满足 $1 \leqslant n, m \leqslant 100$。

对于 50%的数据,满足 $1 \leqslant n, m \leqslant 500$。

对于 80%的数据,满足 $1 \leqslant n, m \leqslant 1\,000$。

对于 100%的数据,满足 $1 \leqslant n, m \leqslant 5\,000$。

【思路分析】

思路 1:朴素做法。分别枚举正方形的左上角坐标 (i, j) 和边长 k,然后依次扫描该正方形区域内的所有元素,判断是否全为 1。时间复杂度为 $O(n^5)$。

【参考程序】

```
1. #include <bits/stdc++.h>
2. using namespace std;
3. const int N = 5000 + 10;
4. int n, m;
5. int a[N][N];
6. int ans;
7. int main() {
8.     scanf("% d% d", &n, &m);
9.     for (int i = 1; i <= n; i++)
10.        for (int j = 1; j <= m; j++)
11.            scanf("% d", &a[i][j]);
12.    for (int i = 1; i <= n; i++)          //枚举左上角行号
13.        for (int j = 1; j <= m; j++)      //枚举左上角列号
14.            for (int k = 1; i + k - 1 <= n && j + k - 1 <= m; k++) { //边长
15.                bool ok = true;
16.                for (int x = i; x <= i + k - 1; x++)
17.                    for (int y = j; y <= j + k - 1; y++)
18.                        if (! a[x][y]) {
19.                            ok = false;     //出现数字 0
20.                            break;
21.                        }
22.                if (ok) ans = max(ans, k); //全 1 才更新答案
23.            }
24.    printf("% d\n", ans);
25.    return 0;
26. }
```

思路 2：我们发现，判断一个 01 正方形内的元素是否全为 1，实则等价于判断该正方形区域内的元素之和是否等于正方形的面积。而求二维区间和自然想到利用二维前缀和（图 4-1-6）加以优化。时间复杂度降至 $O(n^3)$。

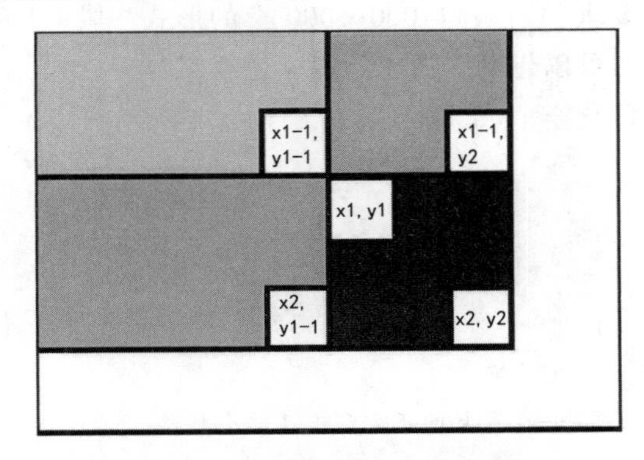

图 4-1-6 二维前缀和的计算图示

【参考程序】

```
1. #include <bits/stdc++.h>
2. using namespace std;
3. const int N = 5000 + 10;
4. int n, m;
5. int a[N][N], sum[N][N]; //sum 前缀和数组
6. int ans;
7. int main() {
8.     scanf("%d%d", &n, &m);
9.     for (int i = 1; i <= n; i++)
10.         for (int j = 1; j <= m; j++) {
11.             scanf("%d", &a[i][j]);
12.             sum[i][j] = sum[i - 1][j] + sum[i][j - 1]
13.                         - sum[i - 1][j - 1] + a[i][j];
14.         }
15.     for (int X1 = 1; X1 <= n; X1++)        //枚举左上角行号
16.         for (int Y1 = 1; Y1 <= m; Y1++)    //枚举左上角列号
17.             for (int k = 1; X1 + k - 1 <= n && Y1 + k - 1 <= m; k++) { //边长
18.                 int X2 = X1 + k - 1, Y2 = Y1 + k - 1;
19.                 if (sum[X2][Y2] - sum[X1 - 1][Y2] - sum[X2][Y1 - 1]
20.                         + sum[X1 - 1][Y1 - 1] == k * k)
21.                     ans = max(ans, k);
22.             }
23.     printf("%d\n", ans);
24.     return 0;
25. }
```

思路3：我们注意到当确定某个格子为正方形的右下角时，如果边长取k时能构成一个全1的正方形，那么“小于等于k的边长一定都符合要求，而大于k的边长有可能符合要求”，符合单调性，即：一定存在某个分界点k'满足“一边满足要求，另一边不满足要求(111…111000…000)”的形式(图4-1-7)，此时我们自然可以想到对所求边长k进行二分答案，使时间复杂度继续优化至$O(n^2\log n)$。

满足要求　　不满足要求

111111111111111111000000000000

k'

图4-1-7　二分答案的适用条件

【参考程序】

```
1. #include <bits/stdc++.h>
2. using namespace std;
3. const int N = 5000 + 10;
4. int n, m, sum[N][N];
5. //返回以(x, y)为右下角,边长为 k 的正方形中 1 的个数
```

```
6. int count(int x, int y, int k) {
7.     return sum[x][y] - sum[x - k][y] - sum[x][y - k] + sum[x - k][y - k];
8. }
9. bool check(int k) { //判断是否存在边长为 k 的全 1 正方形
10.     for (int i = k; i <= n; i++)
11.         for (int j = k; j <= m; j++)
12.             if (count(i, j, k) == k* k)
13.                 return true;
14.     return false;
15. }
16. int main() {
17.     scanf("% d% d", &n, &m);
18.     for (int i = 1; i <= n; i++)
19.         for (int j = 1; j <= m; j++) {
20.             scanf("% d", &sum[i][j]);
21.             sum[i][j] += sum[i - 1][j] + sum[i][j - 1] - sum[i - 1][j - 1];
22.         }
23.     //二分答案
24.     int L = 0, R = min(n, m), res = 0;
25.     while (L <= R) {
26.         int mid = (L + R) >> 1;
27.         if (check(mid)) res = mid, L = mid + 1;
28.         else R = mid - 1;
29.     }
30.     printf("% d\n", res);
31.     return 0;
32. }
```

思路 4：我们换个角度重新审视该题。通过多举几个例子，分析一下，以格子 (i, j) 为右下角可以构成的最大正方形的边长受哪些因素直接影响？不难发现，以格子(i, j) 为右下角可以构成的最大正方形仅与它的上方$(i-1, j)$、左方$(i, j-1)$ 和左上方$(i-1, j-1)$ 三个格子直接相关，再根据“木桶效应”发现最终取决于三者中的最“短”者(图 4-1-8)。

1	1	1	0
1	1	1	1
1	1	1	1
1	0	1	1

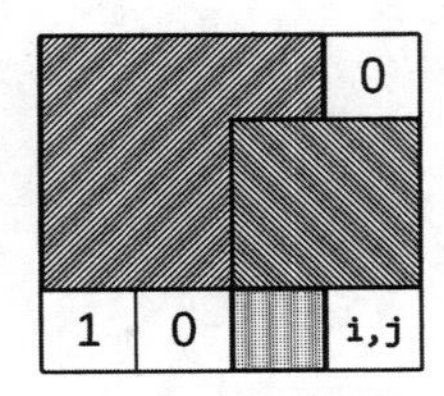

图 4-1-8 探究以(i, j)为右下角构成的最大正方形的边长的影响因素

由此，不难想到可以使用动态规划，设 $dp[i][j]$ 表示以(i, j) 为右下角可以构成的最大正方形的边长。状态转移方程表示如下：

$$dp[i][j]=\begin{cases}0 & (a[i][j]=0)\\ \min(dp[i-1][j],\ dp[i][j-1],\ dp[i-1][j-1])+1 & (a[i][j]=1)\end{cases}$$

【参考程序】

```
1. #include <bits/stdc++.h>
2. using namespace std;
3. const int N = 5000 + 10;
4. int n, m, a[N][N], ans;
5. int dp[N][N];   //设 dp[i][j] 表示以(i,j)为右下角,可构成的最大正方形的边长
6. int main() {
7.     scanf("% d% d", &n, &m);
8.     for (int i = 1; i <= n; i++)
9.         for (int j = 1; j <= m; j++)
10.            scanf("% d", &a[i][j]);
11.    for (int i = 1; i <= n; i++)
12.        for (int j = 1; j <= m; j++) {
13.            if (a[i][j])
14.                dp[i][j] = min(dp[i][j - 1],
15.                                    min(dp[i - 1][j - 1], dp[i - 1][j])) + 1;
16.            else
17.                dp[i][j] = 0;
18.            ans = max(ans, dp[i][j]);
19.        }
20.    cout << ans << endl;
21.    return 0;
22. }
```

可见,本题采用动态规划的解法是极其高效的,而且从代码长度来看,也是非常简洁的,时间复杂度优化为 $O(n^2)$。

通过观察上述转移方程,不难发现 $dp[i][j]$ 只与上一行与同一行有关,故自然想到使用滚动数组将空间复杂度优化为 $O(m)$。

【参考程序】

```
1. #include<bits/stdc++.h>
2. using namespace std;
3. const int M = 5000 + 10;
4. int n, m, ans;
5. int dp[2][M];
6. int main() {
7.    cin >> n >> m;
8.    for (int i = 1; i <= n; i++) {
9.        for (int j = 1; j <= m; j++) {
```

```
10.         int a;
11.         cin >> a;
12.         if (a == 1)
13.             dp[i & 1][j] = min(dp[i & 1][j - 1],
14.                                min(dp[(i - 1) & 1][j - 1],
15.                                    dp[(i - 1) & 1][j])) + 1;
16.         else
17.             dp[i & 1][j] = 0;
18.         ans = max(ans, dp[i & 1][j]);
19.     }
20. }
21. cout << ans << endl;
22. return 0;
23. }
```

【例 4.1.4】 接雨水问题(rainwater,1 S,128 MB, 力扣 Leetcode42)

【问题描述】

给定 n 个非负整数表示每根宽度为 1 的柱子的高度图,计算按此排列的柱子,下雨之后能接多少雨水。

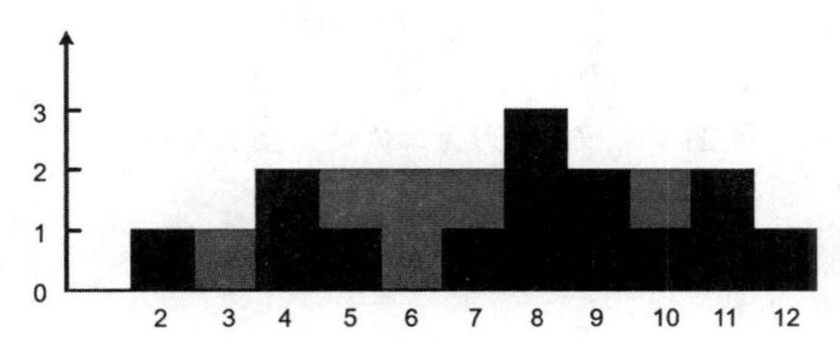

上面是由数组[0,1,0,2,1,0,1,3,2,1,2,1]表示的高度图,在这种情况下,可以接 6 个单位的雨水(灰色部分表示雨水)。

【输入数据】

第一行包含一个整数 n, 表示柱子的根数。

接下来的一行包含 n 个用单个空格隔开的整数,表示柱子的高度序列 height。

【输出数据】

一行一个整数,表示可以接到的最大雨水量。

输入样例 1	输出样例 1
12 0 1 0 2 1 0 1 3 2 1 2 1	6

输入样例 2	输出样例 2
6 4 2 0 3 2 5	9

【数据规模】

对于100%的数据,满足 $2 \leqslant n \leqslant 2 \times 10^4, 0 \leqslant \text{height}[i] \leqslant 10^5$。

【思路分析】

思路:以列为单位划分任务,总的接水量其实就是把每一列的接水量累加。

朴素实现:统计中间每根柱子所在位置的左边最大高度和右边最大高度(第一根和最后一根柱子所在位置不用统计,因为它们不可能接到雨水),然后根据"木桶效应"算出每一列的接水面积(min(左边最大高度,右边最大高度)-当前位置的柱子的高度),最后将各个接水面积相加即可。以上图中6号柱所在位置为例(图4-1-9),左边最大高度为2(4号柱),右边最大高度为3(8号柱),6号柱接水面积=min(2,3)-0=2。时间复杂度为 $O(n^2)$,容易超时。

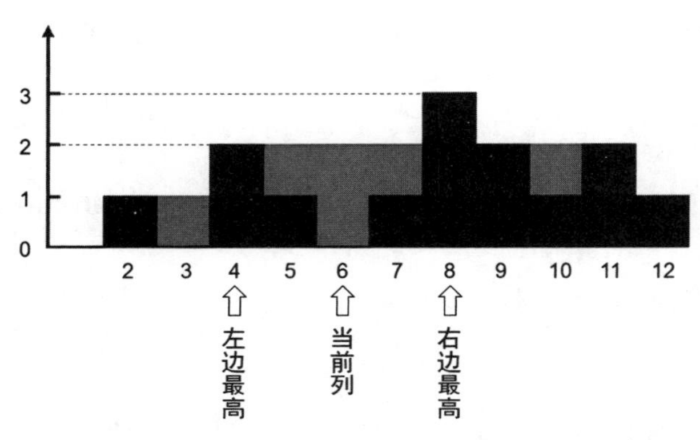

图4-1-9 以列为单位计算接水面积

【参考程序】

```
1. #include <bits/stdc++.h>
2. using namespace std;
3. const int N = 20000 + 10;
4. int n, height[N];
5. int ans;
6. int main() {
7.     cin >> n;
8.     for (int i = 1; i <= n; i++)
9.         cin >> height[i];
10.    //第 1 根和最后 1 根不用统计
11.    for (int i = 2; i < n; i++) {
12.        int lmax, rmax;
13.        lmax = rmax = height[i];
14.        //找左边最高
15.        for (int j = i - 1; j >= 1; j--)
16.            lmax = max(lmax, height[j]);
17.        //找右边最高
18.        for (int j = i + 1; j <= n; j++)
```

```
19.            rmax = max(rmax, height[j]);
20.        //雨水高度计算
21.        int h = min(lmax, rmax) - height[i];
22.        if (h >0) ans += h;
23.    }
24.    cout << ans << endl;
25.    return 0;
26. }
```

预处理优化。上述解法中,对于每一列柱子而言,我们求它左边的最大高度和右边的最大高度,都要重新遍历一遍所有柱子的高度,存在重复计算。这里我们可以优化一下:因为对于每根柱子而言,左右两边的最大高度都是不会变的,因此,只需遍历两次,即可把每个位置的左右最大高度预处理至 lmax 和 rmax 两个数组中,达到“以空间换时间”的效果。如此,时间复杂度与空间复杂度均为 $O(n)$。

【参考程序】

```
1. #include <bits/stdc++.h>
2. using namespace std;
3. const int N = 20000 + 10;
4. int n, height[N];
5. int lmax[N], rmax[N];
6. int ans;
7. int main() {
8.     cin >> n;
9.     for (int i = 1; i <= n; i++)
10.        cin >> height[i];
11.    //lmax[i]记录下标 i 及其左边的位置中,height 的最大高度
12.    lmax[1] = height[1];
13.    for (int i = 2; i <= n; i++)
14.        lmax[i] = max(lmax[i - 1], height[i]);
15.    //rmax[i]记录下标 i 及其右边的位置中,height 的最大高度
16.    rmax[n] = height[n];
17.    for (int i = n - 1; i >= 1; i--)
18.        rmax[i] = max(rmax[i + 1], height[i]);
19.    for (int i = 2; i < n; i++) {
20.        ans += min(lmax[i], rmax[i]) - height[i];
21.    }
22.    cout << ans << endl;
23.    return 0;
24. }
```

双指针优化。事实上,上述解法还可以进一步使用“双指针”省去 lmax 和 rmax 两个数组的额外内存空间。

```
1. #include <bits/stdc++.h>
2. using namespace std;
3. const int N = 20000 + 10;
4. int n, height[N];
5. int lmax, rmax;
6. int ans;
7. int main() {
8.     cin >> n;
9.     for (int i = 1; i <= n; i++)
10.        cin >> height[i];
11.    //lmax 记录下标 L 及其左边的位置中,height 的最大高度
12.    //rmax 记录下标 R 及其右边的位置中,height 的最大高度
13.    int L = 1, R = n;
14.    lmax = rmax = 0;
15.    while (L <= R) {
16.        lmax = max(lmax, height[L]);
17.        rmax = max(rmax, height[R]);
18.        if (height[L] < height[R]) { //木桶效应,取短板
19.            ans += lmax - height[L];
20.            L++;
21.        } else {
22.            ans += rmax - height[R];
23.            R--;
24.        }
25.    }
26.    cout << ans << endl;
27.    return 0;
28. }
```

当然,本题也可以换个思路,从数据结构的角度使用“单调栈”进行优化,有兴趣的同学可以自行实践研究。

五、拓展提升

1. 本节要点

(1) 算法评价的重要标准

正确性、健壮性、高效性、可读性。

(2) 算法时间复杂度的评估方法

时间复杂度的计算步骤;时间复杂度的常见分析方法: 代入法、递归树法、主定理等。

(3) 算法空间复杂度的评估方法

空间复杂度的计算步骤;利用 sizeof( )估算静态内存空间占用大小;STL 容器的内存占用注意事项。

2. 拓展知识

(1) 根据数据范围反推算法

一从信息学竞赛赛场走出,信竞高手们相互交流时,都能很快估算出自己在本场考试中的得分情况,而且与官方最终发布的成绩几乎一致,这常让一众新手们啧啧称奇。事实上,现在的竞赛试题通常会给出不同数据规模的子任务,这会暗示可能的复杂度,选手可以充分利用这些宝贵信息,选择合适的算法,通过尽可能多的子任务。

众所周知,信竞试题的时限通常是 1 秒,而 1 秒内 C++可以执行约 10^8 次基本操作,故需要把算法的时间复杂度也要控制在 10^8 内为佳。下面给出一些不同数据范围内较为保险的时间复杂度算法的对应关系参考表(表 4-1-2)。

表 4-1-2 不同数据规模及适用时间复杂度算法的对应关系参考表

n 的量级	较为保险的时间复杂度算法(1 s)
$n \leqslant 11$	不必过多考虑时间复杂度,可以采用一些更为直接或暴力的算法,如 $O(n!)$ 时间复杂度的算法解决
$n \leqslant 25$	即便可以采用 $O(2^n)$ 时间复杂度的算法解决,但仍然可以适当考虑使用一些优化技巧进一步提高算法效率
$n \leqslant 300$	时间复杂度不是决定性因素,即使是复杂度较高的算法,如 $O(n^3)$ 复杂度的算法也能在短时间内完成
$n \leqslant 5\,000$	可以考虑使用如 $O(n^2)$ 时间复杂度的算法解决
$n \leqslant 10\,000$	时间复杂度开始变得重要,但仍可以接受如 $O(n^2)$ 时间复杂度的算法
$n \leqslant 1e7$	需要选择较低时间复杂度的算法来避免性能瓶颈,可以考虑使用 $O(n\log n)$ 时间复杂度的算法
$n \leqslant 1e8$	只有具有非常低的时间复杂度的算法才可以通过,可以考虑使用 $O(n)$ 时间复杂度的算法
∞	只能考虑 $O(\log n)$ 甚至接近 $O(1)$ 时间复杂度的算法

需要说明的是,上述对应关系仅供参考,因为可能因问题性质及数据特点而有所不同。例如当海量数据记录集已经有序时,当需要再插入一条新记录时仍保持有序时,使用插入排序可能比快速排序还要快很多。

“外行看热闹,内行看门道”,相信当你经过一定时期的科学训练,也能掌握根据数据范围反推算法的“门道”。

(2) 利用主定理(简化形式)分析分治算法的时间复杂度

分治算法的时间复杂度递推式通常表示为:

$$T(n)=a*T\left(\frac{n}{b}\right)+O(n^c)$$

其中，n 是原问题的规模，a 是子问题的数量，n/b 是每个子问题的规模（假设每个子问题都有相同的规模），$O(n^c)$ 是将原问题分解成子问题和将子问题的解合并成原问题的解等附加运算所需的时间。

对应的主定理的简化形式表示为：

$T(n)=a*T\left(\frac{n}{b}\right)+O(n^c)$，其中 $a\geqslant 1,\ b\geqslant 2,\ c\geqslant 0,\ T(1)=O(1)$。

如果 $a<b^c$，那么 $T(n)=O(n^c)$

如果 $a=b^c$，那么 $T(n)=O(n^c\log n)$

如果 $a>b^c$，那么 $T(n)=O(n^{\log_b a})$

一般主定理的简化形式可以满足大部分分治算法的时间复杂度分析，以下列举一些算法实例。

二分查找的时间复杂度分析：$T(n)=T\left(\frac{n}{2}\right)+1$

此时 $a=1,\ b=2,\ c=0$，满足 $a=b^c$，因此 $T(n)=n^0\log n=\log n$

归并排序的时间复杂度分析：$T(n)=2*T(\frac{n}{2})+O(n)$

此时 $a=2,\ b=2,\ c=1$，满足 $a=b^c$，因此 $T(n)=n^1\log n=n\log n$

多项式乘法（直接分治）的时间复杂度分析：$T(n)=4*T\left(\frac{n}{2}\right)+O(n)$

此时 $a=4,\ b=2,\ c=1$，满足 $a>b^c$，因此 $T(n)=O(n^2)$。

上述分析也提醒我们，像二分这样的形式最好不要在里面套太大的常数，否则可能也会爆。

（3）STL 容器占用内存大小的估算

STL 容器占用内存大小的估算显然不能像静态数组那样直接使用 sizeof( ) 加以度量，因为它受到多种因素的影响，包括容器类型、元素类型、空间优化和内存分配策略等。以 vector 为例，为提高效率，vector 通常会预分配一定的内存空间，以减少内存申请以及数据移动的开销，因此 vector 实际占用的内存空间要比需要的更多一些。如果对内存要求比较高的程序，使用 vector 一定要格外小心，因为当 vector 空间不足时，会申请一块约是当前占用内存两倍的新空间来存储更多的数据。假设可用内存为 1G，而当前 vector 已占用 0.5G 的内存空间，那么，当再插入一个新元素时，vector 将会申请一块约 1G 的内存空间，很容易导致程序崩溃。为尽可能避免类似情况的出现，这里提供一些小建议，旨在帮助各位选手有效管理 STL 容器的内存占用。

选择最适合的容器类型：对于连续内存块的需求，首选 vector。但请注意，vector 在添加元素时可能会重新分配内存，这会导致性能下降。如果需要在容器中频繁插入或删除元素，那么 list 或许是更好的选择。

使用更紧凑的数据类型：如果可以使用 short 代替 int，或者使用 int 代替 long long，那么

将节省大量内存。

确保访问元素时不越界：为保证在访问容器元素时不越界，这里强烈建议大家直接使用“for 循环+auto 关键字”的组合来遍历 vector 中的所有元素。

```
1. //创建一个包含整数的 vector
2. vector<int> v = {1, 2, 3, 4, 5};
3. //遍历 vector 元素，无需考虑越界
4. for (auto &num : v)
5.     cout << num << " ";
6. cout << endl;
```

避免不必要的内存拷贝：在传递容器或容器元素时，尽量使用指针或引用，以避免不必要的内存拷贝。

```
1. #include <bits/stdc++.h>
2. using namespace std;
3. //修改传递的元素的函数定义
4. void modifyVectorElement(int& element) {
5.      element * = 2; // 将元素乘以 2
6. }
7. int main() {
8.     vector<int> vec = {1, 2, 3, 4, 5};
9.     // 使用迭代器访问容器元素
10.    for (auto it = vec.begin(); it ! = vec.end(); ++it) {
11.        cout << * it << " "; //输出: 1 2 3 4 5
12.        modifyVectorElement(* it); // 使用引用传递元素
13.    }
14.    cout << endl;
15.    // 打印修改后的容器内容
16.    for (auto &elem : vec) {
17.        cout << elem << " "; //输出: 2 4 6 8 10
18.    }
19.    cout << endl;
20.    return 0;
21. }
```

清除不需要的容器元素：当容器中的元素不再需要时，可以使用 clear( ) 方法删除所有元素。如果容器本身也不再需要，可以使用 swap( ) 方法与一个空的临时容器交换内容，以真正释放所有内存。

```
1. vector<int> v;
2. // … 使用 v 填充数据 …
3. v.clear(); // 这可能不会释放所有内存
```

```
4. // 创建一个空的临时 vector
5. vector<int>(v).swap(v); // 真正释放 v 的所有内存
```

3. 拓展应用

【练习 4.1.1】 寻路问题(rec,1 S,128 MB,2015 年江苏省信息学教练员考核试题)

【问题描述】

给定一个大小为 $n \times m$ 的矩形,用坐标(0, 0)表示矩形左下角的那个点,用坐标(n, m)表示矩形右上角的那个点的坐标,现在有一只蚂蚁在矩形的某条边上,坐标为(x_1, y_1),它想沿着矩形的边爬到矩形的另一条边上,坐标为(x_2, y_2),规定只能沿着矩形的边爬。问:蚂蚁最短需要爬行多少距离。

【输入数据】

第一行包含六个整数,n, m, x_1, y_1, x_2, y_2。数据保证(x_1, y_1),(x_2, y_2)一定是矩形四条边上的点。

【输出数据】

一行一个整数,表示从(x_1, y_1)移动到(x_2, y_2)的最短距离。

输入样例	输出样例
6 3 3 0 6 2	5

【数据规模】

对于 100%的数据,满足 $1 \leqslant n, m \leqslant 10^9$。

【练习 4.1.2】 盛水问题(container,1 S,128 MB,力扣 Leetcode11)

【问题描述】

给定一个长度为 n 的整数数组 h。有 n 条垂线,第 i 条线的两个端点分别是(i, 0)和(i, $h[i]$)。找出其中的两条线,使得它们与 x 轴共同构成的容器可以容纳最多的水。输出该容器可以储存的最大水量。注意不能倾斜容器。

【输入数据】

第一行包含一个整数 n,表示垂线的条数。

接下来的一行包含 n 个用单个空格隔开的整数,表示整数数组 h。

【输出数据】

一行一个整数,表示容器可以储存的最大水量。

输入样例	输出样例
9 1 8 6 2 5 4 8 3 7	49

【样例说明】

图中垂直线代表输入数组[1,8,6,2,5,4,8,3,7]。在此情况下,容器能够容纳水(表示

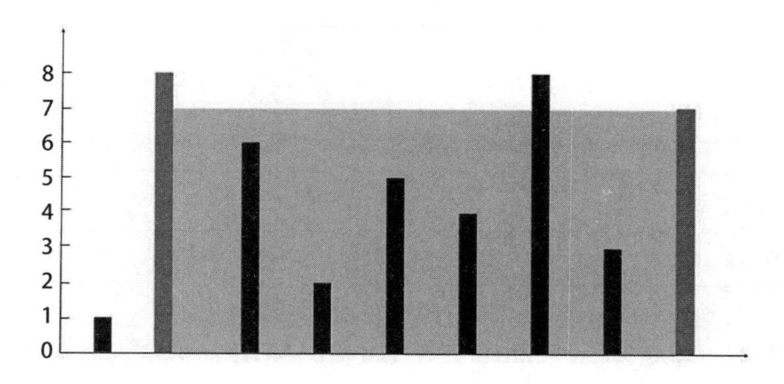

为灰色底纹部分)的最大值为 49。

【数据规模】

对于 100%的数据,满足 $2 \leqslant n \leqslant 10^5, 0 \leqslant h[i] \leqslant 10^4$。

【练习 4.1.3】 **超级汉堡王(hamburg,1 S,128 MB,Atcoder abc_115D)**

【问题描述】

某快餐店推出一款超级汉堡。已知一个 L 级汉堡(L 是大于或等于 0 的整数)组成如下:

一个 0 级汉堡是一片肉饼 P。

一个 L 级汉堡($L \geqslant 1$) 是一片面包 B,一个 $L-1$ 级汉堡,一片肉饼 P,另一个 $L-1$ 级汉堡和另一片面包 B,从底向上按此顺序垂直堆叠。

例如,一个 1 级汉堡表示为 BPPPB,一个 2 级汉堡表示为 BBPPPBPBPPPBB,其中 B 和 P 分别代表一片面包(Bread)和一片肉饼(Pie)。

假设你现在点了一个 $N(1 \leqslant N \leqslant 50)$ 级汉堡。问:从下往上数的 X($1 \leqslant X \leqslant N$ 级汉堡中包含的总层数)层中共包括多少片肉饼?

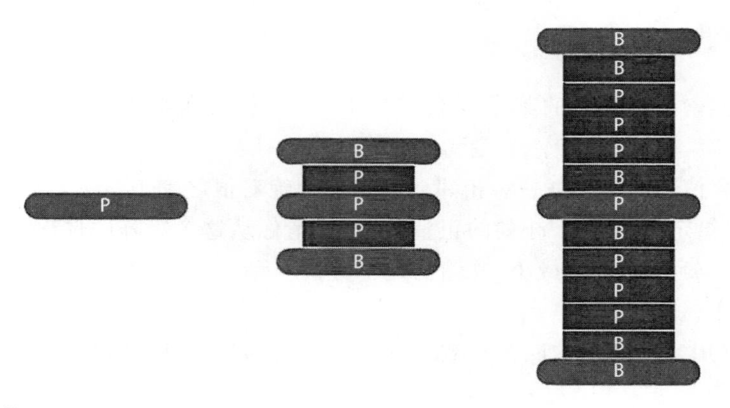

【输入数据】

一行包含两个正整数 N 和 X。

【输出数据】

输出一个整数,表示从下往上数 X 层中包含的肉饼数。

输入样例 1	输出样例 1
2 7	4

输入样例 2	输出样例 2
50 4321098765432109	2160549382716056

【练习 4.1.4】 子矩阵(submatrix,1 S,128 MB,NOIP2014 普及组第 4 题)

【问题描述】

给出如下定义:

1. 子矩阵:从一个矩阵当中选取某些行和某些列交叉位置所组成的新矩阵(保持行与列的相对顺序)被称为原矩阵的一个子矩阵。

例如,原始矩阵中选取第 2、4 行和第 2、4、5 列交叉位置的元素得到一个 2×3 的子矩阵如下图所示:

原矩阵:

```
9  3  3  3  9
9  4  8  7  4
1  7  4  6  6
6  8  5  6  9
7  4  5  6  1
```

子矩阵:

```
4  7  4
8  6  9
```

2. 相邻的元素:矩阵中的某个元素与其上、下、左、右四个元素(如果存在的话)是相邻的。

3. 矩阵的分值:矩阵中每一对相邻元素之差的绝对值之和。

本题任务:给定一个 n 行 m 列的正整数矩阵,请你从这个矩阵中选出一个 r 行 c 列的子矩阵,使得这个子矩阵的分值最小,并输出这个分值。

【输入数据】

第一行包含用空格隔开的四个整数 n、m、r、c,意义如题中所述,每两个整数之间用一个空格隔开。

接下来的 n 行,每行包含 m 个用空格隔开的整数,用来表示题中所述的那个 n 行 m 列的矩阵。

【输出数据】

一行一个整数,表示满足题中所述的子矩阵的最小分值。

输入样例	输出样例
5 5 2 3 9 3 3 3 9 9 4 8 7 4 1 7 4 6 6 6 8 5 6 9 7 4 5 6 1	6

【样例解释】

该矩阵中分值最小的 2 行 3 列的子矩阵由原矩阵的第 4 行、第 5 行与第 1 列、第 3 列、第 4 列交叉位置的元素组成,其分值为 $|6-5|+|5-6|+|7-5|+|5-6|+|6-7|+|5-5|+|6-6|=6$。

【数据规模】

对于 50%的数据,满足 $1 \leqslant n,\ m \leqslant 12$,矩阵中的每个元素 $1 \leqslant a[i][j] \leqslant 20$。

对于 100%的数据,满足 $1 \leqslant n,\ m \leqslant 16$,矩阵中的每个元素 $1 \leqslant a[i][j] \leqslant 1\,000$。

第二节 切水果问题——优化算法时间复杂度的方法

一、问题引入

【问题描述】

天天正在玩一款“切水果”的单机版小游戏。每局游戏都会给出一排 n 个水果,每个水果都有一个奖励分值(烂水果分值为负)。现在给你一把水果刀,你可以从中选出任意连续且非空的一排水果“一刀切”下去,水果被切中后将获得对应的分值。问:如何切可以使得获得的总分值最大。

【输入数据】

第一行包含一个整数 n,表示水果的个数。

第二行包含 n 个用单个空格隔开的整数,表示对应的奖励分值序列 A。

【输出数据】

一行一个整数表示可以获得的最大总分值。

输入样例	输出样例
7 2 -4 3 -1 2 -4 3	4

【数据规模】

对于 50%的数据,满足 $1 \leqslant n \leqslant 10^3,\ -10^4 \leqslant A[i] \leqslant 10^4$。

对于 100%的数据,满足 $1 \leqslant n \leqslant 10^5,\ -10^4 \leqslant A[i] \leqslant 10^4$。

二、问题探究

切水果问题的本质就是求最大子段和问题(也称最大连续和),该问题可谓一个再经典不过的算法问题,因为有很多种方法可以实现,并且每种方法背后都有许多值得借鉴的优化思路。然而部分选手对于该问题的掌握,竟然仅仅是将其直接作为动态规划的“板子题”死记硬背下来。他们脑中的“记忆”大多是这样的:

状态表示:设 $dp[i]$ 表示以第 i 个数为结尾的最大子段和。考虑第 i 个数的决策情况:要么自成一段,要么接在第 $i-1$ 个数之后。

状态转移:$dp[i] = \max(a[i], dp[i-1] + a[i])$

边界条件:$dp[1] = a[1]$

目标答案:$\max\{dp[i]\}\ (1 \leqslant i \leqslant n)$

【参考程序】

```
1. #include <bits/stdc++.h>
2. using namespace std;
3. const int N = 100000 + 10;
4. int a[N];
5. int dp[N]; //dp[i]表示以第 i 个数为结尾的最大子段和
6. int main() {
7.     int n;
8.     cin >> n;
9.     for (int i = 1; i <= n; i++) cin >> a[i];
10.    int ans = a[1];
11.    dp[1] = a[1];
12.    for (int i = 2; i <= n; i++) {
13.        dp[i] = max(a[i], dp[i - 1] + a[i]);
14.        if (dp[i] > ans) ans = dp[i];
15.    }
16.    cout << ans << endl;
17.    return 0;
18. }
```

毫无疑问,上述代码时间复杂度很优为 $O(n)$,且只有寥寥数行,但真正透彻理解其算法本质,搞清其来龙去脉的人并不多见,这样在应对一些变形题时就容易束手无策。精益求精的“打开方式”应该是从朴素枚举到前缀和优化、再到贪心优化、直至最终的动规实现,或者从分治入手另辟蹊径,虽然分治算法的时间复杂度仅为 $O(n\log n)$,但它却为我们提供了一种有价值的理解与解决复杂问题的“大化小”的思路。

诸如此类的优化技巧、经验、策略等,看似简洁易懂,却蕴含着巧妙而深刻的思想。对于初学者而言,永远不要小瞧这些“奇技淫巧”,认真学习它们对于突破算法瓶颈有着极大的帮助,甚至可能帮你开启创造新算法的一扇窗。放眼至未来的职场面试乃至职业发展中,对算法有深入理解的程序员往往更受欢迎,因为他们不仅具备较强的技术能力,还能更快应对新变式、新挑战、新机遇。

三、知识建构

1. 算法时间复杂度的优化概述

随着数据规模的不断增加,算法时间复杂度越低,性能表现得也越为出色,这就需要我们擅于分析算法的时间复杂度,找准其性能瓶颈,从而有针对性地进行优化。当然,优化并非盲目地追求极致的性能,而是需要根据实际情况,综合考虑多个因素进行决策。

以下提供三个观点供参考:

(1) 根据问题性质、数据规模、算法特征等选择合适的优化方法。

(2) 对于一些较为复杂的问题,往往需要结合使用多种优化方法,以达到最佳效果。

(3) 不要过度优化,以免增加编码复杂度,降低代码可读性,甚至引入新的错误。

2. 挖掘约束条件,减少冗余计算

在信息学竞赛中,我们经常会遇到冗余。冗余会造成算法效率不同程度的降低,有些是微不足道的,而有些则会导致算法复杂度大大提高。减少冗余通常不能直接套用定理公式,只有借助经验,认真分析,充分挖掘并利用好各类显性或隐形的约束条件,才能找到减少冗余的突破口,进而设计出有针对性的优化策略。

这里,我们以在枚举算法学习过程中遇到的经典“三角形计数”问题为例,诠释如何“挖掘约束条件,减少冗余计算”。

问题描述:给定一根长度为整数 $n(n \leqslant 100\,000)$ 的木棍,将该木棍切成三段,每段长度均为正整数。问将这三段小木棍首尾拼接,能拼出多少个不一样的三角形。

非常容易想到的方法是暴力枚举任意两条边,再算出第三条边。但事实上,通过挖掘约束条件,我们可以让边的枚举范围更加“紧缩”,尽可能实现“能算不举”。这里,我们先通过人为定序 $a \leqslant b \leqslant c$,再结合三角形判定定理(任意两边之和大于第三边),计算出 b 和 c 的“紧缩”范围。

c 的“紧缩”范围推导如下:

$$由\begin{cases} a+b>c \\ a+b+c=n \end{cases} 推出\ 2c<n$$

b 的“紧缩”范围推导如下:

$$由\begin{cases} a+b>c \\ a+b+c=n \end{cases} 推出\ a+b>n-(a+b) \Rightarrow 2(a+b)>n$$

$$由\begin{cases} a \leqslant b \\ 2(a+b)>n \end{cases} 推出\ 2(b+b) \geqslant 2(a+b)>n \Rightarrow 4b>n$$

由此,不难写出枚举优化后的代码。

【核心代码】

```
1. for (int c = n / 3; 2 * c < n; c++)
2.     for (int b = c; 4 * b > n; b--) {
3.         int a = n - b - c;
4.         if (a <= b && a + b > c) ans++;
5.     }
```

当数据规模再大些时,我们还可以继续挖掘约束条件:

$$1 \leqslant a \leqslant b \leqslant c,\ a + b + c = n,\ a + b > c$$

通过一步步推导得出:

$\Rightarrow 1 \leqslant a \leqslant n/3,\ a \leqslant b,\ b \leqslant n - a - b,\ a + b > n - a - b$

$\Rightarrow 1 \leqslant a \leqslant n/3,\ a \leqslant b,\ b \leqslant (n - a)/2,\ b > (n - 2a)/2$

$\Rightarrow 1 \leqslant a \leqslant n/3,\ a \leqslant b,\ b \leqslant (n - a)/2,\ b \geqslant (n - 2a)/2 + 1$

最终原问题竟被巧妙地转化为:对每个 a 求出符合条件的 b 的范围,然后再将 b 的范围累加即为原问题的解,时间复杂度可以优化为 $O(n)$。

【核心代码】

```
1. #include <bits/stdc++.h>
2. using namespace std;
3. int main() {
4.     int n;
5.     cin >> n;
6.     int ans = 0;
7.     for (int a = 1; a <= n / 3; a++) {
8.         ans += (n - a) / 2 - max(a, (n - 2* a) / 2 + 1) + 1;
9.     }
10.    cout << ans << endl;
11.    return 0;
12. }
```

当然,如果你的数学功底较好,可以继续深挖约束条件,直接算出结果,让时间复杂度优化为近乎完美的 $O(1)$。有兴趣的选手可以自行研究推导,参考步骤如下图(图 4-2-1)所示:

$$
\begin{aligned}
\text{Ans} &= \sum_{a+b+c=n}\left[a \leqslant b \leqslant c < \frac{n}{2}\right] \\
&= \sum_{a+b+c=n}[a \leqslant b \leqslant c]\left[a \leqslant b \wedge c \geqslant \frac{n}{2}\right]\ \left(\text{注}: c \geqslant \frac{n}{2} \rightarrow c \geqslant b\right) \\
&= \left\lfloor\frac{n^2+6}{12}\right\rfloor - \sum_{c=\left\lceil\frac{n}{2}\right\rceil}^{n-2}\ \sum_{a+b=n-c,\ a\leqslant b} 1 \\
&= \left\lfloor\frac{n^2+6}{12}\right\rfloor - \sum_{c=\lceil n/2\rceil}^{n-2}\left\lfloor\frac{n-c}{2}\right\rfloor \\
&= \left\lfloor\frac{n^2+6}{12}\right\rfloor - \sum_{i=2}^{\lfloor n/2\rfloor}\left\lfloor\frac{i}{2}\right\rfloor \\
&= \left\lfloor\frac{n^2+6}{12}\right\rfloor - \left\lfloor\frac{n}{4}\right\rfloor \times \left\lfloor\frac{n+2}{4}\right\rfloor
\end{aligned}
$$

图 4-2-1 “三角形计数”中的 $O(1)$ 数学推导

另外，在搜索剪枝中我们同样可以通过挖掘约束条件，设计出一条接一条“快、准、狠”的剪枝优化思路，大大减少冗余计算。所谓“快”是指能够迅速判断当前分支是否应该被剪枝，“准”是指不会错误地剪去可能包含解的分支，“狠”是指能够大幅度地减少搜索空间的大小。具体的剪枝优化手段包括优化搜索顺序，排除等效冗余，可行性剪枝，最优性剪枝，记忆化等。下图（图 4-2-2）所示，即为剪枝优化在搜索名题“生日蛋糕（NOI1999）”中的牛刀小试。

1 ~ dep 层的侧面积为：

$$S_{1\sim dep} = 2\sum_{i=1}^{dep} r[i] * h[i]$$

1 ~ dep 层的体积为：

$$n - v = \sum_{i=1}^{dep} r[i]^2 * h[i] < \sum_{i=1}^{dep} r[dep+1] * r[i] * h[i]$$

$$= r[dep+1]\sum_{i=1}^{dep} r[i] * h[i] = \frac{r[dep+1] * S_{1\sim dep}}{2}$$

进一步推导得出

$$S_{1\sim dep} > \frac{2*(n-v)}{r[dep+1]}$$

因此 $S_{总} = s + s_{1\sim dep}$ 的最小值 $>= ans$，即 $s + \dfrac{2*(n-v)}{r[dep+1]} \geqslant ans$ 时就可以剪枝

图 4-2-2 “生日蛋糕”中的最优性剪枝推导

3. 用空间换时间，避免重复计算

当可以通过增加一些额外的内存空间，避免大量重复计算，从而显著提高算法的运行效率时，我们应当毫不犹豫地使用这一“用空间换时间”的战术。相信诸位都耳闻过“暴力出奇迹，打表进省一”的传说，所谓“打表”是指在实战中对于某个问题在短时间内虽然不能想出一个完美算法，然而却知道它可能出现的各种情况，此时就可以通过手算或暴力搜索把各种情况下的结果先算出来并加以保存，然后针对各种输入“点对点”输出。这里，我们以“数的计算”（NOIP2001 普及组第一题）为例，给各位演示一下打表神技。

【问题描述】

我们要求找出具有下列性质数的个数（包含输入的自然数 n）。先输入一个自然数 $n(n \leqslant 1\,000)$，然后对此自然数按照如下方法进行处理：

（1）不作任何处理；

（2）在它的左边加上一个自然数，但该自然数不能超过原数的一半；

（3）加上数后，继续按此规则进行处理，直到不能再加自然数为止。

假如考场上，你只能写出如下的朴素递归，那么你只能过很少的测试点，其余点显然都要超时了。

【核心代码】

```
1. #include<bits/stdc++.h>
2. using namespace std;
3. int n, cnt = 1;
```

```
4. void solve(int x) {
5.     for (int i = 1; i <= x / 2; i++) {
6.         cnt++;
7.         solve (i);
8.     }
9. }
10. int main() {
11.     scanf("% d", &n);
12.     solve (n);
13.     printf("% d\n", cnt);
14.     return 0;
15. }
```

众所周知,递归的最大弊端就是效率低下。如果此时你还不会其他方法,又不甘心只得这么一丁点分数。突然,你注意到题目里的 $n \leqslant 1\,000$, 这时你定会灵机一动,不假思索地利用“龟速”的递归算法把所有答案先慢慢“爬”出来再说。

【核心代码】

```
1. #include<bits/stdc++.h>
2. using namespace std;
3. int n, cnt;
4. void solve(int x) {
5.     for (int i = 1; i <= x / 2; i++) {
6.         cnt++;
7.         solve(i);
8.     }
9. }
10. int main() {
11.     printf("a[1001]={0,"); //方便直接复制
12.     for (int n = 1; n <= 1000; n++) {
13.         cnt = 1;
14.         solve(n);
15.         printf("% d", cnt);
16.         if (n ! = 1000) {
17.             printf(",");
18.         } else {
19.             printf("};");
20.         }
21.     }
22.     return 0;
23. }
```

程序运行出来后，直接把结果复制粘贴到数组中，然后打表输出即可。

【核心代码】

```
1. #include<bits/stdc++.h>
2. using namespace std;
3. int main() {
4.     int n;
5.     scanf("% d", &n);
6.     //这题我实在是不会做，只能打表了。请让我通过吧^_^
7.     //原表数据较多，此处省去若干个数
8.     int a[1001] = {0, 1, 2, 2, 4, 4, 6, 6,  ……, 1955133450, 1981471878};
9.     printf("% d", a[n]);
10.    return 0;
11. }
```

当然，更为理性而经典的操作体现在利用“记忆化搜索”实现动态规划的过程中，我们通过设置“备忘录”存储已经计算出的结果，当下次再访问时，直接查表返回即可，避免了大量“重叠子问题”的重复计算。如图 4-2-3 所示，利用“备忘录”优化求解斐波拉契数列递归算法的操作。

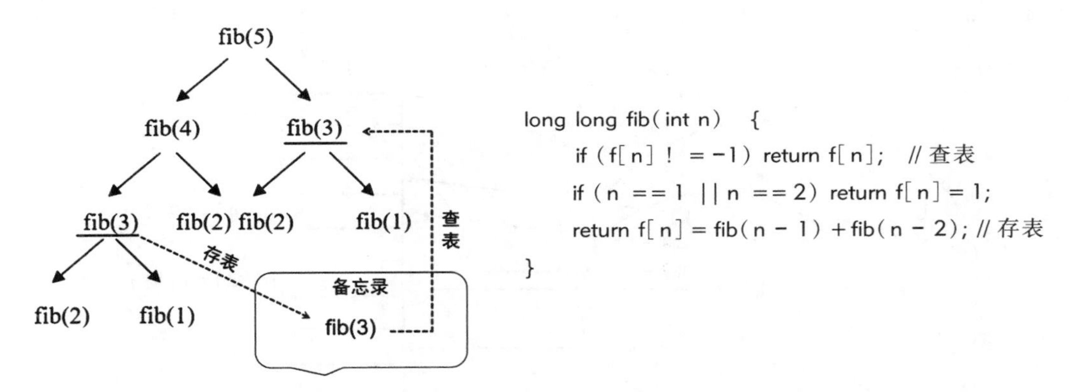

图 4-2-3 利用“备忘录”技术优化求解斐波拉契数列

看到这里，你或许可以想到利用上述优化思路解决前面“数的计算”一题。

【核心代码】

```
1. #include<bits/stdc++.h>
2. using namespace std;
3. int n;
4. int f[1010]; //f(i)表示对于自然数 i,满足条件的数的个数
5. int solve(int n) {
6.     if (f[n] ! =-1) return f[n]; //查表
7.     int sum = 0;
8.     for (int i = 1; i <= n / 2; i++) sum += solve(i);
```

```
9.    return f[n] = sum + 1; //存表
10. }
11. int main() {
12.    memset(f, -1, sizeof(f));
13.    cin >> n;
14.    cout << solve(n) << endl;
15.    return 0;
16. }
```

4. 选对数据结构，助力高效计算

数据结构是算法的基础，算法是数据结构的灵魂。如果把算法比作美丽灵动的舞者，那么数据结构就是舞者脚下广阔而坚实的舞台。许多算法的精髓就在于选择了合适的数据结构。“程序=算法+数据结构”这一经典公式也昭示我们：在程序设计中，不但要注重算法设计，也要善于选择合适的数据结构，二者相辅相成，才能事半功倍。

对于初学者而言，除需精通各类基础数据结构及其适用场景外，对于一些理解难度不高且颇为实用的高级数据结构（譬如：哈希表、并查集、线段树等）也要有所知晓。

① 哈希表：适用于需要快速查找、插入和删除数据的问题。它基于哈希函数将“键”映射至哈希表中的“索引”值中，从而可以实现接近常数时间复杂度的查找、插入和删除操作（图 4-2-4）。

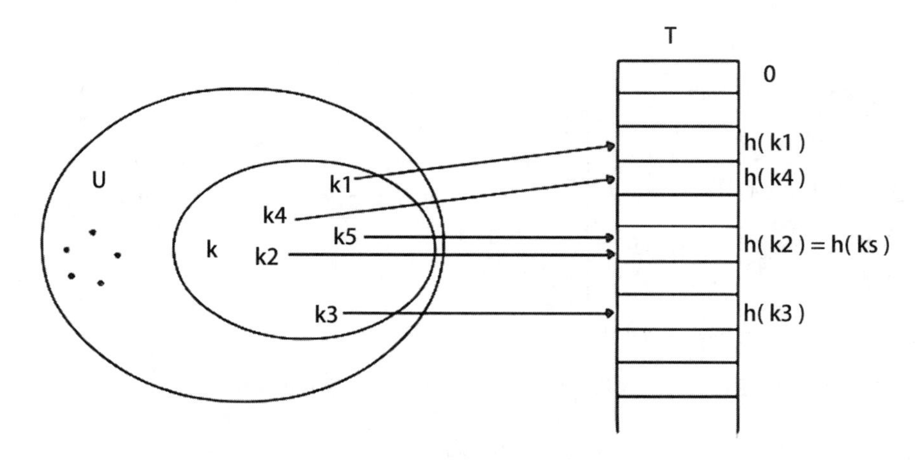

图 4-2-4　哈希表的存储结构

② 并查集：适用于解决动态维护若干个不相交集合的合并与查询的问题。在未经优化的情况下，查找和合并操作的时间复杂度在最坏情况下都是 $O(n)$。然而，通过采用路径压缩、按秩合并等优化思路，可以让时间复杂度在平均情况下接近 $O(1)$，从而显著提高并查集的性能（图 4-2-5）。

③ 线段树：线段树是一种树结构，准确地说是二叉树。它主要用于维护区间信息（要求满足结合律）。与树状数组相比，它可以实现 $O(\log n)$ 的区间修改，还可以同时支持多种操作（加、乘），更具通用性（图 4-2-6）。

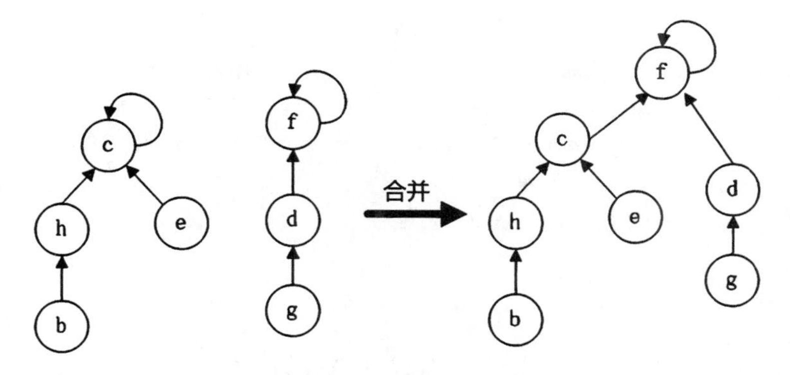

图 4-2-5 并查集的存储结构

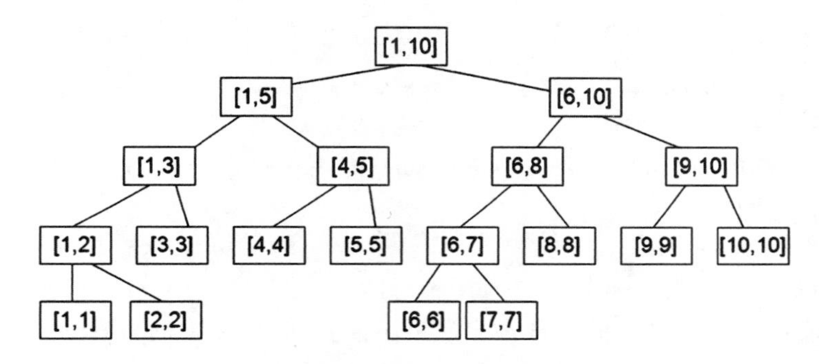

图 4-2-6 线段树的存储结构

5. 切水果问题的问题解决与算法设计

下面,我们将利用前面所学解决“切水果问题”,请读者仔细阅读程序,体悟算法优化尤其是通过挖掘问题本质,找准算法瓶颈,逐步优化时间复杂度的思考路径。

思路 1:朴素枚举。先分别枚举区间左右端点,再遍历该区间内所有元素并求和,时间复杂度为 $O(n^3)$。

思路 2:前缀和优化。时间复杂度为 $O(n^2)$。

【参考程序】

```
1. #include <bits/stdc++.h>
2. using namespace std;
3. const int N = 100000 + 10;
4. int a[N];
5. int sum[N];
6. int main() {
7.     int n;
8.     cin >> n;
9.     for (int i = 1; i <= n; i++) {
10.        cin >> a[i];
11.        sum[i] = sum[i - 1] + a[i];
12.    }
```

```
13.    int ans  = a[1];
14.    for (int R  = 1; R <= n; R++)
15.        for (int L  = 1; L <= R; L++) {
16.            if (sum[R] - sum[L - 1] >ans) ans  = sum[R] - sum[L - 1];
17.        }
18.    cout << ans << endl;
19.    return 0;
20. }
```

思路 3：贪心。通过分析上述代码，不难发现当我们固定右端点 R 后，要使 sum $[R]$ - sum $[L-1]$ 最大，我们的目标就是找到一个左端点 $L-1$，使得 sum $[L-1]$ 最小。为便于讨论，这里对原 sum $[L-1]$ 中的下标 $L-1$ 及其对应范围进行了等价处理，不影响最终结果。

```
1. for (int R  = 1; R <= n; R++)              //枚举右端点
2.     for (int L  = 0; L <R; L++) {           //枚举左端点
3.         if (sum[R] - sum[L] >ans) ans  = sum[R] - sum[L];
4.     }
```

这里，如何找出最小的 sum $[L]$ 又有两种思路：

(1) 每次遍历整个区间维护 sum $[L]$ 的最小值，时间复杂度仍为 $O(n^2)$。

【核心代码】

```
1. int ans  = a[1];
2. for (int R  = 1; R <= n; R++) {      //枚举右端点
3.     //找出 sum[0,R-1]区间内的最小值
4.     int mi  = sum[0];
5.     for (int L  = 1; L <R; L++) {
6.         if (sum[L] <mi) mi  = sum[L];
7.     }
8.     if (sum[R] - mi >ans) ans  = sum[R] - mi;
9. }
```

(2) 枚举 R 的同时，顺带更新 sum $[L]$ 的最小值，时间复杂度：$O(n)$。

【核心代码】

```
1. int ans  = a[1];
2. int mi  = sum[0];
3. for (int R  = 1; R <= n; R++) {      //枚举右端点
4.     if (sum[R] - mi >ans) ans  = sum[R] - mi;      //更新答案最大值
5.     if (sum[R] <mi) mi  = sum[R];                  //记录下一轮新的最小值
6. }
```

思路 4：动态规划。时间复杂度为 $O(n)$。 代码见前面引入部分。

思路5：分治思想。对于初学者来说，分治方法提供了一种易于理解的方式来解决问题，因为它遵循了“将大问题分解成小问题，然后解决小问题”的自然思维过程。在最大子段和问题中，最大子段和所在的子序列只可能出现三种情况：完全位于左半边、完全位于右半边以及跨越中间点（图4-2-7），我们分别递归求解出上述三种情况下的最大子段和，最终整个序列的最大子段和就是上述三者中的最大值。

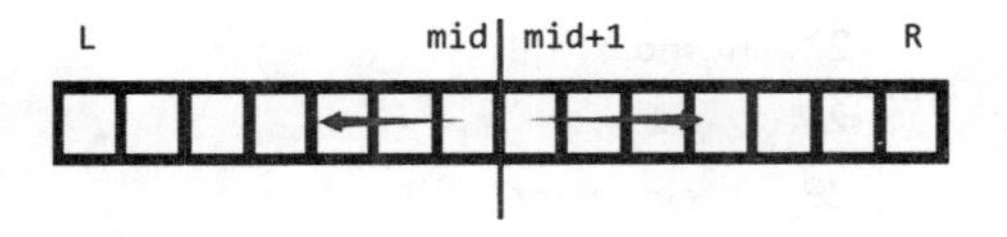

图4-2-7 最大子段和的三种情况

第一步 划分问题：[L..mid, mid+1..R]

第二步 递归求解：

最佳序列完全位于左半边 [L..mid]

最佳序列完全位于右半边 [mid+1..R]

第三步 合并问题：

最佳序列起点位于左半边[L..mid]， 终点位于右半边[mid+1..R]

【参考程序】

```
1. #include <bits/stdc++.h>
2. using namespace std;
3. const int N = 100000 + 10;
4. int a[N];
5. int solve(int L, int R) { //返回[L,R]的最大子段和
6.     //只有一个元素，直接返回
7.     if (L == R) return a[L];
8.     //划分问题
9.     int mid = (L + R) / 2;
10.    //递归求解
11.    int mx = max(solve(L, mid), solve(mid + 1, R));
12.    //合并问题
13.    //从起点 mid 开始向左的最大子段和
14.    int lsum = a[mid], lmax = a[mid];
15.    for (int i = mid - 1; i >= L; i--) {
16.        lsum += a[i];
17.        if (lsum > lmax) lmax = lsum;
18.    }
19.    //从起点 mid + 1 开始向右的最大子段和
20.    int rsum = a[mid + 1], rmax = a[mid + 1];
21.    for (int i = mid + 2; i <= R; i++) {
22.        rsum += a[i];
23.        if (rsum > rmax) rmax = rsum;
24.    }
25.    return max(mx, lmax + rmax);
26. }
```

```
27. int main() {
28.     int n;
29.     cin >> n;
30.     for (int i = 1; i <= n; i++) cin >> a[i];
31.     cout << solve(1, n) << endl;
32.     return 0;
33. }
```

刚刚我们只是解决了“最大子段和”的原型问题,它还有很多种变形:

变形 1:子段元素之和在不超过 m 的情况下最大;

变形 2:子段的元素个数在不超过 m 的情况下最大;

变形 3:子段的个数为 m;

……

对于这些变形,我们不必惊慌,完全可以借鉴上面的解题思路,从最朴素的实现方法开始,“精益求精”地逐步优化解决。

四、迁移应用

【例 4.2.1】 最短子序列(subsequence,1 S,128 MB,POJ 3061)

【问题描述】

给定一个长度为 n 的正整数序列 A 和一个整数 s,从中找出一段连续的子序列,使得该子序列元素之和大于等于 s 且长度最短。

【输入数据】

第一行包含两个整数 n 和 s。

第二行包含 n 个均不超过 1 000 的正整数。

【输出数据】

输出满足条件的最短序列的长度。如果不存在,则输出 0。

输入样例 1	输出样例 1
10 15 5 1 3 5 10 7 4 9 2 8	2

输入样例 2	输出样例 2
5 11 1 2 3 4 5	3

【数据规模】

$10 < n \leqslant 100\,000, s < 10^9$。

【思路分析】

思路 1:朴素枚举。先分别枚举区间左右端点,再遍历每个区间计算元素之和。时间复

杂度为 $O(n^3)$。

【参考程序】

```
1. #include <bits/stdc++.h>
2. using namespace std;
3. const int N = 100000 + 10;
4. int n, s;
5. int a[N];
6. int main() {
7.     scanf("% d% d", &n, &s);
8.     for (int i = 1; i <= n; i++)
9.         scanf("% d", &a[i]);
10.    int ans = n + 1;
11.    for (int i = 1; i <= n; i++)
12.        for (int j = i; j <= n; j++) {
13.            int sum = 0;
14.            for (int k = i; k <= j; k++)
15.                sum += a[k];
16.            if (sum >= s) ans = min(ans, j - i + 1);
17.        }
18.    printf("% d\n", ans == n + 1 ? 0 : ans);
19.    return 0;
20. }
```

思路 2：前缀和优化。时间复杂度优化至 $O(n^2)$。

【参考程序】

```
1. #include <bits/stdc++.h>
2. using namespace std;
3. const int N = 100000 + 10;
4. int n, s;
5. int a[N], sum[N];
6. int main() {
7.     scanf("% d% d", &n, &s);
8.     for (int i = 1; i <= n; i++) {
9.         scanf("% d", &a[i]);
10.        sum[i] = sum[i - 1] + a[i];
11.    }
12.    int ans = n + 1;
13.    for (int i = 1; i <= n; i++)
14.        for (int j = i; j <= n; j++) {
15.            if (sum[j] - sum[i - 1] >= s)
16.                ans = min(ans, j - i + 1);
```

```
17.     }
18.   printf("% d\n", ans == n + 1 ? 0 : ans);
19.   return 0;
20. }
```

思路3：贪心+二分。对于每个右端点 R，我们的目标是要找到一个最大的 L 满足 $\text{sum}[R]-\text{sum}[L]\geqslant s(0\leqslant L<R)$，移项得 $\text{sum}[L]\leqslant \text{sum}[R]-s$。由于所有 Ai 均为正数，因此前缀和数组 sum 呈单调递增，故可以使用二分查找快速查找出小于等于 $\text{sum}[R]-s$ 的最大的 L。

【参考程序】

```
1. #include <bits/stdc++.h>
2. using namespace std;
3. const int N = 100000 + 10;
4. int n, s;
5. int a[N], sum[N];
6. //二分查找小于等于 x 的最后一个位置
7. int bsearch(int L, int R, int x) {
8.     int res = -1;
9.     while (L <= R) {
10.        int mid = (L + R) / 2;
11.        if (sum[mid] <= x) {
12.            res = mid;
13.            L = mid + 1;
14.        } else
15.            R = mid - 1;
16.    }
17.    return res;
18. }
19. int main() {
20.    scanf("% d% d", &n, &s);
21.    for (int i = 1; i <= n; i++) {
22.        scanf("% d", &a[i]);
23.        sum[i] = sum[i - 1] + a[i];
24.    }
25.    int ans = n + 1;
26.    for (int R = 1; R <= n; R++) {
27.        int L = bsearch(-1, R - 1, sum[R] - s); //L 初始化为 -1,检测是否有解
28.        if (L ! = -1) ans = min(ans, R - L);
29.    }
30.    printf("% d\n", ans == n + 1 ? 0 : ans);
31.    return 0;
32. }
```

思路4：本题也可以使用尺取法，即：当子序列和小于 s 时，右端点向右移动；当子序列和大于等于 s 时，左端点向右移动，移动过程如下图（图4-2-8）所示，时间复杂度降低至 $O(n)$。

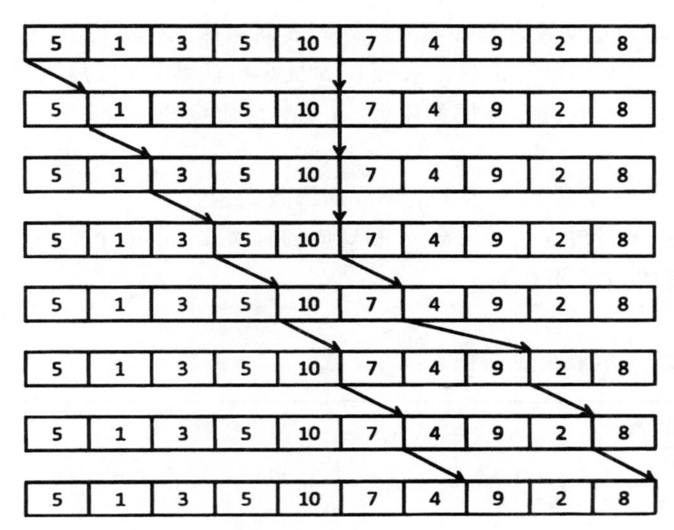

图4-2-8　尺取法中“双指针”的移动过程

【参考程序】

```
1. #include <bits/stdc++.h>
2. using namespace std;
3. const int N = 100000 + 10;
4. int n, s, a[N];
5. int main() {
6.     scanf("% d% d", &n, &s);
7.     for (int i = 1; i <= n; i++) scanf("% d", &a[i]);
8.     int ans = n + 1;
9.     int L = 1, R = 0, sum = 0;
10.    for (; L <= n; L++) {
11.        while (R < n && sum < s) { //区间恰好为[L,R]
12.            R++;
13.            sum += a[R];
14.        }
15.        if (sum < s) break;
16.        ans = min(ans, R - L + 1);
17.        sum -= a[L];
18.    }
19.    printf("% d\n", ans == n + 1 ? 0 : ans);
20.    return 0;
21. }
```

【例 4.2.2】 最小表面积(icecream,1 S,128 MB,CF163D)

【问题描述】

夏日炎炎,巨人冰工厂推出一款超级冰砖。已知该冰砖是一个体积为 V 的长方体,三条边的边长 A、B、C 均为正整数。现在需要给冰砖表面涂抹上一层巧克力,为了不让贪吃的小巨人们甜坏牙齿,需要尽可能让冰砖的表面积 S 最小。注意:V 以质因数分解的形式给出,设 $V = p1^{a1}p2^{a2}\cdots pk^{ak}$,其中 pi 是不同的质数,ai 是对应质数的幂次。

【输入数据】

第一行包含一个正整数 k,表示 V 的不同质因数的个数。

接下来的 k 行,每行包含一个质数 pi 和对应的幂次 ai,用单个空格分隔。

数据保证所有的 pi 互不相同。

【输出数据】

输出一个整数,表示最小表面积 S。

输入样例	输出样例
3 3 1 2 3 5 1	148

【数据范围】

对于 100% 的数据,满足 $2 \leqslant V \leqslant 10^{18}$。

【思路分析】

朴素思路:先暴搜边长 A(由哪些质因数花费多少次幂相乘构成),待 A 确定好后,再暴搜边长 B(由哪些质因数在剩下的幂次中花费多少次幂相乘构成),然后通过体积公式算出 $C = V/A/B$,此时表面积为 $S = 2(AB + AC + BC)$,更新最优解(图 4-2-9)。

		$p1$	$p2$	$p3$	$\cdots$	pk
边长 A	选择	0	0	0		0
		…	…	…		…
⇩		$a1$	$a2$	$a3$		ak
边长 B	选择	0	0	0		0
		…	…	…		…
		$a1'$	$a2'$	$a3'$		ak'

图 4-2-9 先后暴搜边长 A 和 B

【参考程序】

```
1. #include<bits/stdc++.h>
2. using namespace std;
3. #define N 100 +10
4. #define INF 0x3f3f3f3f3f3f3f3f
5. typedef long long LL;
```

```
6. int k;
7. LL V;
8. LL p[N], a[N];
9. LL ans = INF;
10. LL ansa, ansb, ansc;
11. void dfsb(int dep, LL A, LL B) {
12.     if (dep > k) {
13.         LL C = V / A / B;  //计算边长 C
14.         if (A * B * C == V && 2 * (A * B + A * C + B * C) < ans) {
15.             ans = 2 * (A * B + A * C + B * C);
16.             ansa = A, ansb = B, ansc = C; //保留中间结果,便于调试
17.         }
18.         return;
19.     }
20.     if (a[dep]) a[dep]--, dfsb(dep, A, B * p[dep]), a[dep]++;
21.     dfsb(dep + 1, A, B);
22. }
23. void dfsa(int dep, LL A) {
24.     if (dep > k) {
25.         dfsb(1, A, 1); //暴搜边长 B(由哪些质因数花费多少次幂相乘构成)
26.         return;
27.     }
28.     if (a[dep]) a[dep]--, dfsa(dep, A * p[dep]), a[dep]++; //选
29.     dfsa(dep + 1, A);                                      //不选
30. }
31. int main() {
32.     cin >> k;
33.     V = 1;
34.     for (int i = 1; i <= k; i++) {
35.         cin >> p[i] >> a[i];
36.         for (int j = 1; j <= a[i]; j++) V *= p[i]; //计算体积 V
37.     }
38.     ans = INF;
39.     dfsa(1, 1); //暴搜边长 A(由哪些质因数花费多少次幂方相乘构成)
40.     cout << ans << endl;
41.     return 0;
42. }
```

优化1：定序+可行性剪枝。先人为定序 $A \leqslant B \leqslant C$，在此顺序下，再加入两条可行性剪枝：

（1）暴搜 A 时，如果出现 $A * A * A > V$，就剪枝；

（2）当 A 确定好后再暴搜 B 时，如果出现 $A * B * B > V$，也剪枝。

优化 2：最优性剪枝。推导过程如下图所示(图 4-2-10)：

由 $ABC = V$ 得 $BC = \frac{V}{A}$

$S = 2(AB + AC + BC) = 2A(B + C) + 2BC = 2A(B + C) + 2\frac{V}{A}$

根据基本不等式 $A + B >= 2\sqrt{AB}(A, B \geqslant 0)$

得 $S \geqslant 4A\sqrt{\frac{V}{A}} + 2\frac{V}{A}$

图 4-2-10 最优性剪枝的公式推导

换言之,在暴搜 A 时,如果"当前最优解"比 S 的理论最小值还要小,也要剪枝。

【参考程序】

```
1. #include<bits/stdc++.h>
2. using namespace std;
3. typedef long long LL;
4. const int N = 100 + 10;
5. int t, k;
6. LL p[105];
7. int q[105];
8. LL V, ans, ansa, ansb, ansc;
9. void dfsb(int dep, LL A, LL B) {
10.    if (A* B* B >V) return ; //可行性剪枝
11.    if (dep >k) {
12.        LL C = V / A / B;
13.        if (A * B * C == V && 2 * (A * B + A * C + B * C) <ans) {
14.            ans = 2 * (A * B + A * C + B * C);
15.            ansa = A, ansb = B, ansc = C;
16.        }
17.        return;
18.    }
19.    if (q[dep]) q[dep]--, dfsb(dep, A, B * p[dep]), q[dep]++;
20.    dfsb(dep + 1, A, B);
21. }
22. void dfsa(int dep, LL A) {
23.     if (A * A * A >V) return; //可行性剪枝
24.     if (dep >k) {
25.         //最优性剪枝
26.         if (1.0 * ans <4.0 * A * sqrt(1.0 * V / A) +2.0 * V / A) return;
27.         dfsb(1, A, 1);
28.         return;
```

```
29.         }
30.         if (q[dep]) q[dep]--, dfsa(dep, A * p[dep]), q[dep]++;
31.         dfsa(dep + 1, A);
32. }
33. int main() {
34.     scanf("% d", &k);
35.     V = 1;
36.     for (int i = 1; i <= k;++i) {
37.         scanf("% lld% d", &p[i], &q[i]);
38.         for (int j = 1; j <= q[i]; ++j) V * = 1ll * p[i];
39.     }
40.     ansa = ansb = ansc = 0;
41.     ans = 0x3f3f3f3f3f3f3f3f;
42.     dfsa(1, 1);
43.     //printf("% lld % lld % lld % lld\n", ans, ansa, ansb, ansc);//调试时输出边长
44.     printf("% lld\n", ans);
45.     return 0;
46. }
```

【例 4.2.3】 最长前后缀回文串(palindrome,1 S,128 MB,CF Global Round7 D2)

【问题描述】

给定一个由小写英文字母组成的字符串 s。找出满足以下条件的最长字符串 t:

(1) t 的长度不超过 s 的长度。

(2) t 是一个回文串,正读和反读都一样。

(3) 存在两个不相交的字符串 a 和 b(可能是空串),使得 t=a+b("+"表示字符串连接),其中 a 是 s 的前缀,b 是 s 的后缀。

【输入数据】

输入由多组测试数据组成。

第一行包含一个整数 $T(1 \leqslant T \leqslant 1\,000)$,表示测试数据的数量。

接下来的 T 行,每行描述一组测试数据。

每组测试数据包含一个非空字符串 s,仅由小写英文字母组成。

【输出数据】

对于每组测试数据,输出满足上述条件的最长字符串。如果存在多个可能的解,输出其中任意一个即可。

输入样例	输出样例
5 a abcdfdcecba abbaxyzyx codeforces acbba	a abcdfdcba xyzyx c abba

【数据范围】

对于 20%的数据,满足所有测试数据中字符串的总长度不超过 5 000。

对于 100%的数据,满足所有测试数据中字符串的总长度不超过 10^6。

【思路分析】

思路 1:暴力枚举。分别枚举前缀 a 和后缀 b(确保不重合),然后拼接成一个新串,再判断其是否构成回文串。时间复杂度:$O(n^3)$。

【参考程序】

```
1. #include <bits/stdc++.h>
2. using namespace std;
3. string s;
4. int n;
5. bool isPalindrome(string s) {
6.     int n = s.size();
7.     for (int i = 0; i < n / 2; i++)
8.         if (s[i] != s[n - 1 - i]) return false;
9.     return true;
10. }
11. int main() {
12.     int T;
13.     cin >> T;
14.     while (T-- ) {
15.         cin >> s;
16.         n = s.size();
17.         int maxlen = 0;
18.         string ans = "";
19.         for (int lena = 0; lena <= n; lena++)                //a 串长度
20.             for (int lenb = 0; lena + lenb <= n; lenb++) {   //b 串长度
21.                 string t = s.substr(0, lena) + s.substr(n - lenb, lenb);
22.                 if (isPalindrome(t) && t.size() > maxlen) {
23.                     maxlen = t.size();
24.                     ans = t;
25.                 }
26.             }
27.         cout << ans << endl;
28.     }
29.     return 0;
30. }
```

思路 2:扫描优化。先从左右两边分别匹配掉对称的前缀与后缀,再从剩余字符串中的最长回文前缀、最长回文后缀中取较长的一段,三段拼接即为所求。时间复杂度:$O(n^2)$。

【参考程序】

```
1. #include <bits/stdc++.h>
2. using namespace std;
3. string s;
4. int n;
5. bool isPalindrome(string s) {
6.     int n = s.size();
7.     for (int i = 0; i < n / 2; i++)
8.         if (s[i] != s[n - 1 - i]) return false;
9.     return true;
10. }
11. int main() {
12.     int T;
13.     cin >> T;
14.     while (T--) {
15.         cin >> s;
16.         n = s.size();
17.         //处理对称前后缀
18.         int l = 0, r = n - 1;
19.         while (l < r && s[l] == s[r]) {
20.             l++, r--;
21.         }
22.         string t = "";
23.         string maxpref = "", maxsuff = "";
24.         //寻找剩余最长前缀：固定左端点，右端点左移
25.         for (int i = r; i >= l; i--) {
26.             t = s.substr(l, i - l + 1);
27.             if (isPalindrome(t)) {
28.                 maxpref = t;
29.                 break;
30.             }
31.         }
32.         //取剩余最长后缀：固定右端点，左端点右移
33.         for (int i = l; i <= r; i++) {
34.             t = s.substr(i, r - i + 1);
35.             if (isPalindrome(t)) {
36.                 maxsuff = t;
37.                 break;
38.             }
39.         }
40.         cout << s.substr(0, l);                //输出对称前缀
```

```
41.         //输出剩余串中最长回文前缀、最长回文后缀中的较长者
42.         if (maxpref.size() > maxsuff.size())
43.             cout << maxpref;
44.         else
45.             cout << maxsuff;
46.         cout << s.substr(r + 1) << endl;  //输出对称后缀
47.     }
48.         return 0;
49. }
```

思路3：上述算法的瓶颈在于字符串中回文子串的判定。鉴于回文串的特性，我们可以利用字符串 hash 进行优化，即对字符串正向、反向各做一次 hash。如果某子串 s[i..j]的正向 hash 值与反向 hash 值相等，则为回文串。

【参考程序】

```
1. #include <bits/stdc++.h>
2. using namespace std;
3. typedef long long LL;
4. const int N = 1000000 + 10;
5. const LL Base = 131;
6. const LL Mod = 1e9 + 7;
7. int n;
8. char s[N];
9. LL p[N]; //p[i] 存储 Base 的 i 次方
10. LL h1[N], h2[N]; //正向、反向 hash
11. //预处理前缀和
12. void init() {
13.     p[0] = 1, h1[0] = 0;
14.     for (int i = 1; i <= n; i++) {
15.         p[i] = (p[i - 1] * Base) % Mod;
16.         h1[i] = (h1[i - 1] * Base + (s[i] - 'a' + 1)) % Mod;
17.     }
18.     h2[n + 1] = 0;
19.     for (int i = n; i >= 1; i--) {
20.         h2[i] = (h2[i + 1] * Base + (s[i] - 'a' + 1)) % Mod;
21.     }
22. }
23. //返回子串 s[l..r]的正向 hash 值
24. LL getHash1(int l, int r) {
25.     return ((h1[r] - h1[l - 1] * p[r - l + 1]) % Mod + Mod) % Mod;
26. }
27. //返回子串 s[l..r]的逆向 hash 值
```

```
28. LL getHash2( int l, int r) {
29.     return ((h2[l] - h2[r+1] * p[r - l+1]) % Mod + Mod ) % Mod ;
30. }
31. int main() {
32.     int T;
33.     cin >> T;
34.     while (T-- ) {
35.         cin >> s + 1; //从 1 开始存储字符串
36.         n = strlen(s + 1);
37.         init();
38.         int l = 1, r = n;
39.         while (l < r && s[l] == s[r]) { //前后缀对称
40.             l++, r--;
41.         }
42.         int x = l, y = r;
43.         //处理剩余最长前缀
44.         for (int i = r; i >= l; i-- ) {
45.             if (getHash1(l, i) == getHash2(l, i)) {
46.                 x = i;  //前缀右端点
47.                 break;
48.                 }
49.             }
50.             //处理剩余最长后缀
51.             for (int i = l; i <= r; i++) {
52.                 if (getHash1(i, r) == getHash2(i, r)) {
53.                     y = i; //后缀左端点
54.                     break;
55.                 }
56.             }
57.             for (int i = 1; i <= l - 1; i++) cout << s[i];
58.             if (l <= r) {
59.                 if (x - l+1 > r - y+1) {  //取剩余最大前缀
60.                     for (int i = l; i <= x; i++)
61.                         cout << s[i];
62.                 } else {
63.                     for (int i = y; i <= r; i++)//取剩余最大后缀
64.                         cout << s[i];
65.                 }
66.         }
67.         for (int i = r+1; i <= n; i++) cout << s[i];
68.         cout << endl;
69.     }
```

```
70.     return 0;
71. }
```

上述代码在线提交后,发现居然有测试点 WA 掉了(图 4-2-11)。经分析,极有可能是哈希冲突所致,于是自然想到可以利用“双哈希”进一步降低冲突概率。

Problem	Lang	Verdict	Time	Memory
D2 - Prefix-Suffix Palindrome (Hard version)	C++17 (GCC 7-32)	Wrong answer on test 110	421 ms	24500 KB

图 4-2-11　上述程序的 OJ 评测结果界面

【参考程序】

```
1. #include <bits/stdc++.h>
2. using namespace std;
3. typedef long long LL;
4. const int N = 1000000 + 10;
5. const LL Base1 = 131;
6. const LL Base2 = 13331;
7. const LL Mod1 = 1e9 +7;
8. const LL Mod2 = 1e9 +9;
9. int n;
10. char s[N];
11. LL p1[N], p2[N];
12. LL h11[N], h21[N]; //正向、逆向 hash1
13. LL h12[N], h22[N]; //正向、逆向 hash2
14. //预处理前缀和
15. void init() {
16.     p1[0] = 1, p2[0] = 1, h11[0] = 0, h12[0] = 0;
17.     for (int i = 1; i <= n; i++) {
18.         p1[i] = (p1[i - 1]* Base1) % Mod1;
19.         p2[i] = (p2[i - 1]* Base2) % Mod2;
20.         h11[i] = (h11[i - 1]* Base1 + (s[i] - 'a' + 1)) % Mod1;
21.         h12[i] = (h12[i - 1]* Base2 + (s[i] - 'a' + 1)) % Mod2;
22.     }
23.     h21[n + 1] = 0, h22[n + 1] = 0;
24.     for (int i = n; i >= 1; i-- ) {
25.         h21[i] = (h21[i + 1]* Base1 + (s[i] - 'a' + 1)) % Mod1;
26.         h22[i] = (h22[i + 1]* Base2 + (s[i] - 'a' + 1)) % Mod2;
27.     }
28. }
29. //返回子串 s[l..r]的正向 hash1 值
30. LL getHash11(int l, int r) {
```

```
31.     return ((h11[r] - h11[l - 1]* p1[r - l+1]) % Mod1 +Mod1) % Mod1;
32. }
33. //返回子串 s[l..r]的正向 hash2 值
34. LL getHash12(int l, int r) {
35.     return ((h12[r] - h12[l - 1]* p2[r - l+1]) % Mod2 +Mod2) % Mod2;
36. }
37. //返回子串 s[l..r]的逆向 hash1 值
38. LL getHash21(int l, int r) {
39.     return ((h21[l] - h21[r+1]* p1[r - l+1]) % Mod1 +Mod1) % Mod1;
40. }
41. //返回子串 s[l..r]的逆向 hash2 值
42. LL getHash22(int l, int r) {
43.     return ((h22[l] - h22[r+1]* p2[r - l+1]) % Mod2 +Mod2) % Mod2;
44. }
45. int main() {
46.     int T;
47.     cin >> T;
48.     while (T--) {
49.         cin >> s + 1;
50.         n = strlen(s + 1);
51.         init();
52.         int l = 1, r = n;
53.         while (l < r && s[l] == s[r]) { //前后缀对称
54.             l++, r--;
55.         }
56.         int x = l, y = r;
57.         //取剩余最长前缀
58.         for (int i = r; i >= l; i--) {
59.             if (getHash11(l, i) == getHash21(l, i)
60.                     && getHash12(l, i) == getHash22(l, i)) {
61.                 x = i; //前缀右端点
62.                 break;
63.             }
64.         }
65.         //取剩余最长后缀
66.         for (int i = l; i <= r; i++) {
67.             if (getHash11(i, r) == getHash21(i, r)
68.                     && getHash12(i, r) == getHash22(i, r)) {
69.                 y = i; //后缀左端点
70.                 break;
71.             }
72.         }
```

```
73.         for (int i = 1; i <= l - 1; i++) cout << s[i];
74.         if (l <= r) {
75.             if (x - l + 1 > r - y + 1) {
76.                 for (int i = l; i <= x; i++)
77.                     cout << s[i];
78.             } else {
79.                 for (int i = y; i <= r; i++)
80.                     cout << s[i];
81.             }
82.         }
83.         for (int i = r + 1; i <= n; i++) cout << s[i];
84.         cout << endl;
85.     }
86.     return 0;
87. }
```

五、拓展提升

1. 本节要点

(1) 如何挖掘约束条件,减少冗余计算

借助经验,认真分析,充分挖掘并利用好各类显性或隐形的约束条件,找到减少冗余计算的突破口,进而设计出有针对性的优化策略。

(2) 如何用空间换时间,避免重复计算

当可以通过增加一些额外的内存空间避免大量重复计算,进而显著提高算法运行效率时,我们应当毫不犹豫地使用这一"用空间换时间"的巧妙思路。

(3) 如何选对数据结构,助力高效计算

在程序设计中,不但要注重算法设计,也要善于选择合适的数据结构,二者相辅相成,才能事半功倍。

2. 拓展知识

(1) 字符串哈希

字符串 hash 是指把一个任意长度的字符串映射成一个非负整数,并且其冲突概率几乎为 0。这样判断任意两个字符串是否相等,只需比较其被映射的数值是否相等即可。

① 准备工作:

取一固定值 Base(通常取 131 或 13331),把字符串看作 Base 进制数,并分配一个远小于 Base 的非负整数作为每种字符的编码。

取一固定值 Mod(通常取 1e9+7 或 1e9+9 甚至更大),将该 Base 进制数对 Mod 取余数,作为该字符串的 hash 值。

② 核心操作:

$O(n)$ 的时间复杂度预处理字符串所有前缀的 hash 值(前缀和):

$$h[0]=0,\ h[i]=(h[i-1]\times Base+idx(s[i]))\ \%\ Mod$$

其中 idx(s[i])表示字符 s[i]的编码,可以自定义(譬如:1~26 对应 a~z),也可以直接使用字符的 ASCII。

$O(1)$ 的时间复杂度查询任意子串的 hash 值(区间和):

$$h[l..r]=(h[r]-h[l-1]\times Base^{r-l+1})\ \%\ Mod$$

这里对于 $Base^{r-l+1}$ 的理解,可以类比十进制数 12345,如果想获得 45 的 hash 值,可以使用 $12345-123\times10^2$ 获得。

需要说明的是:$h[l..r]=(h[r]-h[l-1]\times Base^{r-l+1})\ \%\ Mod$

③ 细节优化:

由于该式涉及取模运算,且括号中有减法,可能为负,故做如下修正:

$$h[l..r]=((h[r]-h[l-1]\times Base^{r-l+1})\ \%\ Mod+Mod)\ \%\ Mod$$

另外,Base 的 i 次方也需预先处理好:

$$p[0]=1,\ p[i]=(p[i-1]\times Base)\ \%\ Mod$$

下列代码演示如何求字符串 s 中任意子串的 hash 值。

【参考程序】

```
1. //基础数据结构
2. typedef long long LL;
3. const int N  = 1000 + 10;
4. const LL Base  = 131;
5. const LL Mod  = 1e9 + 7;
6. int n;
7. char s[N];
8. LL p[N], h[N]; //p[i] = Base^i    h[i] = s[1~i]的 hash 值
9. //预处理前缀和
10. void init() {
11.       p[0] = 1, h[0] = 0;
12.       for (int i  = 1; i <= n; i++) {
13.             p[i] = (p[i - 1]* Base) %  Mod;
14.             h[i] = (h[i - 1]* Base + s[i] - 'a' + 1) %  Mod;
15.       }
16. }
17. //返回子串 s[l..r] 的 hash 值
18. LL getHash(int l, int r) {
19.       return ((h[r] - h[l - 1]* p[r - l + 1]) %  Mod + Mod) %  Mod;
20. }
21. //求字符串 s 任意子串的 hash 值
22. int main() {
23.       cin >> s + 1;
```

```
24.     n = strlen(s + 1);
25.     init();
26.     for (int i = 1; i <= n; i++)
27.         for (int j = i; j <= n; j++) {
28.             for (int k = i; k <= j; k++) cout << s[k];
29.             cout << " " << getHash(i, j) << endl;
30.         }
31.     return 0;
32. }
```

运行上述代码，当我们输入某个字符串时，便可获得该字符串所有子串的 hash 值。

输入样例	输出样例
jsoi	j 10 js 1329 jso 174114 jsoi 22808943 s 19 so 2504 soi 328033 o 15 oi 1974 i 9

当然，比较偷懒的做法是可以直接使用 unsigned long long 类型保存 hash 值，使其自然溢出，避免手动取模，相当于单哈希中 Mod 取 2^{64}。虽然看上去清爽多了，但容易遭到出题人的 Hack(俗称"卡数据")。尽管如此，还是有必要通过下列代码了解一下如何利用自然溢出求字符串 s 中任意子串的 hash 值。

【核心代码】

```
1. typedef unsigned long long ULL;
2. char s[N];
3. ULL p[N], h[N];
4. void init() {
5.     p[0] = 1, h[0] = 0;
6.     for (int i = 1; i <= n; i++) {
7.         p[i] = p[i - 1] * Base;
8.         h[i] = h[i - 1] * Base + s[i];
9.     }
10. }
11. ULL getHash(int l, int r) {
12.     return h[r] - h[l - 1] * p[r - l + 1];
13. }
```

(2) 卡常

卡常数,又称底层常数优化,特指在 OI/ACM-ICPC 等算法竞赛中针对程序基本操作进行的底层优化,一般在对程序性能要求较为严苛的题目或在算法已经达到理论最优时间复杂度时使用,有时也用于非正解的强行优化。卡常虽然不能将指数级算法优化成多项式级别,甚至改变不了时间复杂度中的任何一个字母,而且理性的出题人通常也明确表示不会涉及“卡常”,但是,我们却不能完全忽视它。因为它有时确实能让一些看似无法优化的算法“绝处逢生”。下面介绍一些常见且更适用于初学者的卡常小技巧:

声明类:register 是 C++关键字,将其加在变量声明前可以建议编译器将变量直接放入寄存器中,从而减少该变量的访问时间。

输入输出类:少用 cin/cout,多用 scanf/printf 或基于 getchar/putchar 的快读/快写。

运算类:能乘不除,能加减不取模,能位运算就少用加减乘除。

语法类:循环中使用++i 而不是 i++,据说前者的汇编代码只有两行,而后者有三行。

算法类:在边权均为 1 的图上跑最短路能用 bfs 就别炫 dijkstra 了。

数据结构类:处理稠密图时,使用 vector 等连续内存分配的数据结构来存储图,通常会比使用链表等离散内存分配的数据结构更加高效。

STL 模板类:在开启编译器优化(如 GCC 的-O2 或-O3)后,标准模板库(STL)的性能通常会有显著提升。然而,即便如此,手写的特定数据结构或算法有时可能仍然会比 STL 更快一些。

卡常虽好,终究是卡,平日里,我们还是需要将减少常数当作一种习惯,力求写出完美算法。

3. 拓展应用

【练习 4.2.1】 回文数(palindrome,1 S,128 MB,江苏省信息学冬令营基础班上机试题)

【问题描述】

回文数为从前向后读和从后向前读都一样的数,例如 12321 是回文数。求区间 $[L, R]$ 内有多少个回文数。

【输入数据】

输入一行两个整数 L 和 R,用单个空格隔开。

【输出数据】

输出一个整数,表示区间 $[L, R]$ 内回文数的个数。

输入样例 1	输出样例 1
1 10	9

输入样例 2	输出样例 2
666 999	34

【数据范围】

对于 30%的数据,满足 $1 \leqslant L \leqslant R \leqslant 1\,000$。

对于 60%的数据,满足 $1 \leqslant L \leqslant R \leqslant 100\,000$。

对于 100%的数据,满足 $1 \leqslant L \leqslant R \leqslant 10\,000\,000\,000$。

【练习 4.2.2】 单词填充(word,1 S,128 MB,2024 年江苏省信息学教练员培训热身赛试题)

【问题描述】

小 C 认识很多单词,但是他并不喜欢这样的一些单词,即:单词中包含连续的 3 个元音字母,或连续的 3 个辅音字母,或者 1 个 L 字母都不包含。已知元音字母仅为 A、E、I、O、U 这 5 个字母,剩下的字母都为辅音字母。

现在给你一个部分残缺的单词,问一共有多少种方法可以用 26 个字母来填满这个单词,使得小 C 喜欢这个单词?

【输入数据】

输入一行包括一个长度不超过 100 的字符串表示残缺的单词,其中残缺的部分用'_'表示。

【输出数据】

输出仅一行包括一个正整数,表示不同的方案数。

输入样例 1	输出样例 1
L_V	5

输入样例 2	输出样例 2
JA_BU_K_A	485

【数据范围】

数据保证单词中的所有字符都为大写字母,字符串中'_'的个数不超过 10。

10 组测试数据下划线的个数为 3,5,6,7,9,10,10,10,10,10。

【练习 4.2.3】 最大 m 子段和(maxsum,1 S,128 MB,ACWing135)

【问题描述】

给定一个长度为 n 的整数序列(可能为负数),从中找出一段长度不超过 m 的连续子序列,使得子序列中所有数的和最大。

【输入数据】

第一行包含两个正整数 n 和 m。第二行包含 n 个数,表示整数序列。

【输出数据】

一个整数,表示最大子段和。

输入样例	输出样例
6 4 1 -3 5 1 -2 3	7

【数据范围】

对于 30%的数据,满足 $1 \leqslant m \leqslant n \leqslant 3\,000$。

对于 100%的数据,满足 $1 \leqslant m \leqslant n \leqslant 300\,000$。

保证所有输入和最终结果都在 int 范围内。

【练习 4.2.4】 牛的最佳队列(line,1 S,128 MB,USACO07DEC Best Cow Line G)

【问题描述】

农夫约翰打算带领他的 N 头奶牛参加一年一度的“牛牛选美大赛”。在这场比赛中,每个参赛者必须让他的奶牛们排成一列,然后带领这些奶牛从裁判面前依次走过。

今年,竞赛委员会在接受报名时,采用了一种新的登记规则:取每头奶牛名字的首字母,按照它们在队伍中的次序排成一列作为队伍的名字。再将所有队伍的名字按字典序排序,从而得到出场顺序。约翰由于事务繁忙,他希望能够尽早出场。因此他决定重排队列。

他的调整方式是这样的:每次,他从原队列的首端或尾端牵出一头奶牛,将她安排到新队列尾部。重复这一操作直到所有奶牛都插入新队列为止。

现在请你帮约翰算出按照上面这种方法能排出的字典序最小的队列。

【输入数据】

第一行包含一个整数 N,表示奶牛的数量。

接下来的 N 行,每行包含 1 个 $A \sim Z$ 范围内的大写字母,表示初始队列。

【输出数据】

输出一个长度为 N 的字符串,表示可能的最小字典序队列。每输出 80 个字母需要一个换行。

输入样例	输出样例
6 A C D B C B	ABCBCD

【数据范围】

对于 20%的数据,满足 $1 \leqslant N \leqslant 2\,000$。

对于 100%的数据,满足 $1 \leqslant N \leqslant 5 \times 10^5$。

第三节 旅行包问题——优化算法空间复杂度的方法

一、问题引入

【问题描述】

假期到了,轩轩打算陪家人游览祖国大好河山。为锻炼一下自己的规划能力,轩轩主动承担起规划旅行背包的重任。假设现在全家共有 n 件物品和一个最大承重为 m 的背包。其中第 i 件物品的重量为 wi,价值为 vi。问:将哪些物品装入背包(假设每件物品只能取或不取,不能拆分),使得在物品总重量不超过背包最大承重的前提下,物品的价值之和最大。

【输入数据】

第一行包含两个整数 n 和 m。

接下来 n 行,每行包含两个整数,分别表示物品的重量和价值。

【输出数据】

一个整数,表示能够装载物品的最大价值之和。

输入样例 1	输出样例 1
4 5 1 2 2 4 3 4 4 5	8

输入样例 2	输出样例 2
1 1000000000 1000000000 10	10

【数据范围】

对于 50%的数据,满足 $1 \leqslant n,\ m \leqslant 100, 1 \leqslant wi,\ vi \leqslant 100$。

对于 80%的数据,满足 $1 \leqslant n \leqslant 100, 1 \leqslant m \leqslant 10^8, 1 \leqslant wi \leqslant m, 1 \leqslant vi \leqslant 1\,000$。

对于 100%的数据,满足 $1 \leqslant n \leqslant 100, 1 \leqslant m \leqslant 10^9, 1 \leqslant wi \leqslant m, 1 \leqslant vi \leqslant 1\,000$。

二、问题探究

这是经典 01 背包问题的原型,其他类型的背包问题都在其基础上衍生而来。对该问题的解决,我们通常都采用动态规划加以实现。关于状态的设计,目前存在两种主流的定义方式:

方式 1:设 $dp[i][j]$ 表示考虑前 i 件物品,放入容量为 j 的背包,获得物品的最大价值之和。

方式 2:设 $dp[i][j]$ 表示考虑前 i 件物品,恰好放入容量为 j 的背包,获得物品的最大价值之和。

上述两种方式表述的唯一区别在于是否"恰好"装满背包。第一种方式对于初学者理解 01 背包模型,尤其是从搜索过渡到动规比较自然,第二种方式则让重量和方案一一对应,方便计数,并且可以应对更多的背包变形(譬如:可行性问题、计数类问题等)。经过综合考量,本书决定采用第二种方式。

另外,由于竞赛题目中的物品数量或背包容量都很大,普通的二维数组根本存不下,这时需要考虑采用一些手段对空间进行压缩优化。例如通过观察转移方程,发现当前行中的 $dp[i][j]$ 只与上一行的 $dp[i-1][j]$ 和 $dp[i-1][j-w[i]]$ 有关(其中 $w[i]$ 表示第 i 件物

品的重量)。此时,我们自然想到利用滚动数组对原 dp 数组进行优化。如果数据规模再大一些,我们还需要通过调整背包容量的枚举顺序,将空间从二维压至一维。对于某些“超大容量”背包问题,一维可能也存不下,这时还需要我们打破思维定式,优化状态设计。

三、知识建构

1. 算法空间复杂度优化概述

随着系统可用内存的不断增大,信息学竞赛的空间限制也有所增加。很多选手在实战中往往着眼于时间复杂度的优化,对空间复杂度的优化则常以“反正内存足够大,根本用不完”为借口而关注不够,继而导致很多曾经的信竞选手在未来职场开发 APP 时,也是习惯性地“只管运行速度,管它内存占用”,进而让众多用户诟病不已(图 4-3-1),这显然有违 OIer 精益求精的品质追求。事实上,降低算法的空间复杂度同样具有重要的意义,特别体现在当今需要不断处理的大规模数据、实时系统、云计算和分布式系统等诸多现实场景中。

图 4-3-1 手机内存“终结者”

空间复杂度的优化思路虽然多样,但其基本方向大抵是根据实际需求选择合适的优化方法、减少不必要的存储、使用更紧凑的存储,同时也要保持时、空复杂度的均衡,以实现整体性能最优。最后还是那句话,无论如何优化都不应以牺牲可读性和可维护性为代价。

2. 挖掘数据关系,减少冗余存储

在信息学竞赛中,挖掘数据关系减少冗余存储是优化算法和数据结构的重要方面,特别是在处理大规模数据时。这不仅有助于减少内存使用,还可能显著提高程序的运行效率。常见的优化思路主要包括原地运算、降维技术、状态压缩等。

原地运算是指在算法运行过程中不需要开辟额外的存储空间(仅允许使用少量的额外存储空间存储辅助变量),而直接对输入数据进行修改(替换或交换元素等)以产生输出。例如原地排序算法(冒泡排序、插入排序、选择排序等)在排序过程中直接修改输入数组,而归并排序在合并过程中,则通常需要一个与原数组一样大的临时数组来存放合并后的结果。

下面,我们以经典的“旋转数组”问题为例,演示原地运算的简单运用。

问题描述:给定一个数组,将数组中的元素向右移动 k 个位置,其中 k 是非负数。

输入:[1,2,3,4,5,6,7]和 $k = 3$

输出:[5,6,7,1,2,3,4]

解释：

向右旋转 1 步：[7,1,2,3,4,5,6]

向右旋转 2 步：[6,7,1,2,3,4,5]

向右旋转 3 步：[5,6,7,1,2,3,4]

不使用额外数组，直接使用空间复杂度为 $O(1)$ 的原地算法反转数组的基本思路如下：

第一步　先整体反转。

第二步　反转前 k 个（整体反转后的前 k 个元素，就是原数组中会替换到数组开头的元素）。

第三步　反转后 $n-k$ 个（因为前面有 k 个元素，反转后相当于移动了 k 位）。

示例：

原始数组：1 2 3 4 5 6 7

反转所有数字后：7 6 5 4 3 2 1

反转前 k 个数字后：5 6 7 4 3 2 1

反转后 $n-k$ 个数字后：5 6 7 1 2 3 4

所谓降维技术是指如果我们能够找到一种方法将数据从高维空间映射至低维空间，同时保留大部分有用信息，那么我们就可以使用更少的存储空间来存储这些数据，从而降低算法的空间复杂度。

下面，我们以经典的“方格取数”问题为例，演示降维技术的简单运用。

问题描述：设有 $N \times N$ 的方格图，我们在其中的某些方格中填入正整数，而其他的方格中则放入数字 0。某人从图中的左上角 A 出发，可以向下行走，也可以向右行走，直到到达右下角的 B 点。在走过的路上，他可以取走方格中的数（取走后的方格中将变为数字 0）。此人从 A 点到 B 点共走了两次，试找出两条这样的路径，使得取得的数字之和最大。

通过挖掘同一状态中各参数（步数与位置）之间的约束关系，我们可以将空间复杂度由四维降至三维。

```
1. //四维 DP
2. dp[x1][y1][x2][y2] = max{
3.      dp[x1][y1 - 1][x2][y2 - 1],
4.      dp[x1 - 1][y1][x2 - 1][y2],
5.      dp[x1 - 1][y1][x2][y2 - 1],
6.      dp[x1][y1 - 1][x2 - 1][y2]}
7.  + a[x1][y1] + a[x2][y2]
8. //三维 DP
9. dp[steps][x1][x2] = max{
10.      dp[steps - 1][x1][x2],
11.      dp[steps - 1][x1 - 1][x2],
12.      dp[steps - 1][x1][x2 - 1],
13.      dp[steps - 1][x1 - 1][x2 - 1]}
14. + a[x1][steps - x1]
15. + a[x2][steps - x2]
```

状态压缩是一种非常有效的算法技巧，其核心思想是将一个复杂的、多维度的状态空间，通过某种规则映射到一个整数上（这个整数通常使用二进制形式表示，每一位代表一个独立的状态或决策），接着使用位运算对“压缩”后的状态进行快速查询与更新，从而显著减少内存使用和提高处理速度。下面，以经典的“国王问题（也称互不侵犯）”为例，演示状态压缩的简单运用。

问题描述：在 $N \times N$ 的棋盘上放置 K 个国王，使他们互不攻击，问：共有多少种放法。假设国王仅能攻击到它上、下、左、右，以及左上、左下、右上、右下八个方向上附近的各一个格子，共八个格子（$1 \leqslant N \leqslant 9, 0 \leqslant K \leqslant N \times N$）。

看到这里，你自然想到 N 皇后题目，皇后的攻击范围为所在行、列及两条对角线所覆盖的所有区域，我们在进行深搜时，可以利用一维数组记录下每行、每列以及每条对角线的攻击覆盖情况。然而本题中国王的攻击范围仅为自身周围八个格子，进行深搜时则需要使用二维数组记录当前每一格的攻击覆盖情况，同时需要不断更新状态，存储过于庞大，处理过于复杂。因此，我们可以采用状态压缩的方法，对该问题进行时空的优化。

我们设 $dp[i][j][k]$ 表示考虑前 i 行棋盘，第 i 行国王的状态为 j，已经放置 k 个国王的方案数。这里我们用 1 表示在棋盘的格点上有国王，0 表示没有国王，每一行的状态就用二进制数来表示（图 4-3-2），这样空间复杂度被优化为 $O(n * 2^n * k)$。

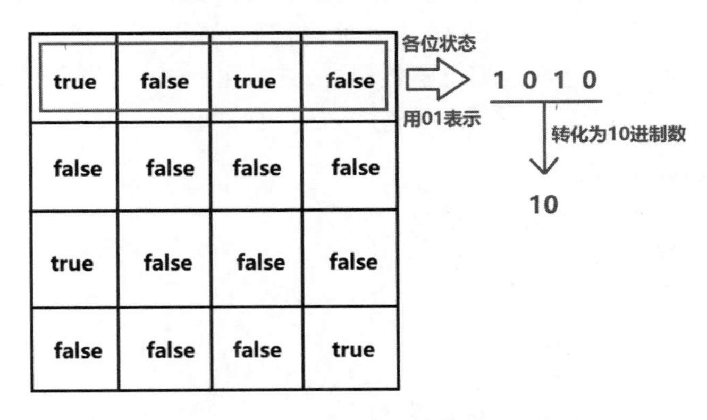

图 4-3-2 状态的二进制表示与存储

虽然状态压缩可以减小空间复杂度，但也存在一些不足：

（1）时间复杂度增加。虽然位运算本身很快，但如果状态规模非常庞大，总的时间复杂度可能会有所增加。

（2）代码可读性降低。对于不熟悉位运算的人来说，使用状态压缩的代码可能会显得晦涩难懂。

（3）适用的范围有限。状态压缩通常适用于状态数量有限且可以使用二进制表示的场景。如果状态数量过多或状态之间的关系过于复杂，使用状态压缩可能会得不偿失。

3. 化无限为有限，压缩存储空间

当需要处理的数据范围很大，但我们只关心数据之间的大小关系或顺序时，可以使用离散化将数据映射到一个较小的范围内，并保留原来的全序或偏序关系，从而压缩存储空间。

一维数据离散化					
原数据	10	3	8	9	4
离散化数据	4	0	2	3	1

二维数据离散化(每个维度分别离散化)					
原数据	[10, 74]	[3, 60]	[8, 86]	[9, 99]	[4, 71]
离散化数据	[4, 2]	[0, 0]	[2, 3]	[3, 4]	[1, 1]

字符串离散化(按照字典序排列)					
原数据	jve	higcg	wat	g	rwj
离散化数据	2	1	4	0	3

举个栗子,假设现在有一组范围很大的整数序列 a:

1,23424,21472313246768,6594,95,0,65535313,23424

如果把这些数直接作为数组下标保存对应的属性时,我们需要开一个特别大的数组,空间无法承受。这时可以先把 a 数组排序并去重,得到有序数组 $b[1]$ ~ $b[m]$。若要查询 $a[i](1 \leqslant i \leqslant n)$ 被 1 ~ m 之间的哪个整数代替,只需在数组 b 中进行二分查找即可。

【参考程序】

```
1.  #include <bits/stdc++.h>
2.  using namespace std;
3.  const int N = 1000 + 10;
4.  int n, m, a[N], b[N];
5.  int main() {
6.      cin >> n;
7.      for (int i = 1; i <= n; i++) cin >> a[i];
8.      sort(a + 1, a + n + 1); //排序
9.      //自动去重
10.     //memcpy(b,a,sizeof(a));
11.     //int m = unique(b + 1, b + n + 1) - b;//也可用 STL 中的 unique 函数
12.     //手动去重
13.     for (int i = 1; i <= n; i++) {
14.         if (i == 1 || a[i] != a[i - 1])
15.             b[++m] = a[i];
16.     }
17.     //查询 x 映射为 1 ~ m 之间的哪个整数
18.     int x;
19.     cin >> x;
20.     cout << lower_bound(b + 1, b + m + 1, x) - b << endl;
```

```
21.     return 0;
22. }
```

4. 选对数据结构,助力高效存储

选择正确的数据结构对于实现高效存储至关重要,你需要根据问题需求和数据特点选择最合适的数据结构。下面,我们以搜索引擎中常见的"单词联想"为例加以描述。所谓单词联想,是指给定一组单词和一个前缀,按字典序从小到大输出所有包含该前缀的单词列表(图 4-3-3)。

输入框	ap
下拉菜单	api app apple application

图 4-3-3 单词联想示意图

Key	Value
a	app, apple
ap	app, apple
app	app, apple
appl	apple
apple	apple

图 4-3-4 存储单词前缀及对应单词的哈希表

思路 1:建立一个很大的哈希表,哈希表中的 key,是所有单词的前缀(图 4-3-4)。例如有两个单词 app 和 apple,它们的前缀包括 a、ap、app、appl、apple,把这些前缀都作为 key 存储到哈希表中,每一个 key 对应的 value,就是具有这个前缀的单词。

虽然查询很快,但每个前缀都对应若干单词,value 彼此之间有重叠,哈希表占用的空间将非常巨大。

【参考程序】

```
1. #include <bits/stdc++.h>
2. using namespace std;
3. int n;
4. map<string, vector<string>> mp; //键是前缀,值是包含该前缀的字符串
5. vector<string> dic;
6. int main() {
7.     cin >> n;
8.     for (int i = 1; i <= n; i++) {
9.         string s;
10.        cin >> s;
11.        dic.push_back(s); //插入字典
12.    }
13.    sort (dic.begin(), dic.end()); //按字典序排序
14.    for (int i = 0; i < dic.size(); i++) {
15.        for (int j = 1; j <= dic[i].size(); j++) { //前缀长度
16.            string prefix = dic[i].substr(0, j);    //取前缀
```

```
17.              mp[prefix].push_back(dic[i]);
18.          }
19.      }
20.      //输出 map 中的内容
21.      string key;
22.      cin >> key;
23.      for (auto it = mp[key].begin(); it != mp[key].end(); it++) {
24.          cout << *it << endl;
25.      }
26.      return 0;
27. }
```

思路2：遇到这种情况，经验丰富的选手自然会想到 Trie 树（又称前缀树、字典树、单词查找树）。它是一种树形结构，用于高效地存储与查询字符串集合（图 4-3-5）。它的主要优点是利用字符串的公共前缀来减少查询时间（用空间换时间），最大限度地减少无谓的字符串比较，提高查询效率。

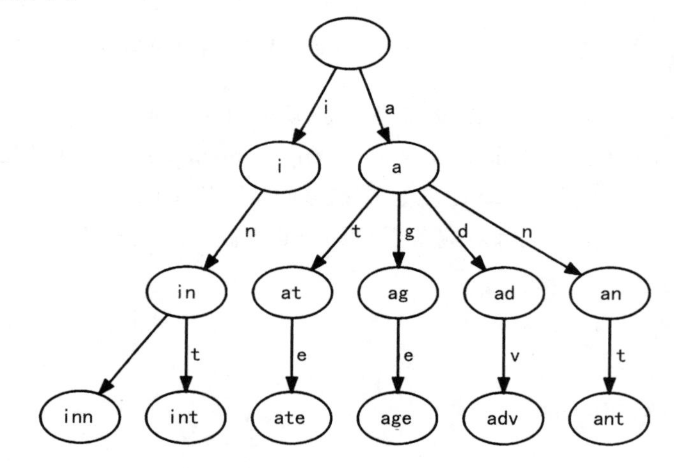

图 4-3-5　Trie 树的存储结构

建好的 Trie 树具有如下几个特点：

① 除根结点外，每个结点通常只存储一个字符。

② 从根结点到叶结点的路径上的所有字符构成一个字符串。

③ 每个结点的所有子结点包含的字符都不相同。

由此，不难得出本题的最佳思路是先建立一棵 Trie 树，然后以前缀的最后一个结点为根结点，进行递归遍历即可。

【参考程序】

```
1. #include<bits/stdc++.h>
2. using namespace std;
3. const int N = 100010;
```

```
4. int n;
5. int idx;                  //各个结点的编号,根结点编号为 0
6. int son[N][26];   //每个结点的所有子结点(最多 26 个)
7. int cnt[N];           //cnt[i]标记以 i 编号结尾的字符是否构成单词
8. void insert(string s) {
9.      int p = 0;      //初始指向根结点
10.     for (int i = 0; i < s.size(); i++) {
11.         int u = s[i] - 'a';                         //小写字符映射为 0 ~ 25 数字
12.         if (! son[p][u]) son[p][u] = ++idx; //当前字符不存在,则新建结点
13.         p = son[p][u];                          //指向子结点
14.     }
15.     //循环结束的时候,p 等于字符串 s 的尾字符所对应的 idx
16.     cnt[p]++; //标记单词
17. }
18. int query(string s) {
19.     int p = 0; //指向根结点
20.     for (int i = 0; i < s.size(); i++) {
21.         int u = s[i] - 'a';
22.         if (! son[p][u]) return 0; //树中不存在该字符串
23.         p = son[p][u]; //指向子结点
24.     }
25.     return p;
26. }
27. void dfs(int p, string s) {
28.     if (p == 0) return; //空结点,直接返回
29.     if (cnt[p]) cout << s << endl; //出现一个单词
30.     for (int i = 0; i < 26; i++) {
31.         if (son[p][i]) {
32.             dfs(son[p][i], s + char('a' + i));
33.         }
34.     }
35. }
36. int main() {
37.     cin >> n;
38.     for (int i = 1; i <= n; i++) {
39.         string s;
40.         cin >> s;
41.         insert(s);
42.     }
43.     string key;
44.     cin >> key;
45.     int root = query(key);
```

```
46.     if (root) dfs(root, key);
47.     else cout << -1 << endl;
48.     return 0;
49. }
```

5. 旅行包问题的问题解决与算法设计

下面,我们将利用前面所学解决"旅行包问题",请读者仔细阅读程序,感受算法优化尤其是空间复杂度逐步优化的思考路径。

思路1:朴素二维DP。

【参考程序】

```
1. #include<bits/stdc++.h>
2. using namespace std;
3. const int N = 105;
4. int w[N];    // 重量
5. int v[N];    // 价值
6. int dp[N][N];
7. int main() {
8.     int m, n;
9.     cin >> n >> m;
10.    for (int i = 1; i <= n; i++)
11.        cin >> w[i] >> v[i];
12.    memset(dp, -0x3f3f3f3f, sizeof(dp));    //初始化为负无穷,标记不可达
13.    for (int i = 0; i <= n; i++) dp[i][0] = 0;    //特别处理背包容量为0的情况
14.    for (int i = 1; i <= n; i++)
15.        for (int j = 1; j <= m; j++) {
16.            if (j < w[i])    //不能选
17.                dp[i][j] = dp[i - 1][j];
18.            else    //能选    max{不想选,选}
19.                dp[i][j] = max(dp[i - 1][j], dp[i - 1][j - w[i]] + v[i]);
20.        }
21.    int ans = 0;
22.    for (int j = 0; j <= m; j++)    //打擂求最优解
23.        ans = max(ans, dp[n][j]);
24.    cout << ans << endl;
25.    return 0;
26. }
```

思路2:滚动数组优化。通过观察状态转移方程,我们发现阶段i的状态只与阶段$i-1$的状态有关,可以使用"滚动数组"进行优化。将阶段表示从$dp[i][j]$简化为$dp[i\&1][j]$,其中当i为奇数时,$i\&1$等于1;当i为偶数时,$i\&1$等于0,状态转移就相当于在$dp[0][\,]$和

$dp[1][\,]$ 这两行中交替进行,空间复杂度从 $O(NM)$ 优化为 $O(M)$。

【参考程序】

```
1. #include<bits/stdc++.h>
2. using namespace std;
3. const int N = 100 + 10, M = 100000000 + 10;
4. int w[N];    // 重量
5. int v[N];    // 价值
6. int dp[2][M];
7. int main() {
8.     int m, n;
9.     cin >> n >> m;
10.    for (int i = 1; i <= n; i++)
11.        cin >> w[i] >> v[i];
12.    memset(dp, -0x3f3f3f3f, sizeof(dp));  //初始化为负无穷
13.    dp[0][0] = 0;                         //特别处理背包容量为 0 的情况
14.    for (int i = 1; i <= n; i++)          //先枚举物品
15.        for (int j = 0; j <= m; j++) {    //再枚举背包容量
16.            if (j < w[i])   //不能放
17.                dp[i & 1][j] = dp[(i - 1) & 1][j];
18.            else  // 能放
19.                dp[i & 1][j] = max(dp[(i - 1) & 1][j],
20.                                   dp[(i - 1) & 1][j - w[i]] + v[i]);
21.        }
22.    int ans = 0;
23.    for (int j = 0; j <= m; j++)
24.        ans = max(ans, dp[n & 1][j]);
25.    cout << ans << endl;
26.    return 0;
27. }
```

思路 3: 进一步分析后,我们发现其实可以省掉第一维,只需一维数组,加上倒序枚举背包容量即可实现,这对于处理大容量背包问题尤为重要。为什么需要倒序枚举背包容量? 正序枚举和倒序枚举有何区别? 何时用正序、何时用倒序? 初学者虽然可以通过画图感性认识,但本着“精益求精”的态度,我们还是可以通过适当推导,更为透彻地理解个中原理,这对于深入掌握其他背包模型也有莫大的好处。

我们首先思考第一个问题: 如果在二维基础上“强行”去掉第一维,会发生什么?

【参考程序】

```
1. #include<bits/stdc++.h>
2. using namespace std;
3. const int N = 105;
```

```
4. int w[N];      // 重量
5. int v[N];      // 价值
6. int dp[N];
7. int main() {
8.     int m, n;
9.     cin >> n >> m;
10.     for (int i = 1; i <= n; i++)
11.         cin >> w[i] >> v[i];
12.     memset(dp, -0x3f3f3f3f, sizeof(dp));       //初始化为负无穷,标记不可达
13.     dp[0] = 0; //特别处理背包容量为 0 的情况
14.     for (int i = 1; i <= n; i++)
15.         for (int j = 1; j <= m; j++) {
16.             if (j < w[i])     //不能选
17.                 dp[j] = dp[j];
18.             else                  //能选     max{不想选,选}
19.                 dp[j] = max(dp[j], dp[j - w[i]] + v[i]);
20.         }
21.     int ans = 0;
22.     for (int j = 0; j <= m; j++)    //打擂求最优解
23.         ans = max(ans, dp[n][j]);
24.     cout << ans << endl;
25.     return 0;
26. }
```

观察上述代码,当第 i 件物品不能选时,状态未发生变化,故可以省去 $j < w[i]$ 的判断。

【参考程序】

```
1. #include<bits/stdc++.h>
2. using namespace std;
3. const int N = 105;
4. int w[N];      // 重量
5. int v[N];      // 价值
6. int dp[N];
7. int main() {
8.     int m, n;
9.     cin >> n >> m;
10.     for (int i = 1; i <= n; i++)
11.         cin >> w[i] >> v[i];
12.     memset(dp, -0x3f3f3f3f, sizeof(dp));       //初始化为负无穷,标记不可达
13.     dp[0] = 0; //特别处理背包容量为 0 的情况
14.     for (int i = 1; i <= n; i++)
15.         for (int j = w[i]; j <= m; j++) {
```

```
16.             dp[j] = max(dp[j], dp[j - w[i]] + v[i]);
17.         }
18.     int ans = 0;
19.     for (int j = 0; j <= m; j++)     //打擂求最优解
20.         ans = max(ans, dp[n][j]);
21.     cout << ans << endl;
22.     return 0;
23. }
```

现在,我们重点分析上述代码中背包容量的不同枚举顺序会产生什么不一样的效果?我们发现如果正序枚举背包容量,第 i 件物品被“重复选”,不符合 01 背包中“每件物品只能使用一次”的限制(图 4-3-6)。

倒序枚举

① $i-1$阶段 i阶段 F $j-W_i$ j

② $i-1$阶段 i阶段 F $j-2W_i$ $j-W_i$ j

正序枚举

① dp[j - Wi] = dp[j - 2Wi] + Vi F $j-2W_i$ $j-W_i$

② dp[j]=dp[j-Wi]+Vi = dp[j-2Wi]+2Vi F $j-2W_i$ $j-W_i$ j 已经处于 i 阶段

图 4-3-6 正序枚举与倒序枚举背包容量的区别

【参考程序】

```
1. #include<bits/stdc++.h>
2. using namespace std;
3. const int N = 100 + 10, M = 100000000 + 10;
4. int n, m;
5. int w[N];     // 重量
6. int v[N];     // 价值
7. int dp[M];
8. int main() {
9.     cin >> n >> m;
10.     for (int i = 1; i <= n; i++)
11.         cin >> w[i] >> v[i];
12.     memset(dp, -0x3f3f3f3f, sizeof(dp)); //初始化为负无穷
13.     dp[0] = 0;                           //特别处理背包容量为 0 的情况
14.     for (int i = 1; i <= n; i++)         //先枚举物品
15.         for (int j = m; j >= w[i]; j--) { //再倒序枚举背包容量
16.             dp[j] = max(dp[j],  dp[j - w[i]] + v[i]);
17.         }
```

```
18.     int ans = 0;
19.     for (int j = 0; j <= m; j++)
20.         ans = max(ans, dp[j]);
21.     cout << ans << endl;
22.     return 0;
23. }
```

思路4：对于100%的数据，wi很大，如果仍将重量作为背包维数，即便使用一维数组，时间和空间肯定还会爆。冷静思考后，我们观察到物品的总价值其实非常小，由此想到以此为突破口，转换一下思路：将总价值作为维数，将总重量作为dp值，设$dp[j]$表示总价值为j时的最小重量，然后从大到小枚举物品的总价值，一旦找到符合$dp[j] \leqslant m$的j值时，直接输出即可。

【参考程序】

```
1. #include <bits/stdc++.h>
2. using namespace std;
3. const int INF = 0x3f3f3f3f;
4. const int N = 100 + 10;
5. int w[N], v[N];
6. int dp[100010];
7. int main() {
8.     int n, m;
9.     cin >> n >> m;
10.    int sum = 0;
11.    for (int i = 1; i <= n; i++) {
12.        cin >> w[i] >> v[i];
13.        sum += v[i];
14.    }
15.    memset(dp,INF,sizeof(dp)); //初始化为无穷大
16.    dp[0] = 0;
17.    for (int i = 1; i <= n; i++)
18.        for (int j = sum; j >= v[i]; j-- )
19.            dp[j] = min(dp[j], dp[j - v[i]] + w[i]);
20.    for (int j = sum; j >= 0; j-- )
21.        if (dp[j] <= m) {
22.            cout << j << endl;
23.            break;
24.        }
25.    return 0;
26. }
```

四、迁移应用

【例 4.3.1】 队列安排(team,1 S,128 MB,洛谷 P1160)

【问题描述】

某舞龙社团现有 n 个队员,从 1 到 n 编号。老师想从这 n 个队员中挑选若干人组成一队进行汇报表演。他按如下顺序发出指令:

第一步 1 号队员直接入队;

第二步 2 ~ n 号队员依次入列时,必须站在已经入队的某个队员的左边或右边;

第三步 按编号从队列中去掉 m 个队员,其他队员保持不变。注意:如果某个队员已经不在队列中,则忽略这一指令。

问:最后从左到右所有队员的编号。

【输入数据】

第一行包含一个整数 n,表示有 n 个队员。

第 2 ~ n 行,第 i 行包含两个整数 k,p,其中 k 为小于 i 的正整数,p 为 0 或者 1。若 p 为 0,则表示将 i 号队员插入到 k 号队员的左边,p 为 1 则表示插入到右边。

第 $n+1$ 行包含一个整数 m, 表示去掉的队员数目。

接下来的 m 行,每行包含一个正整数 x,表示将 x 号队员从队列中移去,如果 x 号队员已经不在队列中则忽略这一条指令。

【输出数据】

一行,包含最多 n 个整数,表示队列从左到右所有队员的编号,用单个空格隔开。

输入样例	输出样例
4 1 0 2 1 1 0 2 3 3	2 4 1

【样例说明】

将队员 2 插入至同学 1 左边,此时队列为: 2 1。

将队员 3 插入至同学 2 右边,此时队列为: 2 3 1。

将队员 4 插入至同学 1 左边,此时队列为: 2 3 4 1。

将队员 3 从队列中移出,此时队列为: 2 4 1。

队员 3 已经不在队列中,忽略最后一条指令。

最终队列: 2 4 1。

【数据范围】

对于 20%的数据,满足 $1 \leqslant n \leqslant 10$。

对于 40%的数据,满足 $1 \leqslant n \leqslant 1\,000$。

对于100%的数据,满足 $1 < m \leqslant n \leqslant 10^5$。

【思路分析】

思路1:数组模拟“入队出队”,哈希判断“是否出队”。

【参考程序】

```
1. #include <bits/stdc++.h>
2. using namespace std;
3. const int N = 100000 + 10;
4. int n, m, a[N];
5. bool h[N];
6. int main() {
7.     cin >> n;
8.     a[1] = 1;
9.     for (int i = 2; i <= n; i++) {
10.        int x, op;
11.        cin >> x >> op;
12.        if (op == 0) { //左边
13.            for (int j = i - 1; j >= 1; j--) {
14.                a[j+1] = a[j];
15.                if (a[j] == x) {
16.                    a[j] = i;
17.                    break;
18.                }
19.            }
20.        } else {
21.            for (int j = i - 1; j >= 1; j--) {
22.                if (a[j] == x) {
23.                    a[j+1] = i;
24.                    break;
25.                } else a[j+1] = a[j];
26.            }
27.        }
28.    }
29.    memset(h, true, sizeof(h));
30.    cin >> m;
31.    while (m--) {
32.        int x;
33.        cin >> x;
34.        if (! h[x]) continue;
35.        else h[x] = false;
36.    }
37.    for (int i = 1; i <= n; i++) {
```

```
38.            if (h[a[i]]) cout << a[i] << " ";
39.        }
40.        cout << endl;
41.        return 0;
42. }
```

思路 2：利用静态数组模拟双向链表(图 4-3-7)，维护“入队与出队”。

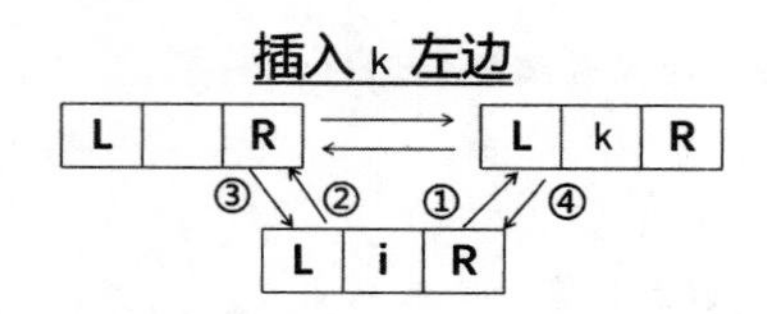

图 4-3-7　利用静态数组模拟双向链表(以将 i 插入 k 的左边为例)

【参考程序】

```
1. #include<bits/stdc++.h>
2. using namespace std;
3. const int N = 100000 + 10;
4. int a[N];
5. int L[N]; //L[i] 存放 i 号左边指向的结点编号
6. int R[N]; //R[i] 存放 i 号右边指向的结点编号
7. int main() {
8.      int n;
9.      cin >> n;
10.     a[1] = 1;   //1 号先入队
11.     for (int i = 2; i <= n; i++) {
12.          int k, op;
13.          cin >> k >> op;
14.          a[i] = i;              //记录第 i 个结点的人员编号
15.          if (op == 0) {         //如果插入到结点 k 的左边
16.             R[i] = k;           //结点 i 的右边指向结点 k
17.             if (L[k]) {         //如果结点 k 不是表头
18.                L[i] = L[k];     //结点 i 的左边指向结点 k 原先左边指向的结点
19.                R[L[k]] = i;     //结点 k 原先左边指向的结点的右边新指向结点 i
20.             }
21.             L[k] = i;           //结点 k 的左边重新指向结点 i
22.          } else {
23.             L[i] = k;
24.             if (R[k]) {
25.                R[i] = R[k];
26.                L[R[k]] = i;
27.             }
```

```
28.                R[k] = i;
29.            }
30.        }
31.        int m;
32.        cin >> m;
33.        for (int i = 1; i <= m; i++) {
34.            int x;
35.            cin >> x;
36.            a[x] = 0; //被去掉的人员编号标记为 0
37.        }
38.        for (int i = 1; i <= n; i++) {
39.            if (L[i] == 0) { //找到链表的表头结点
40.                int t = i;
41.                while (t) {
42.                    if (a[t]) cout << a[t] << " "; //如果仍在链表中,就输出
43.                    t = R[t];                      //移到当前结点的后一个
44.                }
45.            }
46.        }
47.        return 0;
48. }
```

思路 3：利用 STL 中的 list 实现双向链表，无需过多考虑操作细节。list 的底层是双向链表结构，支持在任意位置进行插入、删除操作，且执行效率高，但不支持任意位置随机访问。

【参考程序】

```
1. #include<bits/stdc++.h>
2. using namespace std;
3. const int N = 100000 + 10;
4. int n;
5. list<int> l;
6. list<int>::iterator it, pos[N]; //存在指向每个结点的迭代器
7. bool h[N];
8. int main() {
9.        cin >> n;
10.       pos[1] = l.insert(l.end(), 1); //将 1 号插入链表尾部,并记录其迭代器
11.       for (int i = 2; i <= n; i++) {
12.           int x, op;
13.           cin >> x >> op;
14.           it = pos[x];
15.           if (op == 0) pos[i] = l.insert(it, i);
```

```
16.         else pos[i] = l.insert( ++it, i);
17.     }
18.     int m;
19.     cin >> m;
20.     while (m-- ) {
21.         int x;
22.         cin >> x;
23.         if (! h[x]) {
24.             l.erase(pos[x]);
25.             h[x] = true;
26.         }
27.     }
28.     for (it = l.begin(); it != l.end(); it++)
29.         cout << * it << " ";
30.     return 0;
31. }
```

【例 4.3.2】 菜鸟编程(beginner,1 S,256 MB,CF543A)

【问题描述】

某菜鸟团队中共有 n 个实习程序员,每个程序员都可以写任意行代码。现在该团队接到一个小项目练练手,已知该项目总共需要完成 m 行代码,这 m 行代码可以由多个程序员共同完成。但是第 i 个程序员在一行代码中会出现 ai 个 bug。现在项目经理想知道有多少种方案能使得这 m 行代码中的 bug 的数量不超过 b 个。两个方案不同当且仅当某个程序员编写的代码量(行数)不同。

【输入数据】

第一行包含四个整数 n、m、b、mod。

第二行包含 n 个整数 ai, 用单个空格隔开。

【输出数据】

输出一行一个整数,表示 m 行代码中 bug 数量不超过 b 的方案数,结果可能很大,需要对 mod 取模后输出。

输入样例 1	输出样例 1
3 3 3 100 1 1 1	10

输入样例 2	输出样例 2
3 6 5 1000000007 1 2 3	0

【数据范围】

$1 \leqslant n, m \leqslant 500, 0 \leqslant b \leqslant 500, 1 \leqslant mod \leqslant 10^9 + 7, 0 \leqslant ai \leqslant 500$

【思路分析】

思路1：很明显，这是一道关于二维费用完全背包求方案数的问题。所谓二维费用的背包问题是指对于每件物品，具有两种不同的费用，选择这件物品必须同时付出这两种代价。由此，很自然想到用一个三维数组表示状态，即设 $dp[i][j][k]$ 表示前 i 个程序员写了 j 行代码恰好出现 k 个 bug 的方案数。考虑第 i 个程序员"一行代码也不写"和"至少写一行代码"两种情况，并将两种情况下的方案数相加即可。状态转移方程也很好推：$dp[i][j][k] = dp[i-1][j][k] + dp[i][j-1][k-a[i]] (k \geqslant a[i])$。空间复杂度为：$O(nmb)$。

【参考程序】

```
1. #include <bits/stdc++.h>
2. using namespace std;
3. const int N = 500 + 10;
4. int n, m, b, mod;
5. int a[N], dp[N][N][N];
6. int main() {
7.     cin >> n >> m >> b >> mod;
8.     for (int i = 1; i <= n; i++) cin >> a[i];
9.     for (int i = 0; i <= n; i++)
10.        dp[i][0][0] = 1; //一般对于求方案数的问题,不选也算作一种方案
11.    for (int i = 1; i <= n; i++)
12.        for (int j = 1; j <= m; j++)
13.            for (int k = 0; k <= b; k++) {
14.                dp[i][j][k] = dp[i - 1][j][k]; //第 i 个程序员一行代码也不写
15.                if (k >= a[i])                 //第 i 个程序员至少写一行代码
16.                    dp[i][j][k] = (dp[i][j][k] +dp[i][j-1][k-a[i]]) % mod;
17.            }
18.    int ans = 0;
19.    for (int i = 0; i <= b; i++)
20.        ans = (ans + dp[n][m][i]) % mod;
21.    cout << ans << endl;
22.    return 0;
23. }
```

思路2：三维DP，超出空间限制，需要降低空间复杂度。显然第一维可以使用滚动数组优化或者直接降至二维。

【参考程序】

```
1. #include<bits/stdc++.h>
```

```
2. using namespace std;
3. const int N = 500 + 10;
4. int n, m, b, mod;
5. int a[N];
6. int dp[N][N];
7. int main() {
8.     cin >> n >> m >> b >> mod;
9.     for (int i = 1; i <= n; i++)
10.         cin >> a[i];
11.    dp[0][0] = 1;
12.    for (int i = 1; i <= n; i++)
13.        for (int j = 1; j <= m; j++)
14.            for (int k = a[i]; k <= b; k++)
15.                dp[j][k] = (dp[j][k] + dp[j - 1][k - a[i]]) % mod;
16.    int ans = 0;
17.    for (int i = 0; i <= b; i++)
18.        ans = (ans + dp[m][i]) % mod;
19.    cout << ans << endl;
20.    return 0;
21. }
```

【例 4.3.3】 过河(river,1 S,128 MB,NOIP2005 提高组第 2 题)

【问题描述】

在河上有一座独木桥,一只青蛙想沿着独木桥从河的一侧跳到另一侧。在桥上有一些石子,青蛙很讨厌踩在这些石子上。由于桥的长度和青蛙一次跳过的距离都是正整数,我们可以把独木桥上青蛙可能到达的点看成数轴上的一串整点:0,1,……,L(其中 L 是桥的长度)。坐标为0的点表示桥的起点,坐标为 L 的点表示桥的终点。青蛙从桥的起点开始,不停地向终点方向跳跃。一次跳跃的距离是 S 到 T 之间的任意正整数(包括 S, T)。当青蛙跳到或跳过坐标为 L 的点时,就算青蛙已经跳出了独木桥。

题目给出独木桥的长度 L、青蛙跳跃的距离范围 S 和 T 以及桥上石子的位置。你的任务是确定青蛙要想过河,最少需要踩到的石子数。

【输入数据】

第一行包含一个正整数 L, 表示独木桥的长度。

第二行包含三个正整数 S、T、M, 分别表示青蛙一次跳跃的最小距离、最大距离及桥上石子的个数。

第三行包含 M 个不同的正整数,分别表示这 M 个石子在数轴上的位置(数据保证桥的起点和终点处没有石子)。所有相邻的整数之间用一个空格隔开。

【输出数据】

一行一个整数,表示青蛙过河最少需要踩到的石子数。

输入样例	输出样例
10 2 3 5 2 3 5 6 7	2

【数据范围】

对于 30%的数据,满足 $1 \leqslant L \leqslant 10^4$;

对于 100%的数据,满足 $1 \leqslant L \leqslant 10^9, 1 \leqslant S \leqslant T \leqslant 10, 1 \leqslant M \leqslant 100$。

【思路分析】

思路 1:朴素动规。设 $dp[i]$ 表示从起点 0 跳到 i 处的所有方案中踩到的最少石子数。其分析方法参考 ACwing 的闫老师提出的“从集合的角度思考 DP”的思路(图 4-3-8):

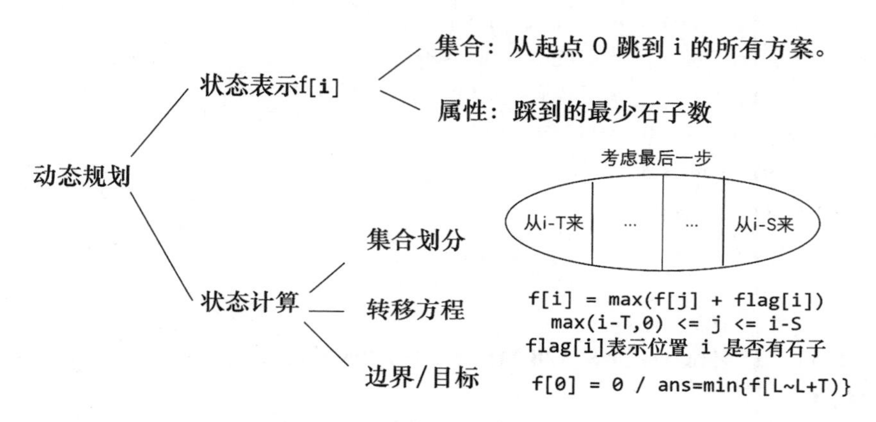

图 4-3-8　从集合的角度分析动规问题

【参考程序】

```
1. #include <bits/stdc++.h>
2. using namespace std;
3. const int INF = 0x3f3f3f3f;
4. const int N = 10000 + 10;
5. int L, S, T, M;
6. int a[N];
7. bool flag[N]; //标记位置 i 处是否有石子
8. int dp[N];
9. int main() {
10.     cin >> L >> S >> T >> M;
11.     for (int i = 1; i <= M; i++) {
12.         cin >> a[i];
13.         flag[a[i]] = 1;
14.     }
```

```
15.     memset(dp, INF, sizeof(dp));
16.     dp[0] = 0;
17.     for (int i = 1; i < L + T; i++) {
18.         for (int j = max(i - T, 0); j <= i - S; j++) {
19.             dp[i] = min(dp[i], dp[j] + flag[i]);
20.         }
21.     }
22.     int ans = INF;
23.     for (int i = L; i < L + T; i++) ans = min(ans, dp[i]);
24.     cout << ans << endl;
25.     return 0;
26. }
```

思路 2：L 的范围太大，无法直接作为数组下标，所以必须对路径先进行压缩，然后再 DP。

我们发现，当两个石子之间的距离 D 大于 T 时，一定可以由 $D\%T$ 跳过来，所以最多只需要 $T+D\%T$ 种距离就可以映射出这两个石子之间的任意距离。这样就把题中的 10^9 压缩成 $2\times T\times M$ 即最多不超过 2 000，然后就可以放心使用 DP 了。以往我们做的状态压缩题大多是将某一维的状态压成一个整数，然后再结合位运算进行状态转移，本题却给了我们另一种压缩思路，即：可以通过去掉对结果毫无影响的状态来压缩空间，使其符合空间限制要求。

【参考程序】

```
1. #include<bits/stdc++.h>
2. using namespace std;
3. const int INF = 0x3f3f3f3f;
4. const int N = 2000 + 10;
5. int a[N], flag[N];
6. int dp[N];
7. int main() {
8.     int L, S, T, M;
9.     cin >> L >> S >> T >> M;
10.    memset(dp, INF, sizeof(dp));
11.    for (int i = 1; i <= M; i++)
12.        cin >> a[i];
13.    a[0] = 0;
14.    a[M + 1] = L;
15.    sort(a, a + M + 2);
16.    int pos = 0;
17.    for (int i = 1; i <= M + 1; i++) {
```

```
18.         if (a[i] - a[i - 1] >= T)
19.             pos += T + (a[i] - a[i - 1]) % T;
20.         else
21.             pos += a[i] - a[i - 1];
22.         flag[pos] = 1;  //表示此处有石子
23.     }
24.     flag[0] = flag[pos] = 0; //设置起点和终点为 0
25.     f[0] = 0;
26.     for (int i = 1; i < pos + T; i++) {
27.         for (int j = max(i - T, 0); j <= i - S; j++)
28.             dp[i] = min(dp[i], dp[j] + flag[i]);
29.     }
30.     int ans = INF;
31.     for (int i = pos; i < pos + T; i++)    //终点可能的范围
32.         ans = min(ans, dp[i]);
33.     cout << ans << endl;
34.     return 0;
35. }
```

五、拓展提升

1. 本节要点

(1) 如何挖掘数据关系,减少冗余存储

常见的优化思路主要包括原地运算、降维技术、状态压缩等。

(2) 如何化无限为有限,压缩存储空间

离散化是指将无限的数据映射到有限的空间中,并保留原来的全序或偏序关系。

(3) 如何选择数据结构,助力高效存储

选择正确的数据结构对于实现高效存储至关重要,你需要根据问题需求和数据特点选择最合适的数据结构。

2. 拓展知识

(1) Trie 树

① Trie 树的基础数据结构

【核心代码】

```
1. int idx;            //各个结点的编号,0 既表示根结点,也表示空结点
2. int son[N][26]; //每个结点包含的所有子结点(以全部小写字母为例)
3. int cnt[N];        //cnt[i]标记结点 i 是否是一个单词的结尾
```

② Trie 树的插入操作(图 4-3-9)

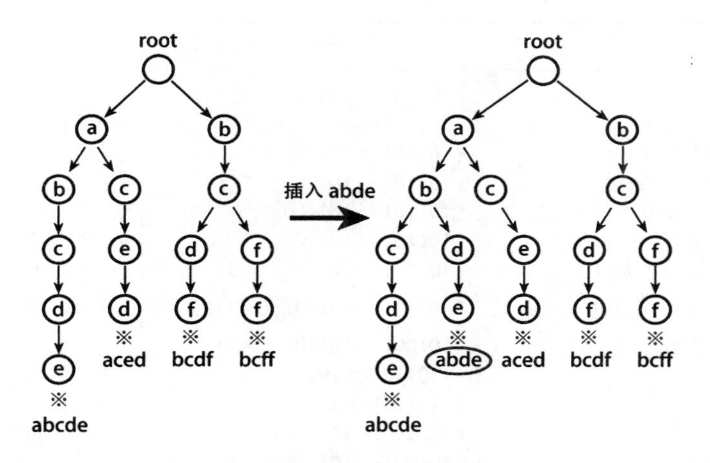

图 4-3-9 Trie 树的插入操作示意图

【核心代码】

```
1. void insert(string s) {
2.     int p = 0; //初始指向根结点
3.     for (int i = 0; i < s.size(); i++) {
4.         int u = s[i] - 'a'; //小写字符映射为 0 ~ 25 数字
5.         if (! son[p][u]) son[p][u] = ++idx; //当前字符不存在,则新建结点
6.         p = son[p][u];  //指向子结点
7.     }
8.     //循环结束的时候,p 等于字符串 s 的尾字符所对应的 idx
9.     cnt[p]++; //单词结束标志位
10. }
```

③ Trie 树的查询操作

【核心代码】

```
1. bool query(string s) {
2.     int p = 0; //指向根结点
3.     for (int i = 0; i < s.size(); i++) {
4.         int u = s[i] - 'a';
5.         if (! son[p][u]) return 0; //树中不存在该字符串
6.         p = son[p][u]; //指向子结点
7.     }
8.     return cnt[p]; //返回单词结束标志位
9. }
```

(2) 位运算

状态压缩通常利用位运算(图 4-3-10)进行高效的状态操作,因为位运算可以高效地对单个位进行操作,从而快速查询或更新多个状态。

<table>
<tr><th>功能</th><th>示例</th><th>位运算</th></tr>
<tr><td>去掉最后一位</td><td>(101101->10110)</td><td>x >> 1</td></tr>
<tr><td>在最后加一个 0</td><td>(101101->1011010)</td><td>x << 1</td></tr>
<tr><td>在最后加一个 1</td><td>(101101->1011011)</td><td>x << 1+1</td></tr>
<tr><td>把最后一位变成 1</td><td>(101100->101101)</td><td>x | 1</td></tr>
<tr><td>把最后一位变成 0</td><td>(101101->101100)</td><td>x | 1-1</td></tr>
<tr><td>最后一位取反</td><td>(101101->101100)</td><td>x 1</td></tr>
<tr><td>把右数第 k 位变成 1</td><td>(101001->101101,k=3)</td><td>x | (1 << (k-1))</td></tr>
<tr><td>把右数第 k 位变成 0</td><td>(101101->101001,k=3)</td><td>x &(1 << (k-1))</td></tr>
<tr><td>右数第 k 位取反</td><td>(101001->101101,k=3)</td><td>x (1 << (k-1))</td></tr>
<tr><td>取末三位</td><td>(1101101->101)</td><td>x & 7</td></tr>
<tr><td>取末 k 位</td><td>(1101101->1101,k=5)</td><td>x & (1 << k-1)</td></tr>
<tr><td>取右数第 k 位</td><td>(1101101->1,k=4)</td><td>x >> (k-1) & 1</td></tr>
<tr><td>把末 k 位变成 1</td><td>(101001->101111,k=4)</td><td>x |(1 << k-1)</td></tr>
<tr><td>末 k 位取反</td><td>(101001->100110,k=4)</td><td>x (1 << k-1)</td></tr>
<tr><td>把右边连续的 1 变成 0</td><td>(100101111->100100000)</td><td>x & (x+1)</td></tr>
<tr><td>把右起第一个 0 变成 1</td><td>(100101111->100111111)</td><td>x | (x+1)</td></tr>
<tr><td>把右边连续的 0 变成 1</td><td>(11011000->11011111)</td><td>x | (x-1)</td></tr>
<tr><td>取右边连续的 1</td><td>(100101111->1111)</td><td>x (x+1)) >> 1</td></tr>
<tr><td>去掉右起第一个 1 的左边</td><td>(100101000->1000)</td><td>x & (x (x-1))</td></tr>
</table>

图 4-3-10 状态压缩的得力干将——位运算

3. 拓展应用

【练习 4.3.1】 原地旋转(rotate,1 S,128 MB,力扣 Leetcode48)

【问题描述】

给定一个 $n \times n$ 的二维矩阵 matrix 表示一个图像,请你将图像顺时针旋转 90 度输出。你必须在原地旋转图像,这意味着你需要直接修改输入的二维矩阵,而不能使用另一个矩阵作辅助。

1	2	3
4	5	6
7	8	9

⇨

7	4	1
8	5	2
9	6	3

【输入数据】

第一行包含一个整数 n,表示矩阵的大小。

接下来的 n 行,每行包含 n 个整数,表示矩阵元素。

【输出数据】

输出顺时针旋转 90 度后的二维矩阵,每行中的元素用单个空格隔开。

<table>
<tr><th>输入样例</th><th>输出样例</th></tr>
<tr><td>3
1 2 3
4 5 6
7 8 9</td><td>7 4 1
8 5 2
9 6 3</td></tr>
</table>

【数据范围】

对于 100%的数据，满足 $1 \leqslant n \leqslant 20$，$1 \leqslant \text{matrix}[i][j] \leqslant 1\,000$。

【练习 4.3.2】　滴水游戏（water，1 S，128 MB，CSP 第 33 次认证）

【问题描述】

小 C 正在玩一个滴水小游戏。游戏在一个 1 行 c 列的网格中进行，格子从左往右依次用整数 1 ~ c 编号。初始时网格内 m 个格子里有 1 ~ 4 滴水，其余格子里没有水。例如：$c = m = 5$，按照编号顺序，每个格子中分别有 2,4,4,4,2 滴水。

玩家可以进行若干次操作，每次操作中，玩家选择一个有水的格子，将格子的水滴数加一。任何时刻若某个格子的水滴数大于等于 5，这个格子里的水滴就会向两侧爆开。此时，这个格子的水会被清空，同时对于左方、右方两个方向同时进行以下操作：找到当前格子在对应方向上最近的有水的格子，如果存在这样的格子，将这个格子的水滴数增加 1。若在某个时刻，有多个格子的水滴数大于等于 5，则最靠左的先爆开。

在样例中，若玩家对第三格进行操作，则其水滴数变为 5，故第三格水滴爆开，水被清空，其左侧最近的有水格子（第二格）和右侧最近的有水格子（第四格）的水量增加 1，此时每个格子中分别有 2,5,0,5,2 滴水。此时第二格和第四格的水滴数均大于等于 5，按照规则，第二格的水先爆开，爆开后每个格子中分别有 3,0,0,6,2 滴水；最后第四格的水滴爆开，每个格子中分别有 4,0,0,0,3 滴水。

小 C 一共进行了 n 次操作。在每次操作后，会等到所有水滴数大于等于 5 的格子里的水滴都爆开后再进行下一次操作。

现在小 C 想知道每一次操作后还有多少格子里有水。

保证这 n 次操作都是合法的，即每次操作时被操作的格子里都有水。

【输入数据】

第一行包含三个整数 c，m，n 分别表示网格宽度、有水的格子个数以及操作次数。

接下来 m 行每行包含两个整数 x，w，表示第 x 格有 w 滴水。

接下来 n 行每行一个整数 p，表示小 C 对第 p 个格子做了一次操作。

【输出数据】

输出 n 行，每行一个整数表示这次操作之后网格上有水的格子数量。

输入样例	输出样例
5 5 1 1 2 2 4 3 4 4 4 5 2 3	2

【数据范围】

对于 100%的数据，满足 $c \leqslant 10^9$，$m \leqslant 3 \times 10^5$。

【练习 4.3.3】 回文路径(path,1 S,128 MB,USACO15OPEN)

【问题描述】

农夫约翰的农场是一个 $N \times N$ 的正方形矩阵,每一块用一个 A~Z 的字母表示,例如:

ABCD

BXZX

CDXB

WCBA

每一天,贝蒂都从农场的左上角闲逛到右下角,当然啦,每次她只能往右或者往下走一格。约翰把她走过的所有路径记录下来。现在,请你帮他统计一下,在所有路径中构成回文串的数量(从前往后读和从后往前读一模一样的字符串称为回文串)。

【输入数据】

第一行包括一个整数 N,表示农场的大小。接下来输入一个 $N \times N$ 的字母矩阵。

【输出数据】

输出一个整数,表示回文串的数量。结果可能很大,请对 1 000 000 007 取模后输出。

输入样例	输出样例
4 ABCD BXZX CDXB WCBA	12

【样例说明】

贝蒂可以走过的回文路径如下:

1 x "ABCDCBA"

1 x "ABCWCBA"

6 x "ABXZXBA"

4 x "ABXDXBA"

【数据范围】

对于100%的数据,满足 $2 \leqslant N \leqslant 500$。

【练习 4.3.4】 区域个数(count,1 S,128 MB,挑战程序设计竞赛)

【问题描述】

$w \times h$ 的网格中画了 n 条或垂直或水平宽度为 1 的直线,求出这些格子被划分成了多少个 4 连块(上、下、左、右连通)。

【输入数据】

第一行包含两个整数 w 和 h, 分别表示矩阵的列数和行数(行列编号都从 1 开始)。

第二行包含一个整数 n,表示有 n 条直线。

接下来的 n 行,每行包含四个整数:x_1, y_1, x_2, y_2, 分别表示一条直线对应两个端点的列号和行号。

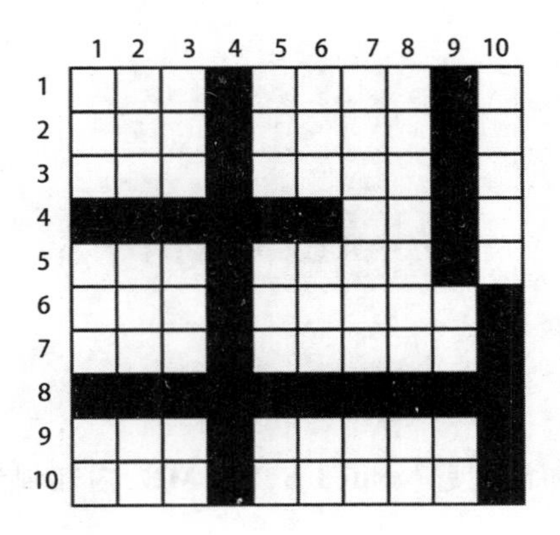

【输出数据】

输出一个整数，表示区域数量。

输入样例	输出样例
10 10 5 1 4 6 4 1 8 10 8 4 1 4 10 9 1 9 5 10 6 10 10	6

【数据范围】

对于 100%的数据，满足 $1 \leqslant w, h \leqslant 1\,000\,000$，$1 \leqslant n \leqslant 500$。

习题解析

【练习 1.1.1】 纯小数加法问题(xsjf,1 S,128 MB,内部训练)

【思路分析】

本题是高精度加法问题,需要注意的是,要考虑小数点的位置以及整数的进位处理。

【参考程序】

```
1. #include <bits/stdc++.h>
2. using namespace std;
3. int a[20005], b[20005], c[20005];
4. void cts(int a[]) { //读入字符串并将字符串转为数组
5.      string s;
6.      cin >> s;
7.      a[0] = s.size(); //a[0]记录字符串 s 的长度
8.      for (int i = 1; i <= a[0];++i)
9.          a[i] = s[i - 1] - '0';
10. }
11. void add(int a[], int b[], int c[]) {
12.      memset(c, 0, sizeof(c));
13.      c[0] = max(a[0], b[0]); //和的位数一般为两加数中位数较大的
14.      int t = 0; //临时变量 t 用来计算每一位,同时存储进位
15.      for (int i = c[0] ; i > 2; --i) { //从最低位开始求和 ,直到小数点'.'位结束
16.          t += a[i] + b[i];
17.          c[i] = t % 10;
18.          t /= 10;
19.      }
20.      if (t ! =0) {
21.          c[1] = 1;   //特殊处理整数的进位
22.      }
23.      while (c[0] >2 && c[c[0]] == 0) --c[0];
24. }
25. void print(int c[]) {
26.      cout << c[1];
27.      if (c[2] ! =0 || c[0] >2) {
28.          cout << '.';
```

```
29.             for (int i = 3; i <= c[0];++i)
30.                 cout << c[i];
31.         }
32.         cout << endl;
33. }
34. int main( ) {
35.         cts(a);
36.         cts(b);
37.         add(a, b, c);
38.         print(c);
39.         return 0;
40. }
```

【练习 1.1.2】 大整数的因子 1(factor1,1 S,128 MB,内部训练)

【思路分析】

本题实际上是求高精度的除法,即求大整数中是否包含 10 以内的因子,若包含则将因子输出,否则输出“none”。

【参考程序】

```
1. #include<bits/stdc++.h>
2. using namespace std;
3. int a[101], c[101];
4. void cts(int a[ ]) { //字符串转为数组并翻转
5.         string s;
6.         cin >> s;
7.         a[0] = s.size( ); //a[0]记录字符串 s 的长度
8.         for (int i = 1; i <= a[0];++i)
9.             a[i] = s[a[0] - i] - '0';
10. }
11. void divd(int a[ ], int b, int c[ ], int &tot) {
12.         memset(c, 0, sizeof(c));
13.         int t;
14.         c[0] = a[0];                    //初始化长度
15.         t = 0;
16.         for (int i = c[0]; i >0; --i) {
17.             t = a[i] +t * 10;
18.             c[i] = t / b;
19.             t = t % b;
20.         }
21.         if (t == 0) {
22.             tot++;
23.             while (c[0] >1 && ! c[c[0]]) --c[0]; //维护长度
```

```
24.            cout << b << " ";
25.        }
26. }
27. int main( ) {
28.        int tot = 0;
29.        cts(a); //将高精度数存储在数组中
30.        int k;
31.        for (k = 2; k<= 9; k++) {
32.            divd(a, k, c, tot);
33.        }
34.        if (tot == 0) cout << "none" << endl;
35.        return 0;
36. }
```

【练习 1.1.3】 大整数的因子 2(factor2,1 S,128 MB,内部训练)

【思路分析】

本题实际上就是高精度数除以高精度数的问题。

【参考程序】

```
1. #include<bits/stdc++.h>
2. using namespace std;
3. int a[101], b[101], c[101];
4. void cts(int a[ ]) { //字符串转为数组并翻转
5.        string s;
6.        cin >> s;
7.        a[0] = s.size( ); //a[0]记录字符串 s 的长度
8.        for (int i = 1; i <= a[0];++i)
9.            a[i] = s[a[0] - i] - '0';
10. }
11. int compare(int a[ ], int b[ ])
12. //比较 a 和 b 的大小关系,若 a>b 则为 1,若 a<b,则为-1,若 a =b 则为 0
13. {
14.        int i;
15.        if ( a[0] > b[0] ) return 1; //a 的位数大于 b,则 a>b
16.        if ( a[0] < b[0] ) return -1; //a 的位数小于 b, 则 a<b
17.        for (int i = a[0]; i > 0; i-- ) { //从高位到低位比较
18.            if (a[i] > b[i]) return 1;
19.            if (a[i] < b[i]) return -1;
20.        }
21.        return 0;
22. }
23. void sub(int a[ ], int b[ ]) { //计算 a-b 的值,结果放到 a 中
```

```
24.     int flag;
25.     flag = compare(a, b); //调用比较函数
26.     if (flag == 0) {
27.         a[0] = 0;
28.         return; //相等
29.     }
30.     if (flag == 1) { //大于
31.         for (int i = 1; i <= a[0]; i++) {
32.             if (a[i] < b[i]) {
33.                 a[i+1]--;
34.                 a[i] += 10; //若不够减,则向上借一位
35.             }
36.             a[i] -= b[i];
37.         }
38.         while (a[0] > 0 && a[a[0]] == 0) a[0]--; //修正 a 的位数
39.         return ;
40.     }
41. }
42. void numcpy(int p[], int q[], int pos) { //将 p 数组复制到 q 数组,从 pos 位置开始存放
43.     for (int i = 1; i <= p[0]; i++)
44.         q[i+pos - 1] = p[i];
45.     q[0] = p[0] + pos - 1;
46. }
47. void cs(int a[], int b[], int c[]) {
48.     int tmp[101];
49.     c[0] = a[0] - b[0] + 1;
50.     for (int i = c[0]; i > 0; i-- ) {
51.         memset(tmp, 0, sizeof(tmp)); //tmp 数组清 0
52.         numcpy(b, tmp, i); //从 tmp 数组的第 i 位置开始将 b 数组复制到 tmp 数组中
53.         while (compare(a, tmp) >= 0) {
54.             c[i]++;
55.             sub(a, tmp); //用减法来模拟
56.         }
57.     }
58.     while (c[0] > 0 && c[c[0]] == 0) c[0]--; //调整位数
59.     return ;
60. }
61. int main() {
62.     int n;
63.     cin >> n;
64.     for (int i = 1; i <= n; i++) {
65.         memset(a, 0, sizeof(a));
```

```
66.             memset(b, 0, sizeof(b));
67.             memset(c, 0, sizeof(c));
68.             cts(a); //将高精度数存储在数组中
69.             cts(b);
70.             cs(a, b, c);
71.             if (a[0] == 0) cout << "YES" << endl;
72.             else
73.                 cout << "NO" << endl;
74.         }
75.         return 0;
76. }
```

【练习 1.1.4】 阶乘的准确值(factorial,1 S,128 MB,内部训练)

【思路分析】

本题实际是高精度乘法问题。

【参考程序】

```
1. #include<bits/stdc++.h>
2. using namespace std;
3. const int maxn = 3000;
4. int f[maxn];
5. int main() {
6.     int n;
7.     cin >> n;
8.     memset(f, 0, sizeof(f));
9.     f[0] = 1;
10.     for (int i = 2; i <= n;++i) {
11.       //乘以 i
12.         int c = 0;
13.         for (int j = 0; j <= maxn; ++j) {
14.             int s = f[j]* i + c;
15.             f[j] = s % 10;
16.             c = s / 10;
17.         }
18.     }
19.     for (j = maxn - 1; j >= 0; j--) if (f[j]) break; //忽略前导 0
20.     for (i = j; i >= 0; --i) cout << f[i];
21.     cout << endl;
22.     return 0;
23. }
```

【练习 1.1.5】 国王游戏(play,1 S,128 MB,NOIP 2012 提高组 Day1 P2 改编)

【思路分析】

本题实际上是高精度乘法和除法问题。

【参考程序】

```
1. #include<bits/stdc++.h>
2. using namespace std;
3. int n;
4. int a[10005], c[10005], b[10005];
5. //高精度除法
6. void divd(int a[], int la, int b, int c[], int &lc) { //注意 lc 前有 &
7.        memset(c, 0, sizeof(c));
8.        int t;
9.        lc = la; //初始化长度
10.       t = 0;
11.       for (int i = lc - 1; i >= 0; --i) {
12.           t = a[i] +t * 10;
13.           c[i] = t / b;
14.           t = t % b;
15.       }
16.       while (lc >1 && ! c[lc - 1]) --lc; //维护长度
17. }
18. void mult(int a[], int la, int b[], int lb, int c[], int &lc) {//注意 lc 前有 &
19.       memset(c, 0, sizeof(c));
20.       lc = la + lb;              //初始化长度
21.       for (int i = 0; i <la;++i) //按位进行乘法运算
22.           for (int j = 0; j <lb; ++j)
23.               c[i+j] = c[i+j] +a[i]* b[j];
24.       int t = 0;
25.       for (int i = 0; i <lc;++i) { //统一进位
26.           c[i] += t;
27.           t = c[i] / 10;
28.           c[i] % = 10;
29.       }
30.       while (lc >1 && ! c[lc - 1]) --lc; //维护长度
31. }
32. void print(int k[], int lk) {
33.       for (int i = lk - 1; i >= 0; --i)
34.           cout <<k[i];
35.       cout <<endl;
36. }
37. //数字分离
```

```
38. void szfl(int aa, int k[ ], int& lk) {
39.     lk = 0;
40.     while (aa) {
41.         k[lk] = aa % 10;
42.         aa = aa / 10;
43.         lk++;
44.     }
45. }
46. void zc(int k[ ], int lk, int p[ ], int& lp) {
47.     for (int i = 0; i < lk;++i)
48.         p[i] = k[i];
49.     lp = lk;
50. }
51. int main( ) {
52.     int aa, bb;
53.     cin >> n;
54.     cin >> aa >> bb;
55.     int la = 0; //数组 a 的长度
56.     szfl(aa, a, la);
57.     for (int i = 1; i <= n;++i) {
58.         cin >> aa >> bb;
59.         int lc = 0;
60.         divd(a, la, bb, c, lc); //  a/bb-- > c
61.         print(c, lc);
62.         int lb = 0;
63.         szfl(aa, b, lb);
64.         lc = 0;
65.         memset(c, 0, sizeof(c));
66.         mult(a, la, b, lb, c, lc);
67.         zc(c, lc, a, la);
68.     }
69.     return 0;
70. }
```

【练习 1.2.1】 日志分析(log,1 S,128 MB,洛谷 P1165)

【思路分析】

定义一个栈 s 来模拟集装箱的进出操作,同时再用另一个辅助栈专门记录栈当前的最大值。如果 push 值大于辅助栈的栈顶元素,则辅助栈中压入要 push 的值,否则重复压入辅助栈的栈顶元素。

主栈	辅栈
4	5
5	5
3	3
2	2
1	1

题图 1.2.1

例如:A 栈为主栈,输入数据依次入栈:1 2 3 5 4;

B栈为辅栈，记录对应的最大值：1 2 3 5 5；弹出时，两栈同时弹出即可。根据输入的操作类型执行相应的操作：

① 对于入库操作（op=0 时），我们直接将集装箱的重量压入主栈 s 中；对于辅助栈，如果当前栈为空，则将集装箱的重量直接压入辅助栈中；否则需要检测辅助栈的栈顶元素与当前需入库的集装箱的重量的大小，大者压入辅助栈中。

② 对于出库操作（op=1 时），我们检查栈是否为空，如果不为空则弹出栈顶元素（即最后入库的集装箱）。

③ 对于查询操作（op=2 时），我们检查栈是否为空，如果不为空则输出辅助栈的栈顶元素，否则输出 0。

【参考程序】

```
1. #include <bits/stdc++.h>
2. using namespace std;
3. int main() {
4.     int N;
5.     cin >> N;
6.     stack<int> s1;//s1 栈存放当前仓库中最大集装箱的重量
7.     stack<int> s; // 使用栈来模拟集装箱的进出
8.     int max_weight = 0;     // 当前仓库中最大集装箱的重量
9.     for (int i = 0; i < N;++i) {
10.         int op;
11.         cin >> op;
12.         if (op == 0) { // 入库操作
13.             int weight;
14.             cin >> weight;
15.             s.push(weight);
16.             if (s1.empty()) max_weight = weight;
17.             else
18.                 max_weight = max(s1.top(), weight); // 更新最大重量
19.             s1.push(max_weight);
20.         } else if (op == 1) { // 出库操作
21.             if (! s.empty()) { // 如果仓库不为空
22.                 s.pop(); // 弹出栈顶元素
23.                 s1.pop();
24.             }
25.             // 如果仓库为空，则保持 max_weight 不变
26.         } else if (op == 2) { // 查询操作
27.             if (! s1.empty()) { // 如果仓库不为空
28.                 cout << s1.top() << endl; // 输出当前最大重量
29.             } else {
30.                 cout << 0 << endl; // 仓库为空，输出 0
31.             }
```

```
32.            }
33.        }
34.        return 0;
35. }
```

【练习 1.2.2】 超市排队问题(line,1 S,128 MB,内部训练)

【思路分析】

要解决这个问题,我们可以使用一个栈(stack)来辅助找到每个顾客后面第一个购物金额比他大的顾客的索引。栈的特点是后入先出(LIFO),我们可以利用这个特性来存储顾客的位置,并确保栈顶元素对应的顾客的购物金额是当前已遍历顾客中最大的。

【参考程序】

```
1. #include <bits/stdc++.h>
2. using namespace std;
3. vector<int> nextg(vector<int>& nums) {
4.        int n = nums.size();
5.        vector<int> result(n, -1); // 初始化结果数组为-1
6.        stack<int> stk; // 单调栈,存储索引
7.        // 从右往左遍历数组,维护一个单调递减的栈
8.        for (int i = n - 1; i >= 0; --i) {
9.            while (! stk.empty() && nums[stk.top()] <= nums[i]) {
10.                stk.pop(); // 弹出栈顶元素,直到找到比当前元素大的元素或栈为空
11.            }
12.            if (! stk.empty()) {
13.                result[i] = stk.top() + 1; // 栈顶元素即为右侧第一个比当前元素大的元素的索引
14.            }
15.            stk.push(i); // 将当前索引压入栈中
16.        }
17.        return result;
18. }
19. int main() {
20.        int n;
21.        cin >> n;
22.        vector<int> nums(n);
23.        for (auto x: nums)
24.            cin >> x;
25.        vector<int> result = nextg(nums);
26.        for (int i = 0; i < n; ++i) {
27.            cout << result[i] << (i < n - 1 ? " " : "\n");
28.        }
29.        return 0;
30. }
```

【练习 1.2.3】 困难的串(string,1 S,128 MB,UVA129)

【思路分析】

我们需要解决字典序和连续的重复子串这两个问题。字典序问题我们从左到右依次考虑每个位置上的字符。对于当前字符串是否存在连续的重复子串,我们可以像八皇后问题那样,判断当前皇后是否与前面的皇后冲突,但并不需要判断前面的皇后之间是否相互冲突(因为前面已经判断了),同理,在此,我们也只需判断当前串的后缀,而非所有子串。

【参考程序】

```
1. #include <bits/stdc++.h>
2. using namespace std;
3. int n, L, S[100] = { 0 }, cnt = 0;
4. int dfs(int now) {
5.     if (cnt++ == n) {
6.         for (int i = 0; i < n;++i)
7.             cout << char('A' + S[i]);
8.         cout << endl;
9.         return 0;
10.    }
11.    for (int i = 0; i < L;++i) {
12.        S[now] = i;
13.        int flag = 1;
14.        for (int j = 1; j * 2 <= now + 1; ++j) {//尝试长度为 j * 2 的后缀
15.            int equal = 1;
16.            for (int k = 0; k < j; ++k)//检查后一半是否等于前一半
17.                if (S[now - k] != S[now - k - j]) {
18.                    equal = 0;  break;
19.                }
20.            if (equal) {
21.                flag = 0;  break;  //后一半等于前一半,方案不合法
22.            }
23.        }
24.        if (flag)
25.            if (! dfs(now + 1))   return 0; //递归搜索,如果已经找到解,则直接退出
26.    }
27.    return 1;
28. }
29. int main() {
30.    cin >> n >> L;
31.    dfs(0);
32.    return 0;
33. }
```

【练习 1.2.4】 矩阵问题（matrix,1 S,128 MB,洛谷 ABC271F）

【思路分析】

（1）异或⊕运算规则是：1⊕1=0,0⊕0=0,1⊕0=1,0⊕1=1。

（2）这是一道搜索题，如果直接从起点搜到终点，时间复杂度为 $O(2^{2n})$，很显然会爆。

我们不妨考虑双向往中间对角线处（对角线上的点的坐标满足：$x+y=n+1$）搜索，这样时间复杂度变为 $O(2^n)$。第一次搜索从(1,1)开始向右向下搜索，边搜索边求和，搜到对角线处停止，用 map 和 pair 计数。第二次从 (n, n) 开始向左向上搜索，同样边搜边统计和，搜到对角线处停下。然后比对第一次和第二次搜索的结果值。因为是求异或，如果和值相等，即为所求的一种方案。

【参考程序】

```
1. #include <bits/stdc++.h>
2. using namespace std;
3. using LL = long long; //定义别名
4. using PII = pair <pair<LL,LL>, LL>; //定义别名
5. LL n, a[25][25], ans;
6. map <PII, LL > mp;
7. void dfs1(LL x, LL y, LL cur) {
8.       cur = cur ^ a[x][y];
9.       if (x+y == n+1) {
10.           ++mp[ {{x, y}, cur}];
11.           return ;
12.       }
13.       dfs1(x+1, y, cur);
14.       dfs1(x, y+1, cur);
15. }
16. void dfs2(LL x, LL y, LL cur) {
17.       if (x+y == n+1) {
18.           ans += mp[ {{x, y}, cur}];
19.           return ;
20.       }
21.       cur = cur ^ a[x][y];
22.       dfs2(x - 1, y, cur);
23.       dfs2(x, y - 1, cur);
24. }
25. int main() {
26.       cin >> n;
27.       for (int i = 1; i <= n;++i)
28.           for (int j = 1; j <= n; ++j)
29.               cin >> a[i][j];
30.       dfs1(1, 1, 0);
31.       dfs2(n, n, 0);
```

```
32.        cout << ans << '\n';
33.        return 0;
34. }
```

【练习 1.3.1】 Blah 数集问题(blah,1 S,128 MB,OpenJudge NOI 3.4 2729)

【思路分析】

设置主队 q 存储 blah 数集,再设置两个辅队 q2、q3 分别保存主队队头元素 x 的扩展:2x+1、3x+1。

主队初始只有一个元素 a;主队循环出队,并将扩展元素先缓存至 q2、q3 队列。再比较 q2 和 q3 两队队头,谁小谁先入主队,相应队头出队;如果相等,则任选其一入主队,两队队头同时出队,如此保证主队元素始终"单调递增"并且无需判重!

【参考程序】

```
1. #include <bits/stdc++.h>
2. using namespace std;
3. const int MAXN = 1000000 + 10;
4. int q[MAXN], f, r, q2[MAXN], f2, r2, q3[MAXN], f3, r3;
5. int a, n, cnt;
6. int main() {
7.      f = r = 0;    f2 = r2 = 0;    f3 = r3 = 0;
8.      cin >> a >> n;
9.      r++;    q[r] = a;
10.     while (true) {
11.          //队头出队并统计出队个数
12.          f++;  int x = q[f];   cnt++; //出队元素个数 + 1
13.          if (   cnt == n   ) {
14.               cout << x << endl;   break;
15.          }
16.          r2++;  q2[r2] = 2 * x + 1;
17.          r3++;  q3[r3] = 3 * x + 1;
18.          int y = q2[f2 + 1], z = q3[f3 + 1];
19.          if (y < z) {  //取 q2 队头
20.               r++;  q[r] = y;   f2++;
21.          } else if (y > z) { //取 q3 队头
22.               r++;  q[r] = z;   f3++;
23.          } else {              //任取 q2 或 q3 队头
24.               r++;  q[r] = y;   f2++;   f3++;  //切记都要出队!
25.          }
26.     }
27.     return 0;
28. }
```

【练习 1.3.2】 购书赠零食问题(buy,1 S,128 MB,内部训练)

【思路分析】

使用结构体来存储购买书所花费的金额 pr、购买的时间 tm(距最早日期第 0 天的天数)以及赠送券的使用情况,利用队列来模拟解决该问题,当购买的商品是书时进入队列,遇到零食且赠送券过期时出队。购买书时直接将书价算到总价 cost 上,遇零食时判断是否有合适的赠送券使用,如果没有,则需要将购买零食的花费算到总价 cost 上。

【参考程序】

```
1. #include<bits/stdc++.h>
2. using namespace std;
3. const int MAXN = 100005;
4. struct Ticket {
5.      int price, time, used;
6. } q[MAXN];
7. int head, tail, n, cost;
8. int main() {
9.         cin >> n;
10.        for (int i = 1; i <= n;++i) {
11.             int op, price, time;
12.             cin >> op >> price >> time;
13.             if (op == 0) {
14.                  tail++;
15.                  cost += price;
16.                  q[tail].time = time + 20;
17.                  q[tail].price = price;
18.             } else {
19.                  while ( head <= tail && q[head].time < time )
20.                       head++;
21.                  bool found = false;
22.                  for (int j = head; j <= tail; ++j) {
23.                       if (q[j].price >= price && q[j].used == 0) {
24.                            found = true;
25.                            q[j].used = 1;
26.                            break;
27.                       }
28.                  }
29.                  if (! found) cost += price;
30.             }
31.        }
32.        cout << cost << endl;
33.        return 0;
34. }
```

【练习 1.3.3】 最长不降子序列(mzxl,1 S,128 MB,内部训练)

【思路分析】

upper_bound 的使用。

upper_bound(first,last,val);first、last 都为正向迭代器,[first, last)用于指定该函数的作用范围,val 用于执行目标值。当查找成功时,指向找到的元素;反之,如果查找失败,指向和last 迭代器相同。由于 upper_bound()底层实现采用的是二分查找的方式,仅适用于“已排好序”的序列。upper_bound()函数返回的是第一个大于目标元素的地址。

【参考程序】

```
1. #include<bits/stdc++.h>
2. using namespace std;
3. int a[40005], d[40005];
4. int main() {
5.     int n, j;
6.     cin >> n;
7.     for (int i = 1; i <= n; i++) cin >> a[i];
8.     if (n == 0) { //0 个元素特判一下
9.         printf("0\n");
10.        return 0;
11.    }
12.    d[1] = a[1]; //初始化
13.    int len = 1;
14.    for (int i = 2; i <= n; i++) {
15.        if (a[i] >= d[len]) {
16.            len++;
17.            d[len] = a[i];
18.        } else {
19.            j = upper_bound(d + 1, d + len + 1, a[i]) - d;
20.            d[j] = a[i];
21.        }
22.     }
23.     printf("%d\n", len);
24.     return 0;
25. }
```

【练习 1.3.4】 团体队列(team,1 S,128 MB,UVA 540)

【思路分析】

根据题意,每个团队有一个队列,而团队整体又形成一个队列,使用 map 记录所有人的团队编号。

【参考程序】

```
1. #include<bits/stdc++.h>
```

```
2. using namespace std;
3. const int maxt = 1000 + 10;
4. int main( ) {
5.     int t, kcase = 0;//t 表示有几个团队,kcase 为团队号,自增
6.     while (scanf("% d", &t) == 1 && t) {
7.         printf("Scenario % d#\n", ++kcase);
8.         //记录所有人的编号
9.         map<int, int> team;//team[x]为编号为 x 所在团队编号
10.        for (int i = 0; i < t; i++) {
11.            int n, x;  //n 为每组的人数,x 为人的编号
12.            scanf("% d", &n);
13.            while (n-- ) {
14.                scanf("% d", &x);
15.                team[x] = i;
16.            }
17.        }
18.        //模拟队列操作
19.        queue<int> q, qt[maxt];//q 为团队队列,qt[i]为团队成员队列
20.        while (1) {
21.            int x;
22.            char cmd[10];
23.            scanf("% s", cmd);
24.            if (cmd[0] == 'S') break;
25.            else if (cmd[0] == 'D') {
26.                int t = q.front( );      //长队队首出列,得到队首的团队编号 t
27.                printf("% d\n", qt[t].front( )); //打印团队 t 的队首
28.                qt[t].pop( );       //该人出队
29.                if (qt[t].empty( ))
30.                    //如果踢了上面那个人以后,团队 t 为空,那么团队 t 直接出队
31.                    q.pop( );
32.            } else if (cmd[0] == 'E') {    //入队
33.                scanf("% d", &x);      //输入个人编号 x
34.                int t = team[x];      //获取该个人所在团队的团队编号 t
35.                if (qt[t].empty( )) q.push(t);
36.                              //如果团队 t 没有人,则团队 t 进入队列队尾
37.                qt[t].push(x);      //团队 t 队尾加入个人 x
38.            }
39.        }
40.    }
41.    return 0;
42. }
```

【练习 1.3.5】 献给阿尔吉侬的花束(**flowers,1 S,128 MB,NOI 7218**)

【思路分析】

这是 BFS 问题,需要注意的是,每次 BFS 都要将数组初始化一下,因为要测试多组数据,所以可能上组数据会对该组数据产生影响。

【参考程序】

```
1. #include<bits/stdc++.h>
2. using namespace std;
3. int r, c, x[1603], y[1603], b[1603], f[1603];
4. int X[4] = {0, 1, 0, -1}, Y[4] = {1, 0, -1, 0}, T, h, l, n, m;
5. bool a[203][203];
6. int main() {
7.      scanf("% d", &T);
8.      while (T--) {
9.           queue<int> x, y, b, f;
10.          int n, m;
11.          bool v = 1;
12.          b.push(0);
13.          f.push(4);
14.          scanf("% d% d", &r, &c);
15.          memset(a, 0, sizeof(a));
16.          for (int i = 1; i <= r;++i) {
17.               char C;
18.               scanf("% c", &C); //去掉前面的空格
19.               for (int j = 1; j <= c; ++j) {
20.                    scanf("% c", &C);
21.                    if (C == '#') a[i][j] = 1;
22.                    else if (C == 'S') {
23.                         x.push(i);
24.                         y.push(j);
25.                    } else if (C == 'E') {
26.                         n = i;
27.                         m = j;
28.                    }
29.               }
30.          }
31.          do {
32.               for (int i = 0; i < 4;++i)
33.                 if (f.front() ! = (i+2) % 4) {
34.                  int xx = x.front() + X[i], yy = y.front() + Y[i];
35.                  if (! a[xx][yy] & & xx >= 1 & & xx <= r & & yy >= 1 & & yy <= c) {
36.                      b.push(b.front() + 1);
```

```
37.                     x.push(xx); y.push(yy);
38.                     a[xx][yy] = 1;
39.                     f.push(i);
40.                     if (xx == n && yy == m) {
41.                         printf("%d\n", b.back());
42.                         v = 0;
43.                         break;
44.                     }
45.                 }
46.             }
47.             x.pop();  y.pop();  b.pop();  f.pop();
48.         } while (! x.empty());
49.         if (v) printf("oop!  \n");
50.     }
51.     return 0;
52. }
```

【练习 1.3.6】 产生数(number,1 S,128 MB,NOI 1126)

【思路分析】

首先,题意要求转换规则的右边不能是 0,这就保证了 n 的位数不变化。

如果输入为 $n=1,k=8$,规则为 $1\to2,\ 2\to3,\ 3\to4,\ 4\to5,\ 5\to6,\ 6\to7,\ 7\to8,\ 8\to9$,上述规则的变换共产生 9 个不同的数。如果输入为 $n=11$,则根据上述规则,可分析出个位数的变化为 1 ~ 9,十位数变化为 1 ~ 9,共产生 81 个不同的数据。如果 n 是 3 位数,个位数的可变总数是 $a1$,十位数的可变总数是 $a2$,百位数的可变总数是 $a3$,则共产生 $a1\times a2\times a3$ 个不同的数据。如果用 $a[i]$ 存储整数 n 的第 i 位上的数通过不限次转化可得到的数字总个数(包括本身),假定 n 共有 s 位,根据乘法原理,n 共能转换为 $a[1]\times a[2]\times a[3]\times\cdots\times a[s]$ 个不同的整数。

进一步思考:又因为 n 的各数位肯定在 0 ~ 9 之间,不妨先预处理出 0 ~ 9 分别能转换成多少个不同的数字,分别存储到数据 $f[0]$ ~ $f[9]$ 中,如果 n 的第 i 位数值为 p,则 $a[i]=f[p]$,这样可以节约不少时间。

【参考程序】

```
1. #include <bits/stdc++.h>
2. using namespace std;
3. const int MAXN = 10000;
4. int n, k;
5. int rule[20][2], f[10];
6. int q[20], front, rear;
7. bool vis[MAXN];
8. int bfs(int sx) {
9.      front = rear = 1;
```

```
10.     q[1] = sx;
11.     vis[sx] = true;
12.     while (front <= rear) {
13.         int x = q[front];
14.         for (int i = 0; i < k; i++) {
15.             int nx;
16.             if (x == rule[i][0]) {
17.                 nx = rule[i][1];
18.                 if (! vis[nx]) {
19.                     rear++;
20.                     q[rear] = nx;
21.                     vis[nx] = true;
22.                 }
23.             }
24.         }
25.         front++;
26.     }
27.     return rear;
28. }
29. int main() {
30.     cin >> n >> k;
31.     for (int i = 0; i < k; i++)
32.         cin >> rule[i][0] >> rule[i][1];
33.     for (int i = 0; i <= 9; i++) {
34.         memset(vis, false, sizeof(vis));
35.         f[i] = bfs(i);
36.     }
37.     int cnt = 1;
38.     while (n) {
39.         cnt * = f[n % 10];
40.         n /= 10;
41.     }
42.     cout << cnt << endl;
43.     return 0;
44. }
```

【练习 1.4.1】 约瑟夫问题(ysf,1 S,128 MB,洛谷 P1996)

【思路分析】

方法 1:可以使用循环链表来实现,定义数组 nxt:nxt[1]=2,nxt[2]=3,…,nxt[n]=1。

报数时:num++,当 num=m 时,则删除当前结点。用 pre 记录前一个结点编号,调整 nxt[pre]即可。

【参考程序】

```
1. #include <bits/stdc++.h>
2. using namespace std;
3. const int N = 30000 +5;
4. int nxt[N], order[N];
5. int main() {
6.     int n, m;
7.     cin >> n >> m;
8.     for (int i = 1; i < n; i++) nxt[i] = i + 1; // 记录初始链表
9.     nxt[n] = 1;
10.     int no = n, num = 0, cnt = 0, pre = n;
11.     while (cnt < n) {
12.         no = nxt[no];
13.         num++; // 下一个报数
14.         if (num == m) order[++cnt] = no, nxt[pre] = nxt[no],  num = 0;
15.                                              // 报数为 m,出圈
16.         pre = no; // 记录前一个人
17.     }
18.     cout << order[n] << endl;
19.     return 0;
20. }
```

方法 2：用 STL 模拟链表来实现。

【参考程序】

```
1. #include <bits/stdc++.h>
2. using namespace std;
3. int main() {
4.     int n, m;
5.     vector <int> order;
6.     queue <int> q;
7.     cin >> n >> m;
8.     for (int i = 1; i <= n; i++) q.push(i);
9.     int num = 0;
10.     while (q.size()) {
11.         num++;
12.         if (num == m)
13.             order.push_back(q.front()), num = 0;
14.         else
15.             q.push(q.front());
16.         q.pop();
17.     }
```

```
18.     for (auto x : order)
19.         cout <<x <<" ";
20.     cout <<endl;
21.     return 0;
22. }
```

【练习 1.4.2】 小熊果篮(bear,1 S,128 MB,CSP-J2 2021)

【思路分析】

根据样例解释,用链表方式可以容易实现放果篮操作,实际上是对链表删除操作。我们可定义链表 list<node>L;其中结点 node 的元素为编号 id、种类 type。

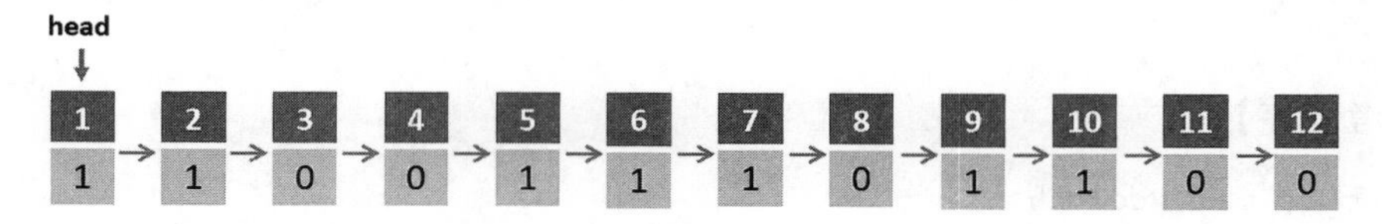

题图 1.4.2

遍历链表时,将与之前不同的水果放入果篮,同时删除这个水果。重复上述过程,直到链表为空为止。

【参考程序】

```
1. #include <bits/stdc++.h>
2. using namespace std;
3. struct node {
4.     int type, id;
5. };
6. list<node> L;
7. int main() {
8.     int n;
9.     cin >> n;
10.    for (int i = 1; i <= n; i++) {
11.        int type;
12.        cin >> type;
13.        L.push_back({type, i});
14.    }
15.    while (L.size()) {
16.        int pretype = -1;
17.        auto it = L.begin();
18.        while (it != L.end()) {
19.            if (pretype != it->type) {
20.                cout << it->id << " ";
21.                pretype = it->type;
```

```
22.                 it = L.erase(it);
23.             } else
24.                 it++;
25.         }
26.         cout << endl;
27.     }
28.     return 0;
29. }
```

进一步分析：同一个“块”内的连续水果都需要被遍历，若能在同一块只访问第一个水果时，就跳到下一“块”，可以通过链表嵌套的方式进行跳转，即链表结点本身还是链表。

【参考程序】

```
1. #include <bits/stdc++.h>
2. using namespace std;
3. struct node {
4.     int type, id;
5. };
6. list <node> basket;
7. list < list <node> > L;
8. int main() {
9.     int n, prebtype = -1; //prebtype 表示前一个块水果种类
10.    cin >> n;
11.    for (int i = 1; i <= n; i++) {
12.        int type;
13.        cin >> type;
14.        if (prebtype ! = type) L.push_back(basket), prebtype = type;
15.        L.rbegin()->push_back({type, i}); //插入到链表最后一个结点的链表里
16.    }
17.    while (L.size()) {
18.        auto it = L.begin(), pre = it;
19.        prebtype = -1;
20.        while (it ! = L.end()) {
21.            cout << it->begin()->id << " "; //输出块的第一个水果编号
22.            int curbtype = it->begin()->type; //cur 记录当前块的水果类型
23.            it->pop_front();
24.                //删除块的第一个水果,也可以用 it->erase(it->begin());
25.            if (it->empty())
26.                L.erase(it++); //如果结点中水果没有了,删除该结点
27.            else if (curbtype == prebtype) {
28.                            //当前结点水果跟前一个结点水果类型相同,合并。
```

```
29.                     pre->splice(pre->end(), * it);
30.                     L.erase(it++); //it 拼接到前一个结点,这个结点为空,要删除
31.                 } else //跳转到下一个结点,同时修改 pre1 和 pre
32.                     prebtype = curbtype,  pre = it++;
33.             }
34.             cout << endl;
35.         }
36.         return 0;
37. }
```

【练习 1.4.3】 移动盒子(Boxes,1 S,128 MB,UVA 12657)

【思路分析】

本题实际上解决链表的插入与删除问题。

【参考程序】

```
1. #include <bits/stdc++.h>
2. const int maxn =  100000 +7;
3. int n, left[maxn], right[maxn];
4. void link(int L, int R) { //第一个参数是 L,第二个是 R,
5.         right[L] = R;
6.         left[R] = L;
7. }
8. int main() {
9.         int m, kase = 0;
10.         while (scanf("% d % d", &n, &m) == 2) {
11.             for (int i = 1; i <= n; i++) {
12.                 left[i] = i - 1;
13.                 right[i] = (i+1) % (n+1);
14.             }
15.             right[0] = 1;//注意 0 右边是 1 左边是 n
16.             left[0] = n;
17.             int op, X, Y, inv = 0;
18.             while (m-- ) {
19.                 scanf("% d", &op);
20.                 if (op == 4) inv = ! inv;
21.                 else {
22.                     scanf("% d% d", &X, &Y);
23.                     if (op == 3 & & right[Y] == X) swap(X, Y);
24.                     if (op ! = 3 & & inv) op = 3 - op;
25.                     if (op == 1 & & X == left[Y]) continue;
26.                     if (op == 2 & & X == right[Y]) continue;
27.                     int LX = left[X], RX = right[X], LY = left[Y], RY = right[Y];
```

```
28.                 if (op == 1) {
29.                     link(LX, RX); link(LY, X); link(X, Y);
30.                 } else if (op == 2) {
31.                     link(LX, RX); link(Y, X);  link(X, RY);
32.                 } else if (op == 3) {
33.                     if (right[X] == Y) {
34.                         link(LX, Y); link(Y, X); link(X, RY);
35.                     } else {
36.                         link(LX, Y); link(Y, RX);link(LY, X); link(X, RY);
37.                     }
38.                 }
39.             }
40.         }
41.         int b = 0;
42.         long long ans = 0;
43.         for (int i = 1; i <= n; i++) {
44.             b = right[b];
45.             if (i % 2 == 1) ans += b;
46.         }
47.         if (inv && n % 2 == 0) ans = (long long) n * (n + 1) / 2 - ans;
48.         printf("case % d: % lld\n", ++kase, ans);
49.     }
50.     return 0;
51. }
```

【练习 1.4.4】 多项式的和(polynomials,1 S,128 MB,CSDN 社区)

【思路分析】

我们知道,每个多项式由多个单项式组成,单项式项有两个属性:系数(coef)和指数(exp)。题目要求按照指数从大到小的顺序存储多项式,并且当两个多项式中的单项式具有相同的指数时,它们的系数需要相加。

首先,需要使用结构体来定义链表结点存储这些单项式(包括系数和指数)。然后,需要实现链表的插入操作,因为要将输入的单项式插入到链表中。但是,由于题目要求指数从大到小排列,并且当两个单项式具有相同的指数时,它们的系数需要相加,所以插入操作还要特别处理这些情况。在相加两个多项式时,要同时遍历两个链表,并比较当前结点的指数。

(1) 如果第一个多项式的当前结点的指数大于第二个多项式的当前结点的指数,那么只需要将第一个多项式的当前结点添加到结果链表中,并继续遍历第一个多项式。

(2) 如果第二个多项式的当前结点的指数大于第一个多项式的当前结点的指数,那么只需要将第二个多项式的当前结点添加到结果链表中,并继续遍历第二个多项式。

(3) 如果两个多项式的当前结点的指数相同,那么将它们的系数相加,并将结果作为一

个新的结点(如果系数和不为零)添加到结果链表中。然后,继续遍历两个多项式。

当其中一个多项式遍历完成后,将另一个多项式剩余的结点全部添加到结果链表中。

最后,遍历结果链表并打印输出每个结点的系数和指数,从而得到相加后的多项式。

方法 1:使用普通链表解决多项式加法问题。

【参考程序】

```
1. #include <bits/stdc++.h>
2. using namespace std;
3. const int N = 1005;
4. struct Node {
5.     int coef, exp; //指数
6.     int next;
7. } Link[N* 3];
8. int tot;
9. void InsertNode(int &t, int c, int e) {
10.     Link[++tot] = {c, e, Link[t].next};
11.     Link[t].next = tot;
12.     t = tot;
13. }
14. void CreateLink(int &h) {
15.     int c, e, t = h = ++tot;
16.     while (cin >> c >> e,  c || e)
17.         InsertNode(t, c, e);
18. }
19. void Add(int h1, int h2, int &h) {
20.     int p1 = h1, p2 = h2, t = h = ++tot;;
21.     while (p1 && p2) {
22.         if (Link[p1].exp > Link[p2].exp)
23.             InsertNode(t, Link[p1].coef, Link[p1].exp), p1 = Link[p1].next;
24.         else if (Link[p1].exp < Link[p2].exp)
25.             InsertNode(t, Link[p2].coef, Link[p2].exp), p2 = Link[p2].next;
26.         else {
27.             int coef = Link[p1].coef + Link[p2].coef;
28.             if (coef) InsertNode(t, coef, Link[p1].exp);
29.             p1 = Link[p1].next, p2 = Link[p2].next;
30.         }
31.     }
32.     while (p1)
33.         InsertNode(t, Link[p1].coef, Link[p1].exp), p1 = Link[p1].next;
34.     while (p2)
35.         InsertNode(t, Link[p2].coef, Link[p2].exp), p2 = Link[p2].next;
36. }
```

```
37. void print(int h) {
38.     if (Link[h].next == NULL) cout << 0 << endl;
39.     for (int p = Link[h].next; p; p = Link[p].next)
40.         cout << Link[p].coef << " " << Link[p].exp << endl;
41.     cout << endl;
42. }
43. int main() {
44.     int h1, h2, h;
45.     CreateLink(h1);
46.     CreateLink(h2);
47.     Add(h1, h2, h);
48.     print(h);
49.     return 0;
50. }
```

方法 2：用 STL<list>解决多项式求和问题。

【参考程序】

```
1. #include <bits/stdc++.h>
2. using namespace std;
3. struct Node {
4.     int coef, exp;  // 系数、幂
5. };
6. using poly = list <Node>;  // 定义别名
7. void CreateLink(poly &L) {  // 创建链表
8.     int c, e;
9.     while (cin >> c >> e, c || e)
10.        L.push_back({c, e});
11. }
12. poly operator + (const poly &A, const poly &B) {
13.     poly C;
14.     auto p = A.begin(), q = B.begin();
15.     while (p != A.end() && q != B.end()) {
16.         if (p->exp > q->exp)  C.push_back(* p),  p++;
17.         else if (p->exp < q->exp) C.push_back(* q),  q++;
18.             else { // 合并同类项
19.                     int coef = p->coef + q->coef;
20.                     if (coef) C.push_back({coef, p->exp});
21.                 p++, q++;
22.             }
23.     }
24.     while ( p != A.end()) C.push_back(* p),  p++; // 添加 A 中剩下的单项
```

```
25.   while ( q ! = B.end()) C.push_back(* q),  q++; // 添加 B 中剩下的单项
26.   return C;
27. }
28. void print1(poly &A) { // 打印链表
29.   auto p = A.begin();
30.   if (p == A.end()) {
31.      cout << 0 << endl;
32.   } else {
33.         for (auto t : A)
34.                 cout << t.coef << " " << t.exp << endl;
35.         cout << endl;
36.   }
37. }
38. int main() {
39.   poly A, B, C;
40.   CreateLink(A);
41.   CreateLink(B);
42.   C = A + B;
43.   print1(C);
44.   return 0;
45. }
```

【练习 2.1.1】 筛法求素数(prime,1 S,128 M,内部训练)

【思路分析】

定义布尔数组 a,a[i] = true 表示 i 是否已被筛掉,根据题意有:

筛除 2 的倍数可以写为: for (int j = 2 * 2; j <= n; ++j) a[j] = true;

筛除 3 的倍数可以写为: for (int j = 2 * 3; j <= n; ++j) a[j] = true;

……

因此,可以使用双重循环实现 2 ~ n 的筛除过程。

此外,需要使用计数器统计一行是否已经打印了 5 个数字,如果恰好有 5 个时就换行,同时计数器清零。

【参考程序】

```
1. #include <bits/stdc++.h>
2. using namespace std;
3. bool a[1000005];
4. int main() {
5.      int n;
6.      cin >> n;
7.       memset(a, true, sizeof a);
8.       for (int i = 2; i <= n; ++i)
```

```
9.          for (int j = i * 2; j <= n; j += i)
10.             a[j] = false;
11.     int cnt = 0;
12.     for (int i = 2; i <= n; ++i) {
13.         if (a[i]) ++cnt, cout << i << " ";
14.         if (cnt == 5) cnt = 0, cout << endl;
15.     }
16.     return 0;
17. }
```

【练习 2.1.2】 混合牛奶(milk,1 S,128 M,USACO 2018 Dec B P1)

【思路分析】

根据题意模拟如下：

序号	操作	容器 1 (初始：3)	容器 2 (初始：4)	容器 3 (初始：5)	说明
1	桶 1->桶 2	0	7	5	倒空(倒满)
2	桶 2->桶 3	0	0	12	倒空
3	桶 3->桶 1	10	0	2	倒满
4	桶 1->桶 2	0	10	2	倒空
5	桶 2->桶 3	0	0	12	倒空(倒满)

考虑一般情况下的问题：将一个容积为 C_1,原先牛奶量含有 m_1 的容器 1,将其倒入容积为 C_2,牛奶量有 m_2 的容器 2 中,问何时倒空容器 1、何时倒满容器 2?

第 1 种情况：倒空容器 1,即能够将容器 1 中的牛奶全部倒入容器 2,此时有 $m_1 + m_2 \leqslant C_2$,即 $m_1 \leqslant C_2 - m_2$。当 $m_1 = C_2 - m_2$ 时,将会同时倒满了容器 2,倒入牛奶量 $t = m_1$;

第 2 种情况：倒满容器 2,此时容器 1 或许还有得多,即 $m_1 + m_2 > C_2$, $m_1 > C_2 - m_2$,倒入牛奶量 $t = C_2 - m_2$。

因此,有 $t = \begin{cases} m_1, & 当\ m_1 \leqslant C_2 - m_2 \\ C_2 - m_2, & 当\ m_1 > C_2 - m_2 \end{cases} = \min(m_1,\ C_2 - m_2)$。

【参考程序】

```
1. #include <bits/stdc++.h>
2. using namespace std;
3. void mix(int c1, int& m1, int c2, int& m2) {
4.     int t = min(m1, c2 - m2);
5.     m1 -= t;
6.     m2 += t;
```

```
7. }
8. int main( ) {
9.         int c1, c2, c3, m1, m2, m3;
10.        cin >> c1 >> m1 >> c2 >> m2 >> c3 >> m3;
11.        for (int i = 1; i <= 100 / 3;++i) {
12.            mix(c1, m1, c2, m2);
13.            mix(c2, m2, c3, m3);
14.            mix(c3, m3, c1, m1);
15.        }
16.        mix(c1, m1, c2, m2);
17.        cout << m1 << endl << m2 << endl << m3 << endl;
18.        return 0;
19. }
```

【练习 2.1.3】 超速罚单(speeding,1 S,128 M,USACO 2015 Dec B P2)

【思路分析】

首先分析样例,分析过程表格化如下:

分段 (每段 10 英里)	1	2	3	4	5	6	7	8	9	10
速度限制	75	75	75	75	35	35	35	35	35	45
实际速度	76	76	76	76	30	30	40	40	40	40
结果	略微超速				正常行驶		严重超速			

实际编程时,由于里程总数才 100 英里,因此可以考虑直接使用数组 speed1、speed2 存储每一个一英里对应的限制速度与实际行驶速度。

先用模拟法将两个数组计算出来,然后再逐一对比,打擂台计算最大超速量即可。

【参考程序】

```
1. #include <bits/stdc++.h>
2. using namespace std;
3. const int N = 105;
4. int speed1[N], speed2[N];
5. int main( ) {
6.         int n, m;
7.         cin >> n >> m;
8.         int pos = 1;
9.         for (int i = 1; i <= n;++i) {
10.            int len, speed;
11.            cin >> len >> speed;
```

```
12.            for (int j = pos; j < len + pos; ++j)
13.                speed1[j] = speed;
14.            pos += len;
15.        }
16.        pos = 1;
17.        for (int i = 1; i <= m;++i) {
18.            int len, speed;
19.            cin >> len >> speed;
20.            for (int j = pos; j < len + pos; ++j)
21.                speed2[j] = speed;
22.            pos += len;
23.        }
24.        int ans = 0;
25.        for (int i = 1; i <= 100;++i)
26.            if (speed1[i] < speed2[i])
27.                ans = max(ans, speed2[i] - speed1[i]);
28.        cout << ans << endl;
29.        return 0;
30. }
```

【练习 2.1.4】 字符串的展开(expand,1 S,128 M,NOIP 2007 提高组 P2)

【思路分析】

从左到右依次扫描字符串,当遇到字符 '-' 时,设左右两侧字符分别为 a 和 b,此时先要判断字符串"a-b"是否需要展开输出。需要输出的条件为:若 a、b 均为数字字符或者字母,且满足 a<b 时,其余情况直接输出字符 '-'。

当字符 '-' 出现在首位或者末尾时,为统一处理方便,在扫描前,在字符串前面和末尾各加一个特殊字符即可。

此外,具体输出还应注意按 p3(是否逆序)、p1(填充大小写字母或星号)、p2(重复次数)顺序模拟输出即可。

【参考程序】

```
1. #include <bits/stdc++.h>
2. using namespace std;
3. int main() {
4.     int p1, p2, p3;
5.     string s;
6.     cin >> p1 >> p2 >> p3 >> s;
7.     int len = s.size();
8.     s = '-' + s + '-';
9.     for (int i = 1; i <= len; i++) {
10.        char a = s[i - 1], b = s[i + 1];
```

```
11.             if (s[i] == '-' && b > a &&
12.                 ((a >= '0' && b <= '9') || (a >= 'a' && b <= 'z'))) { // 需要展开
13.                 if (p3 == 1) //正序
14.                     for (char j = a + 1; j < b; j++) {
15.                         char res = j; //存字符 j
16.                         if (p1 == 2 && res >= 'a' && res <= 'z')
17.                             res -= 'a' - 'A';
18.                         else if (p1 == 3) res = '*';
19.                         for (int k = 1; k <= p2; k++) cout << res;
20.                     } else //倒序
21.                     for (char j = b - 1; j > a; j--) {
22.                         char res = j;
23.                         if (p1 == 2 && res >= 'a' && res <= 'z') res -= 'a' - 'A';
24.                         else if (p1 == 3) res = '*';
25.                         for (int k = 1; k <= p2; k++) cout << res;
26.                     }
27.             } else cout << s[i]; // 其他情况直接输出
28.     }
29.     return 0;
30. }
```

【练习 2.1.5】 金币(coin,1 S,128 M,SDOJ 2019 小学组)

【思路分析】

思路 1:

注意到对于 100%的数据,n 的位数不超过 18。如果按天模拟获赠金币,必然会超时,因此考虑加速模拟。

样例 30 枚:第 1 周每天 1 枚,共 7 枚;第 2 周每天 2 枚,共 14 枚;第 3 周每天 3 枚,3 天即可。(7+14+3×3=30)

因此对于 n 枚的一般情况,考虑按周加速模拟:第 1 周每天 1 枚,共 7 枚;第 2 周每天 2 枚,共 14 枚;…… 第 m 周每天 m 枚,共 $7m$ 枚;第 $m+1$ 周每天 $m+1$ 枚,r 天即可。

即先计算出获赠满周的周数 m:$7+14+\cdots+7m \le n$,$7+14+\cdots+7m+7(m+1) > n$;再计算第 $m+1$ 周获赠剩下的天数 r,答案 $=7m+r$ 天。

【参考程序】

```
1. #include <bits/stdc++.h>
2. using namespace std;
3. using ll = long long;
4. int main() {
5.     ll n, m = 0, s = 0;
6.     cin >> n;
7.     while (s <= n) {
```

```
8.          ++m;
9.          s += 7 * m;
10.     }
11.     s -= 7 * m; // 累加超过了,再减回去
12.     int r = 0;
13.     while (s < n) { // 最后一周
14.         s += m;
15.         ++r;
16.     }
17.     cout << 7 * (m - 1) + r << endl;
18.     return 0;
19. }
```

思路 2：

在思路 1 的基础上,更进一步,可以直接算出 m 和 r 的值。

解方程：$7 + 14 + \cdots + 7x = n$,化简：$7x^2 + 7x - 2n = 0$,可解得 $x = \frac{\sqrt{49 + 56n} - 7}{14}$。

所以,$m = \left[\frac{\sqrt{49 + 56n} - 7}{14}\right]$,$r = \left\lceil\frac{n - 7(1 + 2 + \cdots + m)}{m + 1}\right\rceil = \left\lceil\frac{n}{m + 1} - 3.5m\right\rceil$。

【参考程序】

```
1. #include <bits/stdc++.h>
2. using namespace std;
3. using ll = long long;
4. int main() {
5.     ll n, m, r;
6.     cin >> n;
7.     m = (sqrtl(49+56.0 * n) - 7) / 14;
8.     r = ceil((long double)n / (m+1) - 3.5 * m);
9.     cout << 7 * m + r << endl;
10.     return 0;
11.}
```

【练习 2.1.6】 螺旋矩阵(matrix,1 S,128 M,NOIP 2014 普及组 P3)

【思路分析】

对于 50%的数据,$1 \leqslant n \leqslant 100$;

此时按照填数顺序进行模拟,从中可将其运动轨迹定义如下:

从(1, 1) 出发,首先填 1,然后初始向右依次填数,当遇到边界或者已经填入的数字时,右转 90 度继续填数。

在此过程中,每到一个新的位置就判断当前位置是否为目标位置,是则算法结束,否则继续填充。

模拟代码片段如下：

```
1. // d表示方向(0右、1下,2左,3上)
2. int i = 1, j = 1, d = 0;
3. int t = 1;
4. a[i][j] = t;
5. if (d == 0) { // 向右
6.      ++j;
7.      while (j <= n && a[i][j] == 0) // 如果在界内且该单元格还没有填入数字
8.           a[i][j++] = ++t;
9.      --j;
10.     ++d;      // 后退一步再转弯
11. }
```

在具体实现时，还可以考虑使用如下几个编程技巧：

(1) 方向初始为0，然后右转就加1，并对4取模。即 d=(d+1) % 4；

(2) 使用增量数组简化移动代码，数组定义时应注意与上述方向规定的情况保持一致。

```
int dx[4] = {0, 1, 0, -1},   dy[4] = {1, 0, -1, 0};
```

(3) 界内判断做到统一：

```
1. bool check(int x, int y) {
2.      return x >= 1 && x <= n && y >= 1 && y <= n;
3. }
```

此外还应注意数组定义时不可以定义到题中所描述的100%的情况。

对于100%的数据，$1 \leqslant n \leqslant 30\,000$ 考虑如何模拟加速。

注意到填数顺序是逐圈进行的，因此构造跳步模拟如下：先计算出目标单元格 (x, y) 在第几圈（由外而内），然后从起点直接逐圈跳步到该圈的第一个数字应该填多少，最后再类似于上面的模拟方法填入到目标格为止。

这里还有两个问题需要解决：

(1) 规模很大时数组没法定义？对于填数的每一步，我们用位置(i, j)、方向 d 以及当前需要填入的数字 t 同步更新即可；

(2) 数组不存在时如何判断应该转弯？此时注意到填数一旦越界，就不再处于当前这一圈了。

【参考程序】

```
1. #include <bits/stdc++.h>
2. using namespace std;
3. const int N = 20005;
4. int a[N][N];
5. int dx[4] = {0, 1, 0, -1}, dy[4] = {1, 0, -1, 0};
```

```
6. int n, x, y;
7. bool check(int x, int y) {
8.        return x >= 1 && y >= 1 && x <= n && y <= n;
9. }
10. bool checkloop(int x, int y, int loop) {
11.        int loop1 = min(min(x, y), min(n + 1 - x, n + 1 - y));
12.        return loop1 == loop;
13. }
14. int main() {
15.        cin >> n >> x >> y;
16.        int loop = min(min(x, y), min(n + 1 - x, n + 1 - y));
17.        int t = 1;
18.        for (int i = 1; i < loop; ++i)
19.            t += 4 * (n - (i - 1)* 2) - 4;
20.        int i, j, d;
21.        i = j = loop, d = 0;
22.        while (t <= n * n) {
23.            if (i == x && j == y) break;
24.            while (check(i += dx[d], j += dy[d]) && checkloop(i, j, loop)) {
25.                ++t;
26.                if (i == x && j == y) break;
27.            }
28.            if (i == x && j == y) break;
29.            i -= dx[d], j -= dy[d];
30.            d = (d + 1) % 4;
31.        }
32.        cout << t << endl;
33.        return 0;
34. }
```

【练习 2.2.1】 回形方阵(circle,1 S,128 M,内部训练)

【思路分析】

观察可以发现数字 1 全部位于外围第 1 圈,数字 2 全部位于第 2 圈,……数字 i 位于第 i 圈。

因此问题可归结为如何计算任意位置 (x, y) 处于第几圈?

根据对称性,将方阵分为相同的四个部分,如图所示为 $n = 4$ 的情形 。

1	1	1	1
1	2	2	1
1	2	2	1
1	1	1	1

题图 2.2.1

当 (x, y) 在左上方时,该位置距离左侧为 y,即可能位于第 y 圈,该点距离上侧为 x,即也可能在第 x 圈。

$x \leqslant y$ 时应位于第 x 圈,$x > y$ 时位于第 y 圈。即位于第 $\min(x, y)$ 圈。

当 (x, y) 在左下方时,因为距离左侧为 y、下侧为 $n+1-x$,同理,可得位于第 $\min(n+1-x, y)$ 圈;

其他两种情况请读者自行分析。

【参考程序】

```
1. #include <bits/stdc++.h>
2. using namespace std;
3. int main() {
4.     int n, loop;
5.     cin >> n;
6.     for (int x = 1; x <= n; ++x) {
7.         for (int y = 1; y <= n; ++y) {
8.             if (x <= n / 2)
9.                 if (y <= n / 2) loop = min(x, y);
10.                else loop = min(x, n + 1 - y);
11.            else if (y <= n / 2) loop = min(n + 1 - x, y);
12.            else loop = min(n + 1 - x, n + 1 - y);
13.            cout << loop << " ";
14.        }
15.        cout << endl;
16.    }
17.    return 0;
18. }
```

【练习 2.2.2】 骨牌游戏(douminuo,1 S,128 M,内部训练)

【思路分析】

分析题意,根据经验,容易将问题向如何具体铺骨牌这个角度进行思考。

1	1	2	2
3	3	4	4
5	5	6	6

因为骨牌都是 2×1 的规格。所以需要考虑 m、n 的奇偶性。

(1) 当 m 是偶数时,比如 $m=4$, $n=3$,将骨牌如右上方式按行铺放,可以将棋盘放满。其中相同数字表示属于同一块骨牌。

(2) 当 m 是奇数时,若 n 是偶数,此时同理可以按列摆放。

(3) 当 m 是奇数,n 是奇数时,比如 $m=5$, $n=3$,前 4 列按行摆放,第 5 列按列摆放即可(此时右下角有一个格子不能放入任何骨牌,如右图所示)。

1	1	2	2	7
3	3	4	4	7
5	5	6	6	

对于一般的 m 和 n,上述过程同样适用。

因此有结论:最多骨牌数 $=\begin{cases}\dfrac{mn}{2}, & \text{当 } m \text{ 和 } n \text{ 是偶数时}\\ \dfrac{mn-1}{2}, & \text{当 } m \text{ 和 } n \text{ 是奇数时}\end{cases}$

【参考程序】

```
1. #include <bits/stdc++.h>
2. using namespace std;
3. int main() {
4.     int m, n, ans;
5.     scanf("% d% d", &m, &n);
6.     if (m % 2 == 0 || n % 2 == 0)
7.         ans = m * n / 2;
8.     else
9.         ans = (m * n - 1) / 2;
10.    printf("% d\n", ans);
11.    return 0;
12. }
```

更进一步,上述两种情况下的结论可以合并。最多骨牌数=[mn/2],代码略。

【练习 2.2.3】 分糖果(candy,1 S,512 M,CSP-J 2021 P1)

【思路分析】

分析问题,可以把原题概括为如下问题:

给你三个数 n, L, R,让你在区间$[L, R]$中找到一个数 x,使得 $n \bmod x$ 最大。

分情况讨论:

(1) 若区间$[L, R]$的长度超过 n,即 $R - L + 1 \geqslant n$ 时,区间内的每一数对 n 取余后,将能够取遍 0 到 $n - 1$ 中的数,此时答案为 $n - 1$;

(2) 若区间$[L, R]$的长度不超过 n,即 $R - L + 1 < n$ 时,再分情况:

① $L \bmod n \leqslant R \bmod n$ 时

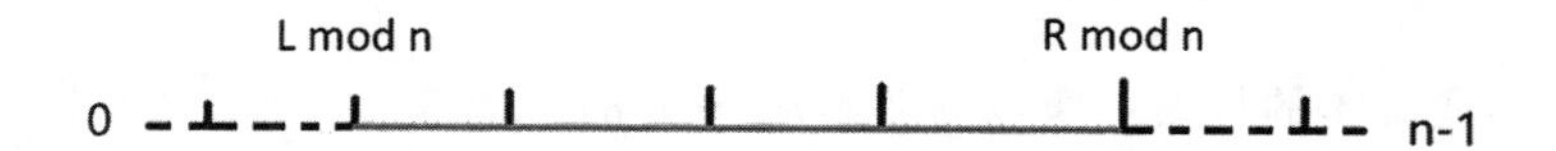

此时能取到的数的范围为上图中间的实线部分,此时答案为 r mod n。

② $L \bmod n > R \bmod n$ 时

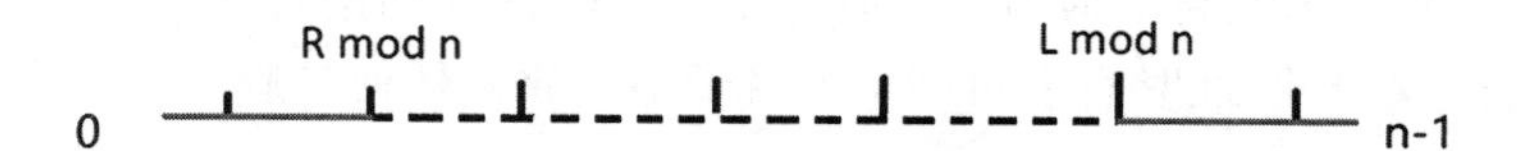

此时能取到的数的范围为上图的实线部分(注意在两侧),此时答案为 $n - 1$。

【参考程序】

```
1. #include <bits/stdc++.h>
2. using namespace std;
3. int main() {
```

```
4.      int n, L, R;
5.      cin >> n >> L >> R;
6.      int ans = n - 1;
7.      if (R - L + 1 < n && L % n <= R % n)
8.          ans = R % n;
9.      cout << ans << endl;
10.     return 0;
11. }
```

【练习 2.2.4】 小苹果(apple,1 S,512 M,CSP-J 2023 P1)

【思路分析】

"从左侧第 1 个苹果开始、每隔 2 个苹果拿走 1 个苹果"可以不妨理解为:"将苹果每 3 个一组,每次取每一组的第一个"。

以 $n = 8$ 为例,如下图所示,第一轮拿走的苹果编号依次为 1、4、7,即每一组中的第一个苹果。

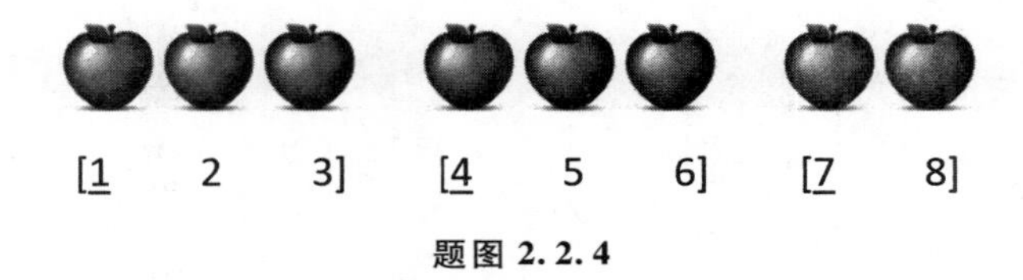

题图 2.2.4

因此,n 个苹果时,第一轮被取走的苹果数量就是组数$\left[\frac{n}{3}\right]$。然后就剩下 $n - \left[\frac{n}{3}\right]$,将该值赋值给 n,即将 n 修正为 $n - \left[\frac{n}{3}\right]$,看多少次操作后 n 变成 0。

这样就解决了第 1 个问题。

对于第 2 个问题,想知道最后一个苹果在第几组被取走,即第 n 个苹果在第几轮中变为最后一组的第一个,即新的 n 满足 $n \bmod 3 = 1$ 时,此时操作的次数即为答案。

综合以上分析可知,在解决第 1 个问题的过程中进行相应记录即可同时解决第 2 个问题。计算第 1 个问题可以采用 while 循环方便求出操作次数。

【参考程序】

```
1. #include <bits/stdc++.h>
2. using namespace std;
3. int n, day1, day2;
4. int main() {
5.      cin >> n;
6.      while (n) {
7.          ++day1;  // 新一天
8.          if (! day2 && n % 3 == 1) // 记录第 n 个苹果的移除天数
9.              day2 = day1;
```

```
10.            n -=  n / 3 + bool(n % 3); // 还剩的苹果数
11.        }
12.        cout << day1 << " " << day2 << endl;
13.        return 0;
14. }
```

【练习 2.2.5】 细胞分裂(cell,1 S,128 M,NOIP 2009 普及组 P3)

【思路分析】

分析题意,可知原题大意如下:有 n 个初始均为 1 的数,每个数每个单位时间可以乘以 $s_i(i=1, 2, \cdots, n)$,问这些数中最早多少个单位时间后可以被 M 整除。

先分析样例:

样例 1, $M=2^1=2, s_1=3$,设 t 个单位时间后有 $2 \mid 3^t$,后者不含因子 2,所以永远不可能,答案为-1;

样例 2, $M=24^1=2^3 \times 3^1$,对于 $s_1=30=2 \times 3 \times 5$,设 t 个单位时间后有 $2^3 \times 3^1 \mid 2^t \times 3^t \times 5^t$, $t=\max(3, 1, 0)=3$,对于 $s_2=12=2^2 \times 3^1$, $2^3 \times 3^1 \mid 2^{2t} \times 3^t$, $t=\max\left(\left\lceil \frac{3}{2} \right\rceil, 1\right)=2$,所以最早 2 个单位时间可以整除。

一般地,设第 i 个数在 t 个单位时间后的数 s_i^t 最早可以整除 M。将两个数均分解素因数为: $M=p_1^{\alpha_1} p_2^{\alpha_2} \cdots p_{m_1}^{\alpha_{m_1}}$, $s_i=q_1^{\beta_1 t} q_2^{\beta_2 t} \cdots q_{m_2}^{\beta_{m_2} t}$

因为 $M \mid s_i$,所以必须满足以下两个条件:

(1) 集合 $\{q_1, q_2, \cdots, q_{m_2}\}$ 包含集合 $\{p_1, p_2, \cdots, p_{m_1}\}$,即对于任意 $p_i(1 \leqslant i \leqslant m_1)$ 一定是 $q_i(1 \leqslant i \leqslant m_2)$ 中的一个数。

(2) 对于其中相同的素数对应的幂指数必须满足: $\alpha < \beta t$,即 $t > \frac{\beta}{\alpha}$, t 最小取 $\left\lceil \frac{\beta}{\alpha} \right\rceil$。

因此解题步骤如下:

(1) 先将 M 分解素因数,求出每一个素数 i 出现的次数,存储在数组 $cnt[i]$ 中,同时将分解出来的素数从小到大存储在素数表数组 p 中。

(2) 对每一个 s_i,逐个检查素数表 p,计算 s_i 中含素因子 p_j 的个数 k。

① 当 $k=0$ 时,即 s_i 中不含当前素数 p_j,此时永远不能整除,应输出-1;

② 当 $k \geqslant cnt[p_j]$ 时,即 s_i 中因子 p_j 的个数一开始就超过 M 中初始因子 p_j 的个数,此时 1 个单位时间就够了;

③ 当 $k < cnt[p_j]$ 时,至少需要 $\left\lceil \frac{cnt[p[j]]}{k} \right\rceil$ 个单位时间才行。

对于情况②、③,对于 s_i 的答案 = max(所有因子对应单位时间最小值)。

因此,对于每一个 s_i 得到的答案取最小值即可。

【参考程序】

```
1. #include <bits/stdc++.h>
2. using namespace std;
```

```
3. const int N = 10005;
4. int n, m1, m2;
5. int cnt[N], p[N], tot;
6. void fenjie() {   // 分解 m1^m2
7.       for (int i = 2; i <= m1;++i) {
8.           if (m1 % i == 0 && ! cnt[i]) p[++tot] = i;
9.           while (m1 % i == 0) {
10.                 cnt[i] += m2;
11.                 m1 /= i;
12.           }
13.       }
14. }
15. int count(int s, int x) {  // 计算 s 中有几个因子 x
16.       int cnt = 0;
17.       while (s % x == 0) ++cnt, s /= x;
18.       return cnt;
19. }
20. int main() {
21.       cin >> n >> m1 >> m2;
22.       if (m1 == 1) {  // 特殊情况
23.             cout << 0 << endl;
24.             return 0;
25.       }
26.       fenjie(); // 先分解 m1^m2
27.       int ans = INT_MAX;
28.       for (int i = 1; i <= n;++i) {
29.             int s;
30.             cin >> s;
31.             bool flag = true;
32.             int Max = -1;
33.             for (int j = 1; j <= tot; ++j) {
34.                   int k = count(s, p[j]); //  先计算 s 中素数 p[j]的个数
35.                   if (! k) {  // 这种情况不可能有解
36.                         flag = false;
37.                         break;
38.                   }
39.                   if (k >= cnt[p[j]])  // 一开始就满足条件了
40.                         Max = max(Max, 1);
41.                   else
42.                         Max = max(Max, cnt[p[j]] / k + bool(cnt[p[j]] % k));
43.             }
44.             if (flag) ans = min(ans, Max);  // 对于有解的情况打擂台
```

```
45.     }
46.     if (ans == INT_MAX) ans = -1;
47.     cout << ans << endl;
48.     return 0;
49. }
```

【练习 2.2.6】 末尾 0 的个数(zero,1 S,128 M,内部训练)

【思路分析】

先分析样例：$10! = 1\times2\times3\times4\times5\times6\times7\times8\times9\times10 = (2\times5)\times10\times(3\times4\times6\times7\times8\times9) = 100\times 36\,288 = 3\,628\,800$

可以发现末尾 0 的个数,取决于 1~10 一共能够构造出多少组 2×5 以及含有 10 的个数。因为 10=2×5,所以考虑将每一个数分解成素因数的乘积,有 $10! = 2\times3\times2^2\times5\times(2\times3)\times7\times 2^3\times3^2\times(2\times5) = 2^8\times3^4\times5^2\times7 = 2^6\times3^4\times7\times(2^2\times5^2)$ = 一个末尾不是 0 的数×100。

由此可以得到 $n!$ 的末尾 0 的个数方法如下：将每一个数素因数分解,然后计算其中 2 和 5 的因数各有多少个,末尾 0 的个数为因子 2 与因子 5 个数的较小者。由于 2 的个数明显比 5 的多(每隔 2 个数就至少会有一个 2),所以答案就是因子 5 的个数。

很自然就会思考这样一个问题：是否可以不分解素因数,也能计算出因子 5 的个数。

以 100! 为例,1~100 中显然有 100/5=20 个 5 的倍数(5,10,15,…,100),但要注意到类似于 $25=5^2$ 这样的数,里面含有 2 个 5,其余大部分 5 的倍数只含有 1 个 5。

将 5,10,15,…,100 除去一个 5 得 1,2,3,…,20,这样其实可以发现如下结论：

100! 末尾 0 的个数=100/5+20! 末尾 0 的个数；

同理,20! 末尾 0 的个数=20/5+4! 末尾 0 的个数。

因为 4! =24 没有末尾 0,因此 100! 末尾 0 的个数=100/5+20/5=20+4=24。

对于一般情况下的 $n!$,类似的有：

$n!$ 末尾 0 的个数 = $[n/5]$ + $([n/5])!$ 末尾 0 的个数 = $[n/5]$ + $[[n/5]/5]$ + $([[n/5]/5])!$ 末尾 0 的个数 = $[n/5]$ + $[n/25]$ + $([n/25])!$ 末尾 0 的个数 = … = $[n/5]$ + $[n/25]$ + …。

在上面式子的计算中使用了公式：$[[n/p]/p] = [n/p^2]$,证明就省略了。

编程时,对于上述除法运算后再向下取整,可以正好使用 C++中的整除来实现,类似于上面这样一直除下去,后面的项会越来越小,最后一定会变为 0。

换个说法就是其实没有无限项,累加项是有限的,while 循环即可。

【参考程序】

```
1. #include <bits/stdc++.h>
2. using namespace std;
3. int main() {
4.     int n, ans = 0;
5.     cin >> n;
6.     while (n) {
7.         n /= 5;
```

```
8.            ans += n;
9.        }
10.       cout << ans << endl;
11.       return 0;
12. }
```

【练习 2.3.1】 修理牛棚(repair,1 S,128 M,USACO Training Section 1.3.2)

【思路分析】

分析样例数据,考虑如果仅仅使用 1 块木板的话,只需将从最左边一头牛到最后一头牛前面竖起一个长木板即可(此时长度为 9):

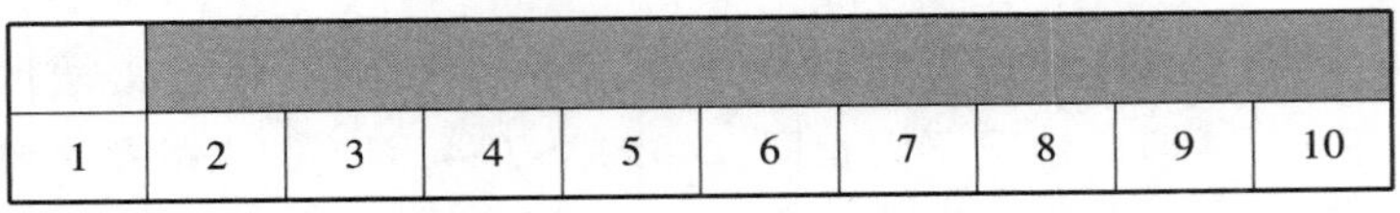

	■	■	■	■	■	■	■	■	■
1	2	3	4	5	6	7	8	9	10

如果可以使用 2 块木板的话,此时我们可以在刚才的基础上,关心一下任意两头牛之间的距离。显然如果去掉其中最长间距的话,剩下木板总长度应该最短(此时长度为 6)。

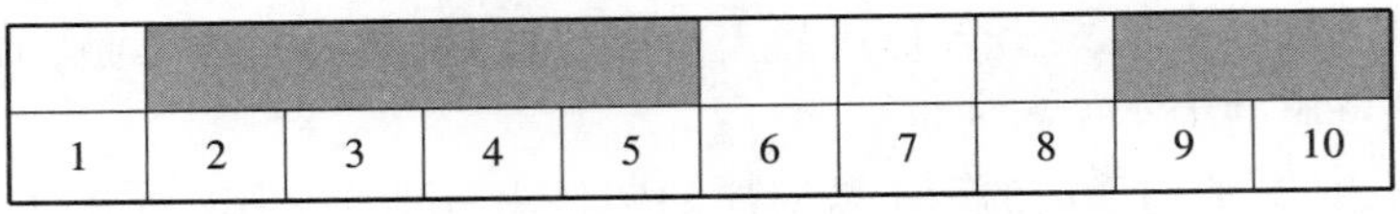

	■	■	■	■				■	■
1	2	3	4	5	6	7	8	9	10

这样贪心策略就有了:每次选取两头牛中间距最长的,前面不再竖起木板。最终得到的 M 块木板的总长度必然最短。

基本步骤如下:

(1)将所有牛所在牛棚编号排序;

(2)先用一块长木板盖住全部的牛(从第一头牛到最后一头牛即可);

(3) 接下来 $M-1$ 步,每一步选择间距最长的将其去掉即可。

【参考程序】

```
1. #include <bits/stdc++.h>
2. using namespace std;
3. const int N = 205;
4. int stall[N], dist[N];
5. bool cmp(int a, int b) {
6.        return a > b;
7. }
8. int main() {
9.        int m, s, c;
10.       cin >> m >> s >> c;
11.       for (int i = 1; i <= c; ++i)
12.           cin >> stall[i];
13.       sort(stall + 1, stall + c + 1);  // 先对牛棚从小到大排序
14.       for (int i = 1; i < c; ++i)
```

```
15.            dist[i] = stall[i+1] - stall[i] - 1;  // 计算任意两头牛之间的间距
16.        sort(dist+1, dist+c, cmp);   // 对于间距从大到小排序
17.        int len = stall[c] - stall[1] +1;  //初始木板长度
18.        for (int i = 1; i <m;++i)
19.            len -= dist[i];
20.        cout << len << endl;
21.        return 0;
22. }
```

【练习 2.3.2】 最大整数(bignum,1 S,64 M,NOIP 1998 提高组 P2)

【思路分析】

先分析样例,将输入的数字从大到小排序有: 343>312>13,连起来就得到了最大整数 34331213。但题中 $n=4$ 时的情况不太相同,246>13>7>4,而连起来的最大整数为 7424613,也就是说,应该是 7>4>246>13,这里暗示我们应该采用字符串比较大小。

于是得到如下方案: 因为"7">"4">"246">"13",所以有最大数为 7424613。

仔细再思考可以发现,如果两个字符串在比较时,其中一个字符串就是另一个字符串的前缀子串,比如: "312">"31",二者形成的大整数应该是"31312"而不是"31231",因此,这里需要对两个字符串的大小做新的定义才行。

设字符串 A 和 B,他们形成的两个数对应的字符串分别为 A+B 和 B+A,规定新的大于规则如下: 当且仅当 A+B>B+A 时,称 A 是大于 B 的。不妨记为 A▷B。

然后按这个规则将所有数字字符串从大到小连起来得到的字符串就是最大的整数。

贪心策略就是: 每次从排好序的字符串中找出最大的,连接到已选好的大整数后面。

这里还有一个容易忽略的问题,就是按照上述定义后的字符串仍然还是有序的。即,"若有 A▷B、B▷C 均成立,还能推出 A▷C 成立"才行。换个说法就是新定义的大于关系要有传递性。

证明如下:

因为 A▷B、B▷C,根据定义有 A+B>B+A,B+C>C+B。

需要证明的是 A▷C,即 A+C>C+A,也就是需要等价证明如下结论:

"如果 A+B>B+A、B+C>C+B,那么 A+C>C+A"

设字符串 A、B、C 的长度分别为 lenA、lenB 和 lenC,取 x=lenB×lenC、y=lenA×lenC、z=lenB×lenC。记 xA、yB、zC 分别表示将字符串 A、B、C 重复 x、y、z 次得到的字符串。

很明显,字符串 xA、yB、zC 的长度都一样,均为 lenA×lenB×lenC。

由 A+B>B+A,可知 xA+yB>yB+xA。同理由 B+C>C+A,有 yB+zC>zC+yB。比如,"31312">"31231",可以得到"313131312312">"312312313131"。

因为 A、B、C 三个字符串不同,即他们的前缀子串一定会有区别,因此必然有: xA>yB,yB>zC,从而: xA>zC,xA+zC>zC+xA,A+C>C+A。

【参考程序】

```
1. #include <bits/stdc++.h>
```

```
2. using namespace std;
3. string s[25];
4. bool cmp(string a, string b) {
5.     return a + b > b + a;
6. }
7. int main() {
8.     int n;
9.     cin >> n;
10.    for (int i = 0; i < n;++i) cin >> s[i];
11.    sort(s, s + n, cmp);
12.    for (int i = 0; i < n;++i) cout << s[i];
13.    cout << endl;
14.    return 0;
15. }
```

【练习 2.3.3】 正整数拆分(num,1 S,128 M,内部训练)

【思路分析】

依次取 $x = 1,2,3,\cdots$,根据各自的答案列出下表,设法寻找规律。

x	最大乘积	x	最大乘积
1	1	6=3+3	3×3=9
2	2	7=3+2+2	3×2×2=12
3	3	8=3+3+2	3×3×2=18
4=2+2	2×2=4	9=3+3+3	3×3×3=27
5=2+3	2×3=6	10=3+3+4	3×3×4=36

不难发现,拆分下来的数只要是 2 和 3 即可,4 可拆可不拆,如果拆分,就看成 2+2,乘起来还是 4。接下来试着证明这个拆分是正确的。

(1) 首先是不能拆出数字 1 的。因为 $1\times a\times$定值$<(1+a)\times$定值,其中定值是其他拆分出来的数的乘积,即 1 加上任意一个数字 a 后,得到的 a+1 可以让乘积更大。

(2) 其次,如果拆出了一个数字 $y>4$,则可以进一步拆分为 2 和 $y-2$。因为 $2(y-2)-y=y-4>0$,所以 $2(y-2)>y$,因此一旦出现大于 4 的数,可以进一步拆分为 2 和另一个数,后者的乘积将会更大;

数字 4 可以理解为 2 个 2,这样剩下的数在不断调整过程中都会变成 2 和 3。

基本步骤如下:

(1) 先计算 x 除以 3 的商 cnt 和余数 r;

(2)接着根据余数 r 的情况再进行讨论:

① 余数 r=0,此时恰好把 x 分解为 cnt 个 3,答案$=3^{cnt}$;

② 余数 r=1,将 1 加到 3 中得到 4,答案 $=3^{cnt-1}\times4$;

③ 余数 r=2,答案 $=3^{cnt}\times2$。

当 $x=200=66\times3+2$,答案 $=3^{66}\times2\approx0.618\times10^{32}$,不超过__int128 的上界(约 1.7×10^{38})

【参考程序】

```
1. #include <bits/stdc++.h>
2. using namespace std;
3. __int128 power(int x, int cnt) {
4.        __int128 res = 1;
5.        for (int i = 1; i <= cnt ;++i) res * = x;
6.        return res;
7. }
8. void write(__int128 x) {  // __int128 的输出不能直接使用 cout
9.        if (x == 0) return;
10.       write(x / 10);
11.       putchar(x % 10 + '0');
12. }
13. int x, cnt2, cnt3;
14. int main() {
15.       cin >> x;
16.       int cnt3 = x / 3, r = x % 3;
17.       if (r == 1) --cnt3, cnt2 = 2;
18.       if (r == 2) cnt2 = 1;
19.       write(power(2, cnt2) * power(3, cnt3));
20.       return 0;
21. }
```

【练习 2.3.4】 射气球(shoot,2S,128M,内部训练)

【思路分析】

思路 1:

分析样例,如右图所示,容易想到至少要有一支箭射最高的气球(高度为 5),射完后高度减 1,按顺序从左到右还可以射中高度为 4 和 3 的两个气球。重复刚才的思路,再找最高的气球,这次为高度 2,同样分析可得会把右侧高度为 1 的射中,因此答案为 2。

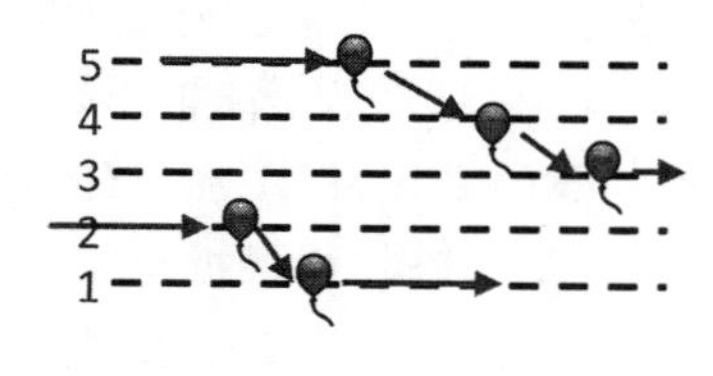

这样就得到了贪心策略:每次从左到右射出一支箭,高度与最左边最高的气球一致。然后从左到右依次再射中可以射的气球。

注意到同一高度可能不止一个气球,当从左到右射中一个气球后,由于箭的高度会降低,因此后面同一高度的气球将不会再被射中,同一高度的气球最多需要和个数一样多的箭才能全部射中。

算法实现时,首先需要存储每个气球的高度以方便找到最高的气球所在位置,其次还需要将位于同一高度的气球所在下标存在一起方便处理：

```
set<int>h; // 气球高度集合
set<int>s[1000007];  // 同一高度气球集合(存储下标即可)
```

这里集合 h 用于存储全部气球高度，集合 s[i]存储所有高度为 i 的下标。每次射中一个气球，需要做以下两个处理：

(1) 将下标为 id 的气球从所在高度集合中删除：s[i].erase(id)；

(2) 如果高度为 i 的气球都不存在时，则将这个高度从集合 h 中删除：

```
if (s[i].empty()) h.erase(i);
```

接下来考虑问题：从一个高度射出一支箭之后，如何知道后面射中的气球分别落在哪个位置？从右图可以发现，高度 3 中被射中的气球所在位置应该比前一次射中高度对应的位置更靠右，因此可以在高度为 3 的集合 s[3] 中使用函数 lower_bound 二分找到第一个比上一次射中位置 x 大的位置。

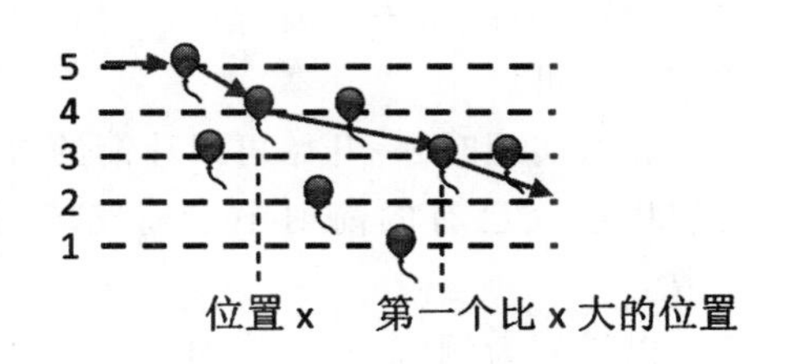

【参考程序】

```
1. #include <bits/stdc++.h>
2. using namespace std;
3. set<int>h;              //还存在气球的高度的集合
4. set<int>s[1000007];  // s[i]高度为 i 的气球的横坐标集合
5. int n;
6. int main() {
7.       cin >>n;
8.       for (int i = 1; i <= n;++i) {
9.             int x;
10.            cin >>x;
11.            h.insert(x);
12.            s[x].insert(i);
13.       }
14.       int ans = 0;
15.       while (! h.empty()) {
16.            ++ans;
17.            int y = * h.rbegin(), x = 0;  //从最高点射箭,箭的初始位置(0,h_max)
18.            while (y >= 0) {
19.                 if (s[y].empty()) break;  //该层没有气球
20.                 auto it = s[y].lower_bound(x);
21.                 if (it == s[y].end()) break;  //该层右边没有气球
22.                 s[y].erase(x = * it);
23.                 if (s[y].empty()) h.erase(y);
24.                 --y;
```

```
25.             }
26.         }
27.         cout << ans << endl;
28.         return 0;
29. }
```

思路 2：

假设在每一个高度都有可能射出一支箭，这些箭在射中该高度从左向右的第一个气球后，该高度箭的个数减 1，同时因为高度减 1，相应高度的箭增加一支；当某个高度不再有箭时，该高度再射出一支箭，最后射出箭的总数就等于某个高度没有箭但存在相应气球时就计数加一即可。

算法实现时，一开始可以让箭的总数为 0，这样就可以从左到右逐个贪心射出这些箭或者使用前面已有的箭射中当前气球，另外还需要一个数组 cnt 存储每一个高度对应箭的个数。

以样例为例，贪心计算如下：

序号	高度 h	数组 cnt，初始为[0, 0, 0, 0, 0]	答案 ans
1	2	[1, 0, 0, 0, 0]	1
2	1	[0, 0, 0, 0, 0]	1
3	5	[0, 0, 0, 1, 0]	2
4	4	[0, 0, 1, 0, 0]	2
5	3	[0, 1, 0, 0, 0]	2

【参考程序】

```
1. #include <bits/stdc++.h>
2. using namespace std;
3. int ans, n, h, cnt[1000005];
4. int main() {
5.         cin >> n;
6.         while (n--) {
7.             cin >> h;
8.             if (cnt[h] != 0) --cnt[h];
9.             else ++ans;
10.            ++cnt[h - 1];
11.        }
12.        cout << ans << endl;
13.        return 0;
14. }
```

【练习 2.3.5】 监测点(point,1 S,128 M,内部训练)

【思路分析】

先将区间按结束时间从小到大排序。然后从前向后选区间,当该区间未选取时,选取这个区间的结束时间即可。接下来证明这个贪心策略是正确的。

(1) 首先考虑区间包含的情况,当小区间已被选中时,大区间一定也被选中。因此,应优先选取小区间的点,可以不考虑大区间。假设区间已按结束时间从小到大排好序。

如果出现了区间包含的情况,小区间必然会排在大区间的前面。所以此情况下我们会优先选择小区间,此时贪心策略是对的。

(2) 区间相互之间不包含后,一定会有区间开始时间也会按序排列。如右图所示。

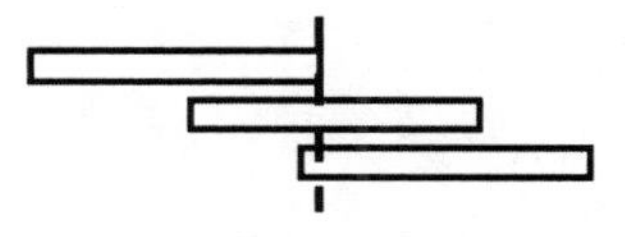

在这种情况下,选取左边第一个区间的右端点是最佳的,因为它比前面的点可能会监测到更多的区间。如右图中,选取最右边的点能监测到连续 3 个区间,而靠左的位置仅能监测 2 个区间,甚至仅能监测自身一个区间。

基本步骤如下:

(1) 先将区间按右端点排序,并选择第一个区间的右端点作为监测点;

(2) 从左向右依次考虑每一个区间,如果此区间已经被前面的监测点监测到,就继续考虑下一个区间;

(3) 否则修改当前区间的右端点为新的监测点,同时答案加 1。

【参考程序】

```
1. #include <bits/stdc++.h>
2. using namespace std;
3. struct node {
4.       int s, e;
5. } a[40005];
6. bool cmp(node a, node b) {
7.       return a.e < b.e;
8. }
9. int main() {
10.      int x;
11.      cin >> x;
12.      for (int i = 1; i <= x; ++i) {
13.            int n;
14.            cin >> n;
15.            for (int i = 1; i <= n; ++i) cin >> a[i].s >> a[i].e;
16.            sort(a + 1, a + 1 + n, cmp);
17.            int pos = 0, cnt = 0;
18.            for (int i = 1; i <= n; ++i)
19.                  if (a[i].s > pos) cnt++, pos = a[i].e;
20.            cout << cnt << endl;
```

```
21.     }
22.     return 0;
23. }
```

【练习 2.3.6】 国王游戏(king,1 S,128 M,NOIP 2012 提高组 Day1 P2)

【思路分析】

假设目前已经排好了几个人(包含国王),设他们左手上的数的乘积为 S, 现在考虑交换两个相邻大臣后得到结果之间的关系。

	S				S	
	L	R			L	R
①	a_1	b_1	╲╱	②	a_2	b_2
②	a_2	b_2	╱╲	①	a_1	b_1

记大臣①左手: a_1,右手: b_1;大臣 ② 左手: a_2,右手: b_2。

如果大臣①排在前面优于大臣②排在前面,根据题意有:

$$\max\left(\frac{S}{b_1},\ S\times\frac{a_1}{b_2}\right) < \max\left(\frac{S}{b_2},\ S\times\frac{a_2}{b_1}\right)$$

因为 $\frac{S}{b_1} < S\times\frac{a_2}{b_1}$, $S\times\frac{a_1}{b_2} > \frac{S}{b_2}$,要想让上式成立,只能有: $S\times\frac{a_1}{b_2} < S\times\frac{a_2}{b_1}$。

即 $\frac{a_1}{b_2} < \frac{a_2}{b_1}$, $a_1b_1 < a_2b_2$。

因此贪心策略为: 按照每个大臣左、右手上的数的乘积从小到大排序。

代码实现时,由于左手上乘积的最大值 $<10\,000^{1\,000}=10^{4\,000}$,因此需要使用高精度算法。

【参考程序】

```
1. #include <bits/stdc++.h>
2. using namespace std;
3. const int N = 1005, M = 5005;
4. struct node {
5.     int l, r;
6. } person[N];
7. bool cmp(node p, node q) {
8.     return p.l * p.r < q.l * q.r;
9. }
10. struct Bigint { // 定义大整数
11.     int num[M], t;
12.     void print() {
13.         for (int i = t; i >= 1; --i) cout << num[i];
14.         cout << endl;
15.     }
```

```
16. };
17. Bigint init(int x) {  // 将大整数初始化为 x
18.     Bigint res;
19.     memset(res.num, 0, sizeof(res.num));
20.     res.t = 0;
21.     while (x) {
22.         res.num[++res.t] = x % 10;
23.         x /= 10;
24.     }
25.     return res;
26. }
27. bool operator<(Bigint a, Bigint b) {  // 大整数比大小
28.     if (a.t != b.t) return a.t < b.t;
29.     for (int i = a.t; i >= 1; --i) {
30.         if (a.num[i] != b.num[i])
31.             return a.num[i] < b.num[i];
32.     }
33.     return false;
34. }
35. Bigint operator * (Bigint &a, int &b) {  // 大整数乘法
36.     Bigint c = a;
37.     for (int i = 1; i <= c.t; ++i) c.num[i] *= b;
38.     for (int i = 1; i <= c.t; ++i) {
39.         c.num[i + 1] += c.num[i] / 10;
40.         c.num[i] %= 10;
41.     }
42.     int i = c.t + 1;
43.     while (c.num[i]) {
44.         c.num[i + 1] += c.num[i] / 10;
45.         c.num[i] %= 10;
46.         ++i;
47.     }
48.     c.t = i - 1;
49.     return c;
50. }
51. Bigint operator/(Bigint& a, int& b) {  // 大整数除法
52.     Bigint c = init(0);
53.     int tmp = 0, flag = 0;
54.     for (int i = a.t; i >= 1; --i) {
55.         tmp = tmp * 10 + a.num[i];
56.         if (tmp >= b) {
57.             if (!flag) c.t = i, flag = true;
```

```
58.                 c.num[i] = tmp / b;
59.                 tmp % = b;
60.             }
61.         }
62.         return c;
63. }
64. int main() {
65.         int n;
66.         cin >> n;
67.         for (int i = 0; i <= n;++i)
68.             cin >> person[i].l >> person[i].r;
69.         sort(person + 1, person + 1 + n, cmp);
70.         Bigint ans = init(0);
71.         Bigint mul = init(person[0].l);
72.         for (int i = 1; i <= n;++i) {
73.             if (ans < mul / person[i].r) ans = mul / person[i].r;
74.             mul * = person[i].l;
75.         }
76.         ans.print();
77.         return 0;
78. }
```

【练习 3.1.1】 数的划分(divide,1 S,128 MB,NOIP2001 提高组)

【思路分析】

方法 1：本题可转换为“将 n 个小球放到 k 个盒子中,小球和盒子均没有区别,并且最后结果不允许空盒”的排列组合问题。

设 $f[i][j]$ 表示把 i 个球放到 j 个盒子中的放法数量,则根据是否有盒子中只有 1 个球可分为两种情况：

(1) 有盒子中只有一个球,则剩下的 $i-1$ 个球放到 $j-1$ 个盒子中,问题转换为求 $f[i-1][j-1]$。

(2) 没有盒子中只有一个球,则可以从每个盒子中取一个球出来,剩下的 $i-j$ 个球放到 j 个盒子中,问题转换为求 $f[i-j][j]$。

根据组合数学中的加法原理：$f[i][j]=f[i-1][j-1]+f[i-j][j]$。

边界条件：

当 $i=0$ 或者 $j=0$ 时, $f[i][j]=0$;

当 $i<j$ 时, $f[i][j]=0$;

当 $i=j=1$ 时, $f[i][j]=1$ 。

【参考程序】

```
1. #include<bits/stdc++.h>
2. using namespace std;
```

```
3. int f[205][10];
4. int main() {
5.    int n, k;
6.    cin >> n >> k;
7.    f[1][1] = 1;
8.    for (int i = 2; i <= n; ++i)
9.      for (int j = 1; j <= k; ++j)
10.        if (i >= j)
11.          f[i][j] = f[i - 1][j - 1] + f[i - j][j];
12.    cout << f[n][k] << endl;
13.    return 0;
14. }
```

方法 2：设 $f[i][j]$ 表示把数字 i 分成 j 份的分法数量。参考走楼梯问题，如果分出 1 份为 t，则问题就转化为把数字 $i-t$ 分成 $j-1$ 份的问题。由于 $1 \leqslant t < i$，所以

$$f[i][j] = f[i-1][j-1] + f[i-2][j-1] + \cdots + f[2][j-1] + f[1][j-1]$$

边界条件：

当 $i=0$ 或者 $j=0$ 时，$f[i][j]=0$

当 $i<j$ 时，$f[i][j]=0$

当 $i=j$ 时，$f[i][j]=1$

为方便处理，可以设 $f[0][0]=1$。

由于题目要求不考虑数字的顺序，所以填表时要把 t 放在循环的最外层，按照 t 的值从小到大依次填表，请仔细体会这样做的目的。

设 $n=7, k=3$，递推填表过程如下所示：

$t=1$ 时，表示分出的最后一个数字是 1，换言之，组成当前数 i 的所有数字都是 1。

所以，$f[1][1]=1$，$f[2][2]=1$，$f[3][3]=1$。

j i	0	1	2	3	4	5	6	7
0	1	0	0	0	0	0	0	0
1	0	1	0	0	0	0	0	0
2	0	0	1	0	0	0	0	0
3	0	0	0	1	0	0	0	0

$t=2$ 时，表示分出的最后一个数字是 2。

以 4 为例，分成两份是 $2+2$，所以 $f[4][2]=f[4-2][1]=1$。

j i	0	1	2	3	4	5	6	7
0	1	0	0	0	0	0	0	0
1	0	1	1	0	0	0	0	0
2	0	0	1	1	1	0	0	0
3	0	0	0	1	1	1	1	0

$t = 3$ 时,表示分出的最后一个数字是 3。

以 4 为例,分成两份的方法要增加 1 + 3,所以 $f[4][2] = f[4][2] + f[1][1] = 2$

以 6 为例,分成三份的方法要增加 1 + 2 + 3,所以 $f[6][3] = f[6][3] + f[3][3] = 2$

以 7 为例,分成三份的方法有 2 + 2 + 3 和 1 + 3 + 3 两种情况,所以 $f[7][3] = f[4][2] = 2$

j i	0	1	2	3	4	5	6	7
0	1	0	0	0	0	0	0	0
1	0	1	1	1	0	0	0	0
2	0	0	1	1	2	1	1	0
3	0	0	0	1	1	2	2	2

$t = 4$,表示分出的最后一个数字是 4。

以 6 为例,分成三份的方法要增加 1 + 1 + 4,所以 $f[6][3] = f[6][3] + f[2][2] = 3$

以 7 为例,分成三份的方法要增加 1 + 2 + 4,所以 $f[7][3] = f[7][3] + f[3][2] = 3$

j i	0	1	2	3	4	5	6	7
0	1	0	0	0	0	0	0	0
1	0	1	1	1	1	0	0	0
2	0	0	1	1	2	2	2	1
3	0	0	0	1	1	2	3	3

$t = 5$,表示分出的最后一个数字是 5。

由于最后一个数字是 5,所以比 5 小的数字是不会增加划分数量的,有变化的数字如下:

$f[5][1] = 1$,表示 5 = 5, $f[6][2]$ 增加 1 + 5, $f[7][2]$ 增加 2 + 5, $f[7][3]$ 增加 1 + 1 + 5

j i	0	1	2	3	4	5	6	7
0	1	0	0	0	0	0	0	0
1	0	1	1	1	1	1	0	0
2	0	0	1	1	2	2	3	2
3	0	0	0	1	1	2	3	4

$t = 6$，表示分出的最后一个数字是 6。

由于最后一个数字是 5，所以比 6 小的数字是不会增加划分数量的，有变化的数字如下：$f[6][1] = 1$，表示 6 = 6，$f[7][2]$ 增加 1+6

j i	0	1	2	3	4	5	6	7
0	1	0	0	0	0	0	0	0
1	0	1	1	1	1	1	1	0
2	0	0	1	1	2	2	3	3
3	0	0	0	1	1	2	3	4

$t = 7$，表示分出的最后一个数字是 6。

事实上，由于样例要求划分成三份，所以只需要做到 $t = 5$ 就可以了，$t = 6$ 和 $t = 7$ 对程序结果没有影响。带入变量就是 $t \leqslant n - k + 1$。原因请大家自己考虑。

j i	0	1	2	3	4	5	6	7
0	1	0	0	0	0	0	0	0
1	0	1	1	1	1	1	1	1
2	0	0	1	1	2	2	3	3
3	0	0	0	1	1	2	3	4

【参考程序】

```
1. #include<bits/stdc++.h>
2. using namespace std;
3. int f[205][10];
4. int main() {
5.     int n, k;
6.     cin >> n >> k;
7.     f[0][0] = 1;
8.     for (int t = 1; t <= n - k + 1; t++)
9.         for (int i = t; i <= n; ++i)
```

```
10.         for (int j = 1; j <= k; ++j)
11.             f[i][j] += f[i - t][j - 1];
12.     cout << f[n][k] << endl;
13.     return 0;
14. }
```

【练习 3.1.2】 传球游戏(ball,1 S,128 MB,NOIP2008 普及组)

【思路分析】

如果经过 j 次传球后,球在第 i 个同学手里,则经过第 j-1 次传球后,球应该在第 i+1 个同学手里,或者在第 i-1 个同学手里。这样,我们就可以得到递推公式:

$$f[i][j]=f[i-1][j-1]+f[i+1][j-1]$$

特别地:

当球在 1 号同学时, $f[1][j]=f[2][j-1]+f[n][j-1]$

当球在 n 号同学时, $f[n][j]=f[n-1][j-1]+f[1][j-1]$

边界条件: $f[1][0]=1$

【参考程序】

```
1. #include <bits/stdc++.h>
2. using namespace std;
3. int i, j, k, t, n, m, c, s;
4. int f[35][35];
5. int main() {
6.     cin >> n >> m;
7.     f[1][0] = 1;
8.     for (j = 1; j <= m; ++j) {
9.         for (i = 2; i <= n - 1;++i)
10.            f[i][j] = f[i - 1][j - 1] +f[i + 1][j - 1];
11.        f[1][j] = f[2][j - 1] +f[n][j - 1];
12.        f[n][j] = f[n - 1][j - 1] +f[1][j - 1];
13.    }
14.    cout << f[1][m] << endl;
15. }
```

【练习 3.1.3】 极值问题(acme,1 S,128 MB,NOI1995)

【思路分析】

这是一道典型的数学题。如果从条件(2)出发,分别枚举 n 和 m 的值,是可以得到问题解的,时间复杂度是 O(nm)。但是 n 和 m 的值受限于 k,当 k 的值很大的时候,枚举法是一定会超时的。因为 $1\leqslant k\leqslant 10^9$,所以本题的时间复杂度不能超过 O(n)。

解题的关键是找出数据之间的规律。按照递推算法的思想,从小数据出发,我们来尝试找出规律。根据题意,n 最小值是 1。

当 $n=1$ 时，$(n^2-mn-m^2)^2=(1^2-m-m^2)^2=1$，m 的正整数解是 1；

当 $n=2$ 时，$(n^2-mn-m^2)^2=(2^2-2m-m^2)^2=1$，m 的正整数解是 1；

当 $n=3$ 时，$(n^2-mn-m^2)^2=(3^2-3m-m^2)^2=1$，m 的正整数解是 2；

当 $n=4$ 时，$(n^2-mn-m^2)^2=(4^2-4m-m^2)^2=1$，m 没有正整数解；

当 $n=5$ 时，$(n^2-mn-m^2)^2=(5^2-5m-m^2)^2=1$，m 的正整数解是 3。

观察 n 和 m 有解的情况：(1,1)、(2,1)、(3,2)、(5,3)。似乎是斐波拉契数列。

猜测：n,m 为斐波拉契数列中相邻的两项。

证明：假设 $(n^2-mn-m^2)^2=1$ 成立，令 $n=m+n$，$m=n$，带入原式，得

$$((m+n)^2-n(m+n)-n^2)^2=(m^2+2mn+n^2-mn-n^2-n^2)^2=(m^2+mn-n^2)^2=(n^2-mn-m^2)^2=1$$

所以，如果 m 和 n 为一组满足条件的解，那么 m+n 和 n 也是一组满足条件的解。而数据(1,1)满足条件，所以斐波拉契数列中相邻的两项也满足条件，猜想得证。

由于题目中要求使得 m^2+n^2 的值最大，所以问题的解即为斐波拉契数列中小于 k 的最大两个相邻数。

本题是 NOI1995 年的一道真题，对大家的数学能力提出了较高要求。做这类问题需要同学们从小数据出发，大胆假设，小心求证，寻找规律，验证猜想。找到规律以后，代码实现是非常容易的，这是这一类递推题的特点。

【参考程序】

```
1. #include<bits/stdc++.h>
2. using namespace std;
3. int main() {
4.     long long n = 1, m = 1, k;
5.     cin >> k;
6.     int t = n + m;
7.     while (t <= k) {
8.       if (t <= k) {
9.         m = n;
10.        n = t;
11.      }
12.      t = n + m;
13.    }
14.    cout << m << " " << n << endl;
15.    return 0;
16. }
```

【练习 3.1.4】 货币系统问题(money,1 S,128 MB,magicoj204007)

【思路分析】

首先，划分阶段。把用前 1 种货币组成面值为 j 的方案数作为第 1 个阶段，把用前 2 种货币组成面值为 j 的方案数作为第 2 个阶段，以此类推，把用前 V 种货币组成面值为 j 的方案数作为第 V 个阶段。于是，我们可以用 f[i][j]来表示用前 i 种货币组成面值为 j 的方案

数,为方便起见,可以设 f[0][0]=1,即用 0 种货币组成面值为 0 的方案数为 1。

其次,考虑递推关系。按照使用还是不使用当前第 i 种货币,可以把 f[i][j]分成两种情况讨论:

(1) 不使用第 i 种货币,则 f[i][j]=f[i-1][j]。

(2) 使用至少一张第 i 种货币,则 f[i][j]=f[i][j-p],其中 p 表示当前第 i 种货币的面值。这里和走楼梯问题类似,如果最后一步使用第 i 种货币,则前一步的面值是 j-p。

以样例数据为例,一共有 1,2,5 三种面值的货币。

第 1 种货币的面值为 1,所以组成任意面值的方案数均为 1。

第 2 种货币的面值为 2,如果组成的面值小于 2 则不使用当前货币,f[2][j]=f[1][j],否则,考虑使用至少 1 张当前货币的情况,递推过程如下:

f[2][2]=f[1][2]+f[2][0]

f[2][3]=f[1][3]+f[2][1]

f[2][4]=f[1][4]+f[2][2]

……

f[2][10]=f[1][10]+f[2][8]

第 3 种货币的面值是 5,如果组成的面值小于 5 则不使用当前货币,f[3][j]=f[2][j],否则,考虑使用至少 1 张当前货币的情况,递推过程如下:

f[3][5]=f[2][5]+f[3][0]

f[3][6]=f[2][6]+f[3][1]

f[3][7]=f[2][7]+f[3][2]

……

f[3][10]=f[2][10]+f[3][5]

于是,得到递推关系式:

f[i][j]=f[i-1][j]+f[i][j-p],$0 \le j \le n$,p 为当前货币的面值。

递推计算过程如下表所示:

f[i, j]	1	2	3	4	5	6	7	8	9	10
货币 1,面值 1	1	1	1	1	1	1	1	1	1	1
货币 2,面值 2	1	2	2	3	3	4	4	5	5	6
货币 3,面值 5	1	2	2	3	4	5	6	7	8	10

更进一步,由于 f[i][j]的值只和上一行的值和当前行前面的值有关,所以递推关系式可以从二维简化成一维。即 f[j]=f[j]+f[j-p],$0 \le j \le n$。

本质上,这道题是一个完全背包问题。

【参考程序】

```
1. #include <bits/stdc++.h>
2. using namespace std;
3. int main() {
```

```
4.    int v, n, p;
5.    cin >> v >> n;
6.    int f[1001] = {1};
7.    for (int i = 1; i <= v;++i) {
8.       cin >> p;
9.       for (int j = p; j <= n; ++j)
10.          f[j] += f[j - p];
11.   }
12.   cout << f[n] << endl;
13.   return 0;
14. }
```

【练习 3.1.5】 信封问题(derangement,1 S,128 MB,洛谷 P1595)

【思路分析】

当 n=1 时,显然没有错位装法;

当 n=2 时,有(2, 1)一种装法;

当 n=3 时,有(2, 3, 1)、(3, 1, 2)两种装法;

当 n=4 时,有(2, 1, 4, 3)、(3, 1, 4, 2)、(4, 1, 2, 3)、(3, 4, 1, 2)、(2, 4, 1, 3)、(4, 3, 1, 2)、(4, 3, 2, 1)、(2, 3, 4, 1)、(3, 4, 2, 1)共 9 种装法。

观察上述规律,推导出递推公式:

假如有 n 封信,任何一封信都需要错位,错排方案数是 D(n)。

(1) 第一步:首先找出一封信 a 出来,这封信不能排在其本身位置,只能放在其余 n-1 个位置上,因此有 n-1 种排法。

(2) 第二步:现在讨论除 a 之外的其余信的错排问题。假设第一封信 a 占据了 b 的位置,那么此时 b 放在哪个信封分两种情况:b 放在 a 位置,或者 b 不放在 a 位置,分情况讨论。

① b 放在 a 位置,则剩下 n-2 封信进行错排,方案数是 D(n-2)。

② b 不放在 a 位置,则 b 有 n-2 个位置可以放(不能放 a 位置和 b 位置),其他元素也有 n-2 个位置可以放(不能放 b 位置和自身位置),这种情况下相当于除 a 之外的其他元素的错排问题,即 n-1 个元素的错排问题,方案数是 D(n-1)。

以 n=4 的情况为例,如果 1 放在 2 的位置上,

(1) 2 放在 1 的位置上,则 3、4 的放法方案数是 D(4-2)= D(2)= 1,对应的放法是(2, 1, 4, 3)。

(2) 2 不放在 1 的位置上,则 2、3、4 的放法方案数是 D(4-1)= D(3)= 2,对应的放法是(3, 1, 4, 2)、(4, 1, 2, 3)。注意,这里去掉 1,剩下的数减 1 后,依然构成错排序列(2, 3, 1)、(3, 1, 2)。

综上,D(n)= (n-1)(D(n-1)+D(n-2)),即:

递推公式:D[n] =(n-1) * (D[n-1]+D[n-2]) (n>2)

边界条件:D[1] =0, D[2] =1

【参考程序】

```
1. #include<bits/stdc++.h>
2. using namespace std;
3. long long d[25] = {0, 0, 1};
4. int main() {
5.     int n;
6.     cin >> n;
7.     if (n >2)
8.      for (int i = 3; i <= n;++i)
9.         d[i] = (i - 1)* (d[i - 1] +d[i - 2]);
10.    cout << d[n];
11.    return 0;
12. }
```

【练习 3.2.1】 一元三次方程求解(equation,1 S,128 MB,NOIP2001 提高组)

【思路分析】

一元三次方程的函数图像一般如右图所示:

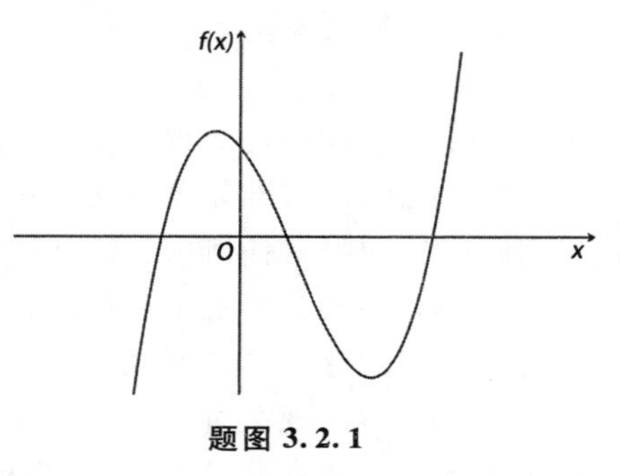

题图 3.2.1

图像与 x 轴有 3 个交点表示存在 3 个不同的实数根。

如何求这些实数根呢?这里提供两种方法。

方法一:二分法。

按照数学定义,若存在两个不同的数 a 和 b,且 f(a) * f(b)<0,则在(a, b)范围内一定有实数根。

如果已知区间(x_1, x_2)内有实数根,则可以用二分法

求实数根。方法如下:

令:mid=(a+b)/2

(1) 如果 f(mid)= 0,则根为 m,存储根的值;

(2) 如果 f(a) * f(mid)<0,则必然有根在区间(a, mid)中,迭代查找区间(a, mid);

(3) 如果 f(mid) * f(b)<0,则必然有根在区间(mid, b)中,迭代查找区间(mid, b)。

由于根不止一个,在找到一个根 mid 之后,还需要对区间(a, mid-1)和(mid+1, b)继续二分查找,直到找到所有根为止。

【参考程序】

```
1. #include <bits/stdc++.h>
2. using namespace std;
3. double a, b, c, d;
4. double ans[4];
5. int n;
6. double Fun(double x) {
```

```
7.     return ((a* x + b)* x + c)* x + d;
8. }
9. void Calc(double l, double r) {
10.    if (n >2 || l >r || (Fun(l)* Fun(r) >0 && r - l <1))
11.       return ;
12.    double mid = (l + r) / 2;
13.    if (fabs(Fun(mid)) <= 1e-4) {
14.       ans[ ++n] = mid;
15.       Calc(l, mid - 1);
16.       Calc(mid + 1, r);
17.    } else {
18.       Calc(l, mid);
19.       Calc(mid, r);
20.    }
21. }
22. int main() {
23.    cin >> a >> b >> c >> d;
24.    Calc(-100, 100);
25.    sort(ans + 1, ans + 4);
26.    cout << setprecision(2) << fixed ;
27.    cout << ans[1] <<' ' << ans[2] <<' ' << ans[3] << endl;
28.    return 0;
29. }
```

方法二：枚举法。

由于根的范围在-100 至 100 之间，且根与根之差的绝对值≥1，可以以 1 为单位逐步枚举，确定在区间[x, x+1)范围内是否有根，如果区间内有根，对有根的区间使用二分法，就可以得到该区间范围内的根了。

【参考程序】

```
1. #include<bits/stdc++.h>
2. using namespace std;
3. double a, b, c, d;
4. double f(double x) {
5.     return a* x* x* x + b* x* x + c* x + d;
6. }
7. int main() {
8.     double x1, x2, xx;
9.     int x;
10.    cin >> a >> b >> c >> d;
11.    for (x = -100; x < 100; x++) {
12.       x1 = x; x2 = x + 1;
```

```
13.        if (f(x1) == 0) printf("%.2lf ", x1);
14.        else if (f(x1)* f(x2) <0) {
15.           while (x2 - x1 >= 0.001) {
16.              xx = (x1 +x2) / 2;
17.              if (f(x1)* f(xx) <= 0) x2 = xx;
18.              else x1 = xx;
19.           }
20.           printf("%.2lf ", x1);
21.        }
22.     }
23.     cout << endl;
24.     return 0;
25. }
```

【练习 3.2.2】 查找第 k 小的数(kmin,1 S,128 MB,内部训练)

【思路分析】

查找第 k 小的数可以先排序再做,这样做的时间复杂度和排序的时间复杂度有关,最快是 $O(n\log n)$。更快的做法是使用类似快速排序的方法。先选择一个元素 key,将数组划分为两部分,一部分的元素都小于 key,另一部分的元素都大于 key。然后,根据 key 位置和 k 的大小关系二分寻找第 k 小的数。这种方法的时间复杂度为 $O(n)$。

【参考程序】

```
1. #include <bits/stdc++.h>
2. using namespace std;
3. int a[100001], b[100001];
4. int i, j, n, k, l;
5. void Operation(int START, int END) {
6.    i = START;
7.    j = END;
8.    while (i != j) {
9.       if (i <j) {
10.         if (a[i] >a[j])
11.            swap(a[i], a[j]), swap(i, j);
12.         else
13.            j--;
14.      } else {
15.         if (a[i] <a[j])
16.            swap(a[i], a[j]), swap(i, j);
17.         else
18.            ++j;
19.      }
20.   }
```

```
21.     if (i < k)
22.       Operation(i + 1, END);
23.     else if (i == k) {
24.       for (l = 1; l <= n; l++)
25.         if (b[l] == a[i]) {
26.           cout << l << endl;
27.           break;
28.         }
29.     } else
30.       Operation(START, i - 1);
31. }
32. int main() {
33.     cin >> n >> k;
34.     for (i = 1; i <= n; ++i) {
35.       cin >> a[i];
36.       b[i] = a[i];
37.     }
38.     Operation(1, n);
39.     return 0;
40. }
```

【练习 3.2.3】 循环比赛(match,1 S,128 MB,内部训练)

【思路分析】

首先,模拟样例,从小数据出发,我们来寻找规律。

输入值	输出值
1	1 2 2 1
2	1 2 3 4 2 1 4 3 3 4 1 2 4 3 2 1
3	1 2 3 4 5 6 7 8 2 1 4 3 6 5 8 7 3 4 1 2 7 8 5 6 4 3 2 1 8 7 6 5 5 6 7 8 1 2 3 4 6 5 8 7 2 1 4 3 7 8 5 6 3 4 1 2 8 7 6 5 4 3 2 1

显然,如果把比赛时间表平均分成四份,我们会发现以下规律:

(1) 左上的矩阵和右下的矩阵是一样的,左下的矩阵和右上的矩阵是一样的;

(2) 左上矩阵中的每一个元素加上一个特点值就会变成右上的矩阵。观察发现:当 $n = 1$ 时,这个值是 1;当 $n = 2$ 时,这个值是 2;当 $n = 3$ 时,这个值是 4。显然,关于 n,这个值是 2^{n-1}。

1	2	3	4	5	6	7	8
2	1	4	3	6	5	8	7
3	4	1	2	7	8	5	6
4	3	2	1	8	7	6	5
5	6	7	8	1	2	3	4
6	5	8	7	2	1	4	3
7	8	5	6	3	4	1	2
8	7	6	5	4	3	2	1

进一步研究后,我们发现,n=3 时矩阵的左上角就是 n=2 时的矩阵,n=2 时矩阵的左上角就是 n=1 时的矩阵。所以,本题我们可以分治分析,递推实现,从 1 * 1 矩阵开始按上述规律生成 2×2 的矩阵,再生成 4×4 的矩阵,直至生成 $2^n \times 2^n$ 的矩阵。

【参考程序】

```
1. #include <bits/stdc++.h>
2. using namespace std;
3. const int maxn  = 32;
4. int matchlist[maxn +5][maxn +5];
5. int main() {
6.     int m;
7.     cin >> m;
8.     int n  = 1;
9.     for (int i  = 1; i <= m;++i) n *  = 2;
10.    int k  = 1, half  = 1;
11.    matchlist[1][1] = 1;
12.    for (int k  = 1; k <= m; k++) {
13.       for (int i  = 1; i <= half;++i)
14.          for (int j  = 1; j <= half; ++j) {
15.             matchlist[i][j + half] = matchlist[i][j] + half;
16.             matchlist[i + half][j] = matchlist[i][j] + half;
17.             matchlist[i + half][j + half] = matchlist[i][j];
18.          }
19.       half * = 2;
20.    }
21.    for (int i  = 1; i <= n;++i) {
```

```
22.         for (int j = 1; j <= n; ++j)
23.             cout << setw(3) << matchlist[i][j];
24.         cout << endl;
25.     }
26.     return 0;
27. }
```

【练习 3.2.4】 跳石头(stone,1 S,128 MB,NOIP2015 提高组)

【思路分析】

当看到“最短跳跃距离的最大值”这类描述时,首先应该想到二分答案。由于答案具有单调性,即如果距离 x 可以满足要求,当 y<x 时,距离 y 也必然满足要求,所以本题可以用二分答案来解决。

具体操作是二分最大跳跃的距离。然后从第一个石子(0)开始,对于下一个石子,如果跳跃长度大于判定的距离,则跳过去,否则就要把下一个石子移走,判断移走的石子是否小于等于 m 个。

【参考程序】

```
1. #include <bits/stdc++.h>
2. using namespace std;
3. int a[50010];
4. int calc(int x, int n) {
5.     int ans = 0, pre = 0, k = 0;
6.     while (k <= n) {
7.         while (k <= n && a[k] - a[pre] < x)
8.             k++;
9.         if (k > n)
10.            break;
11.        ans++;
12.        pre = k;
13.    }
14.    return n - ans;
15. }
16. int main() {
17.    int L, n, m;
18.    cin >> L >> n >> m;
19.    a[0] = 0;
20.    for (int i = 1; i <= n; ++i)
21.        cin >> a[i];
22.    a[++n] = L;
23.    int l = 1, r = L;
24.    while (l <= r) {
25.        int mid = (l + r) >> 1;
```

```
26.        if (calc(mid, n) <= m)
27.            l = mid + 1;
28.        else
29.            r = mid - 1;
30.    }
31.    cout << r << endl;
32.    return 0;
33. }
```

【练习 3.2.5】 收入计划(income,1 S,128 MB,TYVJ1359)

【思路分析】

本题与上一题类似,也是使用二分答案解决。二分领到工资的最大值,然后使用贪心算法判断是否可行。

【参考程序】

```
1. #include<bits/stdc++.h>
2. using namespace std;
3. int a[100010], n, m, tot, l, r, ans, mid;
4. bool flag;
5. bool check(int t) {
6.     int tmp, cur, l, r;
7.     flag = 0;
8.     tmp = 0; cur = 1;
9.     l = 1;
10.    for (int i = 1; i <= n;++i) {
11.        if (a[i] >t) return 0;
12.        if ((tmp == t) && (n - r+l >m))
13.            flag = 1;
14.        if (tmp + a[i] >t) {
15.            tmp = a[i];
16.            cur++;
17.            l = i; r = i;
18.        } else {
19.            tmp += a[i];
20.            r = i;
21.        }
22.        if ((tmp == t) && (n - r+l >m))
23.            flag = 1;
24.    }
25.    if (cur >m) return 0;
26.    return 1;
27. }
```

```
28. int main() {
29.   cin >> n >> m;
30.   tot = 0;
31.   for (int i = 1; i <= n; ++i)
32.     cin >> a[i];
33.   for (int i = 1; i <= n; ++i)
34.     tot = tot + a[i];
35.   l = 0; r = tot;
36.   while (l <= r) {
37.     mid = (l + r) / 2;
38.     if (check(mid)) {
39.       if (flag) ans = mid;
40.       r = mid - 1;
41.     } else l = mid + 1;
42.   }
43.   cout << ans << endl;
44.   return 0;
45. }
```

【练习 3.3.1】 合唱队形(chorus,1 S,128 MB,NOIP2004 提高组)

【思路分析】

显然,本题是最长不下降子序列(LIS)的应用,稍有区别的是最长不下降子序列只需要考虑一个方向的子序列,而本题要考试两个方向的子序列,极端情况下,有可能退化为一个子序列,如下图所示。

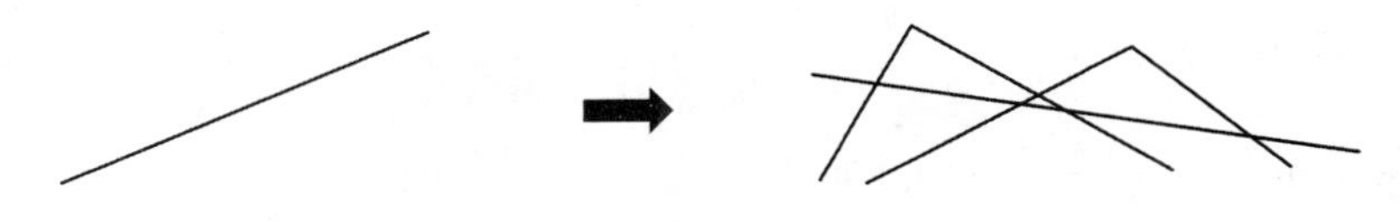

题图 3.3.1

基本的想法是:枚举每一个同学,假设他是身高最高的同学,接着对他的左边求最长上升序列,对右边求最长下降序列,把两个序列长度加一起减一,即为以这位同学身高为最高值的合唱队形长度。遍历找出合唱队形的最大长度 MaxL,最后输出 N-MaxL。

以样例数据为例,计算过程如下表所示。

位置编号	1	2	3	4	5	6	7	8
学生身高	186	186	150	200	160	130	197	220
左边 LIS	1	1	1	2	2	1	3	4
右边 LIS	3	3	2	3	2	1	1	1
队形长度	3	3	2	4	3	1	3	4

显然,合唱队形的最大长度是4,最少需要4位同学出列。

【参考程序】

```
1. #include<bits/stdc++.h>
2. using namespace std;
3. int a[110], dp1[110], dp2[100];
4. int main() {
5.     int n, mx, ans = 0;
6.     cin >> n;
7.     for (int i = 1; i <= n;++i) cin >> a[i];
8.     for (int i = 1; i <= n;++i) {
9.        for (int j = 1; j <= i; ++j) {
10.          mx = 0;
11.          for (int k = 1; k < j; k++) {
12.             if (a[k] < a[j] && dp1[k] > mx)
13.                mx = dp1[k];
14.          }
15.          dp1[j] = mx + 1;
16.       }
17.       for (int j = n; j >= i; j-- ) {
18.          mx = 0;
19.          for (int k = n; k > j; k-- ) {
20.             if (a[k] < a[j] && dp2[k] > mx) {
21.                mx = dp2[k];
22.             }
23.          }
24.          dp2[j] = mx + 1;
25.       }
26.       ans = max(ans, dp1[i] + dp2[i] - 1);
27.    }
28.    cout << n - ans << endl;
29.    return 0;
30. }
```

这样做的时间复杂度是 $O(n^3)$,可以通过 $n \leqslant 100$ 的数据,但无法通过 $n \leqslant 1\,000$ 的数据,该怎么优化呢?

考虑到动态规划算法具有最优子结构的特征,即当前的解一定是局部最优的,所以只需要算两遍最长下降子序列,一遍从头到尾,一遍从尾到头,就可以完成上述表格的填写,最后再遍历一遍,找出合唱队形的最大值,就可以得到出列人数了。这样做的时间复杂度是 $O(n^2)$,可以轻松通过 $n \leqslant 1\,000$ 的数据。

【参考程序】

```
1. #include<bits/stdc++.h>
2. using namespace std;
3. int a[105], dp1[105], dp2[105];
4. int main() {
5.     int n;
6.     cin >> n;
7.     for (int i = 1; i <= n;++i) {
8.      cin >> a[i];
9.      dp1[i] = 1, dp2[i] = 1;
10.    }
11.    for (int i = 1; i <= n;++i)
12.      for (int j = 1; j <= i - 1; ++j)
13.        if (a[i] > a[j])
14.          dp1[i] = max(dp1[j] + 1, dp1[i]);
15.    for (int i = n; i >= 1; --i)
16.      for (int j = n; j >= i + 1; --j)
17.        if (a[i] > a[j])
18.          dp2[i] = max(dp2[j] + 1, dp2[i]);
19.    int maxN = -1;
20.    for (int i = 1; i <= n;++i) {
21.      dp1[i] += (dp2[i] - 1);
22.      maxN = max(dp1[i], maxN);
23.    }
24.    cout << n - maxN;
25.    return 0;
26. }
```

【练习 3.3.2】 滑雪(ski,1 S,128 MB,SHOI2002)

【思路分析】

本题是一道经典的动态规划题,其基本模型是最长不下降子序列(LCS),和经典 LCS 的区别是状态从一维转换成了二维。

设置 dp[i][j]表示从其他位置到该位置的最长下降长度,模仿 LCS,递推公式是

$$dp[i][j]=max(dp[i][j],\ dp[i+dx][j+dy]+1);$$

此处的 x+dx,y+dy 表示的是(i, j)位置附近的位置,且(i+dx, j+dy)位置雪的高度要大于当前位置雪的高度。这需要确保位置高的雪要先更新。怎么确保呢？可以先按照从大到小的顺序排序,然后从最高的位置开始做动态规划。

【参考程序】

```
1. #include<bits/stdc++.h>
```

```
2. using namespace std;
3. const int N = 20005;
4. struct Node {
5.    int x, y, v;
6. } a[N];
7. int f[N];
8. bool cmp(Node a, Node b) {
9.    return a.v > b.v;
10. }
11. int main() {
12.    int n, m, l = 0;
13.    cin >> n >> m;
14.    for (int i = 1; i <= n; ++i)
15.       for (int j = 1; j <= m; ++j) {
16.          cin >> a[++l].v;
17.          a[l].x = i; a[l].y = j;
18.       }
19.    sort(a + 1, a + l + 1, cmp);
20.    for (int i = 1; i <= l; ++i) f[i] = 1;
21.    for (int i = 2; i <= l; ++i)
22.       for (int j = 1; j < i; ++j) {
23.          int x1 = a[i].x, x2 = a[j].x, y1 = a[i].y, y2 = a[j].y;
24.          if (abs(x1 - x2) + abs(y1 - y2) == 1 && a[i].v < a[j].v)
25.             f[i] = max(f[i], f[j] + 1);
26.       }
27.    int ans = 0;
28.    for (int i = 1; i <= l; ++i) ans = max(ans, f[i]);
29.    cout << ans << endl;
30.    return 0;
31. }
```

本题也可以使用深度优先搜索+记忆化的方式实现。从任意坐标出发,深搜查找所能达到的最大路径,同时记忆化存储并更新到达当前坐标的最大值。遍历深搜所有点之后,得到最终答案。

【参考程序】

```
1. #include<bits/stdc++.h>
2. using namespace std;
3. const int dx[4] = {-1, 0, 1, 0};
4. const int dy[4] = {0, -1, 0, 1};
5. int m[102][102];
6. int f[102][102];
```

```
7. int r, c;
8. int search(int x, int y) {
9.     if (f[x][y]) return f[x][y];
10.    int t = 1;
11.    for (int i = 0; i < 4;++i) {
12.       int nx = x + dx[i];
13.       int ny = y + dy[i];
14.       if (m[x][y] < m[nx][ny]) {
15.          int tmp = search(nx, ny) + 1;
16.          if (tmp > t) t = tmp;
17.       }
18.    }
19.    f[x][y] = t;
20.    return t;
21. }
22. int main() {
23.    memset(m, 0xff, sizeof(m));
24.    cin >> r >> c;
25.    for (int i = 1; i <= r;++i)
26.       for (int j = 1; j <= c; ++j)
27.          cin >> m[i][j];
28.    int ans = 0;
29.    for (int i = 1; i <= r;++i)
30.       for (int j = 1; j <= c; ++j) {
31.          f[i][j] = search(i, j);
32.          ans = f[i][j] > ans ? f[i][j] : ans;
33.       }
34.    cout << ans << endl;
35.    return 0;
36. }
```

【练习 3.3.3】 乌龟棋(tortoise,1 S,128 MB,NOIP2010 提高组)

【思路分析】

这道题和走楼梯做法类似。确定一个状态需要知道当前走了多少步以及四种卡片的使用情况。很容易得出这样的状态表示:dp[n][a][b][c][d]表示当前在 n 格,四种卡片分别用了 a,b,c,d 张时的最大得分。转移只需要枚举上一张用了什么,取四种方案里的最大值。

状态转移方程:dp[n][a][b][c][d] = max{dp[n-1,a-1,b,c,d], dp[n-2,a,b-1,c,d], dp[n-3,a,b,c-1,d], dp[n-4,a,b,c,d-1]} + p[n]

边界条件:dp[1][0][0][0][0] = a[1]

最后答案为[n][A][B][C][D],其中 A,B,C,D 为各个卡片的总张数。

时间复杂度 O(A * B * C * D) = 2560000。

但是这种做法的空间复杂度 O(N * A * B * C * D) ≈ $9 * 10^8$,会爆空间的。

如何优化呢?

考虑当前位置和已用卡片的关系,则当前的位置可以根据已用的卡片唯一确定。

即 n=a+b * 2+c * 3+d * 4,于是,n 这一维是可以省略的。

状态表示:dp[a,b,c,d]表示四种牌分别用了 a, b, c, d 张时所得到的最大得分。

状态转移方程:dp[n][a][b][c][d]=max{dp[a-1,b,c,d], dp[a,b-1,c,d], dp[a,b,c-1,d], dp[a,b,c,d-1]} + p[n]

其中,n=a+b * 2+c * 3+d * 4

边界条件:f[0][0][0][0]=a[1]

最后答案为 f[A][B][C][D],其中 A,B,C,D 为各个卡片的总张数。

空间复杂度:O(A * B * C * D) = 2560000≈9K

【参考程序】

```
1. #include<bits/stdc++.h>
2. using namespace std;
3. int p[510], value[5], dp[51][51][51][51];
4. int main() {
5.     int n, m;
6.     cin >> n >> m;
7.     for (int i = 1; i <= n;++i)
8.      cin >> p[i];
9.     for (int i = 1; i <= m;++i) {
10.        int x;
11.        cin >> x;
12.        value[x]++;
13.    }
14.    dp[0][0][0][0] = p[1];
15.    for (int i = 0; i <= value[1];++i)
16.        for (int j = 0; j <= value[2]; ++j)
17.            for (int k = 0; k <= value[3]; k++)
18.                for (int l = 0; l <= value[4]; l++) {
19.                    int x = i + j * 2 + k * 3 + l * 4 + 1;
20.                    if (i >0)
21.                        dp[i][j][k][l] = max(dp[i][j][k][l],
22.                                            dp[i - 1][j][k][l] + p[x]);
23.                    if (j >0)
24.                        dp[i][j][k][l] = max(dp[i][j][k][l],
25.                                            dp[i][j - 1][k][l] + p[x]);
26.                    if (k >0)
27.                        dp[i][j][k][l] = max(dp[i][j][k][l],
```

```
28.                                      dp[i][j][k - 1][l] + p[x]);
29.             if (l >0)
30.                dp[i][j][k][l] = max(dp[i][j][k][l],
31.                                      dp[i][j][k][l - 1] + p[x]);
32.          }
33.    cout << dp[value[1]][value[2]][value[3]][value[4]];
34.    return 0;
35. }
```

【练习 3.3.4】 质数和分解(prime,1 S,128 MB,AHOI2001)

【思路分析】

这道题是完全背包问题的应用。

首先,初始化处理需要使用到的质数。

然后,把质数当作物品,按阶段逐一放置到“背包”中,直至“背包”被放满为止。

状态转移方程:f[i][j]=f[i-1][j]+f[i][j-p],其中 p 是当前放置的质数值。

初始条件:f[0][0]=1

	0	1	2	3	4	5	6	7	8	9
质数 0	1	0	0	0	0	0	0	0	0	0
质数 1:2	1	0	1	0	1	0	1	0	1	0
质数 2:3	1	0	1	1	1	1	2	1	2	2
质数 3:5	1	0	1	1	1	1	2	2	3	3
质数 4:7	1	0	1	1	1	1	2	3	3	4

在具体实现过程中,由于当前的状态只和上一行以及本行之前的状态有关,所以可以把二维数组压缩为一维数组,最后输出 f[m]。

【参考程序】

```
1. #include <bits/stdc++.h>
2. using namespace std;
3. int main() {
4.    bool b[300];
5.    int n, m, i, j, a[300], f[300];
6.    memset(b, 1, sizeof(b));
7.    n = 0;
8.    for (i = 2; i <= 200;++i)
9.       if (b[i]) {
10.          n++;
11.          a[n] = i;
12.          j = i;
13.          while (j <= 200) {
14.             b[j] = 0;
15.             j += i;
```

```
16.            }
17.         }
18.     while(cin >> m) {
19.      memset(f, 0, sizeof(f));
20.      f[0] = 1;
21.      for (i = 1; i <= n;++i)
22.        for (j = a[i]; j <= m; ++j)
23.          f[j] += f[j - a[i]];
24.      cout << f[m] << endl;
25.     }
26.     return 0;
27. }
```

【练习 3.3.5】 乘积最大(cjzd,1 S,128 MB,NOIP2000 提高组)

【思路分析】

本题是区间动态规划的应用。

首先来看样例数据,在 1234 中间插入两个乘号,可以有三种做法:

1 * 2 * 31 = 62　1 * 23 * 1 = 23　12 * 3 * 1 = 36

显然,选择 62。

如何来划分阶段?

可以用乘号来划分阶段,具体来说,就是当前字符串中最右边的乘号。

设 sum(i, j)表示从数字串第 i 位到第 j 位构成的数 $a_i a_{i+1} \cdots a_j$。

设 dp(i,j,k)表示从第 i 位到第 j 位,插入 k 个乘号所能构成的最大数。则:

当 k=0 时, dp(1,1,0)= sum(1,1)= 1　　dp(1,2,0)= sum(1,2)= 12

dp(1,3,0)= sum(1,3)= 123　　dp(1,4,0)= sum(1,4)= 1231

汇总得: dp(1,i,0)= sum(1,i)

当 k=1 时, dp(1,2,1)= 1 * 2=2

dp(1,2,1)= max{dp(1,1,0) * sum(2,2))}

dp(1,3,1)= max{1 * 23, 12 * 3} =36

dp(1,3,1)= max{dp(1,1,0) * sum(2,i), dp(1,2,0) * sum(3,i)}

当 k=2 时, dp(1,3,2)= 1 * 2 * 3=6

dp(1,3,2)= max{dp(1,2,1) * sum(3,3)}

dp(1,4,2)= max{1 * 2 * 31, 1 * 23 * 1, 12 * 3 * 1} =62

dp(1,4,2)= max{dp(1,2,1) * sum(3,4), dp(1,3,1) * sum(4,4)}

综上,本题的状态转移方程是:

dp(1,n,k)= max{F(1,n-1,k-1) * sum(n,n), F(1,n-2,k-1) * sum(n-1,n), …

F(1,k-1,k-1) * sum(k+2,n), F(1,k,k-1) * sum(k+1,n)}

由于字符串都是从 1 开始的,可以省略第 1 维,最终得到的状态转移方程是:

观察发现,可以省略掉第 1 维(起点 i),所以得到状态转移方程为:

$$dp[n][k]=\max\{dp[n-1][k-1]*sum(n,n),\ dp[n-2][k-1]*sum(n-1,n),\ \cdots$$
$$dp[k-1][k-1]*sum(k+2,n),\ dp[k][k-1]*sum(k+1,n)\}$$
$$=\max\{dp[n-t][k-1]*g(n-t+1,n)\}\qquad(1\leqslant t\leqslant n-k)$$

边界条件：$dp[i][0]=sum(1,n)\ (1\leqslant i\leqslant n)$

【参考程序】

```
1. #include<bits/stdc++.h>
2. using namespace std;
3. #define ll long long
4. int a[45];
5. ll dp[45][45];
6. int n, k;
7. ll sum(int l, int r) {
8.     ll ans = 0;
9.     int cnt = 1;
10.    for (int i = l; i <= r;++i) {
11.       ans = ans * 10 + a[i];
12.    }
13.    return ans;
14. }
15. void DP(int l, int r) {
16.    for (int i = 1; i <= n;++i)
17.       dp[i][0] = sum(1, i);
18.    for (int j = 1; j <= k; ++j) {
19.       for (int i = j + 1; i <= n;++i) {
20.          for (int k = j; k <= i; k++) {
21.             dp[i][j] = max(dp[i][j], dp[k][j - 1]* sum(k + 1, i));
22.          }
23.       }
24.    }
25. }
26. int main() {
27.    cin >>  n >> k;
28.    string str;
29.    cin >> str;
30.    for (int i = 1; i <= n;++i) {
31.       a[i] = str[i - 1] - '0';
32.    }
33.    DP(1, n);
34.    cout << dp[n][k];
35.    return 0;
36. }
```

本题也可以使用记忆化搜索的方式解决。

【参考程序】

```
1. #include<bits/stdc++.h>
2. using namespace std;
3. #define ll long long
4. ll a[45];
5. ll dp[45][45];
6. int n, k;
7. ll sum(int l, int r) {
8.     ll ans = 0;
9.     for (int i = l; i <= r;++i) {
10.        ans = ans * 10 + a[i];
11.    }
12.    return ans;
13. }
14. ll dfs(int x, int y) {
15.    if (dp[x][y] >0) return dp[x][y];
16.    if (y == 0) return dp[x][y] = sum(1, x);
17.    for (int i = y; i <= x;++i) {
18.        dp[x][y] = max(dp[x][y], dfs(i, y - 1)* sum(i+1, x));
19.    }
20.    return dp[x][y];
21. }
22. int main() {
23.    cin >> n >> k;
24.    string str;
25.    cin >> str;
26.    for (int i = 1; i <= n;++i) {
27.        a[i] = str[i - 1] - '0';
28.    }
29.    cout << dfs(n, k) << endl;
30.    return 0;
31. }
```

【练习 4.1.1】 寻路问题(rec,1 S,128 MB,2015 年江苏省信息学教练员考核试题)

【思路分析】

因为只需要计算两点间曼哈顿距离,所以仅考虑两点之间的相对关系(同边、邻边、对边),无需考虑两点到底孰上孰下、孰左孰右的绝对关系。

其中"同边"可以并到"邻边"中一起考虑直接套用曼哈顿距离公式即可;"对边"时则存在两条爬行轨迹,从中取最小值,通过对经过原点的爬行轨迹的分析后发现竟然可以用一个通项公式表示 x1+x2+y1+y2。下图中加括号的变量值为 0。

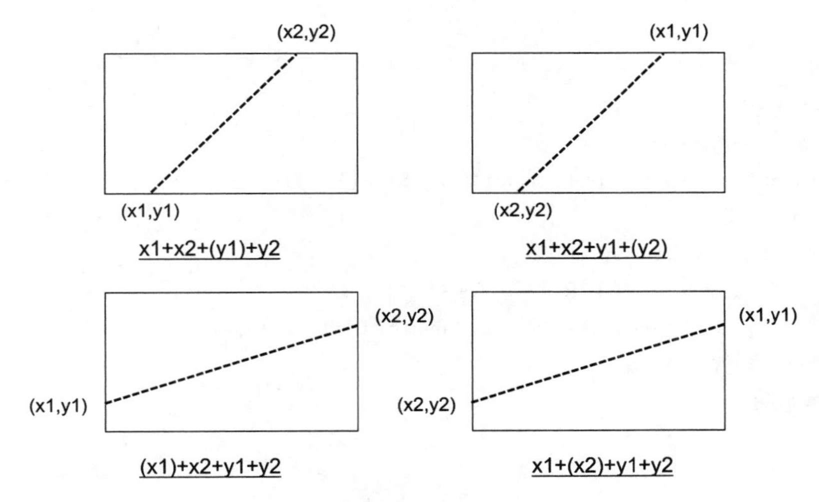

题图 4.1.1

【参考程序】

```
1. #include<bits/stdc++.h>
2. using namespace std;
3. int main() {
4.       long long n, m;
5.       long long X1, Y1, X2, Y2;
6.       cin >> n >> m >> X1 >> Y1 >> X2 >> Y2;
7.       if (abs(X1 - X2) ! = n & & abs(Y1 - Y2 ! = m)) {
8.             cout << abs(X1 - X2) + abs(Y1 - Y2) << endl;
9.       } else {
10.            long long ans = X1 + Y1 + X2 + Y2;
11.            cout << min(ans, 2* (n + m) - ans) << endl;
12.      }
13.      return 0;
14. }
```

【练习 4.1.2】 盛水问题(container,1 S,128 MB, 力扣 Leetcode11)

【思路分析】

思路1：暴力。暴力枚举左右两条垂直线 L，R,指向的水槽板高度分别为 h[L]，h[R]。根据木桶效应,水槽板可容纳水的高度由两板中的短板决定。此状态下水槽面积为 min(h[L],h[R])*(R-L)。

【参考程序】

```
1. #include <bits/stdc++.h>
2. using namespace std;
3. const int N = 100000 + 10;
```

```
4. int n;
5. int h[N];
6. int main() {
7.     scanf("%d", &n);
8.     for (int i = 1; i <= n; i++) scanf("%d", &h[i]);
9.     int ans = 0;
10.    for (int L = 1; L <= n; L++)
11.        for (int R = L + 1; R <= n; R++)
12.            ans = max(ans, (R - L) * min(h[L], h[R]));
13.    printf("%d\n", ans);
14.    return 0;
15. }
```

思路 2：双指针法。设 L、R 两个指针，指向的水槽板高度分别为 h[L]，h[R]。根据木桶效应，水槽可容纳水的高度由两块板中的短板决定。此状态下水槽面积为 min(h[L], h[R])*(R−L)。

在每个状态下，无论长板或短板向内收窄一格，都会导致水槽底边宽度变小。无论是移动长板或短板，我们只关注移动后的新短板会不会变大：

若向内移动长板，水槽的短板不变或变小，因此下个水槽的面积一定变小；若向内移动短板，水槽的短板可能变大，因此下个水槽的面积可能变大。因此，最终只需考虑向内移动短板。

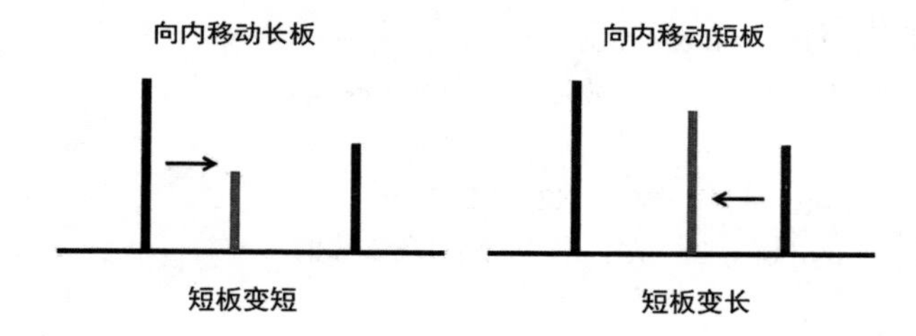

时间复杂度为 $O(N)$，因为双指针总计最多遍历整个数组一次。空间复杂度为 $O(1)$，只需要额外的常数级别的空间。

【参考程序】

```
1. #include <bits/stdc++.h>
2. using namespace std;
3. const int N = 100000 + 10;
4. int n;
5. int h[N];
6. int main() {
7.     scanf("%d", &n);
8.     for (int i = 1; i <= n; i++) scanf("%d", &h[i]);
9.     int L = 1, R = n;
```

```
10.     int ans = 0;
11.     while (L < R) {
12.         if (h[L] <= h[R]) {
13.             ans = max(ans, h[L]*(R - L));
14.             L++; //短板向内收缩一格
15.         } else {
16.             ans = max(ans, h[R]*(R - L));
17.             R--; //短板向内收缩一格
18.         }
19.     }
20.     printf("%d\n", ans);
21.     return 0;
22. }
```

【练习 4.1.3】 超级汉堡王(hamburg,1 S,128 MB,Atcoder abc_115D)

【思路分析】

思路 1:朴素递归。

从特殊到一般寻找递推关系:

n = 0 P

n = 1 BPPPB

n = 2 BBPPPBPBPPPBB

据此,不难得出题目的形式化表达:给你一个整数 n,一个字符串 str_n 按以下要求构造:

若 i=0,则 str_i=P

若 i>0,则 str_i=B+str_{i-1}+P+str_{i-1}+B

问:给定一个数 x,问 str_n 前 x 个字符中包含多少个字符 P。

【参考程序】

```
1. #include<bits/stdc++.h>
2. using namespace std;
3. typedef long long LL;
4. int n, x;
5. LL ans;
6. string solve(int n) {
7.     if (n == 0) return "P";
8.     else
9.         return "B" + solve(n - 1) + "P" + solve(n - 1) + "B";
10. }
11. int main() {
12.     cin >> n >> x;
13.     string str = solve(n);
```

```
14.     for (int i = 0; i <x; i++)
15.         if (str[i] == 'P') ans++;
16.     cout << ans << endl;
17.     return 0;
18. }
```

我们利用递归树法分析上述递归算法的时间复杂度：

递归树的深度：对于 solve (n)，它调用了两次 solve ($n - 1$)，这意味着递归树的深度为 n。

每个结点的操作数：每个结点都执行了一些字符串拼接操作，但由于这些操作都是常数时间，所以可以忽略不计。

总的调用次数：如果我们考虑所有 solve (n) 的调用，每个深度 d(从 0 到 $n - 1$) 都有 2^d 个结点(因为每个结点都会产生两个子结点)。因此，总的调用次数是 $2^0 + 2^1 + 2^2 + \cdots + 2^{n-1} = 2^n - 1$。

所以这段代码的时间复杂度为 $O(2^n)$。

思路 2：预处理优化。先通过递推预处理出每一级汉堡包含的总层数和肉片数。

设 a[i]表示 i 级汉堡的总层数，b[i]表示 i 级汉堡的肉片数。不难推出：

边界：a[0] = b[0] = 1

递推式：

$$a[i] = 3 + a[i-1] \times 2,\ b[i] = 1 + a[i-1] \times 2$$

然后以最中间的 'P' 为界，结合上述预处理成果，进行更为快捷的“分治”处理，时间复杂度可以优化至接近 $O(n)$。

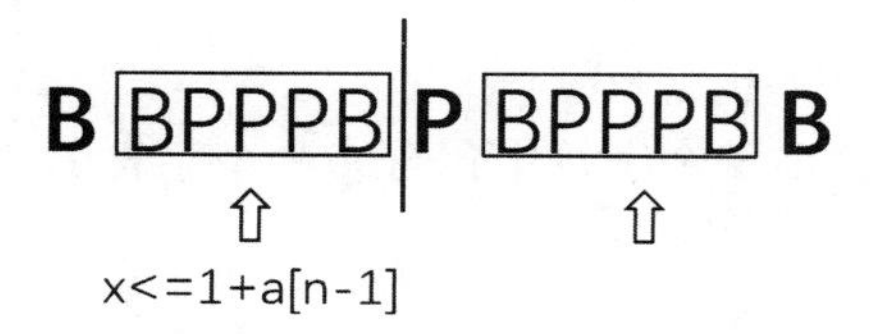

题图 4.1.3

【参考程序】

```
1. #include <bits/stdc++.h>
2. using namespace std;
3. typedef long long LL;
4. const int N = 50 + 10;
5. LL a[N]; // i 级汉堡的总层数
6. LL b[N]; // i 级汉堡的肉片数
7. LL solve(LL n, LL x) {
8.     if (n == 0 && x >= 1) return 1;      //递归边界：只有一个 'P'
9.     else if (x == a[n]) return b[n];
```

```
10.     else if (x <= 0) return 0;            //递归边界
11.     else if (x <= 1 + a[n - 1])           //递归左半边,先减去最前面的一个 'B'
12.         return solve(n - 1, x - 1);
13.     else                                  //递归右半边,先加上最中间的一个 'P'
14.         return b[n - 1] + 1 + solve(n - 1, x - 2 - a[n - 1]);
15. }
16. int main() {
17.     LL n, x;
18.     cin >> n >> x;
19.     //预处理
20.     a[0] = b[0] = 1;
21.     for (int i = 1; i <= n; i++) {
22.         a[i] = 3 + a[i - 1] * 2;          //第 i 级汉堡总层数
23.         b[i] = 1 + b[i - 1] * 2;          //第 i 级汉堡肉片数
24.     }
25.     cout << solve(n, x) << endl;
26.     return 0;
27. }
```

【练习 4.1.4】 子矩阵问题(submatrix,1 S,128 MB,NOIP2014 普及组第 4 题)

【思路分析】

思路 1:暴力搜索。先利用 dfs 在 n 行选择 r 行,再利用 dfs 在 m 列中选择 c 列,交叉部分构成一个子矩阵,再求该子矩阵的分数,在所有方案中取最小值。时间复杂度是 $O(C(n, n/2)^{2} * n^{2})$,能通过 50%的数据,实测 55~70 分。网络中有选手通过剪枝加卡常,通过所有数据,这种“精益求精”的钻研态度值得点赞。

【参考程序】

```
1. #include <bits/stdc++.h>
2. using namespace std;
3. const int INF = 0x3f3f3f3f;
4. const int N = 16 + 10;
5. int n, m, r, c;
6. int a[N][N];
7. int rows[N], cols[N];
8. int t[N][N];
9. int ans = INF;
10. void dfscol(int dep) {
11.     if (dep == c + 1) {
12.         memset(t, 0, sizeof(t));
13.         //构成子矩阵
14.         for (int i = 1; i <= r; i++)
```

```
15.                 for (int j = 1; j <= c; j++)
16.                     t[i][j] = a[rows[i]][cols[j]];
17.             int sum = 0;
18.             for (int i = 1; i < r; i++)
19.                 for (int j = 1; j <= c; j++)
20.                     sum += abs(t[i][j] - t[i+1][j]);
21.             for (int j = 1; j < c; j++)
22.                 for (int i = 1; i <= r; i++)
23.                     sum += abs(t[i][j] - t[i][j+1]);
24.             ans = min(ans, sum); //取最小值
25.             return;
26.         }
27. for (int i = cols[dep - 1] + 1; i <= m; i++) {
28.         cols[dep] = i;
29.         dfscol(dep + 1);
30.             }
31. }
32. void dfsrow(int dep) {
33.         if (dep == r + 1) {
34.             memset(cols, 0, sizeof(cols));
35.             dfscol(1);  //从第 1 列开始选
36.             return;
37.         }
38.         for (int i = rows[dep - 1] + 1; i <= n; i++) {
39.             rows[dep] = i;
40.             dfsrow(dep + 1);
41.             }
42. }
43. int main() {
44.         cin >> n >> m >> r >> c;
45.         for (int i = 1; i <= n; i++)
46.             for (int j = 1; j <= m; j++)
47.                 cin >> a[i][j];
48.         dfsrow(1);
49.         cout << ans << endl;
50.         return 0;
51. }
```

思路 2：一半搜索，一半 DP。先利用 dfs 在 n 行中选出 r 行，再在获得的 r 行 m 列子矩阵中，利用 dp 考虑第 i 列选或不选，找出最优解。时间复杂度为 $O(C(n,n/2)*n^3)$。

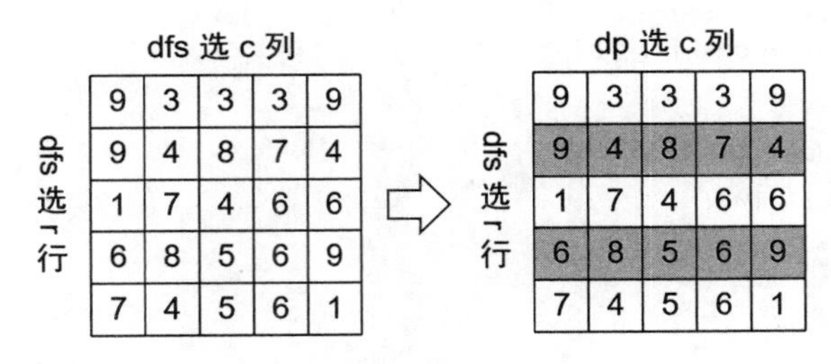

题图 4.1.4

【参考程序】

```
1. #include <bits/stdc++.h>
2. using namespace std;
3. const int INF = 0x3f3f3f3f;
4. const int N = 16 + 10;
5. int n, m, r, c;
6. int a[N][N];
7. int rows[N];
8. int t[N][N];
9. int f[N][N];  //设 f[i][j] 表示以第 i 列为结尾,前 i 列中共选了 j 列的最小值
10. int v[N];      //v[i]表示第 i 列的纵差之和
11. int h[N][N];  //h[i][j]表示第 i 列与第 j 列之间的横差之和
12. int ans = INF;
13. void dpcol() {
14.     memset(v, 0, sizeof(v)); //纵差之和
15.     memset(h, 0, sizeof(h)); //横差之和
16.     memset(f, INF, sizeof(f));
17.     for (int i = 1; i <= r; i++)
18.         for (int j = 1; j <= m; j++)
19.             t[i][j] = a[rows[i]][j];
20.     for (int j = 1; j <= m; j++)
21.         for (int i = 1; i < r; i++)
22.             v[j] += abs(t[i][j] - t[i+1][j]);
23.     for (int i = 1; i <= m; i++)
24.         for (int j = i + 1; j <= m; j++)
25.             for (int k = 1; k <= r; k++)
26.                 h[i][j] += abs(t[k][i] - t[k][j]);
27.     for (int i = 0; i <= m; i++) f[i][0] = 0; //虚拟出第 0 列,简化运算
28.     for (int i = 1; i <= m; i++)
29.         for (int j = 1; j <= i; j++)
30.             for (int k = 0; k < i; k++)  //注意从 0 开始
31.                 f[i][j] = min(f[i][j], f[k][j - 1] + h[k][i] + v[i]);
32.     for (int i = c; i <= m; i++)
```

```
33.             ans = min(ans, f[i][c]);
34. }
35. void dfsrow(int dep) {
36.     if (dep == r + 1) {
37.         dpcol();
38.         return;
39.     }
40.     for (int i = rows[dep - 1] + 1; i <= n; i++) {
41.         rows[dep] = i;
42.         dfsrow(dep + 1);
43.         }
44. }
45. int main() {
46.     cin >> n >> m >> r >> c;
47.     for (int i = 1; i <= n; i++)
48.         for (int j = 1; j <= m; j++)
49.             cin >> a[i][j];
50.     dfsrow(1);
51.     cout << ans << endl;
52.     return 0;
53. }
```

【练习 4.2.1】 回文数(palindrome,1 S,128 MB,江苏省信息学冬令营基础班上机试题)

【思路分析】

思路 1:直接枚举,只能过 60%的数据。

思路 2:根据回文数的对称特点,采取“一半枚举,一半生成”的优化思路。

【参考程序】

```
1. #include <bits/stdc++.h>
2. using namespace std;
3. typedef long long LL;
4. LL L, R, ans;
5. int main() {
6.     cin >> L >> R;
7.     for (LL i = 1; i <= 100000; i++) {
8.         //奇数位生成,例如: 10 -> 101
9.         LL t = i;
10.        LL sum = i;
11.        t /= 10;   //先去掉末位
12.        while (t) {
13.            sum = sum * 10 + t % 10;
```

```
14.             t /= 10;
15.         }
16.         if (sum >= L && sum <= R) ans++;
17.         //偶数位生成: 10 ->10 01
18.         t = i;
19.         sum = i;
20.         while (t) {
21.             sum = sum * 10 + t % 10;
22.             t /= 10;
23.         }
24.         if (sum >= L && sum <= R) ans++;
25.     }
26.     cout << ans << endl;
27.     return 0;
28. }
```

【练习 4.2.2】 单词填充(word,1 S,128 MB,2024 年江苏省信息学教练员培训热身赛试题)

【思路分析】

思路 1:朴素 dfs。先利用 dfs 将 A~Z 这 26 个字符作为候选字符填满所有空位,然后再根据题目要求,判断是否符合所有要求,满足 20%的数据。

【参考程序】

```
1. #include <bits/stdc++.h>
2. using namespace std;
3. string str;
4. int len;
5. int b[20], cnt;
6. char ch[20];
7. int type[110];
8. long long ans;
9. void dfs(int dep) {
10.     if (dep == cnt + 1) {
11.         string t = str;
12.         for (int i = 1; i <= cnt; i++) t[b[i]] = ch[i];
13.         bool ok = true;
14.         int len = t.size();
15.         //统计 L 出现次数
16.         int cntL = 0;
17.         for (int i = 0; i < len; i++)
18.             if (t[i] == 'L') cntL++;
19.         if (cntL == 0) ok = false; //1 个 L 字母都不包含
```

```
20.            memset(type, 0, sizeof(type));
21.            for (int i = 0; i < len; i++) {
22.                if (t[i] == 'A' || t[i] == 'E' || t[i] == 'I'
23.                        || t[i] == 'O' || t[i] == 'U') type[i] = 1;
24.            }
25.            //是否出现连续的三个元音或辅音
26.            for (int i = 2; i < len; i++) {
27.                if (type[i - 2] == 0 && type[i - 1] == 0 && type[i] == 0) {
28.                    ok = false;
29.                    break;
30.                }
31.                if (type[i - 2] == 1 && type[i - 1] == 1 && type[i] == 1) {
32.                    ok = false;
33.                    break;
34.                }
35.            }
36.            if (ok) ans++; //合法填充
37.            return;
38.        }
39.        for (int i = 0; i < 26; i++) { //枚举填充 A ~ Z
40.            ch[dep] = i + 'A';
41.            dfs(dep + 1);
42.        }
43. }
44. int main() {
45.        cin >> str;
46.        len = str.size();
47.        for (int i = 0; i < len; i++) {
48.            if (str[i] == '_') {
49.                b[++cnt] = i;  //先存储所有空缺位下标
50.            }
51.        }
52.        dfs(1);  //从第 1 个空位开始试填
53.        cout << ans << endl;
54.        return 0;
55. }
```

思路 2：可行性剪枝。

优化状态设计为：dfs(int dep, bool ctn_l, int cnt_f, int cnt_y)

状态中各个参数的含义如下：

dep：当前扫描到字符串的下标

cnt_l：是否出现过 L

cnt_f：到当前位置，辅音字母连续出现的个数

cnt_y：到当前位置，元音字母连续出现的个数

可行性剪枝：如果到当前位置，连续出现三个辅（或元）音字母，则剪枝。

能过 50% 的数据。

【参考程序】

```
1. #include <bits/stdc++.h>
2. using namespace std;
3. string s;
4. int len;
5. long long ans = 0;
6. int re(char C) {
7.     if (C == '_')
8.        return -1;
9.     if (C == 'A' || C == 'E' || C == 'I' || C == 'O' || C == 'U')
10.        return 0;
11.    else if (C == 'L')
12.        return 1;
13.    else
14.        return 2;
15. }
16. void dfs(int dep, bool ctn_l, int cnt_f, int cnt_y) {
17.    if (cnt_f >= 3 || cnt_y >= 3) return; //可行性剪枝
18.    if (dep == len) {
19.        if (ctn_l == true)
20.            ans++;
21.        return;
22.    }
23.    int type = re(s[dep]);
24.    if (type >= 0) { //扫描到非空白位
25.        if (type == 0) //出现元音,则连续元音数+1,连续辅音数(被中断)=0
26.            cnt_y++, cnt_f = 0;
27.        else {
28.            cnt_f++;  //出现辅音,则连续辅音数+1,连续元音数(被中断)=0
29.            cnt_y = 0;
30.            if (type == 1)  //出现 L
31.                ctn_l = true;
32.        }
33.        dfs(dep + 1, ctn_l, cnt_f, cnt_y);
34.    } else { //扫描到空白位
35.        // 填入一个元音
```

```
36.            for (char i = 'A'; i <= 'Z'; i++) {
37.                if (re(i) == 0) {
38.                    s[dep] = i;
39.                    dfs(dep + 1, ctn_l, 0, cnt_y + 1);
40.                    s[dep] = '_';
41.                }
42.            }
43.            // 填入一个 L
44.            s[dep] = 'L';
45.            dfs(dep + 1, 1, cnt_f + 1, 0);
46.            s[dep] = '_';
47.            // 填入一个(非 L)辅音
48.            for (char i = 'A'; i <= 'Z'; i++) {
49.                if (re(i) == 2) {
50.                    s[dep] = i;
51.                    dfs(dep + 1, ctn_l, cnt_f + 1, 0);
52.                    s[dep] = '_';
53.                }
54.            }
55.        }
56. }
57. int main() {
58.        cin >> s;
59.        len = s.size();
60.        dfs(0, false, 0, 0);
61.        cout << ans << endl;
62.        return 0;
63. }
```

思路 3：可行性剪枝+乘法原理。因为无需输出所有具体的填充方案，因此在搜索过程中，我们可以直接记录下每一个空位可填字符的方案数，最后利用乘法原理将所有方案数相乘即可。

【参考程序】

```
1. #include <bits/stdc++.h>
2. using namespace std;
3. int SIZE;
4. string s;
5. long long ans = 0;
6. int res[105];
7. int nres = 0;
8. int re(char C) {
```

```
9.      if (C == '_')
10.         return -1;
11.     if (C == 'A' || C == 'E' || C == 'I' || C == 'O' || C == 'U')
12.         return 0;
13.     else if (C == 'L')
14.         return 1;
15.     else
16.         return 2;
17. }
18. void dfs(int dep, bool ctn_l, int cnt_f, int cnt_y) {
19.     if (cnt_f >= 3 || cnt_y >= 3) return; //可行性剪枝
20.
21.     if (dep == SIZE) {
22.         if (ctn_l == true) {
23.             long long s = 1;
24.             for (int i = 0; i < nres; i++)
25.                 s = s * res[i] * 1ll;
26.             ans += s;
27.         }
28.     }
29.     int type = re(s[dep]);
30.     if (type >= 0) {
31.         if (type == 0) //连续元音数+1,连续辅音数=0
32.             cnt_y++, cnt_f = 0;
33.         else {
34.             cnt_f++;  //连续辅音数+1,连续元音数=0
35.             cnt_y = 0;
36.             if (type == 1)  //出现 L
37.                 ctn_l = true;
38.         }
39.         dfs(dep + 1, ctn_l, cnt_f, cnt_y);
40.     } else {
41.         // 填入元音方案数
42.         res[nres] = 5;
43.         nres++;
44.         dfs(dep + 1, ctn_l, 0, cnt_y + 1);
45.         nres--;
46.         // 填入 L 方案数
47.         res[nres] = 1;
48.         nres++;
49.         dfs(dep + 1, 1, cnt_f + 1, 0);
50.         nres--;
```

```
51.            // 填入辅音方案数
52.            res[nres] = 20;
53.            nres++;
54.            dfs(dep + 1, ctn_l, cnt_f + 1, 0);
55.            nres--;
56.        }
57. }
58. int main() {
59.     cin >> s;
60.     SIZE = s.size();
61.     dfs(0, false, 0, 0);
62.     cout << ans << endl;
63.     return 0;
64. }
```

通过该题,我们明显感受到数学思想作为沟通问题与编程实现的一座桥梁,有着极其广泛的应用。它不仅可以直接为解题提供思路,如果与其他算法或思想相结合,也能够起到很好的辅助作用。在你觉得“山重水复疑无路”时,不妨用数学的角度重新审视问题,也许就会“柳暗花明又一村”。

【练习 4.2.3】 最大 m 子段和(maxsum,1 S,128 MB,ACWing135)

【思路分析】

最朴素的做法是分别枚举区间左右端点,然后再遍历区间元素求和,并更新答案。时间复杂度为 $O(n^3)$,显然过高。我们可以分别从不同角度进行优化。

思路 1:求区间和,最容易想到的首先是前缀和优化。

【参考程序】

```
1. #include <bits/stdc++.h>
2. using namespace std;
3. const int N = 300000 + 10;
4. int a[N];
5. int s[N]; //前缀和
6. int main( ) {
7.     int n, m;
8.     cin >> n >> m;
9.     for (int i = 1; i <= n; i++) {
10.        cin >> a[i];
11.        s[i] = s[i - 1] + a[i];
12.    }
13.    int ans = a[1];
14.    for (int R = 1; R <= n; R++) {
```

```
15.            for (int L = max(1, R - m + 1); L <= R; L++) {
16.                int sum = s[R] - s[L - 1];
17.                if (sum > ans) ans = sum;
18.            }
19.        }
20.        cout << ans << endl;
21.        return 0;
22. }
```

思路2：当R固定时，找到一个左端点L(R-m≤L≤R-1)满足s[L]最小。要解决这个问题，我们可以遵循以下思考路径：

首先我们需要一个队列维护这样一个集合，集合中的元素为当前已读入的最优值的候选集，接着在插入新元素前，我们需要先弹出队头中所有过期的元素，弹出队尾中不比当前值更优的元素。通过上述处理，队列中的元素将符合严格单调性(因为如果让不优的混入队列，将永无出头之日)，队头元素为当前最优值，这样我们就可以利用 $O(1)$ 时间复杂度取出最优解。而这样的优化思路美其名曰“单调队列优化”。具体操作时，需要注意的是，单调队列中存储的是往往元素的下标，而非元素本身。

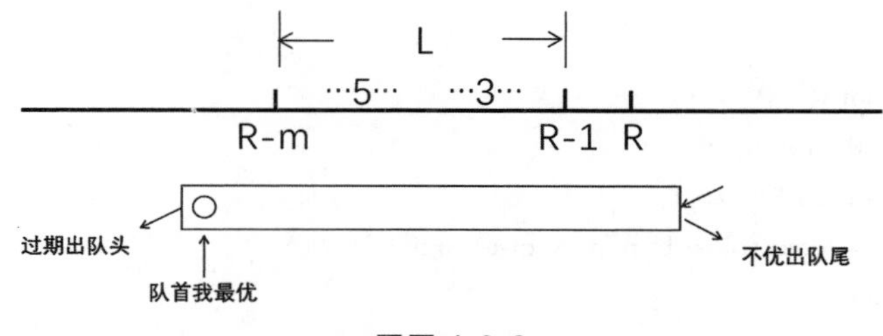

题图 4.2.3

【参考程序】

```
1. #include <bits/stdc++.h>
2. using namespace std;
3. const int INF = 0x3f3f3f3f;
4. const int N = 300000 + 10;
5. int a[N];
6. int s[N]; //前缀和
7. int q[N];
8. int main() {
9.        int n, m;
10.       cin >> n >> m;
11.       for (int i = 1; i <= n; i++) cin >> a[i], s[i] = s[i - 1] + a[i];
12.       int ans = a[1];
13.       int front = 1, rear = 1;
14.       q[front] = 0; //哨兵 L = 0
```

```
15.     for (int R = 1; R <= n; R++) {
16.         while (front <= rear && q[front] < R - m) front++;        //去掉过期的队头
17.         ans = max(ans, s[R] - s[q[front]]);                        //更新解的最优值
18.         while (front <= rear && s[q[rear]] >= s[R]) rear--;       //去掉不优的队尾
19.         q[++rear] = R; //加入新队尾
20.     }
21.     cout << ans << endl;
22.     return 0;
23. }
```

思路3：本题仍然可以尝试从分治思想的角度进行思考，锻炼算法思维。

【参考程序】

```
1. #include <bits/stdc++.h>
2. using namespace std;
3. const int INF = 0x3f3f3f3f;
4. const int N = 300000 + 10;
5. int n, m;
6. int a[N], s[N];
7. int ans;
8. int solve(int L, int R) {
9.      if (L == R) return a[L];
10.     int mid = (L + R) >> 1;
11.     int maxs = max(solve(L, mid), solve(mid + 1, R));
12.     int j = mid;
13.     int mi = INF;
14.     //这里必须从大到小枚举 i 才能确保 minv 正确
15.     for (int i = R; i >= mid + 1; i--) {    //枚举区间右端点
16.         while (j >= L && i - j + 1 <= m) { //枚举区间左端点
17.             mi = min(mi, s[j - 1]);
18.             j--;
19.         }
20.         maxs = max(maxs, s[i] - mi);
21.     }
22.     return maxs;
23. }
24. int main() {
25.     cin >> n >> m;
26.     for (int i = 1; i <= n; i++) cin >> a[i], s[i] = s[i - 1] + a[i];
27.     cout << solve(1, n) << endl;
28.     return 0;
29. }
```

【练习 4.2.4】 牛的最佳队列(line,1 S,128 MB,USACO07DEC Best Cow Line G)

【思路分析】

本题要求最终答案的字典序最小,因此我们很容易想到一个贪心策略:每次都取两端的较小者,直到取完,肯定没有问题。但如果当两端字母相同时应该怎么取?

例如:当字符串为 CAEAAC 时,我们发现,如果先取左边的 C,答案为 CACAAE,而先取右边的 C,答案则为 CAACAE。多试几组数据会发现,如果两端字母一样,就要看里面的那一位是否一样。如果里面那一位不同,则取较小字母所在的那一端;如果里面那一位仍然相同,就继续看里面的里面,直到比出结果为止。当然,如果当前字符串本身就是回文串,先取哪端都一样。

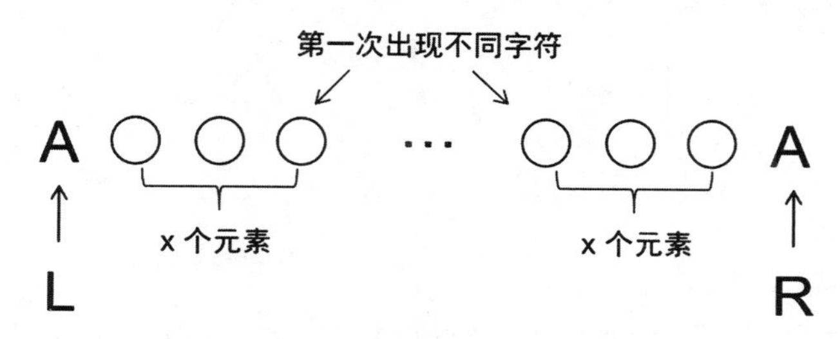

题图 4.2.4

但这样做最坏是 $O(n^2)$ 的。例如,给一个 AAAAAA,我们每次都要判断取哪一端更优,这是 $O(n)$ 的,一共需要做 n 次,复杂度难以承受,因此不得不考虑优化。我们发现,如果我们对于这种最坏情况,能够找到某种方法迅速找出两端相同的长度,把每一次判断做到 $O(\log n)$,瓶颈就解决了。此时,你一定能想到可以用“二分+字符串哈希”进行优化。

【参考程序】

```
1. #include<bits/stdc++.h>
2. using namespace std;
3. typedef unsigned long long ULL;
4. const int N = 1e6 + 10;
5. int n;
6. char s[N];
7. ULL p[N], hash1[N], hash2[N];
8. string ans;
9. void init() {
10.     p[0] = 1;
11.     hash1[0] = 0;
12.     hash2[n + 1] = 0;
13.     for (int i = 1; i <= n; i++) {
14.         p[i] = p[i - 1] * 131;
15.         hash1[i] = hash1[i - 1] * 131 + s[i] - 'a' + 1;
16.     }
```

```
17.     for (int i = n; i >= 1; i--) {
18.         hash2[i] = hash2[i+1] * 131 + s[i] - 'a' + 1;
19.     }
20. }
21. //正向 hash 值
22. ULL getHash1(int l, int r) {
23.     return hash1[r] - hash1[l - 1]* p [r - l+1];
24. }
25. //逆向 hash 值
26. ULL getHash2(int l, int r) {
27.     return hash2[l] - hash2[r+1]* p[r - l+1];
28. }
29. //二分查找字符串 hash 值不相等的最小长度
30. int solve(int L, int R) {
31.     int l = 0, r = (R - L) / 2, res = 0;
32.     while (l <= r) {
33.         int mid = (l+r) / 2;
34.         if (getHash1(L, L+mid) ! = getHash2(R - mid, R)) {
35.             res = mid;
36.             r = mid - 1;
37.         } else
38.             l = mid+1;
39.     }
40.     return res;
41. }
42. int main() {
43.     scanf("% d", &n);
44.     for (int i = 1; i <= n; i++) {
45.         getchar();
46.         scanf("% c", &s[i]);
47.     }
48.     init();
49.     int l = 1, r = n;
50.     while (l <= r) {
51.         if (l == r) {   //只剩单个元素
52.             ans += s[l];
53.             break;
54.         }
55.         if (s[l] < s[r]) ans += s[l++];         //选左端
56.         else if (s[l] > s[r]) ans += s[r--]; //选右端
57.         else {
58.             int x = solve(l, r); //二分查找迅速找到里面不相等的那一端
```

```
59.                 if (s[l+x] <s[r - x])
60.                     ans += s[l++];
61.                 else
62.                     ans += s[r-- ];
63.             }
64.         }
65.         for (int i = 0; i <ans.size(); i++) {
66.             printf("% c", ans[i]);
67.             if ((i+1) % 80 ==0)
68.                 printf("\n");
69.         }
70.         return 0;
71. }
```

【练习 4.3.1】 矩阵旋转(rotate,1 S,128 MB,Leetcode48)

【思路分析】

思路:四数轮换实现原地旋转。传统做法是使用一个和 matrix 大小相同的辅助数组,空间复杂度:$O(n^2)$。然而题中明确要求不能额外申请其他数组来辅助,即只能完成空间复杂度为 $O(1)$ 的"原地旋转"。

我们通过对传统做法画图分析,可以获得一个规律,即原(i, j)位置的元素移动至(j, n+1-i)的位置上。在此基础上继续推广,不难发现原(i, j)位置的元素旋转 90 度之后到达(j, n+1-i)处,而原(j, n+1-i)位置的元素旋转 90 度之后到达(n+1-i, n+1-j)处,原(n+1-i, n+1-j)位置的元素旋转 90 度后到达(n+1-j, i)处,最后(n+1-j, i)旋转 90 度之后居然又回到了(i, j)处。看似意料之外,却在情理之中,对于一次旋转来说,只有(i, j)、(j,n+1-i)、(n+1-i, n+1-j)、(n+1-j, i)这四个位置的元素原地互换了位置,对其他位置的元素没有任何影响。

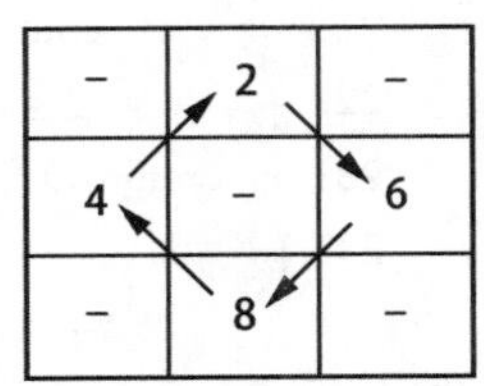

题图 4.3.1

当我们知道了"原地旋转"的破局之道后,接下来则需要解决具体应该枚举哪些位置(i, j)进行上述原地交换。当 n 为偶数时,我们需要枚举 $n^2/4$ 个位置,即将该矩阵划分为下列左图所示的四块;当 n 为奇数时,由于中心点位置不变,我们只需要枚举 $(n^2-1)/4$ 个位置,即将该矩阵划分为下列右图所示的四块。

n 为偶数

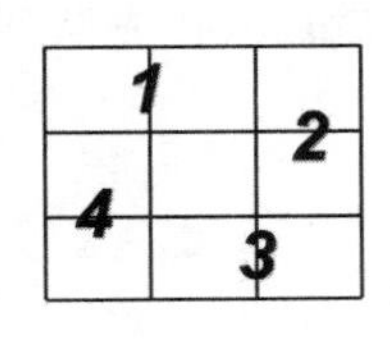

n 为奇数

【参考程序】

```
1. #include <bits/stdc++.h>
```

```
2. using namespace std;
3. const int N = 20 + 10;
4. int n, mat[N][N];
5. int main() {
6.     cin >> n;
7.     for (int i = 1; i <= n; i++)
8.         for (int j = 1; j <= n; j++)
9.             cin >> mat[i][j];
10.    for (int i = 1; i <= n / 2; i++)
11.        for (int j = 1; j <= (n + 1) / 2; j++) {
12.            int temp = mat[i][j];
13.            mat[i][j] = mat[n + 1 - j][i];
14.            mat[n + 1 - j][i] = mat[n + 1 - i][n + 1 - j];
15.            mat[n + 1 - i][n + 1 - j] = mat[j][n + 1 - i];
16.            mat[j][n + 1 - i] = temp;
17.        }
18.    for (int i = 1; i <= n; i++) {
19.        for (int j = 1; j <= n; j++)
20.            cout << mat[i][j] << " ";
21.        cout << endl;
22.    }
23.    return 0;
24. }
```

【练习 4.3.2】 滴水游戏(water,1 S,128 MB,CSP 第 33 次认证)

【思路分析】

思路：对任意一个格子增加一滴水，如果爆开的话只会影响到它左右两个有水的格子，即其前驱和后继。因此，可以考虑使用静态链表来维护。尽管 C 的范围很大，达到 10^9，但 m 却只有 3×10^5，而且题中明确说了只会选择有水的格子进行操作，因此，只要存储这 m 个格子就足够了。

每次操作时优先爆左边的格子，因此我们可以把大于等于 5 滴水的格子放入优先队列中(维护格子编号的小根堆)。把爆开的这个格子从链表中删去，再对其前驱和后继格子加一滴水，如果大于等于 5 就加入优先队列，然后依次处理完队列中的所有格子即可。

【参考程序】

```
1. #include <bits/stdc++.h>
2. using namespace std;
3. const int N = 300000 + 10;
4. int c, m, n;
5. map<int, int> idx;
6. bool vis[N];
```

```
7. struct Node {
8.         int x, w;       //位置,水滴数量
9.         int pre, nxt; //前驱,后继
10.        bool operator <(const Node &b) const { //按位置升序
11.            return x < b.x;
12.        }
13. } a[N];
14. int main() {
15.        cin >> c >> m >> n;
16.        for (int i = 1; i <= m; i++) {
17.            cin >> a[i].x >> a[i].w;
18.        }
19.        sort (a + 1, a + 1 + m);
20.        //静态链表预处理
21.        for (int i = 1; i <= m; i++) {
22.            a[i].pre = i - 1, a[i].nxt = i + 1;
23.            idx[a[i].x] = i;
24.        }
25.        int ans = m;
26.        priority_queue<int, vector<int>, greater<int> > q; //小根堆
27.        for (int i = 1; i <= n; i++) {
28.            int p;
29.            cin >> p;
30.            int id = idx[p];
31.            a[id].w += 1;//水滴数加 1
32.            //用 vis 标记之前是否爆过,没有爆且水滴数 >= 5,就加入有限队列
33.            if (a[id].w >= 5 && ! vis[id]) q.push(id), vis[id] = 1;
34.            while (! q.empty()) {
35.                ans--;
36.                id = q.top();
37.                q.pop(); //最左边的先爆
38.                int pre = a[id].pre, nxt = a[id].nxt;
39.                //更新静态链表
40.                a[pre].nxt = nxt;
41.                a[nxt].pre = pre;
42.                if (pre >= 1) { //前驱合法
43.                    a[pre].w += 1;
44.                    if (a[pre].w >= 5 && ! vis[pre]) q.push(pre), vis[pre] = 1;
45.                }
46.                if (nxt <= m) { //后继合法
47.                    a[nxt].w += 1;
48.                    if (a[nxt].w >= 5 && ! vis[nxt]) q.push(nxt), vis[nxt] = 1;
```

```
49.                }
50.            }
51.            cout << ans << endl;
52.        }
53.        return 0;
54. }
```

【练习 4.3.3】 回文路径(path,1 S,64 MB,USACO15OPEN Palindromic Paths G)

【思路分析】

思路:本题同“方格取数”模型一样,是一道多进程动规题。可以理解成有两个人 A 和 B 分别从左上角(1,1)和右下角(n,n)同时出发,一起往中间走,当两个人重合时便有了一条路径。问:有多少种走法,使得两人经过路径上构成的字符串一样(以下简称“路径相同”)。

朴素做法:设 dp[s][X1][Y1][X2][Y2]表示走了 s 步,A 从(1,1)走到(X1,Y1)、B 从(n,n)走到(X2,Y2)时路径相同的方案数。循环枚举 s、X1、X2、Y1、Y2,时间复杂度为 $O(n^5)$,空间复杂度为 $O(n^5)$,时空双爆!

降维优化:两人走的步数是相等的,设 dp[s][X1][X2] 表示走了 s 步,A 走到第 X1 行,B 走到第 X2 行时路径相同的方案数。循环枚举 s、X1 和 X2,Y1 和 Y2 则可以根据等式 X1+Y1=s+2, X2+Y2=2 * n-s 推出。

状态转移方程:

dp[s][X1][X2]=dp[s-1][X1-1][X2+1]+dp[s-1][X1-1][X2]+dp[s-1][X1][X2-1]+dp[s-1][X1][X2]

时间复杂度为 $O(n^3)$,空间复杂度为 $O(n^3)$,时间勉强通过,空间则会爆炸。

【参考程序】

```
1. #include<bits/stdc++.h>
2. using namespace std;
3. typedef long long LL;
4. const int N  = 550;
5. const int MOD  = 1e9 +7;
6. int n;
7. char ch[N][N];
8. int dp[N][N][N];
9. int main() {
10.        cin >> n;
11.        for (int i  = 1; i <= n; i++)
12.            for (int j  = 1; j <= n; j++)
13.                cin >> ch[i][j];
14.        dp[0][1][n] = (ch[1][1] == ch[n][n]); //初始位置
15.        for (int s  = 1; s <= n - 1; s++)
```

```
16.            for (int X1 = 1; X1 <= s + 1; X1++)
17.                for (int X2 = n; X2 >= n - s; X2--) {
18.                    int Y1 = s + 2 - X1;
19.                    int Y2 = 2 * n - s - X2;
20.                    if (ch[X1][Y1] ! = ch[X2][Y2])
21.                        dp[s][X1][X2] = 0;
22.                    else
23.                        dp[s][X1][X2] = (1ll * dp[s - 1][X1 - 1][X2 + 1]
24.                                        + dp[s - 1][X1 - 1][X2]
25.                                        + dp[s - 1][X1][X2 + 1]
26.                                        + dp[s - 1][X1][X2]) % MOD;
27.                }
28.        LL ans = 0;
29.        for (int i = 1; i <= n; i++)
30.            ans = (ans + 1ll * dp[n - 1][i][i]) % MOD; //最后走到同一点才计入答案
31.        cout << ans << endl;
32.        return 0;
33. }
```

滚动数组优化：设 dp[0/1][X1][X2]表示 A 走到第 X1 行，B 走到第 X2 行路径相同的方案数。时间复杂度为 $O(n^3)$，空间复杂度为 $O(n^2)$，时间空间都完美通过！

【参考程序】

```
1. #include<bits/stdc++.h>
2. using namespace std;
3. typedef long long LL;
4. const int N = 550;
5. const int MOD = 1e9 + 7;
6. int n;
7. char ch[N][N];
8. int dp[2][N][N];
9. int main() {
10.        cin >> n;
11.        for (int i = 1; i <= n; i++)
12.            for (int j = 1; j <= n; j++)
13.                cin >> ch[i][j];
14.        dp[0][1][n] = (ch[1][1] == ch[n][n]); //初始位置
15.        for (int s = 1; s <= n - 1; s++)
16.            for (int X1 = 1; X1 <= s + 1; X1++)
17.                for (int X2 = n; X2 >= n - s; X2--) {
18.                    int Y1 = s + 2 - X1;
19.                    int Y2 = 2 * n - s - X2;
```

```
20.                 if (ch[X1][Y1] != ch[X2][Y2])
21.                     dp[s&1][X1][X2] = 0;
22.                 else
23.                     dp[s&1][X1][X2] = (1ll * dp[(s - 1)&1][X1 - 1][X2 + 1]
24.                                       + dp[(s - 1)&1][X1 - 1][X2]
25.                                       + dp[(s - 1)&1][X1][X2 + 1]
26.                                       + dp[(s - 1)&1][X1][X2]) % MOD;
27.             }
28.     LL ans = 0;
29.     for (int i = 1; i <= n; i++)
30.         ans = (ans + 1ll * dp[(n - 1)&1][i][i]) % MOD; //最后走到同一点才计入
31.     cout << ans << endl;
32.     return 0;
33. }
```

【练习 4.3.4】 区域个数(count,1 S,128 MB,挑战程序设计竞赛)

【思路分析】

一看该题,很容易想到类似的“数水塘”模型,建立数组并深度优先搜索。但是本题中的 w 和 h 最大达到 1 000 000,根本没办法创建那么大的数组。因此我们需要事先将坐标离散化,所谓坐标离散化,实际上就是把较大的稀疏图变得“紧缩”一点,让整个图形缩小但是不改变它本身的“结构”。具体而言是将对结果没有影响的行列消除,数组中只存储包含直线的行列及其相邻的行列,再“紧缩”一点,可以只保存每条线段两个端点上下左右四个坐标值,大小最多 3n*3n 就足够了。据此创建好数组后再利用搜索求出区域的个数。由于区域仍然较大,用 dfs 搜索时可能产生栈溢出,故改为 bfs 搜索完成。

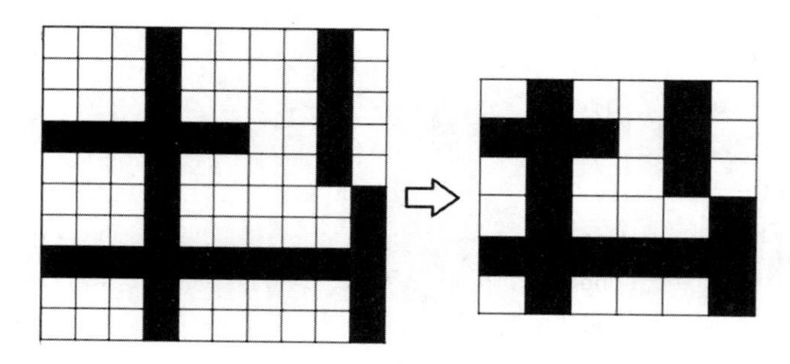

题图 4.3.4

【参考程序】

```
1. #include <bits/stdc++.h>
2. using namespace std;
3. const int N = 500 + 10;
4. int X1[N], Y1[N], X2[N], Y2[N], x[N], y[N];
5. int w, h, n, u = 1, v = 1;
```

```
6. bool vis[N][N];
7. struct Node {
8.     int x, y;
9. };
10. int dx[4] = {0, 0, -1, 1};
11. int dy[4] = {1, -1, 0, 0};
12. int ans;
13. //离散化
14. void discrete() {
15.     int cnt1 = 0, cnt2 = 0;
16.     for (int i = 1; i <= n; i++) {  //将端点及其上下或左右的点存到 x 和 y 中
17.         x[++cnt1] = X1[i];
18.         if (X1[i] - 1 > 0) x[++cnt1] = X1[i] - 1;
19.         if (X1[i] + 1 < w) x[++cnt1] = X1[i] + 1;
20.         x[++cnt1] = X2[i];
21.         if (X2[i] - 1 > 0) x[++cnt1] = X2[i] - 1;
22.         if (X2[i] + 1 < w) x[++cnt1] = X2[i] + 1;
23.         y[++cnt2] = Y1[i];
24.         if (Y1[i] - 1 > 0) y[++cnt2] = Y1[i] - 1;
25.         if (Y1[i] + 1 < h) y[++cnt2] = Y1[i] + 1;
26.         y[++cnt2] = Y2[i];
27.         if (Y2[i] - 1 > 0) y[++cnt2] = Y2[i] - 1;
28.         if (Y2[i] + 1 < h) y[++cnt2] = Y2[i] + 1;
29.     }
30.     sort(x + 1, x + cnt1 + 1);
31.     sort(y + 1, y + cnt2 + 1);
32.     //去重
33.     for (int i = 2; i <= cnt1; i++) if (x[i] != x[i-1]) x[++u] = x[i]; //列
34.     for (int i = 2; i <= cnt2; i++) if (y[i] != y[i-1]) y[++v] = y[i]; //行
35.     for (int i = 1; i <= n; i++) {
36.         X1[i] = lower_bound(x + 1, x + u + 1, X1[i]) - x;
37.         X2[i] = lower_bound(x + 1, x + u + 1, X2[i]) - x;
38.         Y1[i] = lower_bound(y + 1, y + v + 1, Y1[i]) - y;
39.         Y2[i] = lower_bound(y + 1, y + v + 1, Y2[i]) - y;
40.     }
41.     for (int k = 1; k <= n; k++) {
42.         for (int i = Y1[k]; i <= Y2[k]; i++)
43.             for (int j = X1[k]; j <= X2[k]; j++)
44.                 vis[i][j] = 1;
45.     }
46. }
47. void bfs(int x, int y) { //行号 列号
```

```
48.     queue<Node> q;
49.     q.push({x, y});
50.     vis[x][y] = 1;
51.     while (! q.empty()) {
52.         Node cur = q.front();
53.         q.pop();
54.         int x = cur.x, y = cur.y;
55.         for (int k = 0; k < 4; k++) {
56.             int nx = x + dx[k], ny = y + dy[k];
57.             if (vis[nx][ny]) continue;
58.             if (nx < 1 || nx > v || ny < 1 || ny > u) continue;
59.             q.push({nx, ny});
60.             vis[nx][ny] = 1;
61.         }
62.     }
63. }
64. int main() {
65.     scanf("% d% d% d", &w, &h, &n);
66.     for (int i = 1; i <= n; i++)
67.         scanf("% d% d% d% d", &X1[i], &Y1[i], &X2[i], &Y2[i]);
68.     discrete();
69.     for (int j = 1; j <= v; j++)        //行
70.         for (int i = 1; i <= u; i++) //列
71.             if (! vis[j][i]) {
72.                 ans++;
73.                 bfs(j, i);
74.             }
75.     printf("% d\n", ans);
76.     return 0;
77. }
```

参考文献

[1] 刘汝佳. 算法竞赛入门经典[M]. 2版. 北京:清华大学出版社,2014

[2] 刘汝佳. 算法艺术与信息学竞赛[M]. 北京:清华大学出版社,2014

[3] 佛山市南海区教育发展研究中心编. 聪明人的游戏 信息学探秘 提高篇[M]. 广州:广东高等教育出版社,2017

[4] 董永建. 信息学奥赛一本通:C++版[M]. 北京:科学技术文献出版社,2013

[5] 林厚从. 信息学奥赛课课通(C++)[M]. 北京:高等教育出版社,2018

[6] 荆晓虹. 青少年C++编程入门[M]. 北京:清华大学出版社,2021

[7] 张新华. 算法竞赛宝典 基础算法艺术[M]. 北京:清华大学出版社,2016

[8] 曹文. 全国青少年信息学奥林匹克联赛培训教材(中学高级本)[M]. 南京:南京大学出版社,2004

[9] 汪楚奇. 深入浅出程序设计竞赛(基础篇)[M]. 北京:人民邮电出版社,2020

[10] 王静. 新编高中信息学奥赛指导[M]. 南京:南京师范大学出版社,2021

[11] 张新华,胡向荣,葛阳. 信息学竞赛宝典:基础算法[M]. 北京:人民邮电出版社,2023

[12] 张新华,胡向荣,葛阳. 信息学竞赛宝典:动态规划[M]. 北京:人民邮电出版社,2024

[13] 李煜东. 算法竞赛进阶指南[M]. 河南:大象出版社,2022

[14] 秋叶拓哉,等. 挑战程序设计竞赛[M]. 2版. 北京:人民邮电出版社,2013

[15] 刘汝佳. 算法竞赛入门经典[M]. 北京:清华大学出版社,2009

[16] Thomas H. Cormen,等. 算法导论(原书第3版)[M]. 3版. 北京:机械工业出版社,2012